Springer-Lehrbuch

Springer-Verlag Berlin Heidelberg GmbH

Rolf Steinbuch

Finite Elemente - Ein Einstieg

Mit 100 Abbildungen

 Springer

Professor Dr. Rolf Steinbuch

Große Falterstraße 107

D - 70597 Stuttgart

ISBN 978-3-540-63128-6   ISBN 978-3-642-58750-4 (eBook)
DOI 10.1007/ 978-3-642-58750-4

Die Deutsche Bibliothek - CIP-Einheitsaufnahme

Steinbuch, Rolf:
Finite Elemente - Ein Einstieg / Rolf Steinbuch. - Berlin; Heidelberg; New York; Barcelona; Budapest;
Hongkong; London; Mailand; Paris; Santa Clara; Singapur; Tokio:
Springer, 1998
(Springer-Lehrbuch)

Die Wiedergabe von Gebrauchsnamen, Handelsnamen, Warenbezeichnungen usw. in diesem Buch
berechtigt auch ohne besondere Kennzeichnung nicht zu der Annahme, daß solche Namen im Sinne
der Warenzeichen- und Markenschutz-Gesetzgebung als frei zu betrachten wären und daher von
jedermann benutzt werden dürften.

Sollte in diesem Werk direkt oder indirekt auf Gesetze, Vorschriften oder Richtlinien (z.B. DIN, VDI,
VDE) Bezug genommen oder aus ihnen zitiert worden sein, so kann der Verlag keine Gewähr für die
Richtigkeit, Vollständigkeit oder Aktualität übernehmen. Es empfiehlt sich, gegebenenfalls für die
eigenen Arbeiten die vollständigen Vorschriften oder Richtlinien in der jeweils gültigen Fassung
hinzuzuziehen.

Einbandentwurf: Design & Production, Heidelberg
Satz: Camera ready Vorlage durch Autor
SPIN: 10567478   68/3020 - 5 4 3 2 1 0 - Gedruckt auf säurefreiem Papier

Vorbemerkungen

Die Finite Elemente Methode (FEM) hat sich in den letzten Jahren zu einem unverzichtbaren Handwerkszeug in der Konstruktion entwickelt. War noch Mitte der 80-er Jahre die Anwendung der FEM an Großrechner, wochenlanges Modellieren, umständliches Auswerten von endlosen Druckerlisten sowie tagelanges Warten auf einzelne Plots gekoppelt, stehen heute schon für gut ausgebaute PC leistungsfähige, integrierte Systeme mit qualifizierten Pre- und Postprozessoren zur Verfügung. Auch in kleineren Betrieben oder Ingenieurbüros gehört es immer mehr zur täglichen Arbeit, das mechanische Verhalten geplanter Bauteile rechnerisch zu untersuchen, um aufwendige Versuche zu sparen, untaugliche Varianten auszusondern, Stärken und Schwächen verschiedener Konzepte zu vergleichen.

Trotz dieser breiten Akzeptanz trifft man häufig auf ein wenig entwickeltes Verständnis der eingesetzten Methode und der breiten Palette möglicher Anwendungen. So entstehen auf der einen Seite Erwartungen, welche die FEM nicht erfüllen kann, andererseits bleiben die Anwendungen auf einfache Grundfragestellungen beschränkt, weil die Tatsache, daß sich viele technische Aufgaben analog zu elementaren Grundmustern behandeln lassen, nicht bekannt ist.

Eine erfreuliche Entwicklung der praxisbezogenen Anwendungen der FEM ist darin zu sehen, daß die heutigen Programmpakete einen leichteren Einstieg als die noch vor wenigen Jahren üblichen Systeme ermöglichen. Mit einiger Vertrautheit mit modernen CAD-Programmen und etwas Kenntnis in elementarer Festigkeitsberechnung kann man sich an der Rechner setzen und erste, einfache Probleme bearbeiten. War früher die Berechnung eine aufwendige, komplizierte, nur wenigen Eingeweihten zugängliche Angelegenheit, lösen heute auch formal weniger qualifizierte Ingenieure, Techniker und Assistenten mit großem Erfolg umfangreiche Berechnungsprobleme. Damit entsteht ein Problem, das dem im Straßenverkehr ähnlich ist. Jeder kann Autofahren (oder glaubt es zumindest), aber kaum einer weiß noch, wie ein Verbrennungsmotor funktioniert. Genauso stehen (oder sitzen) viele in der Berechnung Tätige vor einem Black-Box-Programm, von dem sie zwar wissen, welche Knöpfe sie drücken müssen, um bestimmte Ergebnisse zu erhalten, die internen Programmabläufe bleiben ihnen jedoch verschlossen.

Nun ist es sicherlich vermessen, ein Volk von Autofahrern zu Kfz-Mechanikern umschulen zu wollen, um die Fahrtauglichkeit zu erhöhen. Genausowenig müssen alle Berechnungstechniker und -ingenieure alle Feinheiten der FEM oder verwandter Verfahren erfassen. Ein gewisser Einblick in die der Methode zugrunde liegenden Prinzipien, ein Einstieg, wie ihn das vorliegende Buch leisten soll, erlaubt aber dem interessierten Studierenden und künftigen oder schon tätigen Anwender effektiver zu arbeiten, Fehler zu erkennen und wirkungsvollere Ansätze zu wählen. Mit diesem Einstieg ist andererseits eine Grundlage für das intensivere Studium der Methode, aber auch anderer moderner Ansätze der Mechanik und benachbarter Gebiete gelegt.

Entstanden ist diese Einführung aus der Finite Elemente-Vorlesung an der Fachhochschule Reutlingen. Der alte Widerspruch im Fachhochschulstudium, in begrenzter Zeit sowohl kurzfristig anwendbare Kenntnisse zu vermitteln, als auch eine solide Basis für weitere 30-40 Berufsjahre als Ingenieur zu legen, schlägt sich auch in dieser Veranstaltung und in diesem Buch nieder. In einer 4-stündigen Vorlesung mit 2 Stunden Übungen einerseits zu erklären, wie eine komplexe Struktur als diskretes System numerisch behandelt wird, andererseits darzustellen, wie man praktische Aufgaben effektiv angeht, ist nicht ohne innewohnende Konflikte, Auslassungen und Verkürzungen möglich.

In der Ausarbeitung, die mit diesem Band vorliegt, kann man einiges aufgreifen, das in der Vorlesung nur kurz erwähnt wird. Das Ziel, dem Leser in überschaubarer Zeit und auf einer begrenzten Seitenzahl einen Einblick zu geben, führt aber auch hier zu Beschränkungen in der Darstellung. Dieser Einstieg sollte dennoch die Prinzipien des diskreten Modellierens der unterschiedlichen kontinuumsmechanischen Aufgabenstellungen ausreichend deutlich vermitteln.

Das Buch führt nach 2 vorbereitenden Kapiteln (eines spricht numerische Fragen an, das andere bietet einen anschaulichen Abriß der Grundlagen der FEM ohne übermäßige mathematische Fundierung) auf einem der historisch gewachsenen Wege in die FEM ein. Ausgehend von Fachwerkstrukturen gelangen wir zur Elastostatik, welche die Grundlage der Festigkeitsberechnung darstellt. Anschließend behandeln wir das weite Feld der Potentialprobleme, hauptsächlich anhand der dem Ingenieur und Techniker am ehesten vertrauten Fragestellungen aus dem Gebiet der Wärmeleitung. Die Dynamik erfordert einiges an Vorbereitung, dafür fällt es dem aufmerksamen Leser nun schon leicht, die trägen Massen und die Dämpfung zu modellieren. Als Abschluß des theoretischen Teils werden die zunehmend wichtigeren nichtlinearen Berechnungen angesprochen. In einem knappen Überblick folgen einige Überlegungen zum praktischen Umgang mit der FEM, hier können nur einige der grundsätzlichen Fragen und Ursachen häufiger Fehler erwähnt werden. Es ist unvermeidlich und muß dem Leser überlassen bleiben, die skizzierten Schwierigkeiten durch eigene Erfahrungen anzureichern. Ein sicher nicht vollständiger Ausblick, der bei der heute zu beobachtenden Entwicklungsgeschwindigkeit in EDV-nahen Technikanwendungen immer in Gefahr ist, von aktuellen Entwicklungen überholt zu werden, schließt den Hauptteil ab. 3 Anhänge stellen die erforderlichen mathematischen, physikalischen und elastizitätstheoretischen Grundkenntnisse zusammen.

Bei dieser Struktur wurde Wert auf eine kohärente Vermittlung gelegt. Daraus folgen Brüche in der stofflichen Reihenfolge. Daß die Wärmespannungen die unbestreitbar zur Elastostatik (Kap. 4) gehören, nach den Temperaturberechnungen (im Kap. 5) erscheinen, da sie physikalisch aus den Temperaturdifferenzen folgen, ist ein Beispiel dafür. Manche Themen erfuhren nur eine knappe Erwähnung, wie das Umrechnen verteilter Lasten auf Knotengrößen. Im Grunde ist das erforderliche Vorgehen zu diesem Zeitpunkt bereits bekannt, eine ausführliche Darstellung hätte aber einer Wiederholung der Elementansätze bedurft, worauf verzichtet wurde.

Die gewählte Form der Einführung setzt relativ wenig mehr als ein erfolgreich absolviertes Grundstudium in einem technischen Fach voraus. Alle grundlegenden Schritte werden ausführlich erläutert, oft finden sich mehrere Zugänge zu einem Thema. Damit sollte der Leser, der einem der Ansätze nicht folgen kann, aus einem anderen Blickwinkel zur Thematik zurückfinden. Viele Querverweise zeigen, daß die Mechanik wenigen einheitlichen Prinzipien folgt, es genügt oft, eine Problemklasse verstanden zu haben, um in anderen Bereichen zumindest eine Grundlage für die Arbeit zu besitzen.

Die Arbeit an einem solchen Buch kostet nicht nur den Verfasser, sondern auch seine Umgebung viel Zeit und Nerven. Deshalb sei allen Studierenden, Assistenten, Kollegen und Freunden, die mit hilfreicher Kritik, zahlreichen Tips und Hinweisen, aber auch mit Geduld und Langmut die Entstehung des Manuskripts begleitet haben, herzlich gedankt. Die Betreuung seitens des Springer Verlags, besonders durch Frau Gaby Maas und Herrn Thomas Lehnert möchte ich ebenso erwähnen, wie die Unterstützung durch verschiedene Firmen, die der Fachhochschule Reutlingen und dem Verfasser durch Überlassung von Software und Unterstützung beim Ausbau der Rechnerkapazität weitgehend entgegen kamen. Nicht zuletzt hat die Bereitschaft meiner Familie, mir für die Erstellung des Manuskripts Zeit zuzugestehen, die ihr entging, die Entstehung des Buches ermöglicht.

Reutlingen, im Herbst 1997   Rolf Steinbuch

Übungsaufgaben

Mehreren Kapiteln sind Übungsaufgaben beigefügt. Diese Übungsaufgaben sollen den Leser einerseits zur Selbstkontrolle anhalten. Andererseits bieten sie einen Einstieg in verschiedene Fragestellungen, wie sie uns als Berechnungsingenieure in der täglichen Praxis begegnen. Es ist nicht erforderlich, die Aufgaben einzeln abzuarbeiten, um dem Buch folgen zu können. Meist ist es ausreichend, wenn der Leser davon überzeugt ist, daß er diese Aufgabe lösen könnte. Es schadet aber auch nicht, die einzelnen Fragen detailliert zu beantworten. Lösungen eines Teils der Aufgaben und weitere Anregungen zum Selbststudium finden sich unter der Homepage des Verfassers.

FEM-Berechnungen

Die technische Seite der FEM lebt von der Anwendung, auch das beste Lehrbuch bleibt ohne praktisch Umsetzung blaß und unanschaulich. Der Leser oder Hörer sollte deshalb die in den einzelnen Kapiteln angesprochenen Fragen anhand einfacher Beispielrechnungen nachvollziehen. Da heute von nahezu allen relevanten kommerziellen FE-Programmen sog. Demo- oder Studentenversionen über das Internet zu beziehen sind, haben wir darauf verzichtet, dem Buch ein eigenes Programm beizulegen, zumal ein solches Programm den kommerziellen Konkurrenten in Bezug auf die Benutzeroberfläche und die integrierten Möglichkeiten hoffnungslos unterlegen wäre. Unter der Homepage des Verfassers ist, neben einigen anderen dem Thema des Buches zugeordneten Informationen, ein sicher nicht immer aktuelles Verzeichnis derartiger Versionen abrufbar. Motivierten Lesern und Anwendern ist zu empfehlen, einige dieser Systeme zu testen, um sich ein Bild der verschiedenen Ansätze des praktischen Einsatzes der FEM zu machen.

Unter der Homepage des Verfassers befinden sich weiterhin ein 2D-Fachwerkprogramm und ein ebenes (2-dimensionales) Finite-Elemente Programm, beide in FORTRAN und C-Version, die in Zuge der Vorlesungsentwicklung laufend aus- und umgebaut werden. Sie vermitteln einen Eindruck, wie ein solches Programm aufgebaut sein kann. Dabei liegt der Schwerpunkt nicht im Erstellen möglichst effektiven Codes, sondern in der Anschaulichkeit, wenn auch nicht immer alle geforderten Regeln übersichtlicher Programmierung eingehalten werden.

Zur Literaturauswahl

Die Literatur zur FEM ist unüberschaubar, regelmäßig wächst sie durch Lehrbücher, Konferenzbeiträge und Veröffentlichungen weiter. Andererseits gehört der Apparat der FEM heute zum Gemeingut der Wissenschaft. Wer im einzelnen welchen Schritt als erster wie formuliert hat, ist oft nur schwer zu entscheiden und korrekt zu zitieren.

Aus der Erfahrung, daß die Studierenden und Anwender immer weniger Neigung zeigen, sich durch viele verschiedene Bücher durchzuarbeiten, wurde entsprechend sparsam zitiert und verwiesen. Hinweise finden sich auf die wesentlichen, anerkannten weiterführenden Lehrbücher und auf einzelne Schriften, in denen spezielle Fragen, z.B. zu Programmiertechniken, die den Rahmen dieser Einführung sprengen, angesprochen werden.

Homepage des Verfassers

Da Bücher langlebiger als Rechnerstrukturen sind, ist es nicht sicher, daß die derzeitige Adresse

(http://cadserv.fh-reutlingen.de/mitarb/steinb.html)

ausreichend lange gültig ist. Es ist aber relativ wahrscheinlich, daß über den zentralen Server der FH Reutlingen ein Zugriff auf die vom Verfasser zur Verfügung gestellten Daten möglich ist. Der derzeitige Suchpfad ist

    FH Reutlingen
    Fachbereich Maschinenbau
    Mitarbeiter

Die gegenwärtige e-mail Adresse ist

    Rolf.Steinbuch@FH-Reutlingen.de

Inhaltsverzeichnis

Klassifizierung der Symbole

Die Symbole werden im Text eingeführt. Schreibtechnisch halten wir folgende Konventionen ein:

$\mathbf{A}, \mathbf{B}, \mathbf{C}$ etc.	fett, groß: Matrizen
$\mathbf{A}^{-1}, \mathbf{A}^T$	inverse, transponierte Matrix
$\lvert \mathbf{A} \rvert$	Determinante einer Matrix
$\mathbf{a}, \mathbf{b}, \mathbf{c}$ etc.	fett, klein: Vektoren, *Ausnahme*:
$\mathbf{F}, \dot{\mathbf{Q}}, \mathbf{T}$	Kraft-, Wärmefluß und Temperaturvektoren
x, y, z	globale, natürliche, physikalische Koordinaten
r, s, t	lokalen Einheitskoordinaten
u, v, w	x, y, z- Verschiebungen
t	Zeit (nicht mit der 3. Einheitskoordinate verwechseln)
T	Temperatur
α, β, γ	Winkel
ϕ	Eigenform
$f(x), (g(x,y,z))$	Funktionen einer (mehrerer) Variabler
$h(r,s,t)$	Ansatzfunktionen
$f'(x) = \dfrac{\mathrm{d}f(x)}{\mathrm{d}x}$	Ableitung einer Funktion

$$\nabla f(x,y,z) = \begin{pmatrix} \dfrac{\partial f}{\partial x} \\[1.5ex] \dfrac{\partial f}{\partial y} \\[1.5ex] \dfrac{\partial f}{\partial z} \end{pmatrix}$$ Gradient einer Funktion, Richtungsableitungen

$$\Delta f = \frac{\partial^2 f}{\partial x^2} + \frac{\partial^2 f}{\partial y^2} + \frac{\partial^2 f}{\partial z^2}$$ Laplaceoperator auf eine Funktion angewandt aber

Δx — Zuwachs der Größe x

$\displaystyle\int_\Omega f(\omega)\, d\omega$ — Integral einer Funktion über ein n-dimensionales Gebiet

1 Praktisches Rechnen - Beispiele und Probleme

Die Finite Elemente Methode (FEM) stellt als vielseitig einsetzbares Berechnungsverfahren heute eines der wichtigsten Hilfsmittel bei der theoretischen Überprüfung von physikalischen Vorgängen dar. Die Breite ihrer Anwendungsgebiete skizzieren folgende typischen Einsatzmöglichkeiten:
- Ein Konstrukteur soll die Tragfähigkeit eines neuen Bauteils, z. B. des Maschinenträgers in Abb. 1.1 analysieren, ohne dieses Bauteil erst fertigen und danach
prüfen zu müssen. Mit der FEM lassen sich untaugliche Varianten ohne aufwendige Versuchsteilefertigung schnell identifizieren und ausschließen, Schwachstellen
beseitigen und überflüssige Verstärkungen entfernen.
- Bei der Auslegung von Bremsscheiben für Kraftfahrzeuge ist die Wärmevertei-
lung in der Scheibe und den angrenzenden Baugruppen (meist Felge und Nabe)
experimentell nur mit großem Aufwand bestimmbar. Dagegen kann man eine Vielzahl von Bremsscheibenvarianten bei dem hier Paßabfahrt genannten kritischen
Lastfall (große Bremsleistung bei geringer Geschwindigkeit und damit geringer
Kühlung während der Abfahrt) schon auf relativ kleineren Rechnern in Minuten-
schnelle simulieren und vergleichen.
- Durch die Zunahme drahtloser Kommunikationen stellt die Verteilung elektromagnetischer Felder im Raum ein immer häufiger auftretendes Problem dar. Zum einen soll die Vielzahl derartiger Verbindungen mit einem Minimum an Sendern und
Relaisstationen ablaufen, andererseits stören diese, aber vor allem andere, unge-

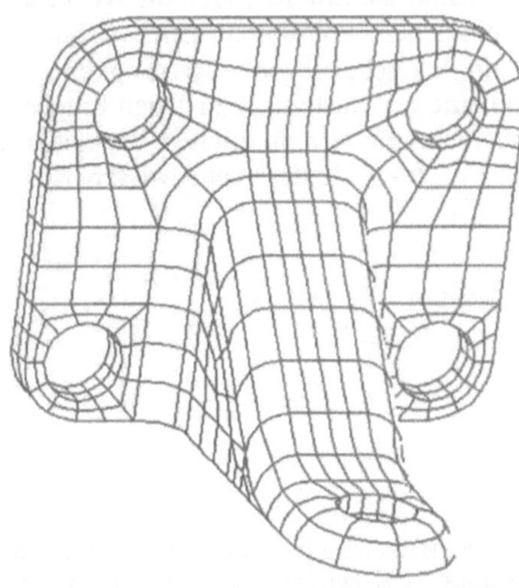

Abb. 1.1: Finite Elemente-Modell eines Maschinenträgers

wollte Sender, z.B. Schweißautomaten, sensible Anlagen wie Meßeinrichtungen oder ähnliche elektronische Ausrüstungen. Sowohl die optimale Anordnung der gewollten Sender, als auch effektive Schutzmaßnahmen gegen ungewünschte Einflüsse unvermeidbarer Quellen elektromagnetischer Wellen lassen sich mit der FEM ermitteln.

So breit die Akzeptanz der Methode ist, so wenig versuchen zahlreiche, auch oft erfahrene und erfolgreiche Anwender, sich mehr als unbedingt erforderlich, mit den Hintergründen der FEM vertraut zu machen, weil noch immer bei vielen Ingenieuren eine Aversion gegen die intensive Beschäftigung mit mathematischen Verfahren festzustellen ist. Dies hat zweierlei negative Auswirkungen. Erstens liegt in der mangelnden Einsicht in den Aufbau des Verfahrens eine mögliche Ursache falscher oder fehlerhafter Rechnungen. Zweifelhafte Resultate dienen dann dazu, die FEM insgesamt infrage zu stellen, obwohl die Ursache der Schwierigkeiten nicht in der FEM, sondern im von wenig Sachverstand geprägten Herangehen liegt. Zweitens beschränken sich die Berechnungsaufgaben auf einfache Fälle, die auch ohne vertieftes Hintergrundwissen sicher zu bearbeiten sind. Die ganze Breite der Anwendungsmöglichkeiten bleibt dem Anwender, der zuwenig um die Zusammenhänge der verschiedenen technischen Fragestellungen weiß, verborgen.

Eine der Ursachen der mangelnden Bereitschaft, sich intensiver mit den Hintergründen numerischer Verfahren zu beschäftigen, ist sicher die Tatsache, daß die Mathematikausbildung an den Hochschulen bei der Mehrzahl der Studierenden immer noch äußerst wenig beliebt ist. Insbesondere die numerischen Verfahren finden bei den angehenden Ingenieuren nur langsam die ihnen zukommende Anerkennung.

In der beruflichen Praxis stellt es sich dann heraus, daß die Methoden, welche an den Hochschulen gelehrt und verinnerlicht wurden, nicht ausreichen, um schon relativ einfache Aufgaben zu behandeln. So beobachtet man, daß so elementare Fragen wie das Verhalten eines angeregten Ein- oder Zweimassenschwingers (Abb. 6.1 und 6.4) großes Erstaunen hervorrufen. Entsprechendes gilt für die Untersuchung von Funktionen, bei denen die Studierenden die Kurvendiskussion, das Differenzieren und Integrieren einfacher Funktionen intensivst üben. Tritt dann eine weniger bekannte Funktion auf, herrscht oft große Ratlosigkeit.

Ähnlich stellen sich die Probleme bei elastomechanischen Fragestellungen. Wir untersuchen in der Festigkeitsberechnung alle möglichen Varianten, einen Balken zu lagern und zu belasten (Abb. 1.2a-c). Andererseits wissen wir aber, daß der

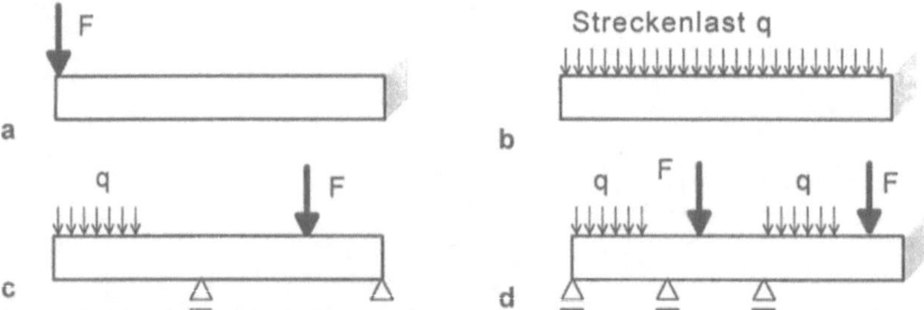

Abb. 1.2: Verschiedene Arten, einen Balken zu lagern und zu belasten. **a** Freiträger mit Einzellast, **b** Freiträger mit Streckenlast, **c** Kragträger mit Strecken- und Einzellast, **d** statisch überbestimmt gelagerter Träger mit Strecken- und Einzellasten

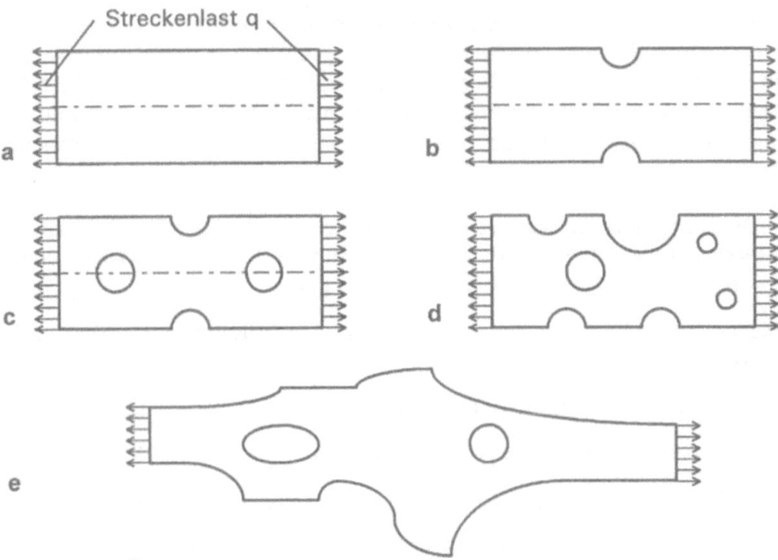

Abb. 1.3: Verschiedene ebene Berechnungsprobleme. **a** Rechteckiges Blech, **b** symmetrisch gekerbtes Blech, **c** symmetrisch gekerbtes und gelochtes Blech, **d** unsymmetrisch gekerbtes und gelochtes Blech, **e** unregelmäßige ebene Struktur

Aufwand der Untersuchung eines Balkens schon bei 3- oder 4-fach statisch überbestimmter Lagerung (Abb. 1.2d) so steigt, daß wir mit Papier, Bleistift und Taschenrechner kaum in vertretbarer Zeit eine Lösung finden.

Das gilt um so mehr für Bauteile, die nicht auf die elementaren Formen von Zugstab, Biegebalken, Schub- oder Drehfeder zurückzuführen sind. Hat ein Blechstreifen unter Streckenlast (Abb. 1.3a) eine oder mehrere regelmäßig angeordnete Kerben oder Aussparungen (Abb. 1.3b-c), gibt es in den einschlägigen Handbüchern (z.B. [11]) noch Kerbwirkungszahlen, mit denen wir die Spannungserhöhungen in der Nähe der Aussparungen bestimmen können. Sobald aber eine unregelmäßige Lochung des immer noch ebenen, 2-dimensionalen Zugblechs (Abb. 1.3d) oder gar eine nicht auf einen Blechstreifen unter Zugbelastung zurückführbare Kontur (Abb. 1.3e) vorliegt, sind wir mit unseren Standardmethoden am Ende.

1.1
Berechnungen mit begrenzt genauen Zahlen

Um solche, den elementaren analytischen Ansätzen nicht oder nicht ohne weiteres zugängliche Fragen zu behandeln, werden heute mit großem Erfolg numerische Verfahren eingesetzt, von denen die Finite Elemente Methode eine der verbreitesten ist.

Bevor wir uns mit der Methode selbst auseinandersetzen, wollen wir einige Möglichkeiten und Grenzen der Numerik, der Wissenschaft des Rechnens mit Zahlen, an elementaren Beispielen demonstrieren.

Die folgenden Abschnitte stellen anhand einiger leicht durchschaubarer Aufgaben verschiedene Ansätze der numerischen Behandlung einfacher Berechnungsaufgaben dar. Sie weisen gleichzeitig auf Probleme hin, die beim Arbeiten mit digitalen Rechenanlagen zwangsläufig auftreten. Sie stehen zwar nicht im unmittelbaren Zusammenhang mit der FEM, erlauben aber einige grundsätzliche Fragen anzusprechen.

Beispiel 1.1: Die Länge eines Speisewasserbehälters wird vor und während der Druckprobe optisch vermessen. Die vor und bei der Belastung mit 9 Stellen angegebenen Längen sind

$$x_0 = 10\ 213{,}3498 \text{ mm} \qquad x_1 = 10\ 213{,}8512 \text{ mm}$$

Eine auf 6 Stellen genaue Weiterverarbeitung dieser Daten im Auswertesystem der Genehmigungsbehörde ergibt eine Längenänderung von

$$\Delta l_{6,1} = 10\ 213{,}9 \text{ mm} - 10\ 213{,}3 \text{ mm} = 0{,}6 \text{ mm} \tag{a}$$

Die Auslegung des Kessels erlaubt eine Axialdehnung von $\varepsilon_{ax,\,gerechnet} = 0{,}005\%$. Entspricht die gemessene Längenänderung der berechneten?

Lösung: Aus der 6-stelligen Auswertung der Messung errechnen wir die Axialdehnung

$$\varepsilon_{ax,\,gemessen,6,1} = \Delta l_{6,1} / l = 0{,}6 / 10\ 213{,}8512 = 0{,}00005875 = 1{,}17 \text{ x } \varepsilon_{ax,\,gerechnet} \tag{b}$$

eine Abweichung zwischen Rechnung und Messung von 17%, die bei sicherheitsrelevanten Komponenten nicht ohne weiteres hingenommen wird.

Abhilfe: Bei 9-stelliger Rechnung erhalten wir eine Dehnung von

$$\varepsilon_{ax,\,gemessen,9} = \Delta l_9 / l = 0{,}5014 / 10\ 213{,}8512 = 0{,}000049094 = 0{,}98 \text{ x } \varepsilon_{ax,\,gerechnet} \tag{c}$$

Diese 2% Differenz zwischen Rechnung und Messung sind i.allg. akzeptabel.

Alternative: In der ersten Rechnung wurde ein großer Teil der Genauigkeit der Messung nicht genutzt, da durch die Rundung nur eine signifikante Ziffer erhalten blieb, und die Rundung in die ungünstige Richtung erfolgte. Durch Übergang auf einen neuen Ursprung (z.B. Verschieben des Meßsystems zur Mitte des Behälters um $\Delta x = 5000$ mm) erhalten wir die Längen links und rechts vom neuen Ursprung vor und während der Druckprobe

$$l_{0,l} = 5000{,}0000 \text{ mm} \qquad l_{0,r} = 5213{,}3498 \text{ mm}$$
$$l_{1,l} = 5000{,}2893 \text{ mm} \qquad l_{1,r} = 5213{,}5619 \text{ mm} \tag{d}$$

und damit bei 6 stelliger Genauigkeit eine Verlängerung von

$$\Delta l_{6,2} = \Delta l_{6,l} + \Delta l_{6,r} = 0{,}29 \text{ mm} + 0{,}21 = 0{,}50 \text{ mm}$$

also

$$\varepsilon_{ax,\,gemessen,6,2} = \Delta l_{6,2} / l = 0{,}50 / 10\ 213{,}8512 = 0{,}000047978 = 0{,}98 \text{ x } \varepsilon_{ax,\,gerechnet} \tag{e}$$

und damit ebenfalls eine akzeptable Übereinstimmung zwischen Messung und Rechnung. Eine solche Transformation der Zahlen ist selbstverständlich nur möglich, wenn die Berechnungen oder Messungen, die zu den Längenangaben führen, im verschobenen System sinnvoll durchgeführt werden können. Ein reines Subtrahieren von Δx erhöht die Genauigkeit natürlich nicht wie

$$\Delta l_{6,3} = (x_1 - \Delta x) - (x_0 - \Delta x) = x_1 - \Delta x - x_0 + \Delta x = x_1 - x_0 = \Delta l_{6,1} \tag{e}$$

zeigt.

Anmerkung: Die Werte in diesem Beispiel sind offenkundig konstruiert, um den Effekt zu verdeutlichen. Da derartige Ungenauigkeiten tatsächlich auftreten, sollte man sich des Problems der begrenzt genauen Zahlen im Rechner bewußt sein.

Tabelle 1.1: Fehler beim Aufsummieren von vielen kleinen Zahlen

Anzahl der Additionen [Millionen]	addierte Summe	exakte Summe	Differenz
2	246908.3000	246913.4000	5.1094
4	493843.9000	493826.8000	-17.0625
6	740726.6000	740740.2000	13.6250
8	987601.6000	987653.6000	52.0625
10	1234571.0000	1234567.0000	-3.7500
12	1481571.0000	1481480.0000	-90.3750
14	1728571.0000	1728394.0000	-176.8750
16	1975571.0000	1975307.0000	-263.5000
18	2222571.0000	2222221.0000	-350.0000
20	2469571.0000	2469134.0000	-436.7500
22	2716571.0000	2716048.0000	-523.2500
24	2963571.0000	2962961.0000	-610.0000
26	3210571.0000	3209874.0000	-696.5000
28	3457571.0000	3456788.0000	-783.0000
30	3704571.0000	3703701.0000	-869.7500

Ein verwandtes Problem tritt auf, wenn sehr viele ähnlich große Zahlen zu addieren sind. Sehr viele heißt eine Anzahl, die in der Größenordnung der im Rechner dargestellten Zahlen (ca. 7 Stellen bei einfach genauen, ca. 14 Stellen bei doppelt genauen Zahlen) liegt, also z.B. eine Summe von einigen 100 000 oder Millionen Zahlen.

Beispiel 1.2: Die Summe von 30 Millionen Summanden des Wertes $x = 0,1234567$ ist durch fortgesetzte Addition der Zahl zu der bisherigen Summe zu berechnen.
Lösung: Tabelle 1.1 stellt das Ergebnis der vielfachen Addition mit einigen Zwischenergebnissen dar. Der Fehler zwischen exakter Summe und numerischem Resultat erreicht eine Größe von etwa 0,2%. Dies mag gering erscheinen, ist aber doch in der Größenordnung, in der die kritischen Dehnungen technisch wichtiger Metalle liegen. Auch bei der Berechnung von Zeitverläufen (vgl. Beispiel 1.5) addieren wir häufig zu einer großen Zahl, die dem erreichten Zustand einer Variablen entspricht, viele kleine Zuwächse. In Tabelle 1.2 bemerken wir weiterhin, daß die ausgedruckte Differenz nicht immer den Wert hat, den wir durch Subtraktion der ausgedruckten exakten von der addierten Summe erhalten.

Anmerkung: Die Berechnung, die zu den Daten in Tabelle 1.1 führte, wurde auf einem PC mit einem FORTRAN 77-Programm und einfach genauer Zahlendarstellung durchgeführt. Mit einem formal in C übersetzten Programm erhalten wir unsinnige Ergebnisse, hier ist die andere interne Zahlendarstellung zu beachten. Beispielprogramme finden sich auf dem Server der FH Reutlingen.

Auch bei einfachen Umsetzungen unserer mathematischen und geometrischen Kenntnisse in die Welt der mit Rechnern verarbeiteten Zahlen erleben wir Überraschungen, wie das folgende klassische Beispiel zeigt.

Beispiel 1.3: Berechnung des Kreisumfangs: Das Verhältnis zwischen dem Umfang U und dem Radius r eines Kreises beträgt bekanntlich 2π. Um den numerischen Wert von π zu bestimmen, verwendet man in den wissenschaftlichen Rechenzentren, welche alle paar Jahre die Zahl der berechneten Stellen um einige Millionen erhöhen, Verfahren, die auf

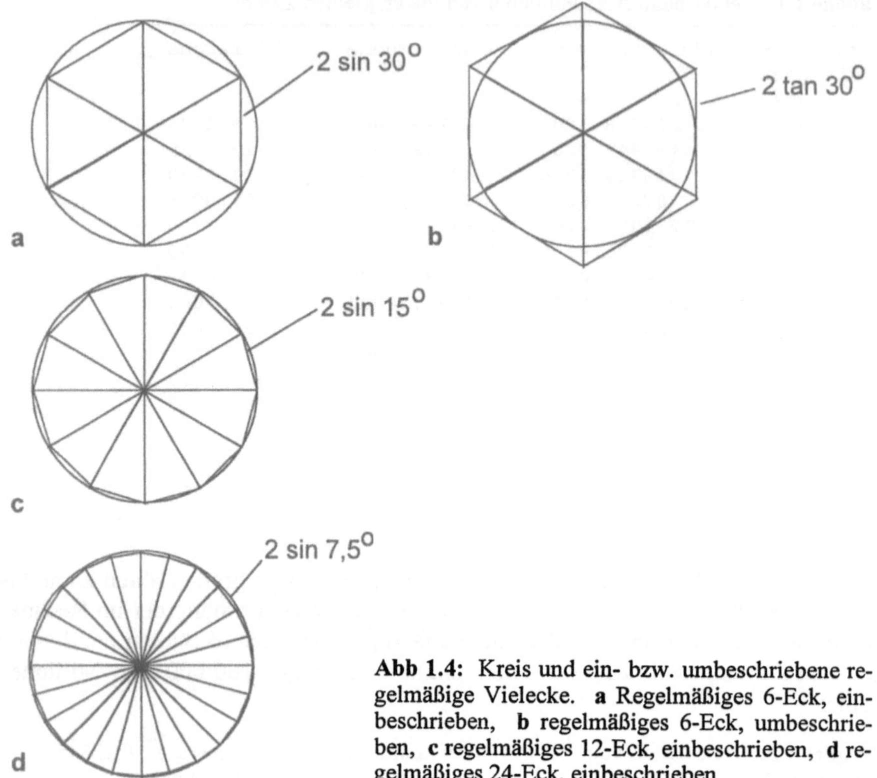

Abb 1.4: Kreis und ein- bzw. umbeschriebene regelmäßige Vielecke. **a** Regelmäßiges 6-Eck, einbeschrieben, **b** regelmäßiges 6-Eck, umbeschrieben, **c** regelmäßiges 12-Eck, einbeschrieben, **d** regelmäßiges 24-Eck, einbeschrieben

Reihenentwicklungen oder Iterationsprozessen beruhen [14]. Wir wollen ein anderes Herangehen wählen, nicht weil es besser geeignet wäre, sondern weil es uns auf ein typisches Problem der Numerik führt.

Geometrische Lösung: Aus der Trigonometrie ist das Additionstheorem des Sinus

$$\sin(\alpha + \beta) = \sin\alpha\,\cos\beta + \sin\beta\,\cos\alpha \tag{a}$$

bekannt. Im Fall $\alpha = \beta$ folgt für den Sinus des doppelten Winkels

$$\sin 2\alpha = 2\sin\alpha\,\cos\alpha \tag{b}$$

Mit

$$\cos^2\alpha = 1 - \sin^2\alpha \tag{c}$$

gilt

$$\sin^2 2\alpha = 2\sin^2\alpha\,(1 - \sin^2\alpha) \tag{d}$$

Dies läßt sich nach

$$\sin^2\alpha = \frac{1}{2}(1 - \sqrt{1 - \sin^2 2\alpha}\,) \tag{e}$$

auflösen. Damit können wir $\sin\alpha$ aus $\sin 2\alpha$ berechnen. Da $\sin 30° = 0,5$ bekannt ist, folgen aus (e) sukzessiv die Werte von $\sin\alpha$ für

$$\alpha = 15°,\ 7,5°,\ 3,75°$$

usw..

Gleichung (e) benutzen wir um π, den halben Umfang des Einheitskreises, zu ermitteln. Nach Abb. 1.4a erhalten wir eine erste Abschätzung von π aus dem halben Umfang des dem Kreis eingeschriebenen regelmäßigen Sechsecks mit der Kantenlänge 2 sin 30°. Es ist

$$\pi_{1,1} = 6 \sin 30° = 3 \tag{f}$$

und

$$r_{1,1} = 0{,}14159\ldots \tag{g}$$

Dabei ist $r_{1,1} = \pi - \pi_{1,1}$ der Fehler, den diese Näherung aufweist. Aus der bekannten Beziehung

$$\tan \alpha = \frac{\sin \alpha}{\cos \alpha} = \frac{\sin \alpha}{\sqrt{1 - \sin^2 \alpha}}$$

ist mit dem Sinus eines Winkels auch dessen Tangens bekannt. Das dem Kreis umbeschriebene regelmäßige Sechseck hat die Kantenlänge 2 tan 30° und einen halben Umfang von (Abb. 1.4b)

$$\pi_{1,2} = 6 \tan 30° = 3{,}4641016 \tag{h}$$

sowie

$$r_{1,2} = -0{,}322508\ldots \tag{i}$$

$r_{1,2} = \pi - \pi_{1,2}$ bezeichnet wieder den Fehler dieser Näherung. Der durch die Mittelung der beiden errechneten halben Umfänge erhaltene Wert von

$$\pi_{1,3} = 3{,}23205\ldots \tag{j}$$

mit

$$r_{1,3} = -0{,}090458 \tag{k}$$

stellt eine dritte, wie der Betrag von $r_{1,3}$ beweist, bessere Näherung von π dar. Wir halbieren nun den Winkel α immer weiter und bestimmen mit Hilfe von Gl. (e) die halben Umfänge der dem jeweiligen Winkel entsprechenden ein- bzw. umbeschriebenen regelmäßigen 12-, 24-, 48-, usw. Ecke. Abbildung 1.5a zeigt (von rechts nach links) den Verlauf der berechneten Werte der Näherungen von π, Tabelle 1.2 führt die Daten nochmals auf. Bis zur 14. Halbierung, welche einem Winkel von $\alpha_{14} \approx 0{,}001°$ entspricht, nehmen die Fehler $r_{i,1}$, $r_{i,2}$ bzw. $r_{i,3}$ ($i = 1$–14) der berechneten Werte von $\pi_{i,1}$, $\pi_{i,2}$ und $\pi_{i,3}$ ab.
Divergenz: Ab einem Winkel $\alpha < 0{,}001°$ beobachten wir eine zunehmende Abweichung vom gesuchten Wert (vgl. Tabelle 1.2). Diesen Fehler zeigt Abb. 1.5b vergrößert. Warum tritt diese Verschlechterung in der Näherung auf? In Gl. (e) steht die Differenz

$$1 - \sqrt{1 - \sin^2 2\alpha} \tag{l}$$

Da mit jeder Halbierung von α sin 2α und erst recht $\sin^2 2\alpha$ weiter abnimmt, subtrahieren wir von der 1 unter der Wurzel eine Zahl, deren relevante Stellen so weit von denen der 1 entfernt sind, daß schließlich die zu subtrahierende Zahl immer weniger berücksichtigt werden kann.

Wir verlieren bei der Subtraktion $1 - \sin^2 2\alpha$ bereits einen großen Teil der Genauigkeit, die wir im Sinus noch hatten. Die im Rechner nur mit einer begrenzten Zahl von Stellen angegebene Wurzel schneidet wieder einen Teil der verbliebenen Genauigkeit ab. Wenn wir dann noch nach (l) von 1 einen Wert sehr nahe bei 1 subtrahieren, ist ein großer Teil der erreichbaren Genauigkeit zuerst durch die Subtraktionen sehr unterschiedlich großer Zahlen und dann von Zahlen, die sich nur wenig unterscheiden, verloren gegangen.

Damit berücksichtigen wir in dem Ausdruck (l) fortwährend weniger sin α kennzeichnende Stellen. Die gefundene Näherung für π verliert, wie Tabelle 1.2 nahelegt, bei

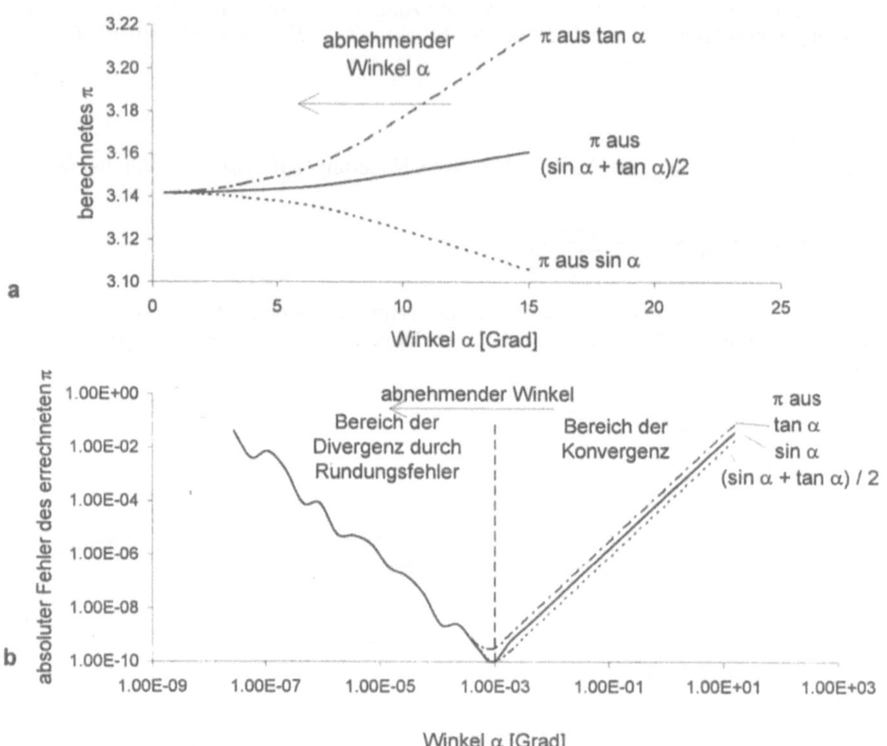

Abb. 1.5: Konvergenz und Divergenz bei der Berechnung von π. **a** berechnete Werte von π, **b** Fehler der Näherungen bei abnehmendem α

weiterer Halbierung von α immer weiter an Qualität. Diese Tatsache ist ein Grund, warum unser Verfahren in Programmen, die π auf viele Stellen genau berechnen, nicht zum Einsatz kommt.

Abhilfe: Die Divergenz bei kleinen Winkeln läßt sich relativ einfach vermeiden, indem man Gl. (e) mit $1+\sqrt{1-\sin^2 2\alpha}$ erweitert, Zähler und Nenner damit multipliziert.

$$\sin^2\alpha = \frac{\sin^2 2\alpha}{2(1 + \sqrt{1 - \sin^2 2\alpha})} \tag{e'}$$

Im Zähler steht dann $\sin^2 2\alpha$, im Nenner die Summe und nicht die Differenz von fast gleich großen Zahlen. Für kleine Winkel α strebt dieser Ausdruck wie erwartet stabil gegen

$$\sin\alpha \approx \frac{1}{2}\sin 2\alpha$$

Natürlich ist die Genauigkeit auch dieses Ansatzes durch die Genauigkeit der im Rechner verwendeten Zahlen begrenzt.

Tabelle 1.2: Berechnung von π aus den Umfängen von regelmäßigen Vielecken

Unter- teilung	Winkel α [Grad]	π berechnet (mit sin α)	Fehler	
Nr.				
1	15.000000000	3.105828541	.03576411306858063	
2	7.500000000	3.132628613	.00896404031664133	
3	3.750000000	3.139350203	.00224245060235262	
4	1.875000000	3.141031951	.00056070269783959	
5	.937500000	3.141452472	.00014018130605109	
6	.468750000	3.141557608	.00003504567939672	
7	.234375000	3.141583892	.00000876144167705	
8	.117187500	3.141590463	.00000219036178351	
9	.058593750	3.141592106	.00000054759050272	
10	.029296880	3.141592517	.00000013689758305	
11	.014648440	3.141592619	.00000003422467287	
12	.007324219	3.141592645	.00000000855518323	
13	.003662109	3.141592651	.00000000214041762	
14	.001831055	3.141592653	.00000000055626659	
15	.000915527	3.141592653	.00000000009769696	< Zunahme
16	.000457764	3.141592654	.00000000040256110	des
17	.000228882	3.141592656	.00000000240359288	Fehlers
18	.000114441	3.141592656	.00000000240359288	beginnt
19	.000057220	3.141592688	.00000003442010410	
20	.000028610	3.141592816	.00000016248614543	
21	.000014305	3.141592987	.00000033324087667	
22	.000007153	3.141595036	.00000238229677052	
23	.000003576	3.141597768	.00000511436928718	
24	.000001788	3.14158€840	.00000581393487664	
25	.000000894	3.141674265	.00008161143341567	
26	.000000447	3.141674265	.00008161143341567	
27	.000000224	3.143072740	.00148008659016341	
28	.000000112	3.148660429	.00706777581945062	
29	.000000056	3.137475100	.00411755405366421	
30	.000000028	3.181980515	.04038786143064499	
31	.000000014	-3.000000000	6.14159250259399400	

Phänomene wie die hier beschriebene Divergenz beobachten wir immer, wenn wir ähnlich große Zahlen subtrahieren oder sehr unterschiedlich große Zahlen addieren oder subtrahieren, da dann in Summe und Differenz nur ein kleiner Teil der die Zahlenwerte kennzeichnenden Stellen berücksichtigt wird. Auch beim Aufsummieren von vielen ähnlich großen Summanden (Beispiel 1.2) kommt es zu solchen Erscheinungen, da die nach einem Teil der Summation schon große Summe nur noch die führenden Stellen des jeweiligen kleinen Summanden aufnimmt.

Abhilfen, diese numerischen Ungenauigkeiten bei Differenzen und Summen zu reduzieren, basieren hauptsächlich auf der Möglichkeit durch doppelt oder vierfach genaue Zahlendarstellungen im Rechner mehr Stellen zu berücksichtigen.

Für die Berechnung mit Finiten Elementen ist dies ein wesentliches Problem. Bei Bauteilabmessungen von 100 m betragen die örtlichen Relativbewegungen oft nur Bruchteile von Millimetern. Die Bauteilgröße beansprucht die führenden 5 oder 6 Stellen der Zahlendarstellung (vgl. Beispiel 1.1), die lokalen Bewegungen verschwinden in den letzten Stellen der im Rechner verwendeten einfach genauen Zahl. Wir müssen oft mit doppelt genauen Zahlen rechnen, um sinnvolle Ergebnisse zu erhalten.

1.2
Numerische Integration

Eine weitere häufig in der Praxis auftretende Aufgabe ist die Integration einer beliebig gegebenen Funktion über ein Intervall (Abb. 1.6). Dieser Integration kann in der technischen Anwendung eine geleistete Arbeit (z.B. beim Carnotschen Kreisprozeß) oder eine andere im Lauf der Zeit aufzusummierende Größe, z.B. die Tagesproduktion eines stetigen oder unterbrochenen Fertigungsprozesses entsprechen. Häufig gibt es keine analytische Lösung des Integrals, da entweder die Funktion nicht geschlossen integrierbar ist oder als Meßreihe und nicht als analytische Funktion vorliegt.

Um dennoch zu einer brauchbaren Abschätzung der Flächen unter solchen Funktionen zu gelangen, verwenden wir meist Verfahren, welche auf eine der im folgenden beschriebenen Ideen zurückgehen. Da bei der Bewertung numerischer Methoden immer die Qualität, die Fähigkeit, in vernünftiger Zeit mit ausreichender Genauigkeit ein Ergebnis zu liefern, dokumentiert werden muß, verwenden wir eine leicht zu integrierende Kurve als Testfunktion.

Beispiel 1.4: Wir sollen das Integral

$$I = \int_0^\pi \sin x \, dx \tag{a}$$

numerisch berechnen. Es ist bekannt, daß $I = 2$ die exakte Lösung darstellt.
Lösung: Um I numerisch zu berechnen, nutzen wir zunächst die Symmetrie bzgl. $x = \pi/2$ aus

$$I = 2 \int_0^{\pi/2} \sin x \, dx \tag{b}$$

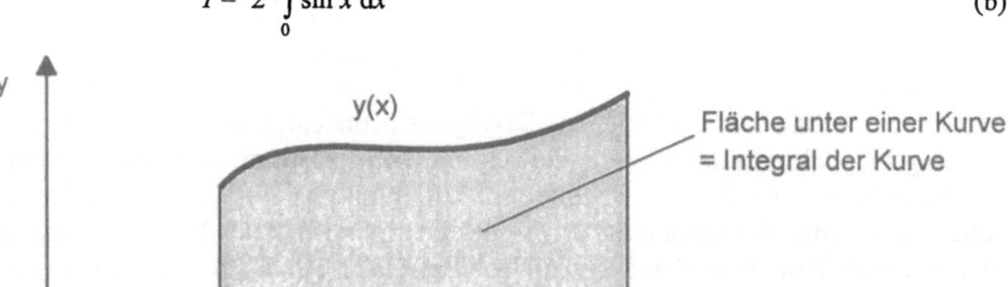

Abb. 1.6: Integral als Fläche unter einer Funktion

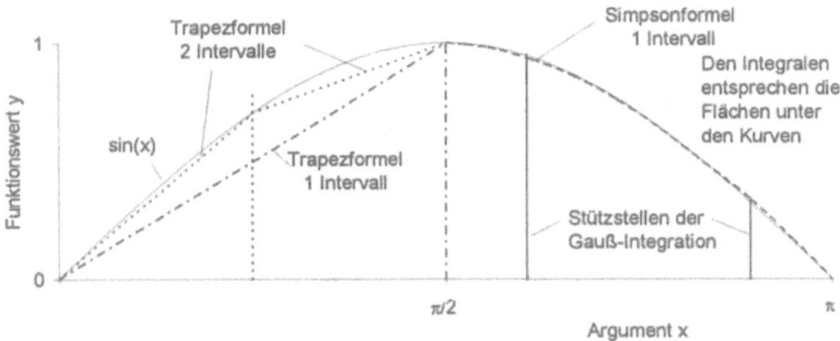

Abb. 1.7: Numerische Integration der Sinusfunktion

Die Integration führen wir durch, indem wir $f(x) = \sin x$ näherungsweise beschreiben. Dies geschieht mit (vgl. Anlage A1.2.3)
a) Geradenstücken zwischen je 2 benachbarten Funktionswerten (Trapezformel)
b) Parabelstücken durch jeweils 3 Funktionswerte im Intervall (Simpson-Integration)
c) Integration nach Gauß durch jeweils 2 Funktionswerte im Intervall.

Das Integral erhalten wir als die Summe der Teilflächen unter unseren annähernden Kurven. Abbildung 1.7 stellt im Bereich $x \leq \pi/2$ die Approximation nach der Trapezregel mit Geradenstücken für 1 bzw. 2 Intervalle mit 2 bzw. 3 Stützstellen, im Bereich $x \geq \pi/2$, die parabolische Näherung nach Simpson für 1 Intervall mit 3 Stützstellen und die Lage der Stützpunkte der Gauß-Integration dar. Der Verlauf der beiden Annäherungen legt schon hier die Vermutung nahe, daß die Integration mit Parabelstücken derjenigen mit Geradenstücken deutlich überlegen ist.

Mit der Bezeichnung $I_{T,1}$ für den Wert der linearen Trapezintegration und $r_{T,1} = I - I_{T,1}$ für den Fehler bei einem Intervall erhalten wir

$$I_{T,1} = 1{,}5707\ldots \qquad r_{T,1} = 0{,}4292\ldots \tag{c}$$

und mit $I_{S,1}$ bei der quadratischen Simpson-Integral mit dem Fehler $r_{S,1}$

$$I_{S,1} = 2{,}004056\ldots \qquad r_{S,1} = -0{,}00456\ldots \tag{d}$$

sowie $I_{G,1}$ für die ebenfalls quadratische Gauß-Integration mit dem Fehler $r_{G,1}$

$$I_{G,1} = 1{,}996945\ldots \qquad r_{G,1} = 0{,}003055\ldots \tag{d}$$

Tabelle 1.3: Vergleich verschiedener Integrationsverfahren

Nr.	Schrittweite [rad]	Trapezformel	Simpson-Integration	Gauß-Integration
1	1.5707963705	1.5707960000	2.0045600000	1.9969450000
2	.7853981853	1.8961190000	2.0002690000	1.9998200000
3	.3926990926	1.9742320000	2.0000170000	1.9999890000
4	.1963495463	1.9935700000	2.0000010000	1.9999990000
5	.0981747732	1.9983940000	2.0000000000	2.0000000000
6	.0490873866	1.9995980000	2.0000000000	2.0000000000
7	.0245436933	1.9999000000	2.0000000000	2.0000000000
8	.0122718466	1.9999750000	2.0000000000	2.0000000000

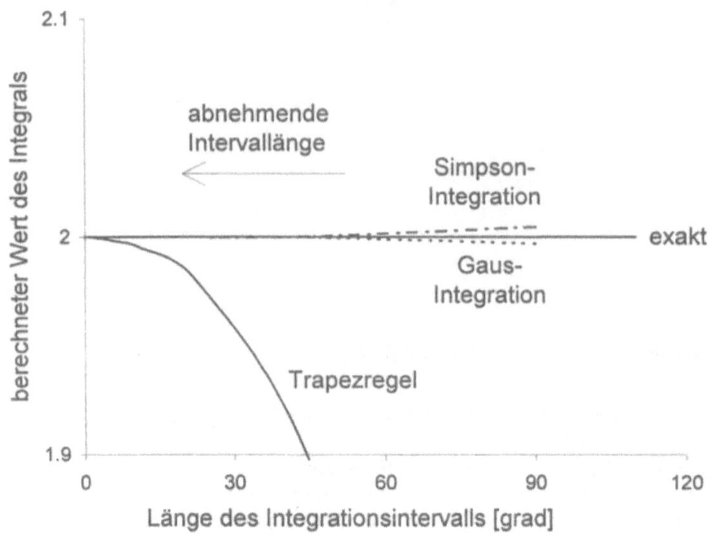

Abb. 1.8: Konvergenzverhalten verschiedener Integrationsverfahren

Halbieren wir die Integrationsintervalle, erhalten wir die in Tabelle 1.3 aufgelisteten Näherungen der Integration nach den 3 Verfahren. Daß die Qualität der quadratischen Simpson- und Gauß-Integration deutlich über derjenigen der linearen Trapezregel liegt, entnimmt man auch Abb. 1.8.

Es kann festgehalten werden, daß das 2-Punkt-Gauß-Verfahren von der Genauigkeit her mit dem ebenfalls auf Parabelapproximation basierenden Simpson-Verfahren konkurrieren kann, dabei aber nur 2 statt 3 Funktionsauswertungen im Intervall benötigt. Dieser Vorteil relativiert sich bei sukzessiver Intervallhalbierung, da das Simpson-Verfahren bei der Intervallhalbierung schon ausgewertete Funktionswerte an den Intervallenden und der Intervallmitte verwendet. Damit muß nur ein Wert in der Mitte jedes halbierten Intervalls neu berechnet werden. Nach Gauß wären dagegen immer zwei neue Funktionswerte in den halbierten Intervallen zu berechnen. Das Gaußsche Integrationsverfahren setzen wir deshalb nicht bei sukzessiven Intervallhalbierungen ein, sondern dann, wenn wir annehmen dürfen, daß sich die zu integrierende Kurve ausreichend genau durch ein Polynom des jeweiligen Grades annähern läßt (vgl. Anhang A1.2.3).

1.3
Integration einer Differentialgleichung mit Euler-Verfahren

Das vorherige Beispiel verdeutlicht, daß geeignete numerische Verfahren in der Lage sind, mit relativ wenigen Rechenschritten ausreichend genaue Ergebnisse zu liefern. Anhand der Integration einer Differentialgleichung (DGL) wollen wir die Bedeutung der Auswahl eines geeigneten Verfahrens auf Genauigkeit und benötigte Rechenzeit nochmals darstellen. Wir führen dieses Beispiel breit aus, da ein großer Teil der Anwendung der FEM darin besteht, DGL zu integrieren. Wenn auch bei der Formulierung von Elementen die hier gezeigten Ansätze nur eine untergeordnete Rolle spielen, so sind doch die im nachfolgenden entwickelten Integrationsverfahren für das Verständnis der Methode, aber auch bei der Lösung von zeitabhängigen Fragestellungen, von einiger Bedeutung.

Differentialgleichungen sind Beziehungen zwischen einer Funktion und ihren Ableitungen (vgl. Anlage A1.3) der Form

$$y'(x) = f(x, y(x)) \tag{1.1}$$

wobei $y' = dy/dx$ für die Ableitung der gesuchten Funktion $y(x)$ nach der Variablen x steht. Eine (nicht notwendigerweise eindeutige) Lösung einer DGL ist eine Funktion $y(x)$ auf einem Intervall $x_0 \le x \le x_1$, welche unter den angegebenen Rand- oder Anfangsbedingungen (z.B. $y(x_0) = y_0$) Gl. (1.1) erfüllt. Es gibt eine Vielzahl von analytischen Lösungswegen für die unterschiedlichsten Arten von DGL, es gibt jedoch eine noch größere Vielzahl von DGL-Typen, die sich jeder analytischen Lösung entziehen [8, 9]. Auch hier müssen wir häufig numerisch arbeiten.

Viele bei der Integration einer DGL zur Verwendung kommenden Verfahren basieren auf der Reihenentwicklung, der Tatsache, daß sich eine mehrfach differenzierbare Funktion $y(x)$ in der Umgebung eines Punktes x_0 durch die Taylorreihe mit n Gliedern

$$y(x_0 + \Delta x) \approx y(x_0) + \Delta x \, y'(x_0) + \frac{\Delta x^2}{2} y''(x_0) + \ldots + \frac{\Delta x^n}{n!} y^{(n)}(x_0)$$

$$= \sum_{k=0}^{n} \frac{\Delta x^k}{k!} y^{(k)}(x_0) \tag{1.2}$$

in der Umgebung von x_0 approximieren läßt, sofern die Ableitungen $y^{(k)}$ bis zur n-ten Ordnung existieren. Schon die ersten Glieder dieser Reihe nähern die zu berechnende Funktion $y(x)$ in einem Gebiet um x_0 mit einiger Genauigkeit an. Aus diesem Sachverhalt lassen sich Lösungsstrategien für die DGL (1.1) entwickeln.

Wir wählen abermals ein Testbeispiel, dessen exakte Lösung wir kennen, um einige Verfahren vorzustellen. Dies erlaubt es uns, die Qualität der Methoden zu bewerten.

Beispiel 1.5: Die DGL

$$y'(x) = y(x) \tag{a}$$

mit der Anfangsbedingung $y(0) = 1$ hat, wie man durch Einsetzen verifiziert, die exakte Lösung

$$y(x) = e^x \tag{b}$$

Für $x = 1$ erhalten wir $y(1) = e^1 = e = 2{,}718281\ldots$. Wir wollen die DGL im Intervall $[0,1]$ numerisch integrieren, die Werte von $y(x)$ für $0 \le x \le 1$ näherungsweise bestimmen. Dabei soll uns besonders der Wert $y(1)$, den die jeweilige Näherung liefert, interessieren. Dieser Wert wird als Qualitätsmerkmal der Verfahren betrachtet. Zur Integration der DGL verwenden wir Herangehensweisen, die nach Leonhard Euler (1707-1783) benannt sind.

a) *Euler-Vorwärts-Verfahren:*
Die Größe $y(x + \Delta x)$ wird aus der schon bekannten Größe $y(x)$ und der ebenfalls bekannten Steigung $y'(x)$ linear extrapoliert:

$$y(x + \Delta x) \approx y(x) + \Delta x\, y'(x) \qquad\qquad\qquad (c)$$

Wir berechnen den Wert von y an der Stelle $x + \Delta x$, indem wir die gesuchte Funktion als Gerade durch $y(x)$ mit der Steigung $y'(x)$ annähern. Das ergibt bei $\Delta x = 1$ und dem Anfangswert $y(0) = 1$ eine Abschätzung für den Wert an der Stelle $x = 1$ von

$$y(1) \approx y(0) + \Delta x\, y'(0) = 1 + 1 = 2 \qquad\qquad\qquad (d)$$

eine sicher nicht allzugute Abschätzung von e = 2,718281828.... . Halbieren wir die Schrittweite auf $\Delta x = 1/2$ um aus $y(1/2)$ auf $y(1)$ zu schließen, folgt

$$y(\tfrac{1}{2}) \approx y(0) + \Delta x\, y'(0) = 1 + \frac{1}{2} = \frac{3}{2} = 1,5 \qquad\qquad (e)$$

und

$$y(1) \approx y(\tfrac{1}{2}) + \Delta x\, y'(\tfrac{1}{2}) = \frac{3}{2} + \frac{1}{2}\frac{3}{2} = \frac{9}{4} = 2,25 \qquad\qquad (f)$$

was als Näherung von e ebenfalls nicht so recht überzeugen kann.

Die 3. Spalte von Tabelle 1.4 listet die Werte für $y(1)$ auf, die sich durch fortgesetzte Halbierungen der Sprungweite Δx ergeben. Abbildung 1.9 skizziert den Verlauf der Näherungen im Intervall [0,1]. Um e auf 0,01 genau zu berechnen, benötigen wir nach dem Euler-Vorwärts-Verfahren über 100 Integrationsschritte. Dies läßt das gewählte Vorgehen als wenig geeignet erscheinen.

Wollen wir die Genauigkeit des Ergebnisses durch Intervallhalbierung weiter steigern, müssen wir beachten, daß in Gl. (c) zu dem Funktionswert $y(x)$ bei abnehmender Intervalllänge Δx immer kleinere Summanden $\Delta x\, y'(x)$ zu addieren sind. Wir sind mit den in Beispiel 1.2 beschriebenen Problemen der unterschiedlichen Zahlengrößen konfrontiert.

Tabelle 1.4: Konvergenzverhalten der Euler-Verfahren

Schritt-zahl	Schrittweite Δx	Euler-Verfahren			
		Vorwärts	Rückwärts	Zwischen-schritt	Gemischt
1	1.000000	2.000000	–	2.500000	3.000000
2	0.500000	2.250000	4.000000	2.640625	2.777778
4	0.250000	2.441406	3.160494	2.694856	2.733611
8	0.125000	2.565784	2.910285	2.711841	2.721832
16	0.062500	2.637928	2.808404	2.716594	2.719168
32	0.031250	2.676992	2.762009	2.717849	2.718503
64	0.015625	2.697345	2.739827	2.718173	2.718337
128	0.007812	2.707739	2.728976	2.718254	2.718295

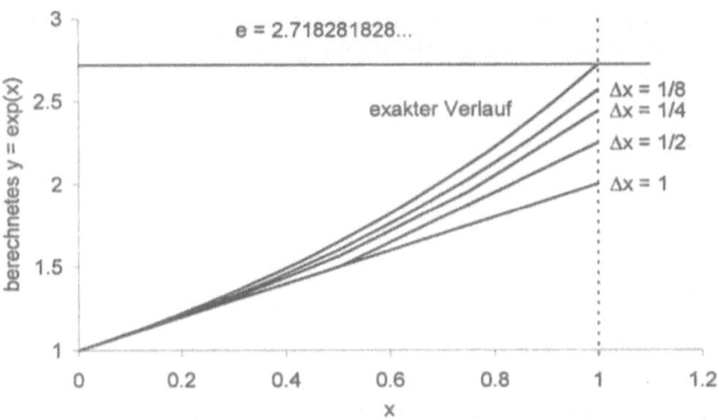

Abb. 1.9: Vergleich der Näherungen beim Euler-Vorwärts-Verfahren

b) *Euler-Rückwärts-Verfahren*
Die unbekannte Größe $y(x + \Delta x)$ wird wieder aus der bekannten Größe $y(x)$, aber jetzt mit ebenfalls noch unbekannten Steigung $y'(x + \Delta x)$ am Intervallende bestimmt:

$$y(x + \Delta x) \approx y(x) + \Delta x \, y'(x + \Delta x) \tag{g}$$

Daraus wird in unserem Beispiel mit $y'(x + \Delta x) = y(x + \Delta x)$

oder
$$y(x + \Delta x)(1 - \Delta x) \approx y(x) \tag{h}$$

$$y(x + \Delta x) \approx \frac{y(x)}{1 - \Delta x} \tag{i}$$

Wegen des Nenners in (i) muß die Schrittweite $\Delta x < 1$ gewählt werden. Mit $\Delta x = 1/2$ erhalten wir

$$y(\tfrac{1}{2}) \approx \frac{y(0)}{1 - \Delta x} = \frac{1}{1 - \tfrac{1}{2}} = 2$$

und

$$y(1) \approx \frac{y(\tfrac{1}{2})}{1 - \Delta x} = \frac{2}{1 - \tfrac{1}{2}} = 4$$

Auch hier beobachten wie eine nicht sehr befriedigende Übereinstimmung mit dem exakten Wert von e. Fortgesetzte Halbierungen der Schrittweite Δx führen beim vorliegenden Verfahren zu den Werten in der 4. Spalte von Tabelle 1.4. Um e wieder auf 0,01 genau zu berechnen, sind wie beim Euler-Vorwärts-Verfahren ebenfalls über 100 Integrationsschritte erforderlich. Auch hier können wir kaum von einer raschen Konvergenz gegen den exakten Wert sprechen. Die Rechenzeiten in beiden Verfahren unterscheiden sich nur wenig, da die gleiche Anzahl von Operationen je Schritt erforderlich ist. Trotz dieser nicht sehr befriedigenden *Konvergenzgeschwindigkeit* kommen beide Verfahren gelegentlich zum Einsatz, wenn das vorliegende Problem aus sich heraus kurze Zeitschritte erfordert, oder die zu behandelnden Funktionen nur aufwendig zu bestimmen sind.

c) *Euler-Verfahren mit Zwischenschritt (verbessertes Euler-Verfahren)*
Aus dem Ansatz

$$y(x + \Delta x) \approx y(x) + \Delta x \, y'(x)$$

bestimmen wir

$$y_1 = y_0 + \Delta x \, y'_0 \tag{j}$$

mit den Bezeichnungen $y_0 = y(0)$ und $y'_0 = y'(0)$.

Wir berechnen wie beim Euler-Vorwärts-Verfahren einen Wert y_1 und die zugehörige Steigung y'_1. Im Intervall $[0,1]$ setzen wir die gemittelte Steigung

$$y'_m \approx (y'_0 + y'_1) / 2 \qquad \text{(k)}$$

Daraus folgt

$$y(x + \Delta x) \approx y(x) + \Delta x \, y'_m$$

und damit bei der DGL $y' = y$

$$y(1) \approx y(0) + \Delta x/2 \, (y'_0 + y'_1) = y_0 + \Delta x/2 \, (y_0 + y_0 + \Delta x/2 \, y_0) = y_0 \, (1 + \Delta x + \Delta x^2/2)$$
$$\text{(l)}$$

Mit unseren Vorgaben $y(0) = 1$ und $\Delta x = 1$ erhalten wir aus (l) mit

$$y(1) \approx 1 \, (1 + 1 + 1/2) = 2,5$$

eine deutlich bessere Abschätzung bei der Schrittweite $\Delta x = 1$ als bisher. Bei halbierter Schrittweite gilt entsprechend

$$y(\tfrac{1}{2}) \approx y(0) \, (1 + \Delta x + \frac{\Delta x^2}{2}) = 1 \, (1 + \frac{1}{2} + \frac{1}{8}) = \frac{13}{8} = 1,625$$

und

$$y(1) \approx y(\tfrac{1}{2}) \, (1 + \Delta x + \frac{\Delta x^2}{2}) = \frac{13}{8}(1 + \frac{1}{2} + \frac{1}{8}) = \frac{13}{8}\frac{13}{8} = 2,6406$$

Fortgesetzte Intervallhalbierung ergibt die in Spalte 5 von Tabelle 1.4 aufgeführten Näherungen. Es genügt, mit der Integrationsschrittweite $\Delta x = 1/8$ zu rechnen, um auf die in den beiden ersten Verfahren erst mit über 100 Schritten erreichte Genauigkeit von 0,01 zu kommen.

Eine Begründung dieser besseren Abschätzung entnehmen wir Gl. (l). Durch die Berechnung des Zwischenwertes y_1 und der gemittelten Ableitung y'_m berücksichtigen wir nicht nur die Veränderung der Funktion $y(x)$, sondern auch die der Ableitung $y'(x)$, wir haben implizit die 2. Ableitung $y''(x)$ zur Berechnung von $y(x + \Delta x)$ benutzt. Während bei den beiden ersten Verfahren die Taylorreihen (Gl. (1.2)) nach dem linearen Glied, dem mit der 1. Ableitung y' abbrachen, hat das Zwischenschrittverfahren indirekt noch die 2. Ableitung verwendet. Daß dann ein besseres Ergebnis, ein kleinerer Fehler zu erwarten ist, wissen wir, da die Taylorreihe eine Funktion besser repräsentiert, wenn sie mehr Glieder und damit höhere Ableitungen einbezieht. Dieses Vorgehen setzt natürlich voraus, daß die 2. Ableitung auch existiert, die 1. Ableitung, die Steigung, keine zu abrupten Sprünge macht.

d) *gemischtes Euler-Verfahren*
Eine weitere Möglichkeit die DGL $y' = y$ mit einer Konvergenzrate, welche mit der des unter c) erläuterten Zwischenschritt-Verfahrens vergleichbar ist, zu integrieren, besteht in der Kombination der beiden erstgenannten Verfahren. Die Steigung am Intervallanfang ist durch $y'(x) = y(x)$, die am Intervallende durch $y'(x + \Delta x) = y(x + \Delta x)$ gegeben. Im Mittel des Intervalls nehmen wir

$$y'_m \approx \frac{1}{2}(y'(x) + y'(x + \Delta x)) \qquad \text{(m)}$$

an. Daraus resultiert

$$y(x + \Delta x) \approx y(x) + \Delta x \, y'_m = y(x) + \frac{1}{2}(y'(x) + y'(x + \Delta x)) \qquad \text{(n)}$$

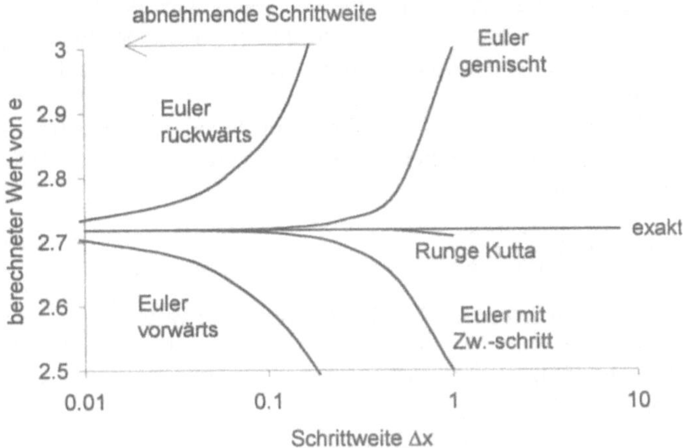

Abb. 1.10: Vergleich des Konvergenzverhaltens der Eulerverfahren

Bei unserer DGL $y' = y$ führt dies zu

$$y(x + \Delta x)\,(1 - \tfrac{1}{2}\Delta x) \approx y(x)\,(1 + \tfrac{1}{2}\Delta x)$$

also

$$y(x + \Delta x) \approx y(x)\,\frac{(1 + \tfrac{1}{2}\Delta x)}{(1 - \tfrac{1}{2}\Delta x)} \tag{o}$$

Im vorliegenden Beispiel folgt bei $\Delta x = 1$

$$y(1) \approx y(0)\,\frac{1 + \tfrac{1}{2}}{1 - \tfrac{1}{2}} = 3$$

Mit $\Delta x = 1/2$ erhalten wir

$$y(\tfrac{1}{2}) \approx y(0)\,\frac{1 + \tfrac{1}{4}}{1 - \tfrac{1}{4}} = \frac{5}{3} = 1,6666..$$

und

$$y(1) \approx y(\tfrac{1}{2})\,\frac{1 + \tfrac{1}{4}}{1 - \tfrac{1}{4}} = \frac{25}{9} = 2,7777..$$

Dies ist ebenfalls eine deutlich bessere Näherung als bei den elementaren Euler-Vorwärts-bzw. -Rückwärts-Verfahren (vgl. Tabelle 1.4, Spalte 6).

Auch hier liegt implizit die Verwendung der zweiten Ableitung zugrunde, da die Änderung der Steigung im Intervall in die Berechnung einfließt. Abbildung 1.10 stellt das Konvergenzverhalten, die Qualität der Annäherung des numerischen Resultats an den exakten Wert der vier in diesem Abschnitt beschriebenen Euler-Verfahren gegenüber. Man erkennt, daß die beiden erstgenannten Euler-Verfahren gleichermaßen schlechter, die beiden letztgenannten gleichermaßen besser konvergieren. Zusätzlich ist noch das Konvergenzverhalten des Runge-Kutta-Verfahrens [14] eingetragen. Dieses Verfahren verwendet noch höhere Ableitungen, es konvergiert entsprechend schneller.

Integrationsmethoden werden oft nach den höchsten Ableitungen und den entsprechenden Potenzen von Δx bezeichnet. Dementsprechend liegt beim Euler-

Vorwärts- und -Rückwärts-Verfahren ein *linearer*, beim Gemischten und beim Zwischenschritt-Verfahren ein *quadratischer Ansatz* vor. Gleichbedeutend spricht man von *Verfahren erster oder zweiter Ordnung*. Der Rechenaufwand je Schritt bei den quadratischen Verfahren ist etwa doppelt so groß wie bei den beiden linearen. Müssen wir bei den quadratischen Verfahren nur 8 statt 100 Schritte, diese 8 Schritte aber mit etwa doppeltem Rechenaufwand durchführen, ist eine Reduktion der Rechenzeit auf ungefähr

$$R_q = R_l\, 2\, \frac{8}{100} \approx \frac{1}{6}$$

der beim linearen Verfahren erforderlichen Rechenzeit zu erwarten.

Der Fehler der beiden ersten Verfahren nimmt proportional mit der Intervalllänge Δx ab, der Fehler des dritten und vierten mit Δx^2. Ein Konvergenzverhalten, in welchem der Fehler

$$\Delta y = |y_{num} - y_{exakt}| \approx \text{const}\, \Delta x$$

proportional mit Δx gegen 0 geht nennt man linear. Man spricht von *linearer Konvergenz*. Bei den beiden anderen, deren Fehler

$$\Delta y = |y_{num} - y_{exakt}| \approx \text{const}\, \Delta x^2$$

proportional zu Δx^2 abnimmt, spricht man entsprechend von *quadratischer Konvergenz*. Ist eine große Genauigkeit gefordert, ergibt sich ein deutlicher Vorteil des höheren Ansatzes, da die Rechenzeiten der quadratischen Verfahren je Schritt zwar etwa doppelt so groß sind wie die der linearen, jedoch wesentlich weniger Schritte erforderlich sind. Darüber hinaus sind weniger Additionen mit größeren Summanden durchzuführen, der in Beispiel 1.2 beschriebene Verlust an Genauigkeit durch die begrenzte Zahlendarstellung ist deutlich geringer.

Anmerkung: Mit dem Ansatz

$$y(x + \Delta x) \approx y(x) + \Delta x\,((1-\alpha)\,y'(x) + \alpha\,y'(x + \Delta x)) \tag{a}$$

lassen sich die Euler-Verfahren vorwärts, rückwärts und gemischt auf ein Verfahren zurückführen. Die Steigung y' im Intervall $[x, x + \Delta x]$ berechnen wir als gewichtetes Mittel der Anfangs- und Endsteigung $y'(x)$ und $y'(x + \Delta x)$. Wir erhalten für

$\alpha = 0$	Euler vorwärts
$\alpha = 1$	Euler rückwärts
$\alpha = 0{,}5$	Euler gemischt

wie man sich leicht veranschaulichen kann. Im Fall der DGL $y' = y$ folgt aus Gl. (a)

$$y(x + \Delta x) = y(x)\, \frac{(1 + (1-\alpha)\,\Delta x)}{(1 - \alpha\,\Delta x)} \tag{b}$$

und die 3 Verfahren durch die entsprechende Wahl des Parameters α.

Die hier gezeigten Methoden, eine DGL numerisch zu integrieren, weisen uns lediglich einen Weg in die Behandlung von DGL. In der Berechnungspraxis kommen meist nicht sie, sondern bei DGL des Typs $y' = f(x, y)$, Verfahren nach Runge-Kutta, welche über die zweite Ableitung hinaus noch höhere Ableitungen verwenden, zum Zuge. Für ein erstes Kennenlernen solcher Ansätze reichen die vorgestellten Euler-Verfahren aber vollauf aus. Zahlreiche weitere Verfahren sind in der Literatur beschrieben (z. B. [8, 14]) oder liegen als Programmbausteine zur allgemeinen Verwendung vor (z.B. [5, 9]).

1.4
Ritz-Verfahren

Wegen ihrer Bedeutung für die FEM stellen wir noch zwei weitere Integrationsverfahren vor. Diese Verfahren, die auf Walter Ritz (1909) und Boris Galerkin (1915) zurückgehen, spielen in der Methode der Finiten Elemente eine zentrale Rolle. Auch wenn sie hier nicht ihre ganze Stärke zeigen können, wollen wir sie anhand der DGL aus Beispiel 1.5 erläutern.

Beim Ritz-Verfahren nehmen wir an, daß sich die unbekannte Funktion $y(x)$ im zu untersuchenden Intervall $[x_0, x_1]$ ausreichend genau als Summe von $n+1$ bekannten Funktionen mit n unbekannten Koeffizienten annähern läßt:

$$y(x) \approx h_0(x) + a_1 h_1(x) + a_2 h_2(x) + a_3 h_3(x) + \ldots + a_n h_n(x)$$

$$= h_0(x) + \sum_{i=1}^{n} a_i h_i(x) \tag{1.3}$$

wobei $h_0(x)$ die Rand- oder Anfangsbedingungen (in unserem Beispiel $y(0) = 1$) erfüllt. Die anderen Funktionen $h_i(x)$ ($i = 1{-}n$) sollen an Stellen, an denen Rand- oder Anfangsbedingungen vorgegeben sind, verschwinden (hier den Wert $h_i(0) = 0$ für $i > 0$ annehmen). Den Funktionen $h_k(x)$ ($i = 0{-}n$) begegnen wir in den folgenden Kapiteln als *Ansatzfunktionen*.

Ein elementares Beispiel für solche Ansatzfunktionen sind Terme der Art x^k, die wir bei einem Polynom mit unbekannten Koeffizienten a_i verwenden:

$$y(x) \approx y_0 + a_1 x + a_2 x^2 + a_3 x^3 + a_4 x^4 + a_5 x^5 + a_6 x^6 + \ldots + a_n x^n \tag{1.4}$$

Die erste Ableitung der gesuchten Funktion $y(x)$ nähern wir durch

$$y'(x) \approx h'_0(x) + a_1 h'_1(x) + a_2 h'_2(x) + a_3 h'_3(x) + \ldots + a_n h'_n(x)$$

$$= h'_0(x) + \sum_{i=1}^{n} a_i h'_i(x) \tag{1.5}$$

an. Die DGL

$$y' = f(x, y)$$

die wir auch in der Form

$$f(x, y) - y' = 0$$

schreiben können, wird mit dieser Näherung durch

$$f\left(x, \{h_0(x) + \sum_{i=1}^{n} a_i h_i(x)\}\right) - \{h'_0(x) + \sum_{i=1}^{n} a_i h'_i(x)\} \approx 0 \tag{1.6}$$

approximiert.

Um die unbekannten Koeffizienten a_i ($i = 1-n$) zu bestimmen, minimieren wir den Fehler des Quadrats der Näherung nach Gl. (1.3). Mit

$$F(a_1, a_2, a_3, \ldots, a_n) = \int_{x_0}^{x_1} \left(f(x, \left\{ \sum h_0(x) + \sum_{i=1}^{n} a_i h_i(x) \right\}) - \left\{ h_0'(x) + \sum_{i=1}^{n} a_i h_i'(x) \right\} \right)^2 dx \tag{1.7}$$

bilden wir zunächst die Funktion $F(a_1, a_2, a_3, \ldots, a_n)$ der gesuchten Koeffizienten a_i. Diese Funktion ist als Integral über das Quadrat einer reellen Funktion immer nichtnegativ. Das Minimum dieses integrierten quadratischen Fehlers muß dort auftreten, wo alle Ableitungen nach den unbekannten Koeffizienten a_i verschwinden, den Wert 0 annehmen. Wir leiten $F(a_1, a_2, a_3, \ldots, a_n)$ nach den gesuchten Koeffizienten a_i ab und erhalten diese Koeffizienten aus

$$\frac{\partial F}{\partial a_i} = 0 \qquad (i = 1-n) \tag{1.8}$$

Das Ritz-Verfahren, aber auch das im nächsten Abschnitt beschriebene Galerkin-Verfahren, verwenden wir gerne bei linearen DGL, also Systemen der Art

$$y' = g(x)\, y + f(x)$$

da wir bei sinnvoll gewählten Ansatzfunktionen schon mit wenigen Gliedern zu befriedigenden Ergebnissen kommen. Bei diesen linearen DGL, bei denen y und y' in höchstens 1. Potenz auftreten, erscheinen die Koeffizienten in $F(a_1, a_2, a_3, \ldots, a_n)$ höchstens in quadratischer Form, die Ableitungen sind dementsprechend linear in den Koeffizienten a_i. Es entsteht ein lineares Gleichungssystem mit den a_i als Unbekannten.

Beispiel 1.6: Wir wollen die aus Beispiel 1.5 bekannte DGL $y' = y$ mit $y(0) = 1$ mit dem Ritz-Verfahren im Intervall $[0,1]$ integrieren.
Linearer Ansatz: Wir machen zunächst den Ansatz

$$y(x) = h_0(x) + a\, h_1(x) = 1 + a\, x \tag{a}$$

wählen also $h_0(x) = 1$ und $h_1(x) = x$. Mit a tritt bei dieser *linearen Näherung* nur ein unbekannter Koeffizient auf. $h_0(x) = 1$ erfüllt die Anfangsbedingung $y(0) = 1$, $h_1(x) = x$ nimmt bei $x = 0$ den geforderten Wert Null an. Die Ableitung von $y = h_0(x) + a\, h_1(x) = 1 + a\, x$ ist

$$y'(x) = h'_0(x) + a\, h'_1(x) = a \tag{b}$$

Die Funktion in Gl. (1.7) wird zu

$$F(a) = \int_0^1 (1 + a\, x - a)^2\, dx = \int_0^1 ((1-a)^2 + 2(1-a)\, a\, x + a^2 x^2)\, dx$$

$$= 1 - a + \frac{a^2}{3} \tag{c}$$

Das Minimum von $F(a)$ finden wir an der Nullstelle der Ableitung

$$\frac{dF}{da} = -1 + \frac{2}{3}\, a = 0 \tag{d}$$

bei $a = 3/2$.

Damit nähern wir $y(x)$ nach Gl. (a) durch

$$y(x) = 1 + \frac{3}{2}x \qquad\qquad (e)$$

an und erhalten

$$y(1) = 1 + \frac{3}{2} = \frac{5}{2} = 2{,}5 \qquad\qquad (f)$$

Dies ist eine Näherung, die schon die Qualität der quadratischen Euler-Verfahren aus Beispiel 1.5 hat.

Quadratischer Ansatz: Wenn wir

und
$$\begin{aligned}
y(x) &= 1 + a\,x + b\,x^2 \qquad\qquad &(g)\\
y'(x) &= a + 2\,b\,x \qquad\qquad &(h)
\end{aligned}$$

setzen, eine zweite Ansatzfunktion $h_2(x) = x^2$ in unserem Ansatz hinzunehmen, erhalten wir als *quadratische Näherung* die Funktion

$$\begin{aligned}
F(a,b) &= \int_0^1 ((1 + a\,x + b\,x^2) - (a + 2\,b\,x))^2 \,\mathrm{d}x \\
&= 1 - a + \frac{a^2}{3} + \frac{ab}{2} - \frac{4b}{3} + \frac{8\,b^2}{15} \qquad\qquad (i)
\end{aligned}$$

Daraus folgen das Minimum von $F(a,b)$ an den Nullstellen der Ableitungen

$$\frac{\partial F}{\partial a} = -1 + \frac{2a}{3} + \frac{b}{2} \overset{!}{=} 0$$

$$\frac{\partial F}{\partial b} = -\frac{4}{3} + \frac{a}{2} + \frac{16b}{15} \overset{!}{=} 0 \qquad\qquad (j)$$

Dies führt zum linearen Gleichungssystem

$$\begin{aligned}
4\,a + 3\,b &= 6 \\
15\,a + 32\,b &= 40 \qquad\qquad (k)
\end{aligned}$$

Wir erhalten die Lösungen

$$a = \frac{72}{83}$$

sowie

$$b = \frac{70}{83}$$

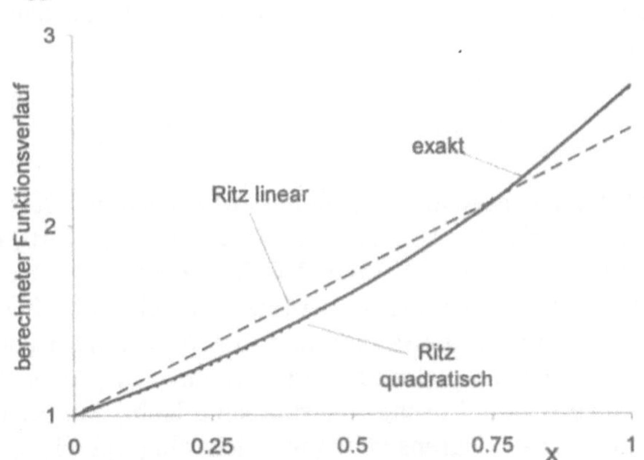

Abb. 1.11: Konvergenzverhalten des Ritz-Verfahrens

und damit

$$y(x) = 1 + \frac{72}{83}x + \frac{70}{83}x^2$$

als Ritz-Näherung von $y(x)$ im Intervall $[0,1]$. Daraus errechnen wir den angenäherten Funktionswert $y(1) = 2{,}7108434\ldots$, eine auf $r = 0{,}007438455\ldots$ genaue Annäherung des exakten Wertes.

Das Ritz-Verfahren liefert schon mit wenigen Gliedern im Ansatz nach Gl. (1.2) recht gute Lösungen für $y(1)$ Darüber hinaus haben wir eine gute Approximation des Funktionsverlaufs im ganzen Intervall (vgl. Abb. 1.11).

1.5
Galerkin-Verfahren

Wie beim Ritz-Verfahren stellen wir $y(x)$ durch eine Summe von bekannten Funktionen mit unbekannten Koeffizienten dar:

$$y(x) = h_0(x) + a_1\,h_1(x) + a_2\,h_2(x) + a_3\,h_3(x) + \ldots + a_n\,h_n(x)$$

$$= h_0(x) + \sum_{i=1}^{n} a_i\,h_i(x) \tag{1.9}$$

Die DGL schreiben wir wieder in der Form

$$f(x, y(x)) - y'(x) = 0$$

Mit

$$r(x) = f(x, \{h_0(x) + \sum_{i=1}^{n} a_i\,h_i(x)\}) - \{h'_0(x) + \sum_{i=1}^{n} a_i\,h'_i(x)\}) \tag{1.10}$$

drücken wir den Fehler dieser Näherung durch Ansatzfunktionen aus. Wir suchen jetzt nicht die Funktion, welche in Gl. (1.7) den Fehler beschrieb, zu minimieren, sondern die *gewichteten Fehler*. Diese entstehen, wenn $r(x)$ in Gl. (1.10) nacheinander mit den Ansatzfunktionen $h_k(x)$ ($j = 1-n$) multipliziert und dann über das Gebiet integriert wird:

$$R_k(a_1, a_2, a_3, \ldots, a_n) = \int_a^b h_k(x)\,r(x)\,\mathrm{d}x \overset{!}{=} 0 \qquad (k = 1-n) \tag{1.11}$$

Die R_k werden in der Literatur meist als die (mit den h_k) *gewichteten Residuen* (hier gewichtete Fehler, engl. *weighted residuals*) bezeichnet. Aus Gl. (1.10) und (1.11) erhalten wir n Gleichungen in den unbekannten Koeffizienten a_i.

Das durch die Integration aus Gl. (1.11) bei linearen DGL entstehende lineare Gleichungssystem hat häufig noch die Eigenschaft, daß es symmetrische Matrizen erzeugt, was sowohl den Speicherplatzbedarf im Rechner bei großen Problemen nahezu halbiert, als auch effektive Lösungsalgorithmen erlaubt. Auf die exakte mathematische Begründung des Verfahrens gehen wir nicht ein (vgl. [1, 2, 12, 16]).

Beispiel 1.7: Wieder soll die aus Beispiel 1.5 bekannte DGL $y' = y$ mit $y(0) = 1$ integriert werden.

Linearer Ansatz: Wir wählen wie in Beispiel 1.6

$$y(x) = 1 + a\,x \tag{a}$$

und geben damit wieder $h_0(x) = 1$ und $h_1(x) = x$ vor. Es tritt nur ein unbekannter Koeffizient a auf. Die Ableitung der Näherung ist

$$y'(x) = a \tag{b}$$

Das einzige auftretende Residuum wird mit

$$r(x) = 1 + a\,x - a$$

und

$$h_1(x) = x$$

zu

$$R_1(a) = \int_0^1 h_1(x)\, r(x)\, \mathrm{d}x = \int_0^1 x\, r(x)\, \mathrm{d}x = \int_0^1 x\,(1 + a\,x - a)\, \mathrm{d}x = \frac{1}{2} - \frac{a}{6} = 0 \tag{c}$$

woraus

$$a = 3$$

und

$$y(x) = 1 + 3\,x$$

also

$$y(1) = 4$$

folgen. Diese Näherung kann uns sicher nach dem mit dem linearen Ritz-Verfahren erhaltenen Wert von 2,5 nicht überzeugen.

Quadratischer Ansatz: Wir nehmen wieder die Ansatzfunktion $h_2(x) = x^2$ hinzu, erhalten damit

$$y(x) = 1 + a\,x + b\,x^2 \tag{d}$$

und

$$y'(x) = a + 2\,b\,x \tag{e}$$

Es folgt

$$r(x) = y(x) - y'(x) = (1 - a) + (a - 2\,b)\,x + b\,x^2 \tag{f}$$

wie beim Ritz-Verfahren. Wir berechnen die beiden Residuen

$$R_1(a,b) = \int_0^1 x\,\big((1 - a) + (a - 2b)\,x + b\,x^2\big)\, \mathrm{d}x = \frac{1}{2} - \frac{a}{6} - \frac{5b}{12} = 0 \tag{g}$$

und

$$R_2(a,b) = \int_0^1 x^2\,\big((1 - a) + (a - 2b)\,x + b\,x^2\big)\, \mathrm{d}x = \frac{1}{3} - \frac{a}{12} - \frac{3b}{10} = 0 \tag{h}$$

Für die gesuchten Koeffizienten a und b entsteht das lineare Gleichungssystem

$$2\,a + 5\,b = 6$$

$$5\,a + 20\,b = 20 \tag{i}$$

mit den Lösungen

$$a = \frac{8}{11}, \quad b = \frac{10}{11}$$

sowie

$$y(1) = \frac{29}{11} = 2,6363\ldots$$

Dies ist eine wesentliche Verbesserung des mit dem linearen Ansatz gefundenen Wertes und nähert e auf 3 % genau an.

Die hier aufgetretene Unterlegenheit des Galerkinschen Ansatzes gegenüber dem Ritzschen kann so nicht verallgemeinert werden. Das Beispiel der DGL $y' = y$ ist nur wenig geeignet, die beiden Verfahren in ihrer Leistungsfähigkeit darzustellen. In den relevanten Anwendungen der FEM sind sie vergleichbar. Daß dem Galerkinschen Verfahren meist der Vorzug gegeben wird, liegt in einer breiteren Anwendbarkeit und der weniger aufwendigen Berechnung und Handhabung der meist symmetrischen Matrizen begründet.

Mit den in diesem Kapitel gegebenen Beispielen sind natürlich längst nicht alle Bereiche der Numerik behandelt. Wir haben aber einige wesentliche Fragestellungen, die auch bei der FEM eine Rolle spielen, angesprochen. Die Bedeutung effektiver numerischer Prozeduren nimmt ständig zu. In diesem Bereich wurde und wird ein großer Teil der mathematischen Forschungsarbeit der letzten, aber auch voraussichtlich der nächsten Jahre geleistet.

Übungsaufgaben

1. Entwickeln Sie eigene Verfahren, um π zu berechnen! Beispielsweise können Sie die Lösung $x = \pi/4$ von $\sin x - \cos x = 0$ verwenden und dabei die trigonometrischen Funktionen in Potenzreihen entwickeln.

2. Finden Sie weitere Verfahren um e zu berechnen? In der Schule wurde

$$e = \lim_{n \to \infty} (1 + \frac{1}{n})^n \tag{a}$$

angegeben.
a) Kommen Ihnen die damit errechneten Werte bekannt vor?
b) Können Sie Gl. (a) so modifizieren, daß schnellere Konvergenz auftritt?

3. Finden Sie für die nachstehenden DGL die Lösung mit den oben beschriebenen Verfahren. Dabei sollten Sie Ihre Programmiererfahrung einsetzen, um die Aufgaben so allgemein wie möglich anzugehen. Im folgenden bedeutet (E,R,G), daß die DGL mit Euler-, Ritz- und Galerkin-Verfahren zu integrieren ist. Fehlende Kennungen deuten an, daß das jeweilige Verfahren relativ kompliziert wird. Deshalb ist es nur mit einigem Aufwand einsetzbar. Die in Klammern stehenden exakten Lösungen dienen zur Konvergenzkontrolle.

	DGL	Anfangswert	gesucht	exakt	Verfahren
1.	$y' = xy,$	$y(0) = 1,$	$y(1) = ?$	$(= e^{1/2})$	(E,R,G)
2.	$y' = y+1.$	$y(0) = 0,$	$y(1) = ?$	$(= e-1)$	(E,R,G)
3.	$y' = -y,$	$y(0) = 1,$	$y(1) = ?$	$(= 1/e)$	(E,R,G)
4.	$y' = y\cos x,$	$y(0) = 1,$	$y(1) = ?$	$(= e^{\sin 1})$	(E)

Hinweise:

a) Die Euler-Verfahren so programmieren, daß alle vier Verfahren mit variablem $\Delta x = 1$ bis $\Delta x = 1/2''$ parallel gerechnet werden. In den einzelnen Programmen ist dann nur noch die Funktion $f(x, y)$ der DGL $y' = f(x, y)$, die in einer *function* oder *subroutine* definiert ist, aufzurufen.

b) Ritz- und Galerkin-Verfahren 1. und 2. Ordnung mit $\Delta x = 1$ rechnen. Dabei setzen wir

$$y(x) = h_0(x) + a_1 h_1(x) + a_2 h_2(x) = y_0 + a\,x + b\,x^2$$

an. Die Verfahren erster Ordnung erhalten wir durch die Vorgabe $a_2 = b = 0$. $h_0(x) = y(0)$ beschreibt die Rand- oder Anfangsbedingung.

2 Grundlagen der FEM

Bevor wir mit der detaillierten Darstellung der Zusammenhänge, die zum Verständnis der Finite Elemente Methode (FEM) erforderlich sind, beginnen, soll ein relativ anschaulicher Kurzdurchgang den Weg, den wir zurücklegen müssen, erläutern. Dieses Kapitel vermittelt von der bildhaften Seite das Grundsätzliche der FEM. Die Herleitungen in den folgenden Kapiteln wiederholen das hier Vorgestellte in einer mathematisch und physikalisch exakten Form. Genau den gleichen Weg wie hier gehen wir dann noch einmal, allerdings mit dem erforderlichen Rechenapparat und der damit verbundenen Gefahr, vor lauter Gleichungen die Methode nicht mehr zu erkennen.

Die FEM ist eine exakte mathematische Disziplin. Es sind bei dieser Berechnungsmethode präzise Definitionen und Gültigkeitskriterien der einzelnen Ansätze genau so zu beachten, wie systematische Grenzen des Verfahrens. Für den Anwender, der die FEM lediglich als ein Black-Box-Softwarepaket kennenlernt, resultiert daraus immer die Gefahr, daß er unbemerkt das Anwendungsgebiet der Methode verläßt. Dann kommen unsinnige (das fällt dem Anwender dann meist auf) oder fragwürdige (das ist schon gefährlicher, weil es oft zurechtinterpretiert wird) Ergebnisse aus dem Rechner. Die Schuld an den Unstimmigkeiten wird der FEM zugeschoben.

Um den Einstieg in die Finite Elemente Methode zu finden, führen wir einige Begriffe ein, ohne welche die weiteren Überlegungen nicht nachvollziehbar sind. Wir stellen diese Begriffe anhand einer einfachen Anwendung vor. Dabei erläutern wir, wie aus einem mit klassischen Methoden kaum lösbaren Berechnungsproblem eine mit Finiten Elementen leicht lösbare Aufgabe wird.

2.1
Die drei Bestandteile eines Berechnungsproblems

In der modernen Technik hat sich die Berechnung einen festen Platz geschaffen, weil sie ohne den oft aufwendigen Aufbau eines Versuchs oder einer Vorserie das Verhalten einer Struktur unter gegebenen Bedingungen in gewissen Grenzen vorhersagen kann. Die Zuverlässigkeit dieser Aussage, welche die Akzeptanz der Berechnung fördert oder mindert, hängt dabei davon ab, inwieweit es gelingt, alle wesentlichen das Problem kennzeichnenden Parameter in die Rechnung einzubeziehen. So kann die elastische Biegebalkentheorie die Durchbiegung und die Biegespannung eines Trägers unter Last nahezu exakt vorhersagen. Ob dieser Träger aber an seinen Einspannstellen versagt, weil beim Schweißen der Werkstoff versprödete, folgt nicht aus der Biegetheorie. Um das Verhalten der Einspannung zu beschreiben, muß diese mit ihrer Entstehungsgeschichte, z.B. dem Schweißprozeß, detailliert nachgebildet werden.

Vorschnelle, wenig durchdachte Aussagen von übereifrigen, jedoch nicht immer ausreichend qualifizierten Ingenieuren haben dem Ansehen, welches die

Berechnung zu Recht in Anspruch nehmen darf, oft geschadet. Gerade die FEM hat in ihren Anfangsjahren durch fragwürdige Interpretationen von zweifelhaften Ergebnissen bei zahlreichen Ingenieuren einen schlechten Ruf bekommen. Es sollte deshalb vor, während und nach einer Berechnung dem Berechner bewußt sein, was er mit seiner Untersuchung eigentlich macht.

Eine Berechnungsaufgabe läßt sich immer in die 3 Schritte
1. Aufstellen eines *ausreichend genauen* Modells der vorliegenden physikalischen oder technischen Fragestellung
2. *Mathematisch korrekte* Bearbeitung dieses Modells
3. *Richtige Interpretation* der gewonnenen Ergebnisse
unterteilen (vgl. Kap. 8).

Um ein Modell aufzustellen benötigen wir 3 Teilinformationen

1. *Geometrie*

Durch die geometrischen Daten des Problems beschreiben wir den Raum, in welchem der betrachtete physikalische Prozeß abläuft. Bei Festigkeitsuntersuchungen ist dies das zu analysierende Bauteil, oft zusammen mit der direkt auf dieses Bauteil einwirkenden Umgebung. Bei Strömungsberechnungen wird dies der durchströmte Raum, ggf. noch die nachgiebige Umhüllung dieses Raumes sein.

Diese Geometrie muß so in das Berechnungsmodell übernommen werden, daß alle wesentlichen Effekte, die von der aktuellen Form abhängen, berücksichtigbar sind. Ob beispielsweise eine Prägung auf einem Werkstück relevant ist, hängt davon ab, ob diese Prägung als Ursache von Spannungskonzentrationen oder -umlagerungen in Frage kommt.

Die Entscheidung, was von der Geometrie wie zu beschreiben ist, setzt einige Erfahrung mit der jeweiligen Problemklasse voraus. Eine zu grobe Abbildung der Form des Bauteils erlaubt nicht, lokale Effekte wie z.B. Spannungserhöhungen infolge von Kerben zu beschreiben. Ein zu feines Detaillieren kann dagegen den Berarbeitungsaufwand beim Modellieren und Berechnen sowie die Menge der auszuwertenden Daten unvertretbar steigern.

2. *Werkstoffeigenschaften*

Als Werkstoffeigenschaften bezeichnen wir die Gesamtheit der inneren Gesetze der Stoffe, aus denen sich die betrachtete Struktur zusammensetzt. Dazu gehören im Falle einer Festigkeitsberechnung von Bauteilen aus elastischen Stoffen die Spannungs-Dehnungsbeziehungen, wie sie in Anlage A3 beschrieben sind. Im Falle von Strömungsanalysen ist das Fluid meist durch Angabe von Dichte, Kompressibilität, Viskosität und Adiabatenexponenten ausreichend definiert.

Die meisten Werkstoffgesetze, die in technischen Anwendungen verwendet werden, beruhen auf stark vereinfachten Modellen der komplexen atomaren bzw. molekularen Vorgänge in den vorliegenden Stoffen. So ist schon die Annahme elastischen Verhaltens bei Bauteilen aus kalt umgeformten Blechen nur eine grobe Näherung, da bei den überelastisch vorverformten Bauteilen die Eigenspannungen die Größe der Streckgrenze erreichen. Zusätzliche kleine Betriebsbeanspruchungen können in Gebieten hoher Eigenspannungen zu lokalem, irreversiblem Fließen des Werkstoffs führen, während vergleichbare Beanspruchungen im unverformten Werkstoff reversible elastische Dehnungen hervorrufen (vgl. Abschn. 8.2).

Für strukturmechanische Untersuchungen gibt es eine unüberschaubare Fülle von Werkstoffmodellen, die teilweise auch in den kommerziellen Programmpaketen angeboten werden. Die Wahl eines dieser Modelle beeinflußt natürlich das Ergebnis der Untersuchung. Es muß sichergestellt sein, daß das verwendete Werkstoffmodell die wesentlichen zu erwartenden Phänomene hinreichend genau erfaßt.

3. Randbedingungen

Als Randbedingungen bezeichnen wir alle Einflüsse der Umgebung auf das zu berechnende Bauteil. Da diese Einflüsse meist auf der Oberfläche oder dem Rand des zu untersuchenden Gebiets wirken, hat sich der Name Randbedingung (engl. *boundary condition*) eingebürgert. Dabei darf nicht vergessen werden, daß z.B. Gewichtskräfte oder aus radioaktivem Zerfall entstehende Wärme auch als Randbedingungen anzusehen sind, obwohl sie räumlich im Volumen des Bauteils wirken.

Meist werden zwei Arten von Randbedingungen unterschieden. Zum einen herrschen an den Rändern der Struktur vorgegebene physikalische Größen. Dies können Verschiebungen, Temperaturen, Strömungsgeschwindigkeiten oder elektrische Spannungen sein. Mathematisch beschreiben wir diese Randbedingung durch Vorgabe eines Wertes der betrachteten physikalischen Grundgröße. Zum anderen werden mit Randbedingungen die Veränderungen dieser physikalischer Größen vorgeschrieben. Dazu gehören Punkt-, Strecken- oder Flächenlasten genauso wie Wärmeflüsse, Drücke oder elektrische Ströme. Mathematisch stellen wir diese Bedingungen durch Vorgabe der Ableitungen der Grundgrößen dar.

Auch Randbedingungen sind immer Vereinfachungen, in diesem Fall von oft komplexen Wechselwirkungen eines Bauteils mit seiner Umgebung. Häufig sind unzulässige oder wenig durchdachte Randbedingungen die Ursache falscher oder fragwürdiger Berechnungsergebnisse.

2.2
Ein einfaches Berechnungsproblem

Abbildung 2.1 zeigt ein ebenes, rechteckiges Blech konstanter Dicke. Es ist an der linken und der unteren Kante an einem starren Untergrund befestigt und erfährt an seiner rechten oberen Ecke eine Punkt- oder Einzellast **F**. Als Werkstoffverhalten nehmen wir lineare isotrope Elastizität an. Damit ist der Werkstoff durch den Elastizitätsmodul E und die Querkontraktionszahl ν, welche wir hier beide richtungsunabhängig verwenden, vollständig gekennzeichnet.

Es sollen Verschiebungen, Dehnungen und Spannungen sowie die Einspannkräfte in der Lagerung dieses Blechs bei der gegebenen Last ermittelt werden. Dabei nehmen wir hin, daß im Krafteinleitungspunkt theoretisch unendlich hohe Dehnungen und Spannungen, aber nur endliche Verschiebungen auftreten.

Um das Problem mit den Methoden, die aus der Elastomechanik und Festigkeitsberechnung (vgl. z.B. [4]) bekannt sind, behandeln zu können, ist die Aufgabe schon zu komplex. Weder lassen sich einfache Schnitte durchführen, noch können wir die Beanspruchung des Bauteils auf einen der Grundlastfälle Zug, Druck,

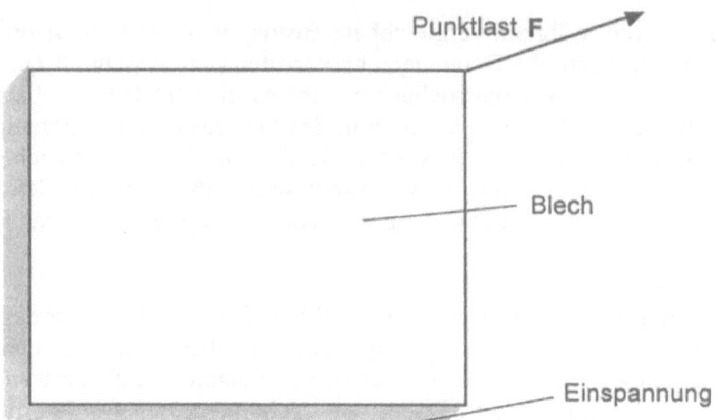

Abb. 2.1: Eingespanntes Blech mit Punkt- oder Einzellast **F**

Biegung, Scherung oder Torsion reduzieren. Eine analytische Lösung ist mit einigem Aufwand, z.B. unter Verwendung der Ayrischen Spannungsfunktion [15] bestimmbar.

Zur Integration einer DGL (Kap. 1, Beispiel 1.5) haben wir das Intervall, auf dem die Gleichung auszuwerten war, in Teilstücke zerlegt, und sind dann schrittweise (in der Raumrichtung x) vorwärts gegangen. Das vorliegende Problem des mit einer Einzellast beaufschlagten, eingespannten Blechs erfährt eine ähnliche Behandlung. Das zu untersuchende Gebiet wird in einzelne Teilgebiete, die relativ einfach zu analysieren sind, aufgeteilt. Die Gesamtlösung läßt sich, wenn das Zerlegungsverfahren geeignet ist, aus den Teillösungen zusammensetzen. Den Prozeß des Zerlegens und wieder Zusammenbauens beschreiben die folgenden Abschnitte, in denen wir alle wesentlichen, die FEM kennzeichnenden Schritte einführen.

2.3
Kontinuum und diskretes System

Die technische Welt, wie wir sie erleben, scheint i.allg. aus mehr oder weniger großen, zusammenhängenden und im weiteren Sinne auch homogenen Teilstrukturen zu bestehen. Die Teilstrukturen bilden kontinuierliche, fortgesetzte Bereiche, die

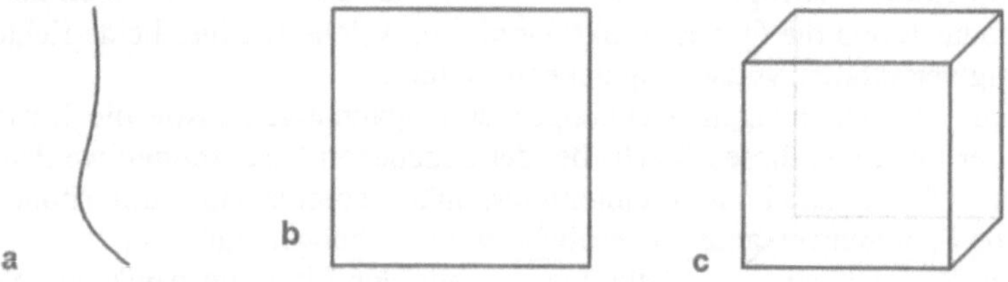

Abb. 2.2: Beispiele von Kontinua in 1, 2 und 3 Dimensionen. **a** 1-D: Schnur, **b** 2-D: ebenes Blech, **c** 3-D: Würfel

nur wenige ausgezeichnete Punkte besitzen. Wir sprechen von dem Teilbereich als *Kontinuum*.

Beispiele solcher Kontinua sind:

1-*dimensional*
eine Schnur, ein Faden (Abb. 2.2a), der nur Anfang und Ende als ausgezeichnete Punkte besitzt. Längs des Fadens sind die einzelnen Punkte nur durch ihre Position auf der Schnur gekennzeichnet.

2-*dimensional*
eine Scheibe, ein ebenes Blech (Abb. 2.2b), bei dem nur die Randknoten und insbesondere die Ecken eine ausgezeichnete Rolle spielen. Auch hier sind die inneren Punkte nur durch ihre Lage auf der Scheibe zu unterscheiden.

3-*dimensional*
ein Würfel, ein massiver Klotz (Abb. 2.2c) aus einem homogenen Werkstoff, bei dem wiederum nur die Punkte auf den Oberflächen, dabei besonders die Kanten und davon wieder die Eckpunkte ausgezeichnet sind. Innere Punkte weisen keine außerordentlichen Qualitäten auf. Sie unterscheiden sich nur durch ihren Ort.

Genauso ist natürlich die Luft in dem Raum, in dem wir uns befinden, als Kontinuum zu anzusehen, solange wir uns mit unserer Betrachtungsweise nicht auf die atomare bzw. molekulare Ebene begeben. Das Verhalten einer physikalische Größe u wie z.B.:
- Verschiebungen eines unter Last deformierten Bauteils,
- Temperaturverteilung während des Aufheizens eines Motors oder
- Drücke in einem Rohrleitungssystem,
auf bzw. in solchen Kontinua ist durch partielle DGL der Art

$$-\Delta u = \quad -(\frac{\partial^2 u}{\partial x^2} + \frac{\partial^2 u}{\partial y^2} + \frac{\partial^2 u}{\partial z^2}) = f(x,y,z,t)$$

$$\alpha\, \dot{u} - \Delta u = \alpha\frac{\partial u}{\partial t} - (\frac{\partial^2 u}{\partial x^2} + \frac{\partial^2 u}{\partial y^2} + \frac{\partial^2 u}{\partial z^2}) = f(x,y,z,t)$$

$$\beta\, \ddot{u} - \Delta u = \beta\frac{\partial^2 u}{\partial t^2} - (\frac{\partial^2 u}{\partial x^2} + \frac{\partial^2 u}{\partial y^2} + \frac{\partial^2 u}{\partial z^2}) = f(x,y,z,t) \tag{2.1}$$

beschreibbar. Wir kennen diese Gleichungen als differentielle Formulierungen der Erhaltungssätze. Auch wenn sie in der vorliegenden Form eher dazu geeignet sind, den weniger erfahrenen Leser abzuschrecken als zu motivieren, wollen wir ihre grundsätzliche Aussage erläutern. Diese DGL drücken aus, daß die zeitliche Veränderung einer *Erhaltungsgröße* (Energie, Masse, elektrische Ladung) an einem Punkt gleich dem Ab- bzw. Zufluß in die bzw. aus der Umgebung plus (bzw. minus) der von *außen* angelieferten Menge ist. Diese partiellen DGL sind nur in einigen Sonderfällen mit analytischen Methoden lösbar. Beispiele solcher Lösungen sind die Durchbiegungen und Spannungen prismatischer Biegebalken und die Frequenz und Druckverteilung der Luftsäule einer Orgelpfeife oder Flöte.

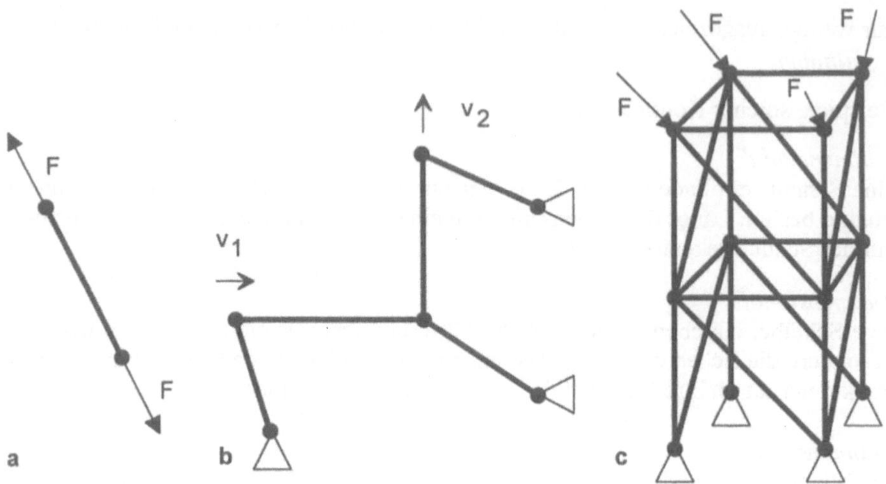

Abb. 2.3: Beispiele diskreter Strukturen. **a** 1-D: Zugstab unter Last, **b** 2-D: ebenes Getriebe, **c** 3-D: räumliches Fachwerk unter Last

Im Gegensatz zum Kontinuum steht das *diskrete System*. Diskrete Systeme verwenden wir in der Mechanik (und in anderen technischen Anwendungen), wenn komplexe Strukturen durch einfache Modelle mit wenigen Parametern anzunähern sind. Das diskrete System ist durch endlich viele Punkte, an denen jeweils endlich viele Informationen vorliegen, gekennzeichnet.

Beispiele diskreter Systeme sind:

1-dimensional
ein Zugstab (Abb. 2.3a), dessen Lage durch die Kräfte und Verschiebungen der beiden Endpunkte vollständig beschrieben ist.

2-dimensional
ein ebenes Getriebe (Abb. 2.3b), dessen Zustand die Lage, Geschwindigkeit und Schnittkräfte bzw. -momente der Endpunkte der Getriebekomponenten kennzeichnen.

3-dimensional
ein räumliches Fachwerk (Abb. 2.3c), bei dem sich der Gesamtverformungszustand aus der Gesamtheit der Verformungen der einzelnen Stäbe und der daraus folgenden Bewegungen der Knoten, welche die Stabverbindungen bilden, herleiten läßt.

Wir haben es im Fall von diskreten Systemen immer mit Vereinfachungen zu tun. So vernachlässigen wir beim Getriebe, daß die einzelnen Komponenten wiederum unter Last deformierbare, elastische Kontinua darstellen. Auf der anderen Seite eignen sich die diskreten Systeme, da sie durch nur endlich viele Daten beschrieben sind, hervorragend zur Bearbeitung in einer digitalen Rechenanlage.

2.4 Diskretisierung des Kontinuums

In der praktischen Konstruktionsarbeit spricht man meist kurz von der Berechnung eines Bauteils, wenn Verformungen, Dehnungen, Spannungen und Einspannkräfte des Bauteils unter der gegebenen Last bei den vorliegenden Einspannbedingungen und bekanntem Werkstoffgesetz zu bestimmen sind. Scheitert in diesem Sinne die analytische Berechnung des Blechs, welches Abb. 2.1 zeigt, so werden wir ein experimentelles (z.B. spannungsoptisches) oder ein numerisches (meist ein diskretes) Verfahren anwenden. Wir zerlegen zur numerischen Behandlung das Kontinuum Blech in ein diskretes System. Abbildung 2.4a zeigt eine mögliche Einteilung des Blechs in viereckige Teilbereiche. Grundsätzlich ist aber auch irgendeine beliebige andere *Diskretisierung*, z. B. eine der in Abb. 2.4b-d gezeigten Einteilungen, wählbar. In jedem Fall ist das Kontinuum durch eine Summe von Teilbereichen, von denen jeder nur durch endlich viele Eckpunkte beschrieben ist, ausgefüllt. Solche Diskretisierungen bezeichnet man als *Netze* (engl. *meshes*). Die Eckpunkte der Teilbereiche und weitere, einen diskreten Teilbereich kennzeichnende Punkte nennen wir *Knoten* (engl. *nodes*). Ob die einzelne Einteilung dem Problem angepaßt ist oder nicht, kann hier noch nicht entschieden werden. Vom ersten Eindruck wirkt aber die unregelmäßige Diskretisierung in Abb. 2.4d nicht besonders sinnvoll.

Um Strukturen im Raum zu diskretisieren (vernetzen), gibt es beliebig viele Möglichkeiten. In der praktischen Arbeit haben sich Einteilungen auf Drei- und Vierecksbasis durchgesetzt.

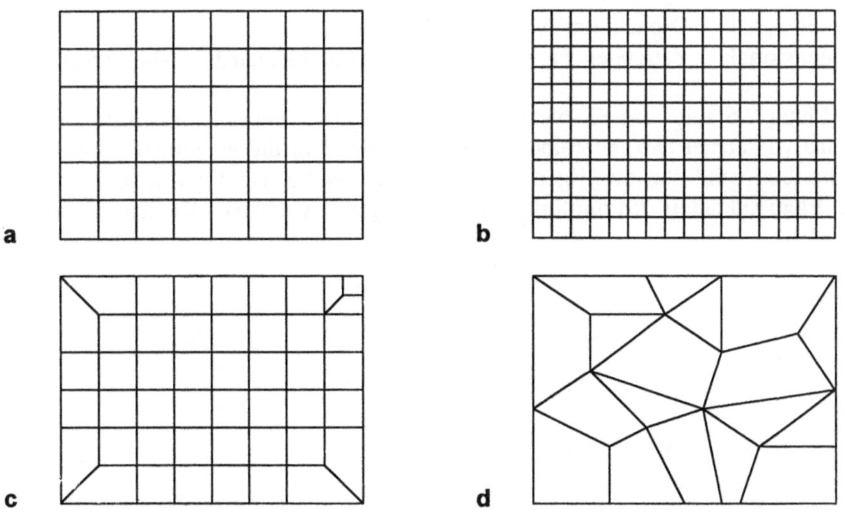

Abb. 2.4: Diskretisierungen des Kontinuums Blech. **a** Regelmäßiges Netz, 8 x 6 Viereckelemente, **b** regelmäßiges Netz, 16 x 12 Viereckelemente, **c** örtlich modifiziertes Netz, 47 Viereckelemente, **d** unregelmäßiges Netz, 18 Drei- und Viereckelemente

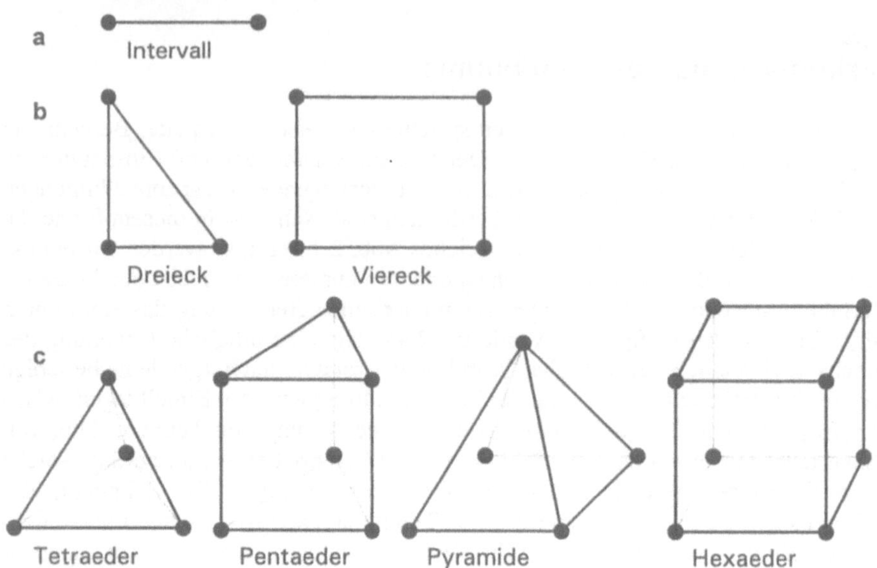

Abb. 2.5: In kommerziellen Programmsystemen angebotene Elementformen. **a** 1-dimensional, **b** 2-dimensional, **c** 3-dimensional

Die heute meist verwandten Formen der diskreten Teilstrukturen, die *Elementformen*, sind:

1-dimensional: das Intervall (Abb. 2.5a)
2-dimensional: Dreieck und Viereck (Abb. 2.5b)
3-dimensional: Tetraeder, Pentaeder, Pyramide und Hexaeder (Abb. 2.5c)

Abbildung 2.6 zeigt das FE-Netz eines Rohrbogens. Dieses Netz wurde vollständig aus verzerrten Hexaederelementen aufgebaut. Um die einzelnen Elemente zu beschreiben, sind die jeweiligen Eckpunkte notwendig. Häufig will man aber mit den Elementkanten krummlinige Berandungen, wie z.B. Radien darstellen.

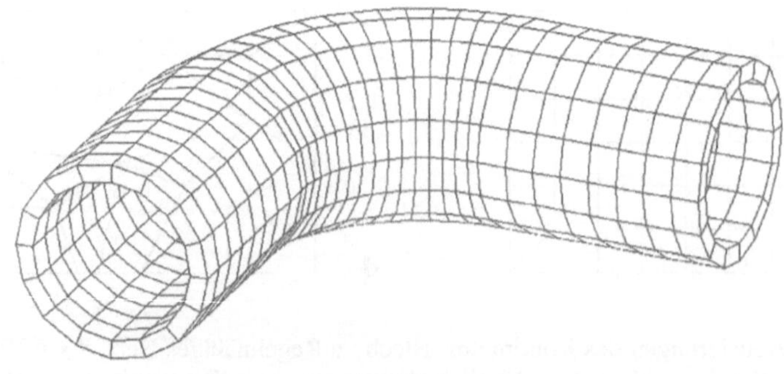

Abb. 2.6: Modell eines Rohrbogens aus verzerrten Hexaederelementen

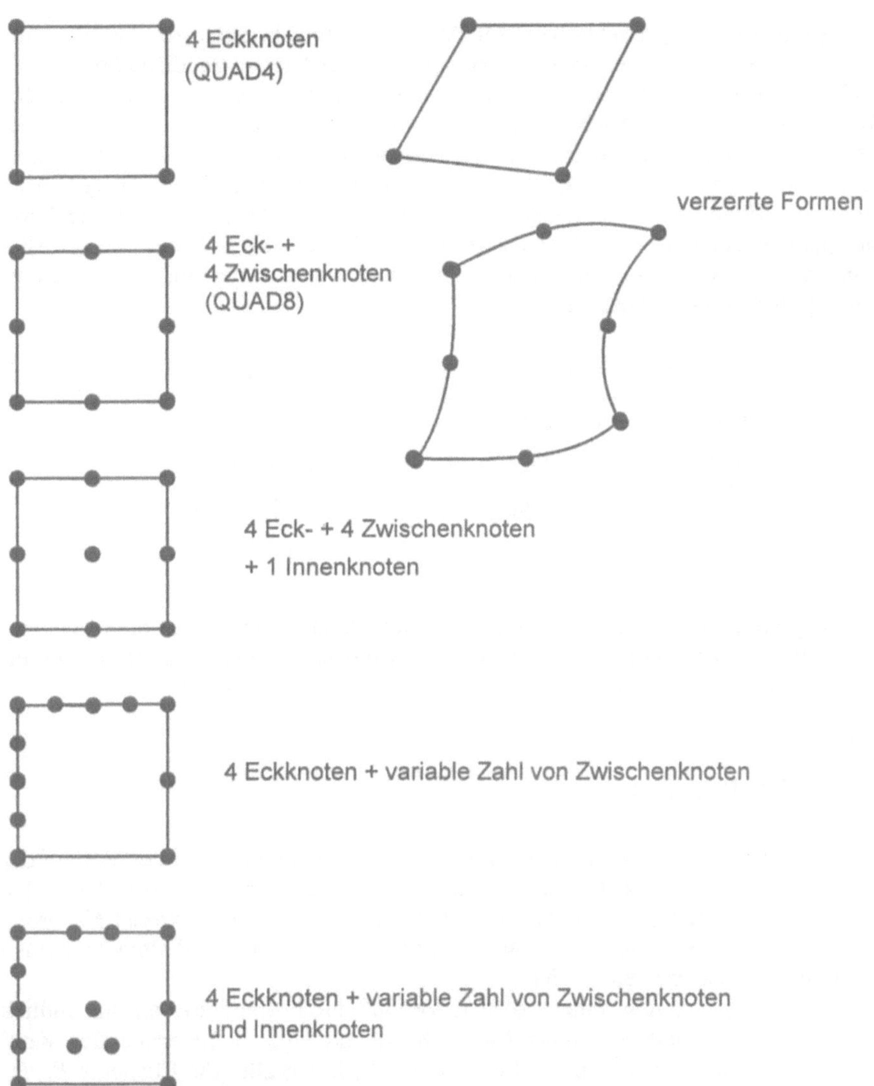

Abb. 2.7: Modifikationen des Viereckelements

Deshalb sind oft zusätzlich zu den Eckknoten noch Zwischenknoten definiert. Mit ihrer Hilfe können statt der geradlinigen Kanten der linearen Elemente gekrümmte Konturen abgebildet werden.

Abbildung 2.7 führt einige der häufig eingesetzten Elementformen als Modifikationen des ebenen Viereck-Elementes auf. Es sollte allerdings erwähnt werden, daß sich in den letzten Jahren die in der Praxis eingesetzten Elemente weitgehend auf die Typen ohne oder mit einem Zwischenknoten auf der Elementkante beschränken. In der Literatur werden diese Viereckelemente entsprechend ihrer

Knotenzahl oft als QUAD4- bzw. QUAD8- Elemente bezeichnet. Für Elemente auf Dreiecksbasis ergeben sich die entsprechenden Elementmodifikationen. Die häufig eingesetzten Dreieckselemente ohne oder mit Zwischenknoten heißen TRIA3 oder TRIA6, je nach Anzahl der Knoten des Elements. Nach der Art der Kurve, die sich mit den Knoten auf einer Elementkante darstellen läßt, nennt man die Elemente ohne Zwischenknoten *linear*, da die Kanten lineare Geradenstücke bilden, die Elemente mit Zwischenknoten *quadratisch*, da ihre Kanten die Form von quadratischen ($y = x^2$) Parabelstücken annehmen. Die 3-dimensionalen Elemente ohne bzw. mit einem Zwischenknoten je Kante bezeichnet man entsprechend ihrer Knotenzahl häufig als:

Elementform	ohne Zwischenknoten	mit Zwischenknoten
Tetraeder	TETRA4	TETRA10
Pentaeder	PENTA6	PENTA15
Pyramide	PYRAM5	PYRAM13
Heaeder	HEX8	HEX20

Weitere Elementformen finden wir bei der Berechnung von Fachwerken (Stabelemente, Balkenelemente) und Blechbauteilen (Schalenelemente) sowie in zahlreichen Spezialelementen für die unterschiedlichsten Sonderaufgaben.

2.5
Ansatzfunktionen

Will man ein Kontinuum durch eine diskrete Struktur annähern, ist der Verlauf der physikalischen Größe (z.B. Verschiebung, Temperatur, Druck), deren Verhalten auf dem Kontinuum zu ermitteln ist, auf den Elementen der diskreten Näherung nachzubilden. Dabei muß der Verlauf dieser Größe durch das Verhalten an endlich vielen Stellen beschrieben werden.

Einige Möglichkeiten, einen solchen Verlauf durch die Werte an nur endlich vielen Stellen zu erfassen, führt Abb. 2.8 anhand eines 1-dimensionalen Kontinuums vor. Das Intervall $[K_1, K_4]$ ist durch 3 Teilintervalle (die Elemente E_1, E_2, E_3) mit insgesamt 4 Eckknoten (K_1, K_2, K_3, K_4) und in einzelnen Fällen mit einem zusätzlichen Zwischenknoten in der Elementmitte diskretisiert. Um einen einheitlichen Sprachgebrauch einzuhalten, verwenden wir auch im 1-dimensionalen Fall den Namen Eckknoten, obwohl Endknoten hier zutreffender wäre.

Abbildung 2.8a stellt den Verlauf der zu betrachtenden physikalischen Größe $u(x)$ über dem Intervall $[K_1, K_4]$ dar. In Abb. 2.8b schätzt man diese Größe durch den Wert in der Mitte jedes Intervalls an einem dick eingezeichneten Zwischenknoten ab, es einsteht eine sog. *Treppenfunktion*. Wir benötigen zur Darstellung der Funktion in jedem Intervall oder *Element* nur einen Meßpunkt, dessen Wert den Funktionswert auf dem betrachteten Teilbereich repräsentiert.

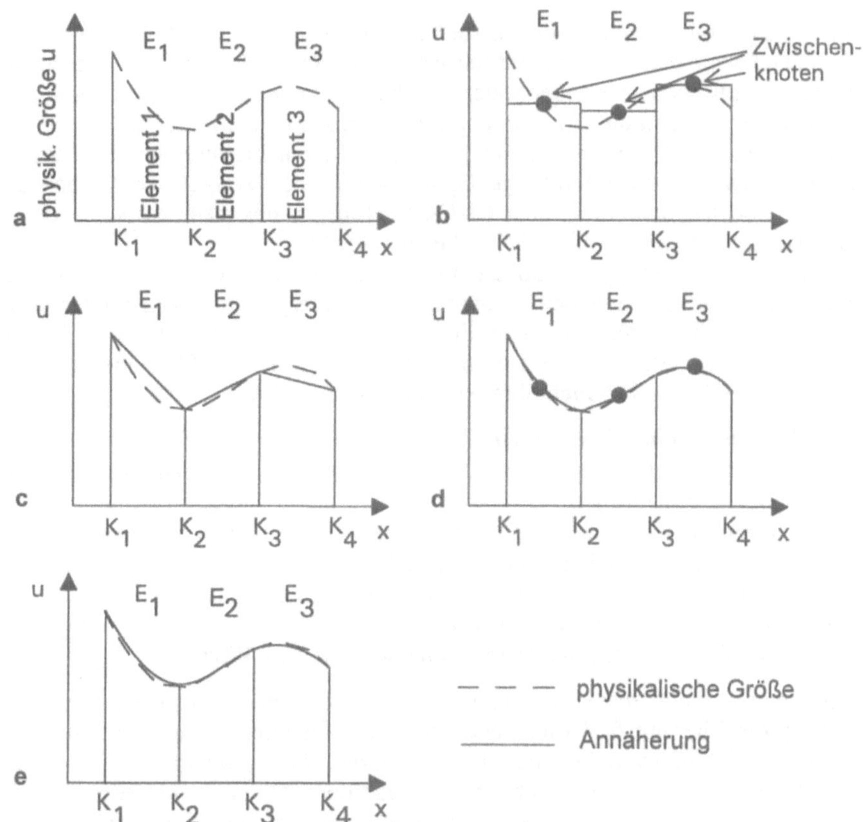

Abb. 2.8: Verschiedene Möglichkeiten, eine Funktion u anzunähern. **a** Verlauf von u auf dem Intervall $[K_1, K_4]$, **b** Annäherung durch eine Treppenfunktion, **c** Annäherung durch Geradenstücke, **d** Annäherung durch Parabelstücke, **e** Annäherung durch eine auf $[K_1, K_4]$ glatte Funktion

Verbindet man die Werte an den Intervallgrenzen, den Eckknoten der Elemente, entsteht ein Polygon wie in Abb. 2.8c. Zwischen den einzelnen Meßwerten liegt eine lineare Interpolation vor, wir erhalten eine stetige und in jedem Teilstück differenzierbare Darstellung. Als weitere Variante ist in Abb. 2.8d die Annäherung durch Parabelstücke eingetragen. Diese entstehen, wenn neben den Eckknoten noch die Funktionswerte in der Elementmitte (an den wieder dick eingezeichneten Zwischenknoten) zur Interpolation herangezogen werden. Auch hier ist der Verlauf der Größe u in jedem Element differenzierbar. An den Knoten zwischen zwei Elementen treten ebenfalls Sprünge in den Ableitungen auf.

Abbildung 2.8e nähert den Verlauf mit Kurven an, die an den Eckknoten nicht nur stetig, sondern auch noch differenzierbar sind, eine gemeinsame Tangente von beiden Elementen her haben. Diese Interpolation ist auf dem gesamten Bereich der Elemente E_1, E_2, E_3 stetig und differenzierbar, während die konstanten, linearen und parabolischen Näherungen zwar im gesamten Gebiet stetig, aber nur in den einzelnen Abschnitten differenzierbar waren.

Alle 4 dargestellten Möglichkeiten stellen Approximationen des Verlaufs der betrachteten Größe dar. Ihre Qualität bewerten wir jetzt noch nicht, da wir nicht wissen, welche physikalische (oder andere Größe) wir zu welchem Zweck damit annähern wollen. So kann die Treppenfunktion (Abb. 2.8.b) die zu erwartende Niederschlagsmenge im Urlaubsgebiet im jeweiligen Monat beschreiben und durchaus bei der Auswahl der Garderobe genügen, während der Verlauf der Parabelstücke in Abb. 2.8d zur Steuerung einer CNC-Maschine zu ungenau sein kann, da dort glatte Übergänge wie in Abb. 2.8e vorliegen müssen.

Man wählt Näherungsfunktionen mit bestimmten Eigenschaften aus, um für die Berechnungen einen einfachen Formalismus zur Interpolation der zu untersuchenden physikalischen Größen auf dem durch die Diskretisierung definierten Element zu erhalten. Die nachfolgende Zusammenstellung gilt so nur für Näherungen, die sich auf die Größe selbst, nicht ihre Ableitungen, beziehen.

1. Die Funktion ist *auf dem ganzen Element definiert*.
2. Jede Funktion ist *einem Knoten* (und ggf. einem Freiheitsgrad dieses Knotens) des Elements *zugeordnet*.
3. An diesem Knoten hat die Funktion den *Wert* 1, an allen anderen Knoten, an denen ebenfalls eine solche Näherungsfunktion definiert ist, verschwindet sie.
4. Die *Summe der Näherungsfunktionen* auf einem Element ist 1.
5. An *gemeinsamen Kanten* oder *Flächen* benachbarter Elemente haben die Näherungsfunktionen der jeweiligen Knoten *gemeinsame Werte*.

Funktionen, welche diese Bedingungen erfüllen, werden *Ansatzfunktionen* genannt. In der Literatur findet man auch die Bezeichnungen: Form-, Interpolations-, Näherungs-, Hermitsche-Funktion (engl.: *shape-, form-, interpolation-function*). Abbildung 2.9 stellt einige solche Ansatzfunktionen für ein 1-dimensionales Element der Länge 1 vor. Abb. 2.9a zeigt eine lineare Interpolation der Größe $y\,(x)$ durch die Funktionswerte y_1 und y_2 an den beiden (End-) Knoten des Elements. Die gesuchte Näherung entsteht, indem die beiden Ansatzfunktionen

$$h_{1,l}(x) = 1 - x \tag{2.2}$$

und

$$h_{2,l}(x) = x \tag{2.3}$$

mit den Werten y_1 und y_2 gewichtet werden. Die Näherung lautet dann

$$y\,(x) \approx y_1\,h_{1,l}(x) + y_2\,h_{2,l}(x)$$

$$= y_1\,(1 - x) + y_2\,x \tag{2.4}$$

eine Gerade, die durch die beiden Punkte $(0,\,y_1)$ und $(1,\,y_2)$ geht. In Abb. 2.9b wird der Verlauf von $y\,(x)$ noch zusätzlich durch den Wert y_m in der Mitte (an einem Zwischenknoten) des Elements angenähert. Nach den oben genannten Kriterien erhalten wir die 3 quadratischen (es tritt x^2 als höchste Potenz auf) Ansatzfunktionen:

$$h_{1,q}(x) = 2\,(\tfrac{1}{2} - x)\,(1 - x) = 1 - 3\,x + 2\,x^2 \tag{2.5}$$

$$h_{2,q}(x) = 2\,x\,(x - \tfrac{1}{2}) \qquad = -x + 2\,x^2 \tag{2.6}$$

$$h_{m,q}(x) = 4\,x\,(1 - x) \qquad = 4\,x - 4\,x^2 \tag{2.7}$$

und

$$y(x) \approx y_1\, h_{1,q}(x) + y_2\, h_{2,q}(x) + y_m\, h_{m,q}(x) \tag{2.8}$$

Die Ansatzfunktionen der beiden Eckknoten können wir aus denen der linearen Näherung ableiten, da die neue Ansatzfunktion in der Mitte, bei $x = 1/2$, den Wert Null annehmen muß.

$$\begin{aligned}
h_{1,q} &= h_{1,l} - \frac{1}{2} h_{m,q} \\
&= 1 - x - 2\,x\,(1-x) \\
&= 1 - 3\,x + 2\,x^2
\end{aligned} \tag{2.9}$$

und entsprechend

$$h_{2,q} = h_{2,l} - \frac{1}{2} h_{m,q} = -x + 2\,x^2 \tag{2.10}$$

Durch Einsetzen verifizieren wir die Bedingung 1, daß h_i an dem i-ten Knoten 1, an allen anderen Knoten ($j \neq i$) zu Null wird.

$$h_i(x) = 1 \qquad \text{falls } x = x_i$$
$$h_i(x) = 0 \qquad \text{falls } x = x_j\ (j \neq i)$$

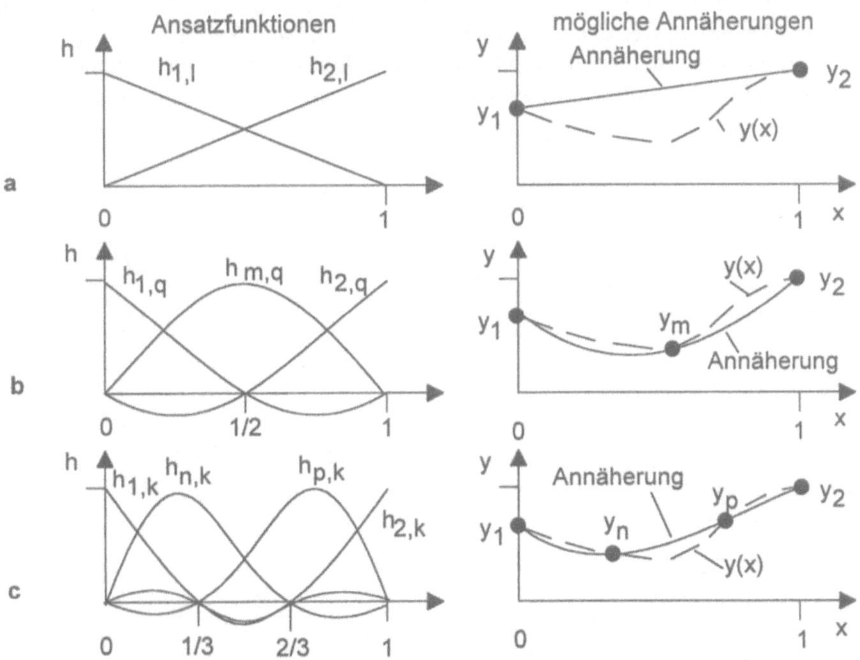

Abb. 2.9: Ansatzfunktionen und damit mögliche Annäherung einer Kurve auf einem 1-D Element. **a** Linear, **b** quadratisch, **c** kubisch

Schließlich zeigt Abb. 2.9c noch die kubischen Ansatzfunktionen für die Approximation mit 2 Zwischenknoten bei $x_n = \frac{1}{3}$ und $x_p = \frac{2}{3}$

$$h_{1,k}(x) = -\frac{9}{2}\left(x - \frac{1}{3}\right)\left(x - \frac{2}{3}\right)(x - 1) \tag{2.11}$$

$$h_{2,k}(x) = \frac{9}{2}x\left(x - \frac{1}{3}\right)\left(x - \frac{2}{3}\right) \tag{2.12}$$

$$h_{n,k}(x) = \frac{27}{2}x\left(x - \frac{2}{3}\right)(x - 1) \tag{2.13}$$

$$h_{p,k}(x) = -\frac{27}{2}x\left(x - \frac{1}{3}\right)(x - 1) \tag{2.14}$$

wobei sich $h_{1,k}(x)$ und $h_{2,k}(x)$ wie in Gl. (2.5') und Gl. (2.7') aus

$$h_{1,k}(x) = h_{1,l}(x) - \frac{2}{3}h_{n,k}(x) - \frac{1}{3}h_{p,k}(x) \tag{2.11'}$$

$$h_{2,k}(x) = h_{1,l}(x) - \frac{1}{3}h_{n,k}(x) - \frac{2}{3}h_{p,k}(x) \tag{2.12'}$$

aufbauen lassen. Als resultierende Interpolation erhalten wir

$$y(x) \approx y_1\,h_1(x) + y_2\,h_2(x) + y_n\,h_n(x) + y_p\,h_p(x) \tag{2.15}$$

Die Qualität der Annäherung nimmt sicher mit der Zahl der Knoten zu, an denen y ausgewertet wird. Andererseits nehmen aber auch der Rechenaufwand und damit die Rechenkosten mit der Zahl der beteiligten Knoten im Element zu. Für den Anwender, der mit vertretbarem Aufwand in überschaubarer Zeit zuverlässige Ergebnisse produzieren muß, stellt sich bei der Modellierung die Frage, welche die dem jeweiligen Problem angemessenen Ansatzfunktionen und Elemente sind.

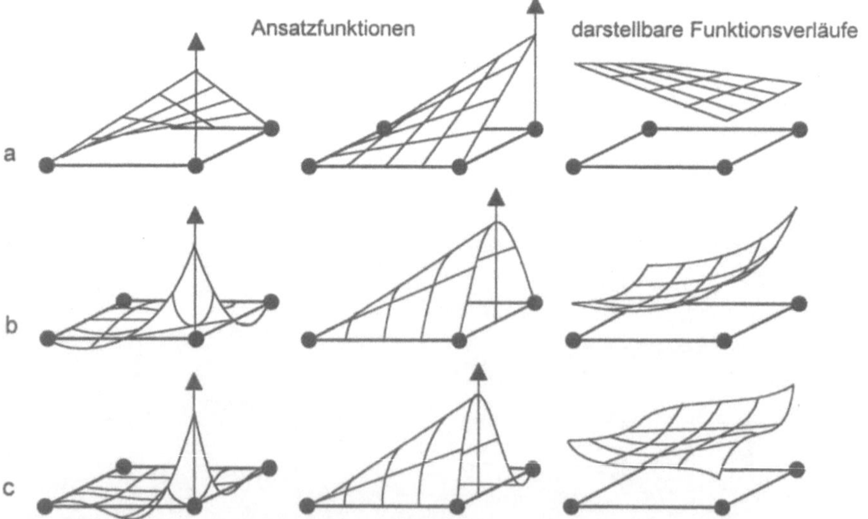

Abb. 2.10: 2-D Ansatzfunktionen und darstellbare Funktionsverläufe. **a** Linear, **b** quadratisch, **c** kubisch

Abbildung 2.10 vergleicht die Ansatzfunktionen und die damit darstellbaren Funktionsverläufe eines ebenen, quadratischen Elements. Diese Ansatzfunktionen entstehen, wenn die oben beschriebenen 1-dimensionalen Ansätze in den beiden Raumrichtungen miteinander multipliziert werden. Da wir sie in dieser Form nicht benötigen, geben wir sie hier nicht explizit an. Analog bestimmt man dann auch die Funktionen auf einem 3-dimensionalen Würfel.

Welche Bedeutung die Wahl der Ansatzfunktion auf die Qualität einer Berechnung hat, erläutert Abb. 2.11. Ein Quadrat (Abb. 2.11a), ein quadratisches Kontinuum, verformt sich unter einer Last. Interpoliert man die Verformung auf dem Quadrat einzig aus den Verschiebungen der Eckknoten, ergibt sich eine Näherung der Verformung des Kontinuums (Abb. 2.11b), die vom subjektiven Eindruck wenig geeignet ist, die lokalen Verzerrungen des Gebietes darzustellen. Zieht man einen Zwischenknoten je Kante zur Interpolation heran, nimmt die Qualität der Näherung beträchtlich zu (Abb. 2.11c), auch wenn man in diesem Fall noch keine befriedigende Darstellung der Verformung des Kontinuums erzielt. Mit höhergradigen Funktionen und um den Preis höherer Rechenkosten ließe sich eine weitere Verbesserung erreichen. In kommerziellen Anwendungen treibt man aber bei solchen zu erwartenden Verformungen nicht die Ansatzfunktionen hoch, sondern wählt ein feineres Netz, eine Unterteilung in mehrere Elemente mit einem oder ohne einen Zwischenknoten.

Mit den hier dargestellten Ansatzfunktionen haben wir nur die in der Praxis wichtigsten Grundtypen vorgestellt. Es gibt hier, sowenig wie bei den Elementformen, eine Beschränkung, solange die Funktionen die obigen Kriterien erfüllen. Tatsächlich existieren zahlreiche Anwendungen, in denen diese Anforderungen nicht oder nur teilweise befriedigt werden. Wie bei anderen numerischen Verfahren gibt es Bereiche, in denen die Methode trotz nicht vollständig erfüllter Voraussetzungen anwendbar bleibt.

Neben den beschriebenen linearen und quadratischen Ansatzfunktionen auf Polynombasis haben in der Praxis einige andere Typen einen gewissen Platz eingenommen, weil sie bei verschiedenen Spezialanwendungen den sonst verwendeten Typen überlegen sind.

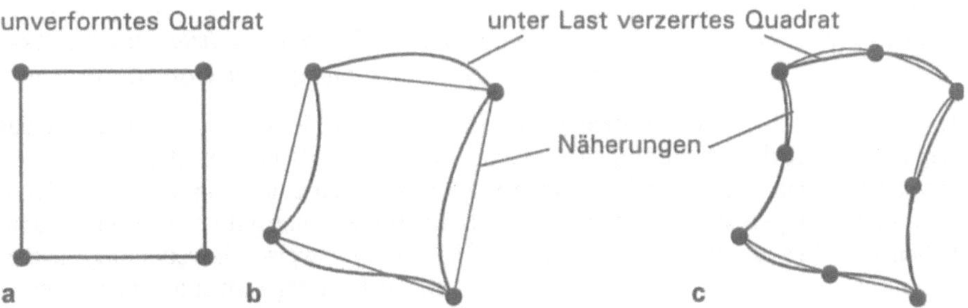

Abb. 2.11: Einfluß der Ansatzfunktionen auf das darstellbare Verformungsverhalten eines Quadrats. **a** Unverformte Struktur, **b** Lineare, **c** quadratische Annäherung des verzerrten Quadrats

Es handelt sich hauptsächlich um die folgenden Arten:
- an den *Elementgrenzen stetige und differenzierbare* Funktionen (Abb. 2.8e) mit weichen Übergängen zwischen den Elementen
- *trigonometrische Funktionen*, die wegen ihrer einfachen Differenzierbarkeit und Integrierbarkeit eine große Bedeutung haben. Sie spielen insbesondere bei Analysen rotationssymmetrischer Komponenten unter nichtrotationssymmetrischer Last eine wichtige Rolle.
- Ansatzfunktionen ähnlich der *Treppenfunktion* und damit Annäherung der gesuchten Größe als *konstant im Element* (Abb. 2.8b) durch einen Wert, z.B. den im Mittelpunkt des Elements. Diese Treppenfunktionen kommen zum Zuge, wenn sehr schnell sehr viele Elemente zu berechnen sind, beispielsweise bei Crash- und Strömungsberechnungen. Bei diesen Berechnungen erfordern lokale Effekte (Kontakte beim Aufprall eines Bauteils auf ein starres Hindernis oder Wirbelbildung an Randschichten) eine sehr feine Diskretisierung mit einer Vielzahl von Elementen und einer großen Zahl von Zeitschritten. Es handelt dabei sich oft um Hunderttausende Elemente (das größte dem Verfasser bekannte Modell bestand aus 18 Millionen Elementen) und häufig ähnlich viele Zeitschritte. In diesen Fällen ist es unumgänglich, einfache Elemente, die nur wenig Rechenzeit beanspruchen, einzusetzen.

Darüber hinaus haben zahlreiche Anwender in den letzten Jahren eine unüberschaubare Menge von für Spezialzwecken sinnvollen Ansatzfunktionen entwikkelt. Im folgenden beziehen wir uns auf die linearen und quadratischen Ansatzfunktionen, da sie für das Verständnis der Methode vollauf genügen.

2.6
Die Methode der Finiten Elemente

Wir haben das Kontinuum in diskrete Elemente eingeteilt und sind in der Lage, den Verlauf einer physikalischen Größe u auf jedem Element durch den Wert an einigen Knoten des Elements ausreichend genau anzunähern. Damit steht uns alles zur Verfügung, was wir benötigen, um die FEM einzuführen. Es gibt keine allgemein anerkannte Definition des Begriffs *Finites Element*. Man könnte jedoch sagen,

ein Finites Element ist ein durch endlich viele Knoten beschriebener Teilbereich eines Kontinuums mit einer dazu passenden Menge von Ansatzfunktionen.

Um unser Blech mit der Einzellast aus Abb. 2.1 zu berechnen, ist zunächst das Kontinuum zu diskretisieren, in einfache Elemente aufzuteilen. Der Verlauf der Verschiebungen u und v in den beiden Raumrichtungen x und y kann aus den Knotenverschiebungen mit geeigneten Ansatzfunktionen interpoliert werden. Damit haben wir alles zur Verfügung, was wir zur näherungsweisen Berechnung unseres kontinuierlichen Problems, des eingespannten Blechs unter Einzellast, benötigen.

Wir teilen unser Blech wie in Abb. 2.12 in Elemente ein. Dabei wählen wir unsere Diskretisierung so, daß das Modell den Bewegungen des Bauteils folgen kann. Wir nehmen weiter an, daß sich die Verformung auf jedem Element aus der Verschiebung der vier Eckknoten interpolieren läßt, wir wählen einen linearen Ansatz entsprechend Abb. 2.10a. Damit bestimmen wir entsprechend Abb. 2.13a die

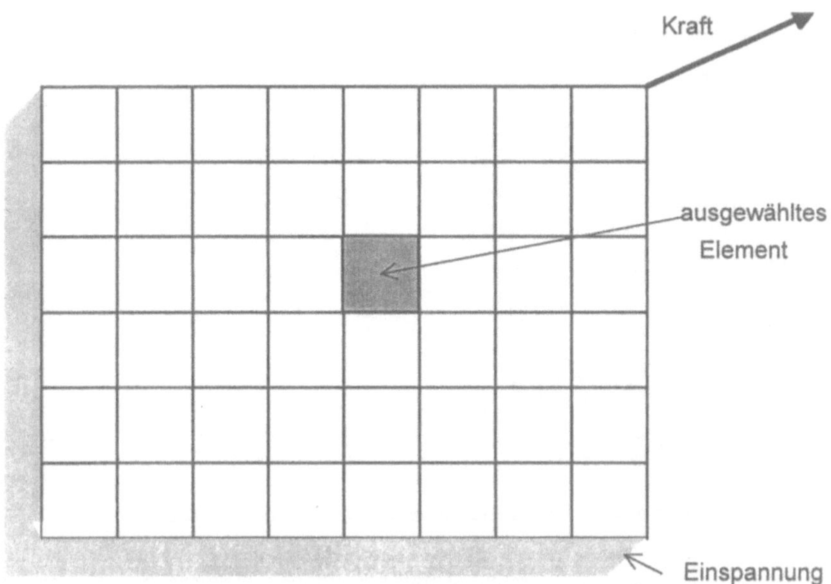

Abb. 2.12: Elementeinteilung des Blechs mit Einzellast

Dehnungen (z.B. $\varepsilon_{xx} = \dfrac{\Delta b}{b}$) und Spannungen bei vorgegebenen Verschiebungen.

Mit elastomechanischen Methoden, deren Darstellung in Kap. 4 folgt, läßt sich die Steifigkeit jedes einzelnen Elementes berechnen. Es entsteht ein Ersatzfedermodell des Elementes (Abb. 2.13b). Das gesamte Blech bauen wir nun als Vereinigung oder Summe dieser einzelnen Elementfedern bzw. *Elementsteifigkeiten* auf. Abbildung 2.14 skizziert diesen Zusammenbau mit den erforderlichen Randbedingungen. Rechnerisch addiert man die Steifigkeiten in den einzelnen Freiheitsgraden an den einzelnen Knoten wie die Steifigkeiten zweier paralleler Federn.

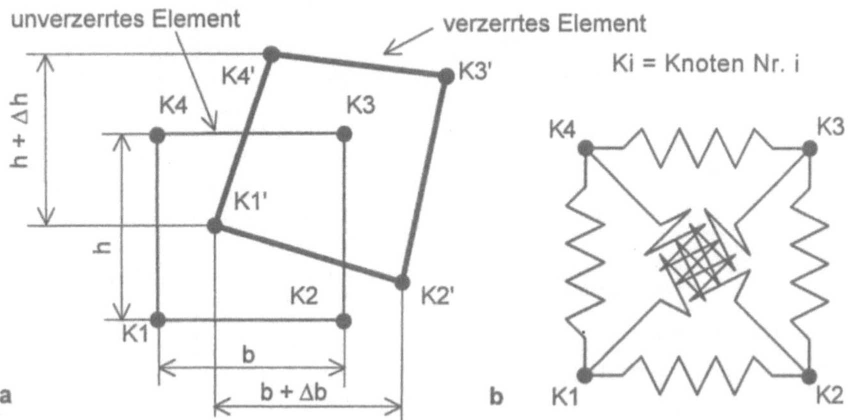

Abb. 2.13: Zur Herleitung des Ersatzfedermodells. **a** Unverzerrtes und verzerrtes Element, **b** Ersatzfedern der Elementsteifigkeit

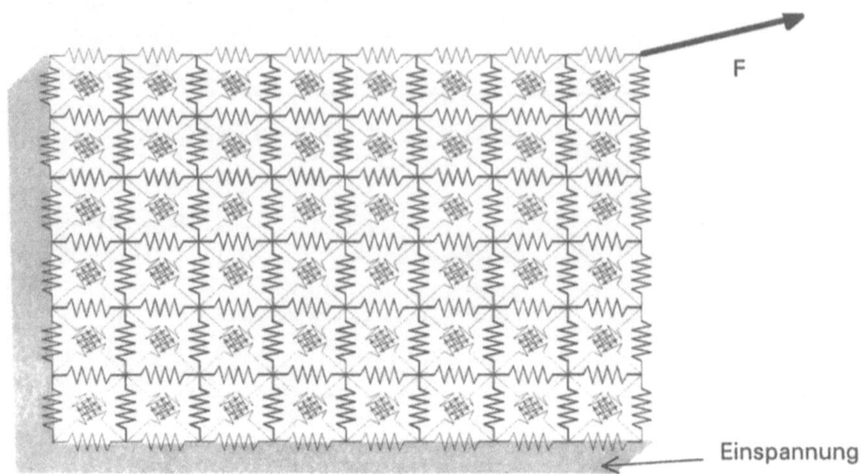

Abb. 2.14: Zusammenbau der Gesamtsteifigkeit aus den Elementbeiträgen.

Aus diesem Federsystem mit seinen Randbedingungen erhalten wir ein lineares Gleichungssystem, welches sich mit den in Anhang A1.1.3 beschriebenen Verfahren lösen läßt. Die Lösung des Gleichungssystems sind die Verschiebungen der Knoten des Netzes (Abb. 2.15a) in den beiden Freiheitsgraden, aus denen nach Abb. 2.13a die Dehnungen und Spannungen folgen.

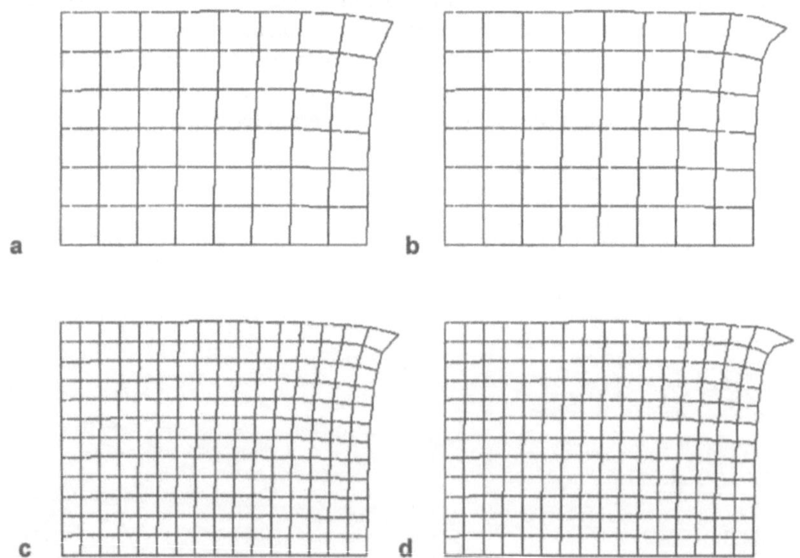

Abb. 2.15: Berechnete Verformungen der FE-Netze des Blechs mit Einzellast. **a** 6 x 8 QUAD4-Elemente, **b** 6 x 8 QUAD8-Elemente, **c** 12 x 16 QUAD4-Elemente, **d** 12 x 16 QUAD4-Elemente

Tabelle 2.1: Verschiebung und Rechenzeit bei unterschiedlichen Elementen und Netzen

Modell	Elementtyp	Knotenzahl	Elementzahl	x-Verschiebung des Krafteinleitungsknotens	Rechenzeit
a	QUAD4	63	48	0,1420	0,51
b	QUAD8	173	48	0,1867	1,02
c	QUAD4	221	192	0,1749	1,45
d	QUAD8	633	192	0,2191	3,67

Wenn wir nichts wesentliches falsch gemacht haben, ist es nun möglich, von der Lösung des diskreten Systems auf das Verhalten des Kontinuums zu schließen. Wie gut die Näherung ist, legen Abb. 2.15b-d und Tabelle 2.1 nahe. Die Vervierfachung der Elementanzahl bzw. die Wahl eines Elementes mit Zwischenknoten führt zu deutlich größeren Verschiebungen. Dieses bessere Ergebnis hat seinen Preis in Form höherer Rechenzeiten und größerer Speicherplatzanforderungen.

2.7
Anwendungsgebiete der FEM

Natürlich steckt in der programmtechnischen Realisierung der FEM noch einiges mehr, als in den obigen Abschnitten angedeutet. Eine wesentliche Ursache für den Erfolg der FEM als Berechnungsmethode liegt aber gerade darin begründet, daß die hier vorgestellte Argumentation auf zahlreiche andere technische und physikalische Anwendungen übertragbar ist (Tabelle 2.2). In all diesen Anwendungen gilt, daß eine Untersuchung mit Finiten Elementen immer nach dem gleichen Schema abläuft:

- Ein Kontinuum wird diskretisiert, mit einem Werkstoffmodell und Randbedingungen versehen,
- auf den Elementen wählt man geeignete Ansatzfunktionen und schließlich
- schätzt man das Verhalten des Gesamtsystems, des Kontinuums unter den gegebenen Randbedingungen durch die Lösung, welche die Summe, die Gesamtheit der diskreten Elemente liefert, ab.

Nachdem die praxisorientierte Seite der FEM vor allem im Bauwesen als Methode zur Unterstützung der Statiker bei komplexen Konstruktionen entstanden ist (Argyris und Zienkiewicz, zwei der wichtigen Begründer der Methode, sind beide Bauingenieure), hat sich die FEM in den letzten Jahren zahlreiche weitere Anwendungsgebiete erschlossen. Heute finden wir die FEM in zahlreichen, oft originellen Anwendungen in nahezu allen Bereichen der Technik und Naturwissenschaften.

Tabelle 2.2 ist daher sicher unvollständig und kann nur einige typische Anwendungen der FEM aufführen. Im Grunde kann jedes Fachgebiet, in dem Probleme auf großen Gesamtheiten durch Näherungsverfahren abgebildet werden sollen, auf die FEM zurückgreifen. Wie das geschieht, zeigen die nächsten Kapitel für die häufigsten Anwendungen der FEM in der Statik, Wärmeleitung und Dynamik.

Tabelle 2.2: Einige Anwendungsgebiete der FEM

- Statik und Dynamik:	elastische und elastoplastische Festigkeitsberechnung
	automatisierte Bauteilauslegung und -optimierung
	Bruchmechanik
	Eigenschwingverhalten
	Resonanzen, erzwungene Schwingungen
	dynamische Zeitverläufe
- Potentialprobleme:	stationäre und transiente Wärmeleitung
	wirbelfreie inkompressible Strömungen
	Galvanisieren
	elektrostatische (Coulomb-) Feldanalysen
- Elektrodynamik	elektromagnetische Verträglichkeit
	Schutzeinrichtungen
	Senderoptimierungen
- Strömungsmechanik	Stationäre und transiente Fluidmechanik
	Kühleroptimierung
	Reduktion des Luftwiderstands
- Kontaktanalysen	Unfallsimulationen
	Umformvorgänge
- Biomechanik	Optimierung von Implantaten
	(z.B. künstliche Hüftgelenke)
	Auswertung von Tomographiedaten
	Schallwellenausbreitung im Gewebe bei
	Gewalteinwirkungen
- Werkstoffmechanik	Schadens- und Versagensmodelle
	Simulation von Füge- und Umwandlungsvorgängen

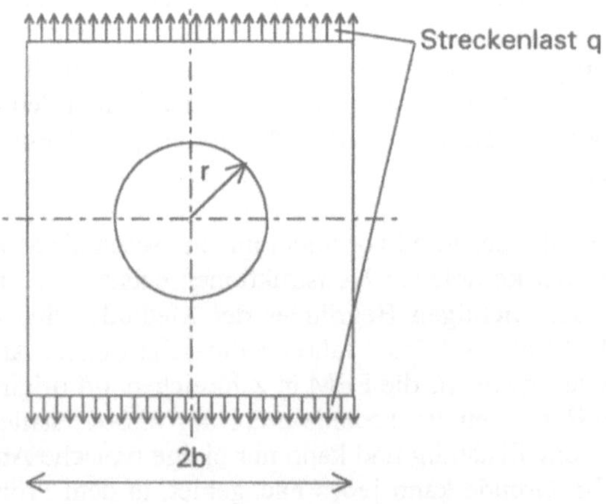

Abb. 2.16: Blech mit kreisförmigem Loch unter Streckenlast

1. Berechnen Sie mit dem Ihnen zur Verfügung stehenden FE-System die Spannungen und Verformungen des Blechs in Abb. 2.1! Gehen Sie dabei von folgenden Daten aus:

Abmessungen: $b \times h \times t = 80 \times 60 \times 1$ mm^3,

Kräfte: $F_x = 5000$ N/mm^2, $F_y = 1000$ N/mm^2,

Werkstoff: Elastizitätsmodul $E = 200\,000$ N/mm^2, Querkontraktionszahl $\nu = 0{,}3$.

2. Verifizieren Sie, daß die Kerbspannung an einem kreisförmigen Loch mit Radius r in einer unendlich ausgedehnten Platte bei ebenen Dehnungszustand unter gleichförmiger Zugbelastung $\alpha_k = 3$ beträgt, indem Sie die Breite b einer endlichen Platte (Abb. 2.16) bei konstantem Radius r immer weiter vergrößern. Nutzen Sie die Symmetrie des Problems (vgl. Kap. 4. Abschn. 4.4)!

3 Zugstab und Fachwerk

Einer der Gründe für die große Verbreitung der FEM liegt darin, daß es dieses Berechnungsverfahren ermöglicht, komplexe Strukturen mit standardisierten Verfahren zu untersuchen. Daß der Anwender während der Untersuchung das zu untersuchende Bauteil vor sich am Bildschirm sieht, er nicht wie bei den klassischen Verfahren einen Satz von abstrakten Gleichungen zu verstehen hat, steigert die breite Akzeptanz bei den Benutzern noch mehr. Wie anhand des eingespannten Blechs unter Last in Kap. 2 demonstriert, bilden wir ein auf einem Kontinuum vorliegendes Problem auf eine diskrete Fragestellung ab. Das Lösen des diskreten Systems, welches als Näherung des kontinuierlichen dient, stellt in den meisten Fällen eine Aufgabe dar, welche die Handhabung von Matrizen erfordert. Diese Matrizen sind, verglichen mit den Matrizen, die wir noch ohne Rechnereinsatz bearbeiten können, meist sehr groß. Schon bei der Untersuchung des Netzes des eingespannten Blechs in Abb. 2.12 ist bei der vorgeschlagenen Einteilung mit 7 x 9 Knoten mit je 2 Freiheitsgraden an jedem Knoten eine Matrix der Größe 126 x 126 zu verarbeiten. Daß dies nicht mit Papier und Bleistift geschieht, ist offensichtlich. Der technische Einsatz der FEM ist ohne schnelle digitale Rechner nicht denkbar. Um die erforderlichen Matrizenmanipulationen zu veranschaulichen, und dabei noch mit übersichtlichen Matrizen zu arbeiten, führen wir einige wesentliche Bestandteile des Ablaufs einer Berechnung mit der FEM an Zug- und Druckstäben, die wir im folgenden nur als Zugstäbe bezeichnen, in der 2-dimensionalen Ebene vor. Alles für den Zusammenbau der Gesamtstruktur aus den einzelnen Elementen Relevante läßt sich hier an überschaubaren Beispielen vorführen. Zunächst leiten wir die Elementmatrizen der ersten (und einfachsten) Elemente, der Zugstäbe, her. Danach werden wir anhand des Zusammenbaus von einzelnen Stäben zu einem Verbund, einem Fachwerk, die Matrizenmanipulationen beschreiben, die typisch für die FEM sind.

3.1
Die Steifigkeit des Zugstabs

Wir wollen in den nächsten Abschnitten verschiedene Ansätze, ein elementares Problem der Festigkeitsberechnung zu behandeln, darstellen. Die Steifigkeit des Zugstabs, die Beziehung zwischen Kraft und Verlängerung des prismatischen, elastischen Stabs, dient uns als Beispiel, unterschiedliche Methoden, diese Steifigkeit zu berechnen, gegenüberzustellen. Analog könnten wir statt des mechanischen Zugstabs die Wärmeleitung in Stäben (vgl. Kap. 5) oder ein System Ohmscher Widerstände in einem elektrischen Schaltkreis verwenden. Die Argumentation ändert sich nicht wesentlich, wir müßten nur die physikalisch äquivalenten Größen einsetzen.

3.1.1
Kraftmethode

In der Festigkeitslehre ist der prismatische Zugstab, ein gerader Stab mit konstantem Querschnitt und einer in Achsenrichtung wirkenden Kraft (Abb. 3.1) einer der ersten Berechnungsfälle. Aus den 3 elementaren Gleichungen

$$\sigma = \frac{F}{A} \tag{3.1}$$

$$\varepsilon = \frac{\Delta l}{l} \tag{3.2}$$

und

$$\sigma = E\,\varepsilon \tag{3.3}$$

in denen

σ	die Spannung,
ε	die Dehnung,
Δl	die Verlängerung,
l	die Länge,
F	die Kraft,
A	die Querschnittsfläche und
E	den Elastizitätsmodul

des Stabes bedeuten, erhalten wir eine Beziehung zwischen Kraft F und Verlängerung Δl

$$\frac{F}{A} = \sigma = E\,\varepsilon = E\,\frac{\Delta l}{l} \tag{3.4}$$

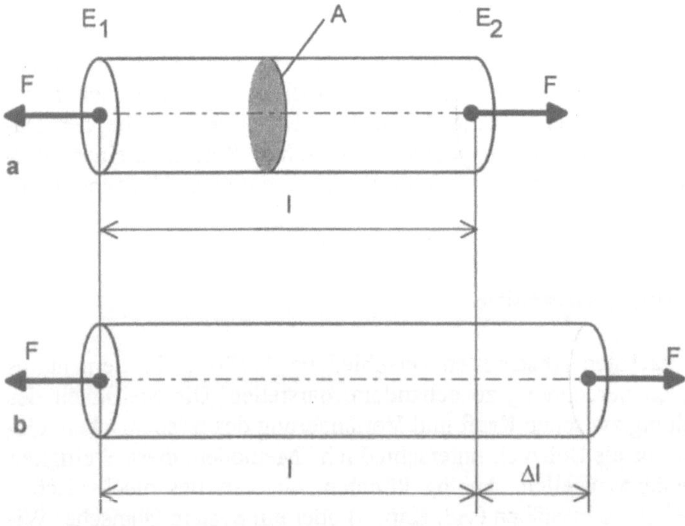

Abb. 3.1: Verlängerung des Zugstabs unter Last. **a** Ausgangslänge, **b** durch die Kraft F um Δl verlängert

Wir definieren die *Steifigkeit* als Quotienten aus Kraft F und Verlängerung Δl. Im Gegensatz zum üblichen Sprachgebrauch in der Festigkeitslehre (z.B. [4]) bezeichnen wir die Steifigkeit mit k und nicht mit c.

$$k = \frac{F}{\Delta l} = \frac{EA}{l} \qquad (3.5)$$

Für die weitere Betrachtung nehmen wir an, daß an den beiden Enden E_1 und E_2 des Zugstabs die (in x-Achsenrichtung positiven) Kräfte F_1 und F_2 wirken (vgl. Abb. 3.2). Unter diesen Kräften stellen sich die, ebenfalls in x-Richtung positiven, axialen Verschiebungen u_1 und u_2 ein. Um den Begriff der Steifigkeit zu verallgemeinern führen wir ein Gedankenexperiment durch. Wir halten zunächst das Ende E_1 fest ($u_1 = 0$) und geben dem Ende E_2 eine Verschiebung u_2 vor. Wenn wir mit k_{ij} die Kraft F_i auf das Stabende i je Verschiebung u_j des Endes E_j bezeichnen, erhalten wir

$$k_{2,2} = \frac{F_2}{u_2} = \frac{EA}{l} = k \qquad (3.6)$$

da, um das Ende E_2 um u_2 bei festgehaltenem Ende E_1 zu verschieben, gerade die Kraft

$$F_2 = k u_2 = \frac{EA}{l} u_2 \qquad (3.7)$$

erforderlich ist. Bei dieser Verschiebung erfährt das festgehaltene Ende E_1 eine *Lager-, Einspann-* oder *Reaktionskraft*

$$F_1 = -k u_2 = -\frac{EA}{l} u_2 \qquad (3.8)$$

Wir setzen

$$k_{1,2} = \frac{F_1}{u_2} = -\frac{EA}{l} = -k \qquad (3.9)$$

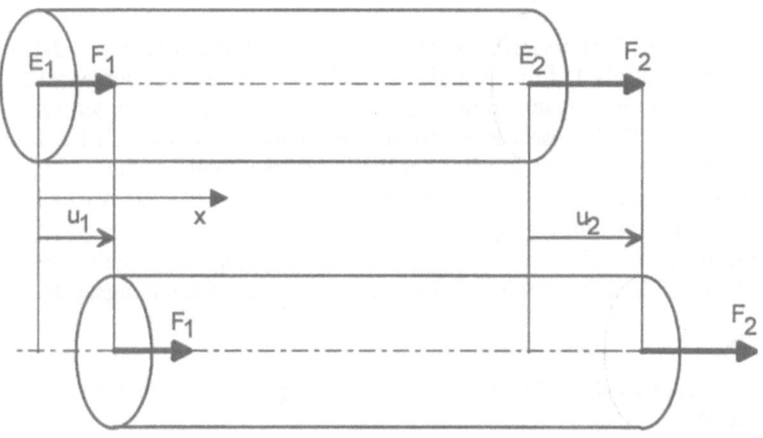

Abb. 3.2: Kräfte und Verschiebungen am Zugstab

Entsprechend argumentieren wir bei der Verschiebung u_1 des Endes E_1 ($u_2 = 0$). Es ist

$$k_{1,1} = \frac{F_1}{u_1} = \frac{EA}{l} = k \tag{3.10}$$

und

$$k_{2,1} = \frac{F_2}{u_1} = -\frac{EA}{l} = -k \tag{3.11}$$

Lassen wir die Voraussetzungen $u_1 = 0$ oder $u_2 = 0$ fallen, betrachten also den allgemeinen Fall, daß sich an den beiden Enden des Stabs die Verschiebungen u_1 und u_2 eingestellt haben, berechnen sich die Kräfte F_1 und F_2 an den beiden Stabenden aus den Verschiebungen mit Hilfe der Steifigkeiten

$$F_1 = k_{1,1}\, u_1 + k_{1,2}\, u_2 = \frac{EA}{l}\,(u_1 - u_2) \tag{3.12}$$

sowie

$$F_2 = k_{2,1}\, u_1 + k_{2,2}\, u_2 = \frac{EA}{l}\,(u_2 - u_1) = -F_1 \tag{3.13}$$

da $\Delta l = (u_2 - u_1)$ gerade die Verlängerung des Stabs ist. Der Fall $u_2 = u_1$, der einer dehnungslosen Translation, einer *Starrkörperbewegung*, längs der Stabachse entspricht, führt erwartungsgemäß zu den Kräften $F_1 = F_2 = 0$. Für die zwei Gleichungen Gl. (3.12) und Gl. (3.13) wählt man eine Matrizendarstellung, die uns durch dieses Buch begleitet

$$\mathbf{F}_{elem} = \begin{pmatrix} F_1 \\ F_2 \end{pmatrix} = \begin{pmatrix} k_{1,1}, & k_{1,2} \\ k_{2,1}, & k_{2,2} \end{pmatrix} \begin{pmatrix} u_1 \\ u_2 \end{pmatrix} = \mathbf{K}_{elem}\,\mathbf{u}_{elem} \tag{3.14}$$

Dabei ist $\mathbf{F}_{elem}$ der Element-Kraftvektor, dessen Komponenten die beiden Kräfte F_1 und F_2 sind, $\mathbf{u}_{elem}$ der Element-Verschiebungsvektor mit den Komponenten u_1 und u_2. Die Matrix

$$\mathbf{K}_{elem} = \begin{pmatrix} k_{1,1}, & k_{1,2} \\ k_{2,1}, & k_{2,2} \end{pmatrix} = \begin{pmatrix} k, & -k \\ -k, & k \end{pmatrix} = k \begin{pmatrix} 1, & -1 \\ -1, & 1 \end{pmatrix} \tag{3.15}$$

nennen wir die *Elementsteifigkeitsmatrix* des 1-dimensionalen, 2-knotigen Zugstabs, der auch als 1-dimensionales ROD2-Element bezeichnet wird. Aus ihr bestimmt man bei den Verschiebungen u_1 und u_2 die auf die Stabenden wirkenden Kräfte F_1 und F_2. Daß diese Elementsteifigkeitsmatrix symmetrisch ist, folgt aus der Herleitung. Diese Symmetrie ist aber kein Sonderfall des Zugstabs, es gilt, daß fast alle Elementmatrizen symmetrisch sind. Die eher exotischen Ausnahmen behandeln wir in dieser Einführung nicht.

Sind bei bekanntem Kraftvektor $\mathbf{F}_{elem}$ die Verschiebungen der Stabenden zu berechnen, tritt eine Schwierigkeit auf. Will man das lineare Gleichungssystem

$$\mathbf{K}_{elem}\,\mathbf{u}_{elem} = \mathbf{F}_{elem} \tag{3.16}$$

z.B. mit der Cramerschen Regel lösen (vgl. Anhang A1.1.3), steht im Nenner die Determinante

$$|\mathbf{K}_{elem}| = k\,(1 \times 1 - 1 \times 1) = 0$$

der Matrix $\mathbf{K}_{elem}$. Diese Determinante ist Null, wir können das lineare Gleichungssystem nicht lösen, die Verschiebungen nicht aus den Kräften bestimmen.

Zu dieser Erkenntnis wären wir auch gekommen, hätten wir die Zeilen der Matrix $\mathbf{K}_{elem}$ genauer betrachtet. Die zweite Zeile ist gleich der negativen ersten Zeile, die Zeilen sind linear abhängig (vgl. Anhang A1.1.3), das Gleichungssystem ist nicht lösbar. Dies hat natürlich auch einen physikalischen Hintergrund. Ein Zugstab im 1-dimensionalen Raum, der nicht gelagert ist, kann eine Starrkörperbewegung ausführen, er läßt sich längs seiner Achse beliebig ohne äußere Kräfte verschieben. Erst wenn man mindestens ein Ende lagert, ist der Stab statisch nicht mehr unterbestimmt, wir können seine Verformung infolge äußerer Kräfte berechnen. Halten wir beispielsweise das Ende E_1 fest, setzen die Verschiebungsrandbedingung $u_1 = 0$, folgt mit $k = EA/l$ das lineare Gleichungssystem

$$F_1 = \quad k\,0 - k\,u_2$$
$$F_2 = -\,k\,0 + k\,u_2 \qquad\qquad (3.17)$$

Für die Berechnung von u_2 bei der angreifenden Kraft F_2 ist nur die zweite Zeile von Bedeutung. Die Lösung dieser zweiten Zeile

$$u_2 = F_2 / k \qquad\qquad (3.18)$$

stellt die Verschiebung des freien Endes E_2 dar. Um die Reaktions- oder Einspannkraft im Ende E_1 zu berechnen, benötigt man die erste Zeile. Sie liefert mit

$$F_1 = -\,k\,u_2 = -\,k\,F_2 / k = -\,F_2 \qquad\qquad (3.19)$$

das erwartete Ergebnis.

3.1.2
Energiemethode

Die Stabsteifigkeit läßt sich auch mit Hilfe des Energieerhaltungssatzes bestimmen. Da die viele FE-Ansätze auf Erhaltungsprinzipien beruhen, wird die oben ausgeführte Herleitung nochmals, diesmal über die im Zugstab gespeicherte elastische Dehnungsenergie nachvollzogen. Die an den Enden wirkenden Kräfte leisten eine äußere Arbeit

$$W_{ex} = \frac{1}{2}(F_1\,u_1 + F_2\,u_2) \qquad\qquad (3.20)$$

Die elastische Energiedichte, die je Einheitsvolumen gespeicherte elastische Dehnungsenergie im Zugstab ist durch (vgl. Anhang A3.1)

$$\frac{\mathrm{d}W_{el}}{\mathrm{d}Vol} = \frac{1}{2}\,\varepsilon\,\sigma = \frac{1}{2}\,E\varepsilon^2 \qquad\qquad (3.21)$$

gegeben. Die im Stab elastisch gespeicherte Energie erhalten wir durch die Multiplikation der Energiedichte mit dem Volumen $Vol = A\,l$ des Stabs.

$$W_{el} = \frac{1}{2}\,\sigma\,\varepsilon\,A\,l = \frac{1}{2}\,E\,\varepsilon^2\,Vol \qquad\qquad (3.22)$$

Aus

$$\varepsilon = \frac{\Delta l}{l} = \frac{(u_2 - u_1)}{l}$$

folgt

$$W_{el} = \frac{1}{2} \frac{EA}{l} (u_2 - u_1)^2$$

In der von uns bevorzugten Matrizenschreibweise lautet dies

$$W_{el} = \frac{1}{2} (u_1, u_2) \frac{EA}{l} \begin{pmatrix} 1, & -1 \\ -1, & 1 \end{pmatrix} \begin{pmatrix} u_1 \\ u_2 \end{pmatrix} = \frac{1}{2} \mathbf{u}_{elem}^T \mathbf{K}_{elem} \mathbf{u}_{elem} \qquad (3.23)$$

und beschreibt die bei den Verschiebungen u_1 und u_2 elastisch im Stab gespeicherte Energie. Dabei erscheint mit $k = EA/l$ wieder die Steifigkeit des Zugstabs in der Gleichung. Erneut haben wir die Steifigkeitsmatrix $\mathbf{K}_{elem}$ des Zugstabs gefunden.

Aus Gl. (3.20) und Gl. (3.23) ist es ebenfalls nicht möglich u_1 und u_2 bei gegebenen Kräften F_1 und F_2 zu bestimmen, da das Gleichsetzen der äußeren und inneren Arbeit eine Gleichung mit den zwei Unbekannten u_1 und u_2 liefert. Führt man aber wieder eine Randbedingung ein, z.B. wie zuvor $u_1 = 0$, folgt aus

$$\frac{1}{2}(F_1 0 + F_2 u_2) = \frac{1}{2} k (u_2 - 0)^2 \qquad (3.24)$$

über

$$F_2 u_2 = k u_2^2 \qquad (3.25)$$

wieder

$$u_2 = F_2 / k \qquad (3.26)$$

Die zweite Lösung von Gl. (3.25), $u_2 = 0$, interessiert hier nicht, da sich bei einer auf das Ende E_2 wirkenden Kraft F_2 eine Verschiebung $u_2 \neq 0$ einstellen muß.

3.1.3
Steifigkeit des Zugstabs aus Ansatzfunktionen

In Kap. 2 wird beschrieben, wie das Verhalten einer physikalischen Größe mit Ansatzfunktionen durch den Wert der Größe an einzelnen diskreten Stellen auf dem gesamten Kontinuum angenähert werden kann. Auch wenn dieses Vorgehen beim exakt berechenbaren Zugstab nicht erforderlich ist, wollen wir die Methode hier vorführen, da sie sich in diesem einfachen Fall leicht nachvollziehen läßt.

Die Verschiebung $u(x)$ längs eines Zugstabs der Länge l interpolieren wir linear aus den Verschiebungen der beiden Enden E_1 und E_2, die wir ab jetzt in der für die FEM üblichen Sprechweise als Knoten K_1 und K_2 bezeichnen (Abb. 3.3, die axialen Verschiebungen sind im oberen Teilbild vertikal aufgetragen).

$$u(x) = u_1(1 - \frac{x}{l}) + u_2\frac{x}{l} \qquad (3.27)$$

oder mit den Ansatzfunktionen

$$h_1(x) = (1 - \frac{x}{l}) \qquad (3.28)$$

und

$$h_1(x) = \frac{x}{l} \qquad (3.29)$$

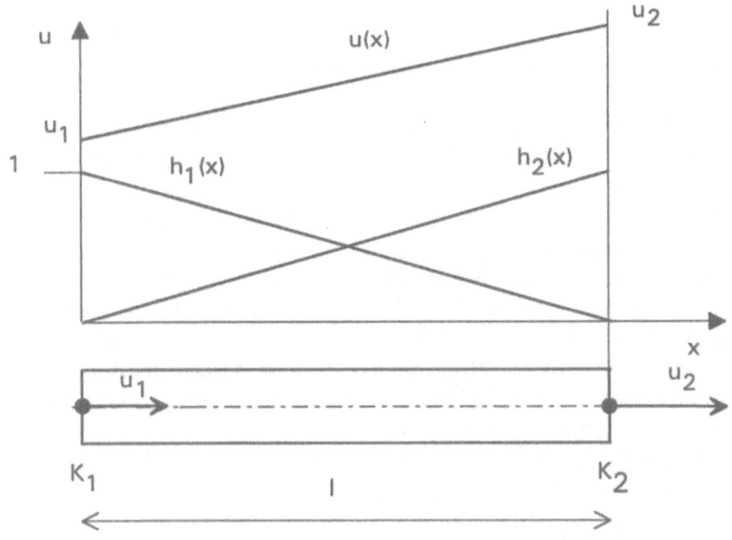

Abb. 3.3:   Verschiebungen und Ansatzfunktionen des 2-knotigen Zugstabs

als

$$u(x) = u_1\, h_1(x) + u_2\, h_1(x) \tag{3.30}$$

In Matrizenform stellt man die Verschiebung längs der Stabachse durch

$$u(x) = (h_1(x),\, h_1(x)) \begin{pmatrix} u_1 \\ u_2 \end{pmatrix} = \mathbf{H}\, \mathbf{u}_{elem} \tag{3.31}$$

mit

$$\mathbf{H} = (h_1(x),\, h_2(x)) = (1 - \tfrac{x}{l},\, \tfrac{x}{l}) \tag{3.32}$$

dar. $\mathbf{H}$ heißt die *Interpolationsmatrix*, da wir mit ihrer Hilfe die Verschiebungen auf dem Element aus den Knotenpunktverschiebungen interpolieren. Die Dehnung ergibt sich als Ableitung der Verschiebung (vgl. Anhang A3.2)

$$\varepsilon(x) = \frac{d}{dx}(u_1 h_1(x) + u_2 h_1(x)) \tag{3.33}$$

und, da nur h_1 und h_2 von x abhängen, mit der für die Ableitung nach x üblichen Kurzschreibweise $h'(x) = \dfrac{dh(x)}{dx}$

$$\varepsilon(x) = u_1\, h_1'(x) + u_2\, h_2'(x) \tag{3.34}$$

oder in Matrizenschreibweise

$$\varepsilon(x) = (h_1'(x),\, h_2'(x)) \begin{pmatrix} u_1 \\ u_2 \end{pmatrix} = \mathbf{B}\, \mathbf{u}_{elem} \tag{3.34'}$$

Die Matrix

$$\mathbf{B} = (\, h_1'(x),\ h_2'(x)\,) = (-\tfrac{1}{l},\ \tfrac{1}{l}) = \tfrac{1}{l}\,(-1,\ 1) \tag{3.35}$$

besitzt keinen in der Fachliteratur eindeutigen Namen. In [2] wird $\mathbf{B}$ als Verzerrungs-Verschiebungs-Transformationsmatrix bezeichnet, ein Begriff, der nicht besonders ansprechend ist.

Diese Matrix $\mathbf{B}$ liefert uns die Beziehung zwischen den Knotenpunktverschiebungen und den Dehnungen im Zugstab. Sie wird uns im folgenden immer wieder in den unterschiedlichsten Formen begegnen. Ihre zentrale Aufgabe ist es, die unhandlichen kontinuumsmechanischen DGL (Gl. (2.1)) in handhabbare lineare Gleichungssysteme zu überführen. Damit steht die Matrix $\mathbf{B}$ im Zentrum der weiteren Ausführungen. Haben wir sie mit Hilfe entsprechender Ansatzfunktionen gefunden, folgt das Aufstellen der Steifigkeitsmatix eines bestimmten Elementtyps einem überschaubaren Schema (vgl. Abschn. 4.3).

Unter Berücksichtigung von $(\mathbf{C}\,\mathbf{D})^{\mathrm{T}} = \mathbf{D}^{\mathrm{T}}\mathbf{C}^{\mathrm{T}}$ schreiben wir die elastische Energiedichte nach Gl. (3.21) in Matrizenform als

$$
\begin{aligned}
\frac{\mathrm{d}W_{el}}{\mathrm{d}Vol} &= \frac{1}{2}\,E\varepsilon^2 = \frac{1}{2}\,E\,(\mathbf{B}u_{elem})^{\mathrm{T}}(\mathbf{B}u_{elem}) \\[2mm]
&= \frac{1}{2}\,E\,\mathbf{u}_{elem}^{\mathrm{T}}\,\mathbf{B}^{\mathrm{T}}\,\mathbf{B}\,\mathbf{u}_{elem} \\[2mm]
&= \frac{1}{2}\,E\,(u_1,u_2)\begin{pmatrix} h_1'(x) \\ h_2'(x) \end{pmatrix}(h_1'(x),h_2'(x))\begin{pmatrix} u_1 \\ u_2 \end{pmatrix} \\[2mm]
&= \frac{1}{2}\,E\,(u_1,u_2)\begin{pmatrix} h_1'^2(x), & h_1'(x)\,h_2'(x) \\ h_1'(x)\,h_2'(x), & h_2'^2(x) \end{pmatrix}\begin{pmatrix} u_1 \\ u_2 \end{pmatrix} \\[2mm]
&= \frac{1}{2}\,\frac{E}{l^2}\,(u_1,u_2)\begin{pmatrix} 1, & -1 \\ -1, & 1 \end{pmatrix}\begin{pmatrix} u_1 \\ u_2 \end{pmatrix}
\end{aligned}\tag{3.36}
$$

Mit dieser Beziehung erhalten wir die Dichte der inneren, elastisch gespeicherten Energie als Funktion der Verschiebung der den Stab definierenden Knoten. Um diese Beziehung aufzustellen, mußten wir das Matrizenprodukt

$$
\begin{aligned}
\mathbf{B}^{\mathrm{T}}\,\mathbf{B} &= \begin{pmatrix} h_1'(x) \\ h_2'(x) \end{pmatrix}(h_1'(x),h_2'(x)) = \frac{1}{l}\begin{pmatrix} -1 \\ 1 \end{pmatrix}\frac{1}{l}(-1,1) \\[2mm]
&= \frac{1}{l^2}\begin{pmatrix} 1, & -1 \\ -1, & 1 \end{pmatrix}
\end{aligned}\tag{3.37}
$$

bilden. Die elastische Gesamtenergie erhalten wir wieder, indem wir die Energiedichte über das Volumen aufsummieren oder integrieren. In unserem Fall, dem elastischen Zugstab mit konstanter Spannung und Dehnung längs der Achse, entspricht diese Integration über das Volumen $Vol = Al$ der Multiplikation mit dem Volumen.

$$W_{el} = \int\limits_{Vol} \frac{1}{2} E\, \varepsilon^2 \mathrm{d}Vol = \int\limits_{Vol} \frac{1}{2} E\, \mathbf{u}_{elem}^{\mathrm{T}}\, \mathbf{B}^{\mathrm{T}}\, \mathbf{B}\, \mathbf{u}_{elem} \mathrm{d}Vol$$

$$= \frac{1}{2} \frac{E}{l^2} (u_1, u_2) \begin{pmatrix} 1, & -1 \\ -1, & 1 \end{pmatrix} \begin{pmatrix} u_1 \\ u_2 \end{pmatrix} Al$$

$$= \frac{1}{2}(u_1, u_2) \frac{EA}{l} \begin{pmatrix} 1, & -1 \\ -1, & 1 \end{pmatrix} \begin{pmatrix} u_1 \\ u_2 \end{pmatrix} = \frac{1}{2} \mathbf{u}_{elem}^{\mathrm{T}}\, \mathbf{K}_{elem}\, \mathbf{u}_{elem} \qquad (3.38)$$

Auch hier erhalten wir die Steifigkeitsmatrix $\mathbf{K}_{elem}$, die sich schon aus dem Kraft- bzw. Energieverfahren ergeben hat.

3.2 Zugstabketten, zusammengesetzte Steifigkeiten

Nachdem die Steifigkeitsmatrix eines einzelnen Stabs hergeleitet ist, betrachten wir einen Verbund von mehreren Stäben. Statt des einen Zugstabs stellen wir uns eine Kette von hintereinander liegenden, gleichlangen, an den Knoten verbundenen Zugstäben vor (Abb. 3.4). Diese Stäbe weisen den gleichen Querschnitt auf und bestehen aus dem gleichen Werkstoff. Mit einer einfachen Überlegung können wir uns die Gesamtsteifigkeitsmatrix dieser Stabkette herleiten.

Am Knoten K_1 ändert sich, verglichen mit einem einzelnen Stab nichts, da hier nach wie vor nur ein Stab angreift. Die Kraft, die bei festgehaltenem Knoten K_2 zur Verschiebung um u_1 erforderlich ist, bleibt $F_1 = k_{1,1}\, u_1$, im Knoten K_2 wirkt die Einspannkraft $F_2 = k_{2,1}\, u_1 = -F_1$.

Verschieben wir jedoch den Knoten K_2 um u_2, während wir K_1 und K_3 festhalten, müssen zwei Stäbe gezogen bzw. gedrückt werden, es ist also die doppelte Kraft je Verschiebung erforderlich. Die Lager- oder Reaktionskräfte in den Knoten K_1 und K_3 sind jeweils gerade halb so groß, wirken aber der in K_2 angreifenden Kraft entgegen. Wir erhalten $F_1 = F_3 = -F_2/2$. Analog argumentiert man für die Knoten K_3 und K_4, während für Knoten K_5 wie für K_1 nur ein Stabelement zu berücksichtigen ist. Aus dieser Überlegung kann die *Gesamtsteifigkeitsmatrix* aufgebaut werden.

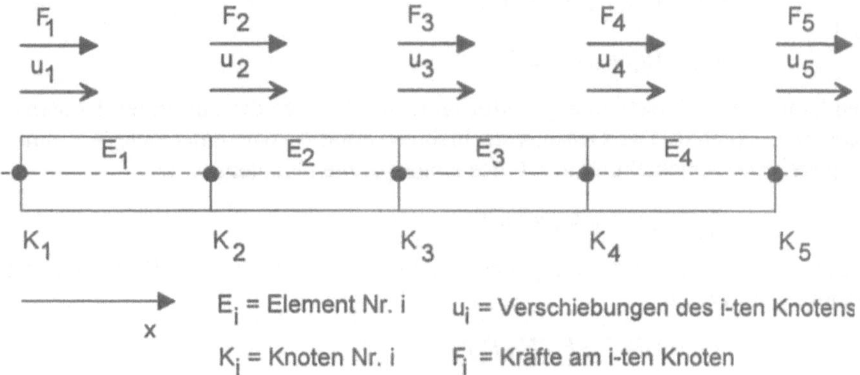

Abb. 3.4: Zugstabkette aus 4 Elementen mit 5 Knoten

$$\mathbf{K}_{ges} = \begin{pmatrix} k, & -k, & 0, & 0, & 0 \\ -k, & 2k, & -k, & 0, & 0 \\ 0, & -k, & 2k, & -k, & 0 \\ 0, & 0, & -k, & 2k, & -k \\ 0, & 0, & 0, & -k, & k \end{pmatrix} \qquad (3.39)$$

Aus dem Matrizeneintrag an der Stelle $k_{i,j}$ erhalten wir die Kraft F_i, die im i-ten Knoten wirkt, wenn der j-te Knoten eine Verschiebung u_j erfährt und alle anderen Knoten festgehalten werden. Multipliziert man diese Matrix mit dem Gesamtverschiebungsvektor $\mathbf{u}_{ges} = (u_1, u_2, u_3, u_4, u_5)^T$ der Verschiebungen der fünf Knoten unserer Stabkette, ergeben sich die an den Knoten wirkenden Kräfte

$$\mathbf{F}_{ges} = (F_1, F_2, F_3, F_4, F_5)^T = \mathbf{K}_{ges}\,\mathbf{u}_{ges} \qquad (3.40)$$

Dieses lineare Gleichungssystem ist bei bekannten Kräften $\mathbf{F}_{ges}$ wieder nicht lösbar. Eine Kette von Zugstäben bedarf zur Unterdrückung von Starrkörperbewegungen genauso einer Einspannung mindestens eines Knotens wie ein einzelner Zugstab.

Diese Einspannung kann analog zum Vorgehen in Gl. (3.17) durch formales Streichen der Zeilen und Spalten, die den festgehaltenen Knoten entsprechen, dargestellt werden. Die so entstandene, um die Randbedingungen reduzierte Matrix wollen wir $\mathbf{K}_{red}$ nennen. Hält man z.B. den Knoten K_1 fest, entsteht

$$\mathbf{K}_{red} = k \begin{pmatrix} 2, & -1, & 0, & 0 \\ -1, & 2, & -1, & 0 \\ 0, & -1, & 2, & -1 \\ 0, & 0, & -1, & 1 \end{pmatrix} \qquad (3.41)$$

eine Matrix, deren Determinante nicht verschwindet bzw. deren Zeilen (und Spalten) linear unabhängig sind, die Matrix eines statisch nicht unterbestimmten Systems. Die Lösung $\mathbf{u}_{red}$ des linearen Gleichungssystems

$$\mathbf{F}_{red} = \mathbf{K}_{red}\,\mathbf{u}_{red} \qquad (3.42)$$

in dem

$$\mathbf{F}_{red} = (F_2, F_3, F_4, F_5)^T$$

und

$$\mathbf{u}_{red} = (u_2, u_3, u_4, u_5)^T$$

den Kraft- bzw. Verschiebungsvektor ohne die Beiträge des entfernten Knotens K_1 bedeuten, existiert. Die Gesamtverschiebung erhalten wir, indem wir $\mathbf{u}_{red}$ um die vorgegebene Verschiebung $u_1 = 0$ des eingespannten Knotens K_1 zu

$$\mathbf{u}_{ges} = (u_1, u_2, u_3, u_4, u_5)^T$$

ergänzen, den Wert der vorgegebenen Einspannbedingung hinzufügen. Der vollständige Kraftvektor

$$\mathbf{F}_{ges} = (F_1, F_2, F_3, F_4, F_5)^T$$

mit den Reaktions- oder Lagerkräften an den Einspannstellen folgt aus Gl. (3.40).

Beispiel 3.1: Eine Kette aus 4 Stahlstäben (Elastizitätsmodul $E = 200\,000$ N/mm^2, Querschnittsfläche $A = 100$ mm^2, Länge $l = 1000$ mm, vgl. Abb. 3.4) ist am Knoten K_1 eingespannt. An den anderen Knoten greift eine Kraft von jeweils 1000 N an. Welche Verschiebungen erfahren die einzelnen Knoten, welche Einspannkraft wirkt am Knoten K_1?

Klassische Lösung: Die Steifigkeit der einzelnen Stäbe der Stabkette beträgt nach Gl. (3.5) $k = EA/l = 20\,000$ N/mm. Bei einer Belastung von $F = 1000$ N verlängert sich ein Stab um $\Delta l = 0{,}05$ mm. Da auf Stab 1 4 Kräfte, auf Stab 2 3 Kräfte, auf Stab 3 2 Kräfte und auf Stab 4 1 Kraft von je 1000 N wirken, betragen die Verlängerungen der Stäbe unter der gegebenen Last $\Delta l_1 = 0{,}20$ mm, $\Delta l_2 = 0{,}15$ mm, $\Delta l_3 = 0{,}10$ und schließlich $\Delta l_4 = 0{,}05$ mm. Die Verschiebungen der Knoten sind nach dieser Betrachtung durch

$$\mathbf{u}_{ges} = (u_1, u_2, u_3, u_4, u_5)^\mathrm{T} = (0{,}00,\ 0{,}20,\ 0{,}35,\ 0{,}45,\ 0{,}50)^\mathrm{T}\ \text{mm} \tag{a}$$

gegeben. Die Einspannkraft im Knoten K_1 muß aus Gleichgewichtsgründen $F_1 = -4000$ N sein.

Lösung mit Matrizenmethode: Wir stellen zunächst die Gesamtsteifigkeitsmatrix auf

$$\mathbf{K}_{ges} = k \begin{pmatrix} 1, & -1, & 0, & 0, & 0 \\ -1, & 2, & -1, & 0, & 0 \\ 0, & -1, & 2, & -1, & 0 \\ 0, & 0, & -1, & 2, & -1 \\ 0, & 0, & 0, & -1, & 1 \end{pmatrix} \tag{b}$$

Dabei ist $k = EA/l = 20\,000$ N/mm die Stabsteifigkeit eines einzelnen Stabs. Nach Streichen der ersten Zeile und Spalte entsteht das lösbare Gleichungssystem

$$\mathbf{K}_{red}\,\mathbf{u}_{red} = \mathbf{F}_{red} \tag{c}$$

Ausgeschrieben nach Division der Kraftkomponenten $F_i = 1000$ N ($i = 2 - 5$) durch die Stabsteifigkeit $k = 20\,000$ N/mm lautet Gl. (c)

$$\begin{pmatrix} 2 & -1 & 0 & 0 \\ -1 & 2 & -1 & 0 \\ 0 & -1 & 2 & -1 \\ 0 & 0 & -1 & 1 \end{pmatrix} \begin{pmatrix} u_2 \\ u_3 \\ u_4 \\ u_5 \end{pmatrix} = \begin{pmatrix} F_2/k \\ F_3/k \\ F_4/k \\ F_5/k \end{pmatrix} = \begin{pmatrix} 0{,}05 \\ 0{,}05 \\ 0{,}05 \\ 0{,}05 \end{pmatrix} mm \tag{d}$$

Der Lösungsvektor von Gl. (d) ist

$$\mathbf{u}_{red} = (0{,}20,\ 0{,}35,\ 0{,}45,\ 0{,}50)^\mathrm{T}\ \text{mm} \tag{e}$$

Zusammen mit der vorgegebenen Randbedingung am ersten Knoten $u_1 = 0$ erhalten wir den Gesamtverschiebungsvektor

$$\mathbf{u}_{ges} = (0{,}00,\ 0{,}20,\ 0{,}35,\ 0{,}45,\ 0{,}50)^\mathrm{T}\ \text{mm} \tag{f}$$

Als Gesamtkraftvektor ergibt sich nach Gl. (3.40)

$$\mathbf{F}_{ges} = \mathbf{K}_{ges}\,\mathbf{u}_{ges} = (-4000,\ 1000,\ 1000,\ 1000,\ 1000)^\mathrm{T}\ \text{N} \tag{g}$$

Dabei ist $F_1 = -4000$ N die erwartete Reaktionskraft im gelagerten Knoten K_1. In den anderen Knoten errechnen wir mit $F_i = 1000$ N ($i = 2 - 5$) gerade wieder die äußeren Kräfte.

Geben wir die Voraussetzung, daß die Stäbe gleich lang sind, den gleichen Querschnitt besitzen und aus dem gleichem Werkstoff bestehen, auf, müssen wir für die Steifigkeit des i-ten Stabes ($i = 1 - 4$) mit $k_i = E_i A_i / l_i$

$$\mathbf{K}_{elem,i} = \begin{pmatrix} k, & -k_i \\ -k_i, & k_i \end{pmatrix} \tag{3.43}$$

setzen. In einer Stabkette erhalten wir mit der gleichen Argumentation wie für identische Stäbe die Gesamtsteifigkeitsmatrix als Summe der nun unterschiedlichen Einzelsteifigkeitsmatrizen

$$\mathbf{K}_{ges} = k \begin{pmatrix} k_1, & -k_1, & 0, & 0, & 0 \\ -k_1, & k_1+k_2, & -k_2, & 0, & 0 \\ 0, & -k_2, & k_2+k_3, & -k_3, & 0 \\ 0, & 0, & -k_3, & k_3+k_4, & -k_4 \\ 0, & 0, & 0, & -k_4, & k_4 \end{pmatrix} \tag{3.44}$$

Diese Gesamtmatrix baut sich aus den Steifigkeiten der an den einzelnen Knoten angreifenden Stäben auf. Mit dieser Gesamtsteifigkeit arbeitet man genauso wie in Beispiel 3.1.

3.3
Zugstäbe in der Ebene und im Raum

Nachdem wir den Zugstab und die Stabkette im 1-dimensionalen Raum beschrieben haben, bauen wir Fachwerke auf. Bevor wir mit den Herleitungen beginnen, vereinbaren wir die Bezeichnung der Koordinaten und Verschiebungen wie in Abb. 3.5:

	Raumkoordinate, alternativ		Verschiebung, alternativ	
	x	x_1	u	u_1
	y	x_2	v	u_2
und bei 3D-Problemen	z	x_3	w	u_3 (Abb. 3.6)

sofern nicht bei Vektordarstellungen eine andere Form zweckmäßiger ist.

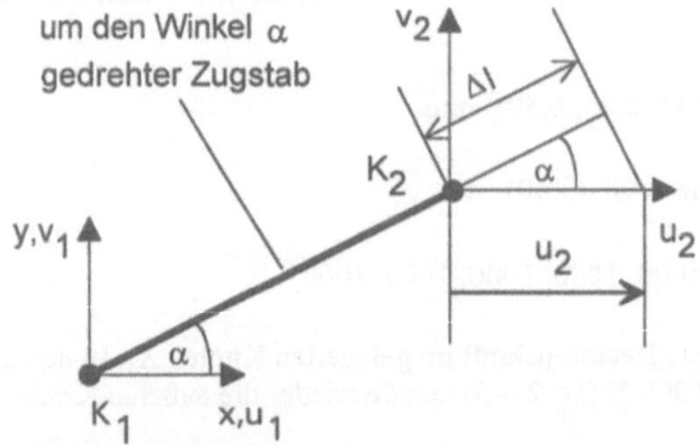

Abb. 3.5: Zur Herleitung der Steifigkeit des Zugstabs in der Ebene

In der Ebene benötigen wir die Steifigkeitsmatrix eines aus der Ausgangslage parallel zur x-Achse um den Winkel α gedrehten Stabs (Abb. 3.5). Verschieben wir den Knoten K_2 dieses Stabs in x-Richtung um u_2, und halten die 3 anderen Verschiebungen (u_1, v_1, v_2) fest, verlängert sich der Stab um

$$\Delta l = u_2 \cos \alpha \qquad (3.45)$$

Die für diese Verlängerung erforderliche Axial- oder Längskraft beträgt

$$F_l = \frac{EA}{l} \Delta l = k\, u_2 \cos \alpha \qquad (3.46)$$

Die Komponenten dieser Kraft in den beiden Ebenenrichtungen x und y sind

$$F_{2,x} = k\, u_2 \cos^2 \alpha \qquad (3.47)$$

$$F_{2,y} = k\, u_2 \cos \alpha \sin \alpha \qquad (3.48)$$

Aus Gleichgewichtsgründen müssen im festgehaltenen Knoten K_1 die Reaktionskräfte

$$F_{1,x} = - F_{2,x} = - k\, u_2 \cos^2 \alpha \qquad (3.47')$$

$$F_{1,y} = - F_{2,y} = - k\, u_2 \cos \alpha \sin \alpha \qquad (3.48')$$

wirken. Analog erhält man bei der Vorgabe einer Verschiebung v_2 die Axialkraft

$$F_l = \frac{EA}{l} \Delta l = k\, v_2\, \sin \alpha \qquad (3.49)$$

und damit die 4 Kräfte

$$F_{2,x} = \qquad k\, v_2 \cos \alpha \sin \alpha \qquad (3.50)$$

$$F_{2,y} = \qquad k\, v_2 \sin^2 \alpha \qquad (3.51)$$

$$F_{1,x} = - F_{2,x} = - k\, v_2 \cos \alpha \sin \alpha \qquad (3.52)$$

$$F_{1,y} = - F_{1,y} = - k\, v_2 \sin^2 \alpha \qquad (3.53)$$

Genauso argumentieren wir bei den beiden Verschiebungen u_1 und v_1 des Knotens K_1. Es ergeben sich damit die entsprechenden Gleichungen wie Gl. (3.47) - (3.53).

Nach Gl. (3.6) wurde die Steifigkeit als der Quotient der Kraft in einem Knoten und der Verschiebung eines (evtl. anderen) Knotens definiert. Wir erweitern diese Definition dahingehend, daß wir die Steifigkeit auf die *Freiheitsgrade* (engl. *degree of freedom*, kurz *dof*) beziehen. Damit ist die Steifigkeit $k_{i,j}$ der Quotient der Kraft F_i, welche in Richtung des Freiheitsgrads i bei der Verschiebung u_j des Freiheitsgrads j wirkt und dieser Verschiebung u_j.

Für den ebenen Zugstab mit den 4 Freiheitsgraden (u_1, v_1, u_2, v_2) erhalten wir die Elementsteifigkeitsmatrix in der üblichen Darstellung der Steifigkeiten als partielle (Richtungs-) Ableitungen der Kräfte

$$\mathbf{K}_{elem} = \begin{pmatrix} \dfrac{\partial F_{1,x}}{\partial u_1}, & \dfrac{\partial F_{1,x}}{\partial v_1}, & \dfrac{\partial F_{1,x}}{\partial u_2}, & \dfrac{\partial F_{1,x}}{\partial v_2} \\[2mm] \dfrac{\partial F_{1,y}}{\partial u_1}, & \dfrac{\partial F_{1,y}}{\partial v_1}, & \dfrac{\partial F_{1,y}}{\partial u_2}, & \dfrac{\partial F_{1,y}}{\partial v_2} \\[2mm] \dfrac{\partial F_{2,x}}{\partial u_1}, & \dfrac{\partial F_{2,x}}{\partial v_1}, & \dfrac{\partial F_{2,x}}{\partial u_2}, & \dfrac{\partial F_{2,x}}{\partial v_2} \\[2mm] \dfrac{\partial F_{2,y}}{\partial u_1}, & \dfrac{\partial F_{2,y}}{\partial v_1}, & \dfrac{\partial F_{2,y}}{\partial u_2}, & \dfrac{\partial F_{2,y}}{\partial v_2} \end{pmatrix}$$

$$= k \begin{pmatrix} \cos^2\alpha, & \cos\alpha\sin\alpha, & -\cos^2\alpha, & -\cos\alpha\sin\alpha \\ \cos\alpha\sin\alpha, & \sin^2\alpha, & -\cos\alpha\sin\alpha, & -\sin^2\alpha \\ -\cos^2\alpha, & -\cos\alpha\sin\alpha, & \cos^2\alpha, & \cos\alpha\sin\alpha \\ -\cos\alpha\sin\alpha, & -\sin^2\alpha, & \cos\alpha\sin\alpha, & \sin^2\alpha \end{pmatrix} \tag{3.54}$$

Im folgenden arbeiten wir, um die Matrizen übersichtlicher schreiben zu können, mit den Kurzformen

$$\begin{aligned} c^2 &= \cos^2\alpha \\ cs &= \cos\alpha\sin\alpha \\ s^2 &= \sin^2\alpha \end{aligned} \tag{3.55}$$

sowie

$$\begin{aligned} C^2 &= k\,c^2 \\ CS &= k\,cs \\ S^2 &= k\,s^2 \end{aligned} \tag{3.56}$$

Damit lautet die Elementsteifigkeitsmatrix des Zugstabs in der Ebene

$$\mathbf{K}_{elem} = k \begin{pmatrix} c^2, & cs, & -c^2, & -cs \\ cs, & s^2, & -cs, & -s^2 \\ -c^2, & -cs, & c^2, & cs \\ -cs, & -s^2, & cs, & s^2 \end{pmatrix} = \begin{pmatrix} C^2, & CS, & -C^2, & -CS \\ CS, & S^2, & -CS, & -S^2 \\ -C^2, & -CS, & C^2, & CS \\ -CS, & -S^2, & CS, & S^2 \end{pmatrix} \tag{3.54'}$$

Die Zeilen und Spalten dieser Matrix sind alle Vielfache voneinander, sie hat den Rang 1. Mechanisch interpretiert bedeutet das, daß der Zugstab, wie jeder nicht gelagerte Körper in der Ebene, 3-fach statisch unterbestimmt ist, 3 dehnungs- und spannungslose Starrkörperbewegungen ausführen kann. Dem entspricht, daß sich der nicht gelagerte Stab ohne Verzerrungen in u- und v- Richtung bewegen und in der Ebene rotieren kann. Erst mit 3 Lagerbedingungen oder Einspannungen ist das lineare Gleichungssystem

$$\mathbf{K}_{elem}\,\mathbf{u}_{elem} = \mathbf{F}_{elem}$$

mit

$$\mathbf{u}_{elem} = (u_1, v_1, u_2, v_2)^{\mathrm{T}}$$

und

$$\mathbf{F}_{elem} = (F_{1,x}, F_{1,y}, F_{2,x}, F_{2,y})^{\mathrm{T}}$$

lösbar.

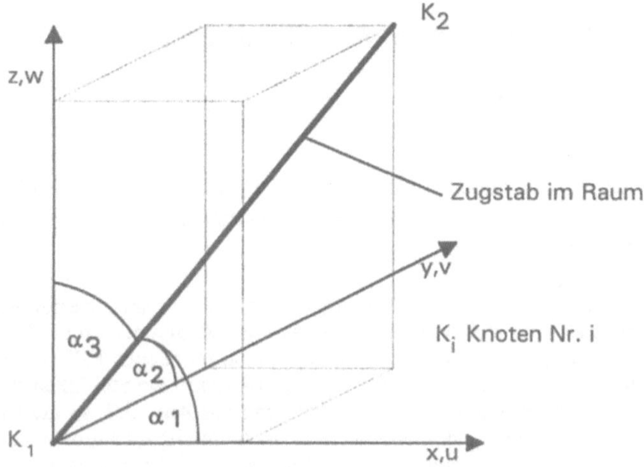

Abb. 3.6:   Zugstab im 3-dimensionalen Raum

Im 3-dimensionalen Raum leiten wir die Steifigkeitsmatrix mit einer ähnlichen Argumentation her. Wir erhalten mit (vgl. Abb. 3.6)

$$c_{i,k} = \cos \alpha_i \, \cos \alpha_k$$

$$\mathbf{K}_{elem} = k \begin{pmatrix} c_{1,1} & c_{1,2} & c_{1,3} & -c_{1,1} & -c_{1,2} & -c_{1,3} \\ c_{2,1} & c_{2,2} & c_{2,3} & -c_{2,1} & -c_{2,2} & -c_{2,3} \\ c_{3,1} & c_{3,2} & c_{3,3} & -c_{3,1} & -c_{3,2} & -c_{3,3} \\ -c_{1,1} & -c_{1,2} & -c_{1,3} & c_{1,1} & c_{1,2} & c_{1,3} \\ -c_{2,1} & -c_{2,2} & -c_{2,3} & c_{2,1} & c_{2,2} & c_{2,3} \\ -c_{3,1} & -c_{3,2} & -c_{3,3} & c_{3,1} & c_{3,2} & c_{3,3} \end{pmatrix} \tag{3.57}$$

die Steifigkeitsmatrix des Zugstabs im Raum.

In dieser Matrix sind alle Zeilen (und Spalten) Vielfache voneinander, sie hat wie die des 2-dimensionalen Zugstabs den Rang 1. Daraus könnte man schließen, daß insgesamt 5 Freiheitsgrade des Stabs im Raum festzuhalten sind, um ihn statisch bestimmt zu lagern. Ein Starrkörper im Raum hat aber 6 Freiheitsgrade. Der fehlende Freiheitsgrad ist die Rotation um die Stabachse, die auch durch das Festhalten aller 6 Verschiebungen an beiden Knoten nicht unterdrückt werden kann. Diese Rotation, der im eingespannten Fall ein Tordieren des Stabs entspricht, ist für die Fachwerkberechnung, bei der nur die Längssteifigkeit eine Rolle spielt, ohne Bedeutung, sie wird erst bei den Balken berücksichtigt (vgl. Abschn. 4.5).

3.4
Fachwerke, Gesamtsteifigkeiten, Randbedingungen

3.4.1
Gesamtsteifigkeitsmatrizen

Den Zusammenbau einzelner Zugstäben zu Fachwerken und den entsprechenden Zusammenbau der Elementmatrizen zu Gesamtsteifigkeitsmatrizen demonstrieren die beiden folgenden Beispiele:

Beispiel 3.2: Will man ein Fachwerk wie in Abb. 3.7 analysieren, erstellt man die erforderliche Gesamtsteifigkeitsmatrix ähnlich wie in Beispiel 3.1. Aus den Komponenten der Elementsteifigkeitsmatrizen nach Gl. (3.54) bzw. (3.57) summiert man im ebenen Fall an den einzelnen Knoten des Fachwerks in den beiden Freiheitsgraden (u und v) die Steifigkeit des Gesamtverbunds der Stäbe auf. Verwenden wir die Numerierung aus Abb. 3.7, so greifen am Knoten K_4 die Elemente E_3, E_4 und E_5 an. Der Knoten K_4 ist in der 10 x 10 großen Gesamtsteifigkeitsmatrix an den Zeilen und Spalten mit den Indizes 7 und 8 beteiligt. In den Zeilen und Spalten mit dem Index 7 ist die Wirkung des Freiheitsgrads u_4, in denen mit dem Index 8 die des Freiheitsgrads v_4 beschrieben. Verrückt man den Knoten K_4 um $\mathbf{u}_4 = (u_4, v_4)^T$, während alle anderen Knoten festgehalten werden, treten in den Elementen E_3, E_4 und E_5 Längenänderungen auf. Um diese Längenänderungen zu bewirken, sind die entsprechende Kräfte im Knoten K_4 einzuleiten. Die Kraft $\mathbf{F}_4 = (F_{4,x}, F_{4,y})^T$ im Knoten K_4, welche die Verschiebung $\mathbf{u}_4 = (u_4, v_4)^T$ hervorruft, entspricht der vektoriellen Summe der drei Stablängskräfte. Die Gesamtsteifigkeitsmatrix unseres Beispielfachwerks berechnen wir, indem wir an den einzelnen Knoten in den beiden Freiheitsgraden die Summe der Beiträge der Elementsteifigkeiten der jeweils angreifenden Elemente addieren.

Knoten	angreifende Elemente
1	1
2	2, 3
3	1, 2, 4, 6
4	3, 4, 5
5	5, 6

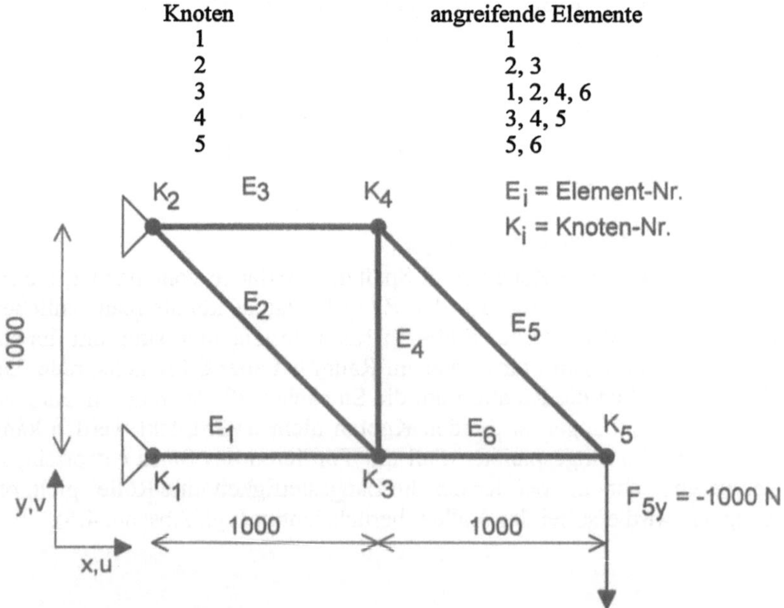

Abb. 3.7: Fachwerk aus 6 Stäben und 5 Knoten

Wir setzen entsprechend der Konvention aus Gl. (3.54') mit $k_i = E_i A_i / l_i$, der Längssteifigkeit des i-ten Stabs ($i = 1 - 5$)

$$C_i^2 = k_i \cos^2 \alpha_i$$

$$CS_i = k_i \cos \alpha_i \sin \alpha_i$$

$$S_i^2 = k_i \sin^2 \alpha_i$$

und schreiben die Elementmatrix dieses i-ten Elementes mit

$$\mathbf{K}_{i,(2,2)} = \begin{pmatrix} C_i^2, & CS_i \\ CS_i, & S_i^2 \end{pmatrix}$$

als

$$\mathbf{K}_{elem,i,(4,4)} = \begin{pmatrix} \mathbf{K}_{i,(2,2)}, & -\mathbf{K}_{i,(2,2)} \\ -\mathbf{K}_{i,(2,2)}, & \mathbf{K}_{i,(2,2)} \end{pmatrix} = \begin{pmatrix} C_i^2, & CS_i, & -C_i^2, & -CS_i \\ CS_i, & S_i^2, & -CS_i, & -S_i^2 \\ -C_i^2, & -CS_i, & C_i^2, & CS_i \\ -CS_i, & -S_i^2, & CS_i, & S_i^2 \end{pmatrix}$$

Die Gesamtsteifigkeitsmatrix des Fachwerks berechnen wir aus der formalen Summe

$$\mathbf{K}_{ges,(10,10)} = \sum_{i=1}^{5} \mathbf{K}_{elem,i,(4,4)} \tag{a}$$

Hierbei ist die Summation so zu verstehen, daß die Beiträge der Elementmatrizen an den entsprechenden Stelle zu addieren sind. Der Index (10,10) bzw. (4,4) der Matrizen bezeichnet die Größe der Matrizen, die Anzahl ihrer Zeilen und Spalten. Mit dieser Schreibweise erhalten wir die Gesamtsteifigkeitsmatrix des Fachwerks:

$$\mathbf{K}_{ges,(10,10)} = \begin{array}{c|ccccc|c} & 1 & 2 & 3 & 4 & 5 & \text{entspricht Knoten} \\ \hline & \mathbf{K}_1 & 0, & -\mathbf{K}_1, & 0, & 0 & 1 \\ & 0, & \mathbf{K}_2{+}\mathbf{K}_3, & -\mathbf{K}_2, & -\mathbf{K}_3, & 0 & 2 \\ & -\mathbf{K}_1, & -\mathbf{K}_2, & \mathbf{K}_1{+}\mathbf{K}_2{+}\mathbf{K}_4{+}\mathbf{K}_6, & -\mathbf{K}_4, & -\mathbf{K}_6 & 3 \\ & 0, & -\mathbf{K}_3, & -\mathbf{K}_4, & \mathbf{K}_3{+}\mathbf{K}_4{+}\mathbf{K}_5, & -\mathbf{K}_5 & 4 \\ & 0, & 0, & -\mathbf{K}_6, & -\mathbf{K}_5, & \mathbf{K}_5{+}\mathbf{K}_6 & 5 \end{array} \tag{b}$$

Ein (2 x 2)-Matrix-Eintrag (z.B. $-\mathbf{K}_3$ an den Stellen $K_{ges,3,7}$, $K_{ges,3,8}$, $K_{ges,4,7}$, $K_{ges,4,8}$) in der Gesamtsteifigkeitsmatrix zeigt an, daß die beiden Knoten K_2 (Knoten K_2 hat Einträge in den Zeilen und Spalten mit den Indizes 3 und 4) und K_4 (mit seinen Einträgen in den Zeilen und Spalten mit den Indizes 7 und 8) über das Element 3 verbunden sind. Dabei ist zu beachten, daß jeder Eintrag in Gl. (b) eine (2 x 2)-Matrix darstellt, je Eintrag also der Index um 2 zu erhöhen ist. Nullen (z.B. $K_{ges,1,7} = K_{ges,2,7} = K_{ges,1,8} = K_{ges,2,8} = 0$), zeigen an, daß zwei Knoten (hier K_1 mit den Einträgen an den Stellen mit den Indizes 1 und 2 und K_4 mit den Einträgen an den Stellen mit den Indizes 7 und 8) kein verbindendes Element besitzen. Wegen der Symmetrie der Matrizen sind dann auch die an der Diagonalen gespiegelten Werte $K_{ges,7,1} = K_{ges,7,2} = K_{ges,8,1} = K_{ges,8,2} = 0$.

Mit der so aufsummierten Gesamtsteifigkeitsmatrix können jetzt wieder, wie im oben beschriebenen 1-dimensionalen Fall, bei vorgegebenen oder aus einer Beobachtung bekannten Verschiebungen $\mathbf{u}^T_{ges} = (u_1, v_1, u_2, v_2, u_3, v_3, u_4, v_4, u_5, v_5)^T$ mit $\mathbf{F}_{ges} = \mathbf{K}_{ges} \mathbf{u}_{ges}$ die Lager- oder Einspannkräfte berechnet werden (vgl. Gl. 3.40). Abermals ist das System bei bekannten Kräften nicht nach $\mathbf{u}_{ges}$ auflösbar, weil noch keine Lagerung berücksichtigt ist.

3.4.2
Randbedingungen

Um die Wirkung der Lagerungen, die Randbedingungen, zu beschreiben, begnügen wir uns mit einem einfacheren Fachwerk.

Beispiel 3.3: Die Elementsteifigkeitsmatrix des i-ten Elementes des Fachwerks in Abb. 3.8 ist nach Gl. (3. 54')

$$\mathbf{K}_{elem,i} = \begin{pmatrix} \mathbf{K}_i, & -\mathbf{K}_i \\ -\mathbf{K}_i, & \mathbf{K}_i \end{pmatrix} = \begin{pmatrix} C_i^2, & CS_i, & -C_i^2, & -CS_i \\ CS_i, & S_i^2, & -CS_i, & -S_i^2 \\ -C_i^2, & -CS, & C_i^2, & CS_i \\ -CS_i, & -S_i^2, & CS_i, & S_i^2 \end{pmatrix} \tag{a}$$

Damit wird die Gesamtsteifigkeitsmatrix

$$\mathbf{K}_{ges,(6,6)} = \begin{pmatrix} C_1^2, & C_1S_1, & -C_1^2, & -C_1S_1, & 0, & 0, \\ C_1S_1, & S_1^2, & -C_1S_1, & -S_1^2, & 0, & 0, \\ -C_1^2, & -C_1S_1, & C_1^2+C_2^2, & C_1S_1+C_2S_2, & -C_2^2, & -C_2S_2, \\ -C_1S_1, & -S_1^2, & C_1S_1+C_2S_2, & S_1^2+S_2^2, & -C_2S_2, & -S_2^2, \\ 0, & 0, & -C_2^2, & -C_2S_2, & C_2^2, & C_2S_2, \\ 0, & 0, & -C_2S_2, & -S_2^2, & C_2S_2, & S_2^2, \end{pmatrix} \tag{b}$$

Wir nennen wie üblich den Gesamtverschiebungsvektor $\mathbf{u}_{ges} = (u_1, v_1, u_2, v_2, u_3, v_3)^T$ und den Gesamtkraftvektor $\mathbf{F}_{ges} = (F_{1,x}, F_{1,y}, F_{2,x}, F_{2,y}, F_{3,x}, F_{3,y})^T$. Nach statischen Überlegungen (2 Komponenten + 1 Gelenk) ist das Fachwerk 4-fach statisch unterbestimmt. Wir benötigen 4 Randbedingungen, z.B. die in Abb. 3.8 vorgesehenen Lagerungen in den Knoten K_1 und K_3. Damit haben wir $u_1 = v_1 = u_3 = v_3 = 0$ vorgegeben. Von unseren 6 Verschiebungsfreiheitsgraden sind nur noch u_2 und v_2 unbekannt. In der Matrix berücksichtigen wir dies wie zuvor in Gl. (3.41). Die Zeilen und Spalten der Gesamtsteifigkeitsmatrix, an deren Freiheitsgraden Randbedingungen vorgegeben sind, deren Verschiebung zu Null gesetzt wird, streichen wir aus dem Gleichungssystem $\mathbf{K}_{ges}\,\mathbf{u}_{ges} = \mathbf{F}_{ges}$. In unserem Fall sind dies die Zeilen und Spalten mit den Indizes 1, 2, 5 und 6. Das verbleibende Gleichungssystem lautet

$$\mathbf{K}_{red}\,\mathbf{u}_{red} = \begin{pmatrix} C_1^2+C_1^2, & C_1S_1+C_2S_2 \\ C_1S_1+C_2S_2, & S_1^2+S_1^2 \end{pmatrix} \begin{pmatrix} u_2 \\ v_2 \end{pmatrix} = \begin{pmatrix} F_{2,x} \\ F_{2,y} \end{pmatrix} = \mathbf{F}_{red} \tag{c}$$

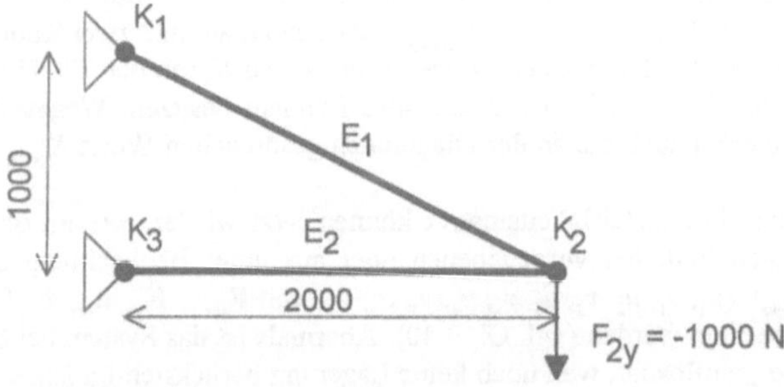

Abb. 3.8: Fachwerk aus 2 Elementen und 3 Knoten

Wir haben ein lösbares lineares Gleichungssystem mit den beiden verbleibenden Freiheitsgraden u_2 und v_2 als unbekannten Größen erhalten. Diese beiden unbekannten Verschiebungen u_2 und v_2 berechnen wir in diesem Fall mit elementaren Methoden (Anhang A1.1.3).
Anmerkung: Die nichtsinguläre Matrix des eingespannten Systems in Beispiel 3.2 erhalten wir, wenn die Knoten K_1 und K_2 festgehalten werden, als

$$\mathbf{K}_{red,(6,6)} = \begin{pmatrix} \mathbf{K}_1+\mathbf{K}_2+\mathbf{K}_4+\mathbf{K}_6, & -\mathbf{K}_4, & -\mathbf{K}_6 \\ -\mathbf{K}_4, & \mathbf{K}_3+\mathbf{K}_4+\mathbf{K}_5, & -\mathbf{K}_5 \\ -\mathbf{K}_6, & -\mathbf{K}_5, & \mathbf{K}_5+\mathbf{K}_6 \end{pmatrix} \tag{d}$$

Verallgemeinernd können wir festhalten: Die *Gesamtsteifigkeitsmatrix* eines Systems von Zugstäben ergibt sich, indem an den einzelnen Knoten die Beiträge der angreifenden Elemente aufsummiert werden. In der Literatur finden wir für ein Fachwerk, das sich aus *nelem* Elementen zusammensetzt, häufig die Darstellung

$$\mathbf{K}_{ges} = \sum_{i=1}^{nelem} \mathbf{K}_{elem,i} \tag{3.58}$$

In dieser formal, nicht algebraisch zu verstehenden Summation sind die Einträge der Elementmatrizen unserer Stäbe von der Größe 4 x 4 in der 2-dimensionalen Ebene bzw. 6 x 6 im 3-dimensionalen Raum zu der Gesamtmatrix, die bei n Knoten im Fachwerk die Größe $2n$ x $2n$ in der Ebene bzw. $3n$ x $3n$ im Raum hat, an den entsprechenden Stellen zu addieren.

Einspannungen berücksichtigen wir, indem wir aus der Gesamtmatrix $\mathbf{K}_{ges}$ und den dazugehörigen Vektoren $\mathbf{u}_{ges}$ und $\mathbf{F}_{ges}$ die entsprechenden Zeilen, bei der Matrix auch die Spalten streichen. Das so entstandene lineare Gleichungssystem

$$\mathbf{K}_{red}\,\mathbf{u}_{red} = \mathbf{F}_{red} \tag{3.59}$$

ist lösbar, wenn die Einspannungen eine mindestens statisch bestimmte Lagerung ergeben. Ergänzt man $\mathbf{u}_{red}$ wieder um die gestrichenen Verschiebungen der eingespannten Freiheitsgrade zu $\mathbf{u}_{ges}$, folgt aus

$$\mathbf{F}_{ges} = \mathbf{K}_{ges}\,\mathbf{u}_{ges} \tag{3.60}$$

der Gesamtkraftvektor $\mathbf{F}_{ges}$. Er enthält an den Freiheitsgraden, an denen äußere Kräfte angreifen, deren Wert, an Einspannstellen die *Lager-* oder *Reaktionskräfte*. An Freiheitsgraden, an denen weder äußere Kräfte noch Lagerungen vorliegen, müßte theoretisch der Wert 0 stehen. Aus numerischen Gründen wird nur selten genau 0 erscheinen, der Wert an solchen Stellen wird als *Fehler-* oder *Residualkraft* (engl. *residual load*) bezeichnet. Er ist ein Maß für die Qualität des Modells und Programms. Die beiden Programme FACHWERK und PLANE, die über den Server der FH Reutlingen zur Verfügung stehen, weisen relativ große Fehlerkräfte aus. Dies liegt hauptsächlich an der nur einfach genauen Zahlendarstellung in diesen Programmen.

Anmerkung: Vorgegebene Verschiebungen $u_j \neq 0$ berücksichtigen wir folgendermaßen: Die Spalten der Gesamtmatrix, die den vorgegebenen Verschiebungen entsprechen, werden mit den vorgegebenen Verschiebungen multipliziert und auf der rechten Seite von dem Gesamtkraftvektor $\mathbf{F}_{ges}$ subtrahiert. Wenn an einer Anzahl von *nvor* Freiheitsgraden die Verschiebungen u_j ($j = 1 - nvor$) vorgegeben sind, und der Vektor $\mathbf{K}_{,j}$ die j-te Spalte der Gesamtmatrix $\mathbf{K}_{ges}$ darstellt, ergibt sich die neue Gesamtkraft $\mathbf{F}^*_{ges}$ zu

$$\mathbf{F}^*_{ges} = \mathbf{F}_{ges} - \sum_{j=1}^{nvor} u_j \mathbf{K}_{,j} \tag{3.61}$$

Anschließend reduzieren wir das System zur Form von Gl. (3.59), indem wir die Zeilen und Spalten der Freiheitsgrade mit vorgegebenen Verschiebungen aus dem Gleichungssystem entfernen.

Beispiel 3.4: Eine 1-dimensionale Kette aus 2 Zugstäben mit 3 Knoten (Elastizitätsmodul $E = 200\,000$ N/mm², Querschnittsfläche $A = 100$ mm², Länge $l = 1000$ mm, entsprechend Beispiel 3.1 und Abb. 3.4) wird im linken Knoten K_1 festgehalten. Dem rechten Knoten K_3 schreiben wir eine Verschiebung von $u_3 = 2$ mm vor. Welche Verschiebung erfährt Knoten K_2, welche Kräfte wirken in den Knoten?
Lösung: Die Gesamtsteifigkeitsmatrix des Problems lautet analog zu Beispiel 3.1 mit der Elementsteifigkeit $k = EA/l = 20\,000$ N/mm

$$\mathbf{K}_{ges} = k \begin{pmatrix} 1, & -1, & 0 \\ -1, & 2, & -1 \\ 0, & -1, & 1 \end{pmatrix} = 20\,000 \text{ N/mm} \begin{pmatrix} 1, & -1, & 0 \\ -1, & 2, & -1 \\ 0, & -1, & 1 \end{pmatrix} \tag{a}$$

Der ursprüngliche Kraftvektor ist $\mathbf{F}_{ges} = (0, 0, 0)^T$. Aus $u_3 = 2$ mm folgt in Gl. (3.61) mit der von 0 verschiedenen Randbedingung $u_3 = 2$ mm

$$\mathbf{F}^*_{ges} = \mathbf{F}_{ges} - u_3 \mathbf{K}_{,3} = \begin{pmatrix} 0 \\ 0 \\ 0 \end{pmatrix} - 2\,\text{mm}\; 20\,000\,\text{N/mm} \begin{pmatrix} 0 \\ -1 \\ 1 \end{pmatrix} = 40\,000\,\text{N} \begin{pmatrix} 0 \\ 1 \\ -1 \end{pmatrix} \tag{b}$$
$$\text{3. Spalte von } \mathbf{K}_{ges}$$

Streichen der ersten und letzten Zeile und Spalte reduziert das Problem $\mathbf{K}_{ges}\,\mathbf{u}_{ges} = \mathbf{F}^*_{ges}$ auf

$$\mathbf{K}_{red}\,\mathbf{u}_{red} = 2\,k\,u_2 = F_2 = \mathbf{F}^*_{red} = 40\,000 \text{ N/mm } u_2 = 40\,000 \text{ N} \tag{c}$$

und daraus wie erwartet

$$u_2 = 1 \text{ mm} = 1/2\, u_3 \tag{d}$$

Eingesetzt in $\mathbf{K}_{ges}\,\mathbf{u}_{ges} = \mathbf{F}_{ges}$ folgt

$$\mathbf{F}_{ges} = \begin{pmatrix} F_1 \\ F_2 \\ F_3 \end{pmatrix} = k \begin{pmatrix} 1, & -1, & 0 \\ -1, & 2, & -1 \\ 0, & -1, & 1 \end{pmatrix} \begin{pmatrix} u_1 \\ u_2 \\ u_3 \end{pmatrix}$$

$$= 20\,000 \text{ N/mm} \begin{pmatrix} 1, & -1, & 0 \\ -1, & 2, & -1 \\ 0, & -1, & 1 \end{pmatrix} \begin{pmatrix} 0 \\ 1 \\ 2 \end{pmatrix} \text{mm} = \begin{pmatrix} -20\,000 \\ 0 \\ 20\,000 \end{pmatrix} \text{N} \tag{e}$$

3.4.3
Dehnungen, Spannungen, Stabkräfte

Die *Dehnungen* und *Spannungen* in den Zugstäben erhalten wir nach elastomechanischen Überlegungen aus der Verlängerung der Stäbe infolge der Belastung. Die Länge eines Stabes im Raum mit den Knotenpunktkoordinaten $\mathbf{x}_1 = (x_1, y_1, z_1)^\mathrm{T}$ und $\mathbf{x}_2 = (x_2, y_2, z_2)^\mathrm{T}$ beträgt

$$l = \sqrt{(x_2 - x_1)^2 + (y_2 - y_1)^2 + (z_2 - z_1)^2} \tag{3.62}$$

Wenn sich die beiden Knoten des Stabs im belasteten Fachwerk unter der gegebenen Belastung auf die neuen Positionen $\mathbf{x}'_1 = (x'_1 \; y'_1, z'_1)^\mathrm{T}$ und $\mathbf{x}'_2 = (x'_2, y'_2, z'_2)^\mathrm{T}$ mit $x'_i = x_i + u_i$ usw. bewegen, hat der Stab eine Länge von

$$l' = \sqrt{(x'_2 - x'_1)^2 + (y'_2 - y'_1)^2 + (z'_2 - z'_1)^2} \tag{3.63}$$

Aus der Längenänderung $l' - l$ errechnen wir die Dehnung

$$\varepsilon = \frac{l' - l}{l} = \frac{\Delta l}{l} \tag{3.64}$$

und die Spannung

$$\sigma = E\,\varepsilon \tag{3.65}$$

sowie die Stabkraft

$$F_l = \sigma\,A \tag{3.66}$$

Matrizentechnisch folgen die Stabkraftkomponenten bei bekannten Verschiebungen der beiden Knoten aus

$$\mathbf{F}_{elem} = \mathbf{K}_{elem}\,\mathbf{u}_{elem} = \begin{pmatrix} k_{1,1} & k_{1,2} & k_{1,3} & k_{1,4} \\ k_{2,1} & k_{2,2} & k_{2,3} & k_{2,4} \\ k_{3,1} & k_{3,2} & k_{3,3} & k_{3,4} \\ k_{4,1} & k_{4,2} & k_{4,3} & k_{4,4} \end{pmatrix} \begin{pmatrix} u_1 \\ v_1 \\ u_2 \\ v_2 \end{pmatrix} \tag{3.14'}$$

Die Längskraft erhalten wir aus dem Betrag der Kräfte an den beiden Knoten, Spannung und Dehnung aus Gl. (3.66) und Gl. (3.65).

3.5
Optimierung der Matrizen

Ein großer Teil der Rechenzeit technischer Finite Elemente Analysen wird zur Lösung des linearen Gleichungssystem $\mathbf{K}_{red}\,\mathbf{u}_{red} = \mathbf{F}_{red}$ aufgewandt (vgl. Anhang A1.1.3). Bei einer heute häufigen Problemgröße von *ndof* = 100 000 Freiheitsgraden wäre zunächst eine Matrix $\mathbf{K}_{ges}$ der Größe *ndof x ndof* = 10^{10} erforderlich. Bei der meist üblichen doppelt genauen Zahlendarstellung benötigt man 80 GByte Haupt- (RAM) oder virtuellen Speicher um diese Matrix abzuspeichern. Diese Größenordnung bieten auch moderne Großrechner nicht ohne weiteres als RAM an. Sobald aber Teile der Matrizen auf Platte auszulagern sind, sinkt die effektive Rechengeschwindigkeit drastisch. Diesen imensen Bedarf an Speicherkapazität kann man zunächst dadurch reduzieren, daß man die Symmetrie der Matrix ausnutzt und nur das um die Diagonale ergänzte *untere linke Dreieck*, also alle Einträge auf und unter der Diagonalen, abspeichert. Eine weitere, wesentlich größere Einsparmöglichkeit beruht darauf, daß bei so großen Systemen nur relativ wenige Einträge in der Matrix von Null verschieden sind. Durch sinnvolle Knotennumerierung läßt sich ein großer Teil des Speicherplatzbedarfs einsparen.

Beispiel 3.5: Abbildung 3.9a zeigt ein Fachwerk mit 10 Knoten. Stellen wir die Gesamtsteifigkeitsmatrix $\mathbf{K}_{ges}$ dieses Fachwerks auf, so sind überall dort Einträge, wo 2 Knoten über ein Element verbunden sind. Tabelle 3.1 skizziert unter **a** diese Stellen bei der vorgeschlagenen Numerierung. Dabei steht ein Eintrag für 2 Freiheitsgrade. Ein Eintrag m in der Tabelle an der Stelle $k_{i,j}$ bedeutet, daß Knoten i mit Knoten j über das Element m verbunden ist, # kennzeichnet die ebenfalls immer besetzte Diagonale.

In der Matrix sind große Bereiche nicht besetzt. Gleichzeitig treten Werte sehr weit von der Diagonalen auf. Es muß bei der Behandlung des linearen Gleichungssystems im Rechner zumindest der Platz für die (aus Symmetriegründen) halbe, um die vollständige Diagonale ergänzte (20 x 20)-Matrix (jeder Eintrag in Tabelle 3.1 steht für eine (2 x 2) Matrix) vorgehalten werden. Beim Auflösen, z.B. mit dem Gaußschen Eliminationsverfahren, müssen wir in jeder Spalte alle Zeilen unterhalb der Diagonale untersuchen, ob nicht ein Eintrag $\neq 0$ vorhanden ist. Wählen wir nun die in Abb. 3.9b vorgeschlagene Knotennumerierung, ergibt sich eine Besetzungsstruktur, die sich hauptsächlich an der Diagonalen der Matrix orientiert. Die Besetzung dieser Matrix ist in Tabelle 3.1 unter **b** skizziert. Damit haben wir sowohl beim Abspeichern als auch beim Lösen des linearen Gleichungssystems nur einen schmalen Bereich um die Diagonale zu berücksichtigen. Statt der mit der ursprünglichen Knotennumerierung erforderlichen 20 x 20 = 400 Einträge benötigen wir in jeder Zeile noch die in der Tabelle 3.1 unter **b** um die Diagonale orientierten Einträge von maximal 7 Knoten mit je 2 Freiheitsgraden in einer Zeile.

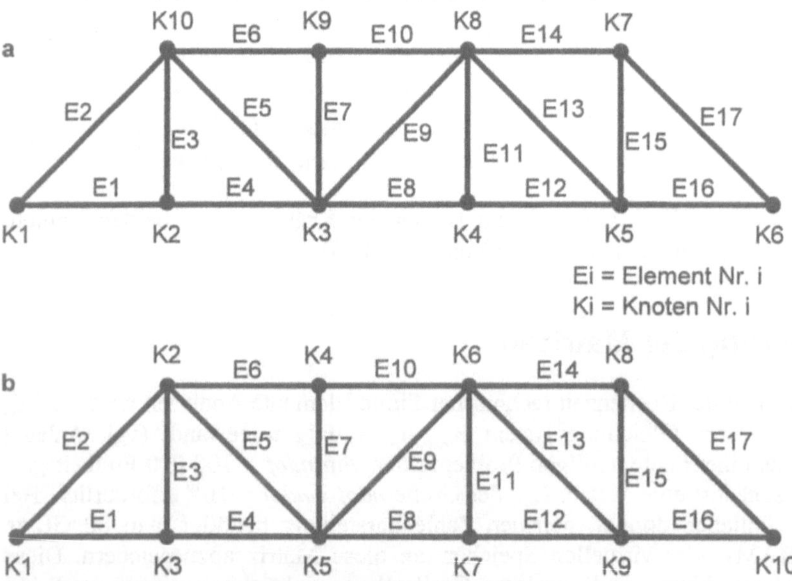

Abb. 3.9: Knotennumerierung eines einfachen Fachwerks. **a** Ursprüngliche Knotenumerierung, **b** optimierte Knotennumerierung

Tabelle. 3.1: Besetzungsstruktur der Gesamtmatrix des Fachwerks. **a** Ursprüngliche Knotennumerierung (Abb. 3.9a), **b** optimierte Knotennumerierung (Abb. 3.9b)

a

Knoten

	1	2	3	4	5	6	7	8	9	10
1	#	1								2
2	1	#	4							3
3		4	#	8				9	7	5
4			8	#	12			11		
5				12	#	16	15	13		
6					16	#	17			
7					15	17	#	14		
8			9	11	13		14	#	10	
9			7					10	#	6
10	2	3	5						6	#

b

Knoten

	1	2	3	4	5	6	7	8	9	10
1	#	2	1							
2	2	#	3	6	5					
3	1	3	#		4					
4		6		#	7	10				
5		5	4	7	#	9	8			
6				10	9	#	11	14	13	
7					8	11	#		12	
8						14		#	15	17
9						13	12	15	#	16
10								17	16	#

Eine Matrix mit an der Diagonalen orientierten Einträgen nennt man eine *Bandmatrix*. In unserem Fall genügt es aus Symmetriegründen das halbe Band mit 4 (Doppel-) Einträgen (drei Nachbarn und den Diagonalterm) abzuspeichern. Bei 2 Freiheitsgraden (= Verschiebungen) je Knoten beträgt der Speicherplatzbedarf in diesem Beispiel nur noch 4 x 2 x 20 = 160 Matrixeinträge, 40 % des ursprünglichen Bedarfs.

Die Ersparnis von 60 % in dem vorliegenden Beispiel ist kein sehr großer Gewinn. Bei Berechnungen von komplexen Strukturen, bei denen häufig mehrere 100 000 Unbekannte auftreten, ist es dagegen von zentraler Bedeutung, ob die ganze (bzw. aus Symmetriegründen um die Diagonale ergänzte halbe) quadratische Matrix oder nur ein halbes Band, das immer noch einige 1000 Variable breit sein kann, zu speichern und abzuarbeiten ist. Statt der 80 GByte, die wir bei 100 000 Freiheitsgraden benötigten, genügt bei einem 1000 Freiheitsgrade breiten *halben Band* ein Hauptspeicher von 800 MByte, eine Größenordnung, die schon von gut ausgebauten Workstations erreicht wird.

In den meisten kommerziellen FE-Programmen definiert ein in das Programm integrierter *Optimierer* die vom Benutzer vergebenen Knotennummern so um, daß nahezu optimale, also schmalst mögliche Bänder um die Diagonale entstehen. Die Breite des mit Einträgen versehenen Bandes wird die *Bandbreite* der Matrix (engl. *band width*) genannt, der Optimierungsvorgang heißt folglich *Bandbreitenoptimierung*. Manche Gleichungslöser optimieren die Matrix nicht, sondern merken sich, wo in K_{ges} Einträge sind, und speichern nur diese von 0 verschiedenen Einträge ab. In [12] sind hierzu anschauliche Beispiele und Verfahren angegeben.

Beispiel 3.6: Die Bedeutung dieser Optimierung verdeutlichen wir uns anhand des über den Server der FH Reutlingen verfügbaren Programms FACHWERK. Um das Programm übersichtlich zu halten, wurde K_{ges} als volle Matrix der Größe *nvars* x *nvars* abgespeichert, wobei *nvars = Knotenanzahl x Anzahl der Freiheitsgrade* (hier 2) ist. Unter MS-DOS kann ein Feld (ARRAY) historisch bedingt maximal 64 k Speicher belegen. Bei einfach genauer Zahlendarstellung mit einer Wortlänge von 4 Byte je Zahl haben wir eine maximale Array-Größe von 16 384 bei 1-dimensionalen oder 128 x 128 bei quadratischen Feldern. Mit 2 Freiheitsgraden je Knoten ergibt sich bei vollständiger Gesamtmatrix eine größtmögliche Anzahl von 64 Knoten im Fachwerk, die wir noch berechnen können. Wenn wir (aus der Erfahrung mit berechneten Fachwerken) verlangen, daß an keinem Knoten mehr als 8 Stäbe angreifen dürfen, hat jede Zeile von K_{ges} maximal 2 x (8+1) Einträge. Bei optimaler Speicherung und unter Ausnutzung der Symmetrie von K_{ges} kommen wir mit 10 Einträgen je Zeile aus. Damit ist es möglich, mit statt der bisher unter der DOS-Restriktion bei vollem Abspeichern von K_{ges} möglichen 128 / 2 = 64 Knoten mit 16384 / (10 x 2) = 819 Knoten zu arbeiten. Da auch der Rechenaufwand beim Lösen des linearen Gleichungssystems mit einem schmalen Band kleiner ist, kann die Problemgröße bei vergleichbarer Rechenzeit und Hauptspeicheranforderung ca. 12 mal so groß werden.

Übungsaufgaben

Die folgenden Aufgaben sollten mit einem dem Leser zur Verfügung stehenden Programm, z.B. einem geeigneten FE-Programm bearbeitet werden. Falls kein qualifiziertes FE-Programm erreichbar ist, kann für 2D-Probleme das über den Server der FH Reutlingen verfügbare Programm FACHWERK eingesetzt werden.

1. Berechnen Sie die Verschiebungen, Lager und Stabkräfte der Fachwerke aus Beispiel 3.1 und 3.2! Nehmen Sie dabei an, daß der E-Modul des Werkstoffs E = 200 000 N/mm², die Querschnittsfläche A = 100 mm² beträgt.

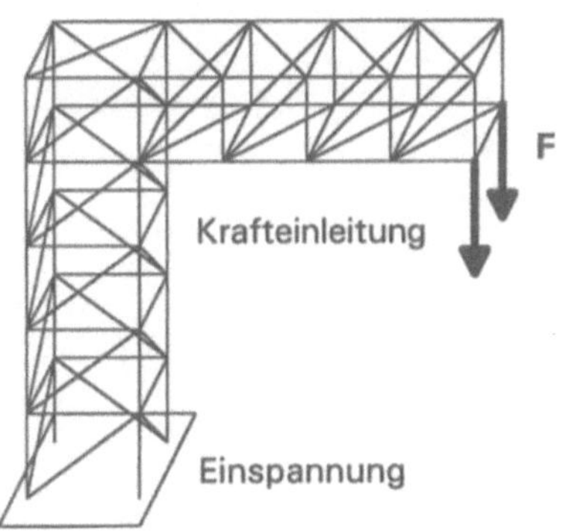

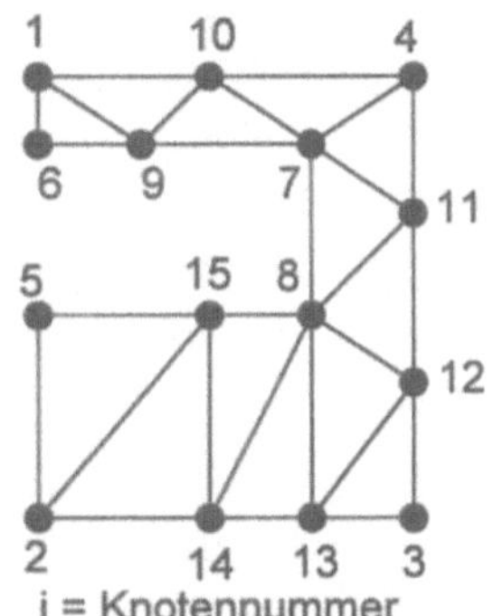

Abb. 3.10: Einfacher Baukran　　　　**Abb. 3.11:** Fachwerk mit Knotennummern

2. Steht Ihnen ein 3-D FE-Programm zur Verfügung, so berechnen Sie die Verschiebungen, Lager- (oder Einspann-) und Stabkräfte bei sinnvollen Annahmen für Geometrie, Last und Werkstoff eines Fachwerk-Baukrans (z.B. wie in Abb. 3.10 skizziert)!

3. Welche Bandbreite hat die Gesamtsteifigkeitsmatrix des in Abb. 3.11 skizzierten Fachwerks? Schlagen Sie eine Neunumerierung mit schmalerem Band vor!

4 Elastostatik

Die Elastostatik, welche die wesentlichen Bausteine der Festigkeitsberechnung liefert, hat bei der Entwicklung der FEM eine entscheidende Rolle gespielt. Die grundlegende Idee, Gesamtkonstruktionen zur Berechnung aus einfachen Teilstrukturen zusammenzusetzen gab es im Bauwesen schon vor der FEM. Verbände von Bauelementen wie z.B. Wände und Decken wurden dort in ihrer Wechselwirkung betrachtet, das gemeinsame Verformungsverhalten analysiert. Die Idee, eine der direkten Berechnung nicht zugängliche Struktur in einzeln berechenbare Elemente zu zerlegen, hat sicher darin ihren Ursprung.

In diesem Kapitel übertragen wir die bei den Fachwerken entwickelten Matrizenmethoden auf ausgedehnte ebene und räumliche Körper. Die Steifigkeiten der Zugstäbe konnten wir mit elementaren mechanischen Überlegungen aufstellen. Um die Steifigkeiten der ebenen und räumlichen Strukturen zu bestimmen, stellen wir einen formalen Apparat vor, der auf den in Kap. 2 vorgestellten Ideen basiert.

Der in Kap. 3 gezeigte Zusammenbau von Elementsteifigkeitsmatrizen zur Matrix eines diskreten Gesamtsystems läßt sich nicht nur bei Zugstäben anwenden. Es ist ebenso möglich, die Gesamtsteifigkeit eines ausgedehnten Bereichs wie z.B. die des eingespannten und mit einer Einzellast beaufschlagten Blechs in Kap. 2 aus der Gesamtheit der Steifigkeiten einzelner Elemente aufzusummieren. Um einen Knoten in Richtung eines Freiheitsgrades zu verschieben, müssen alle an den Knoten angrenzenden Elemente verzerrt werden. Um die Steifigkeit eines Freiheitsgrades dieses Knotens zu berechnen, addieren wir wie beim Fachwerk die Steifigkeiten aller an dem Knoten angreifenden Elemente in diesem Knotenfreiheitsgrad.

Hauptziel des vorliegenden Kapitels ist, die Steifigkeitsmatrizen der ebenen und räumlichen Elemente herzuleiten. Diese Elemente müssen in uns in die Lage versetzen, beliebige 2- oder 3-dimensionale Strukturen nachzubilden. Grundsätzlich wären hierzu ebene Dreiecke und räumliche Tetraeder ausreichend. Aus vielen mit der Modellierung und der Qualität der Ergebnisse zusammenhängenden Gründen verwenden wir aber häufig Elemente auf Viereckbasis. Eine größere Bedeutung haben die Tetraederelemente erst mit dem Aufkommen der automatischen 3D-Netzgeneratoren gewonnen.

Da der Aufwand, einen neuen Elementtyp zu entwickeln, nur gering ist, finden sich in diesem Kapitel die Herleitungen einiger der gebräuchlichen Elemente. Nach einer gewissen Einarbeitung ist der Anwender in der Lage zu entscheiden, ob ihm die von seinem FE-System angebotenen Elementtypen genügen, oder ob er einen eigenen Typ für seine Anwendung benötigt. Zahlreiche kommerzielle Programme erlauben es dem Benutzer, derartige selbst geschriebenen Elemente in das Programmsystem zu integrieren.

Aus den vorhandenen und evtl. vom Benutzer hinzugefügten Elementen bilden wir gegebene Kontinua als diskrete Strukturen nach und berechnen deren Verhalten unter gegebenen Belastungen. Wenn die Diskretisierung oder Vernetzung aus den gewählten Elementarten und -formen fein genug ist, um die zu erwartenden Verformungen der Struktur in hinreichender Weise nachzuvollziehen, können wir annehmen, daß das FE-Berechnungsergebnis das Verhalten des Bauteils in befriedigender Weise beschreibt. Dies gilt natürlich nur, wenn auch Werkstoff und Randbedingungen sinnvoll modelliert werden.

4.1
Grundbegriffe

Bei der linearen Elastostatik, wie sie im Grundstudium gelehrt wird, treffen wir 2 Annahmen:

1. Die Werkstoffe verhalten sich *reversibel linear-elastisch*. Bei einer Vervielfachung der Last um einen Faktor f tritt die f-fache Verformung auf. Insbesondere verschwindet die Verformung nach Wegnahme der Last wieder vollkommen.

2. Die erwarteten *Verformungen und Verdrehungen sind klein* (im Vergleich zu den relevanten Bauteilabmessungen), deshalb können die *Kräfte und Momente*, die auf das zu betrachtende Bauteil wirken, als *am unverformten Bauteil wirkend* betrachtet werden.

In Anhang A3.1 finden wir eine Darstellung der Beziehungen zwischen den Verschiebungen und den Dehnungen. Die Dehnungen ergeben sich als die Ableitungen der Verschiebungen zu

$$\varepsilon = \mathbf{D}\,\mathbf{u} \tag{4.1}$$

Dabei liefert der *Operator* $\mathbf{D}$ die Dehnungen bei den vorhandenen Verformungen der zu analysierenden Struktur. Tabelle 4.1 stellt diesen Operator für den Fall 2- und 3-dimensionaler Strukturen dar. Die Wirkung dieser Operatoren können wir uns am 2-dimensionalen Beispiel vergegenwärtigen.

Tabelle 4.1: Differentialoperatoren $\mathbf{D}$

2-dimensional:

$$\mathbf{D} = \begin{pmatrix} \dfrac{\partial}{\partial x}, & 0 \\[2mm] 0, & \dfrac{\partial}{\partial y} \\[2mm] \dfrac{\partial}{\partial y}, & \dfrac{\partial}{\partial x} \end{pmatrix}$$

3-dimensional:

$$\mathbf{D} = \begin{pmatrix} \dfrac{\partial}{\partial x}, & 0, & 0 \\[2mm] 0, & \dfrac{\partial}{\partial y}, & 0 \\[2mm] 0, & 0, & \dfrac{\partial}{\partial z} \\[2mm] \dfrac{\partial}{\partial y}, & \dfrac{\partial}{\partial x}, & 0 \\[2mm] 0, & \dfrac{\partial}{\partial z}, & \dfrac{\partial}{\partial y} \\[2mm] \dfrac{\partial}{\partial z}, & 0, & \dfrac{\partial}{\partial x} \end{pmatrix}$$

Für die Dehnungen gilt (vgl. Anhang A3.2)

$$\varepsilon_{xx} = \frac{\partial u}{\partial x}$$

$$\varepsilon_{yy} = \frac{\partial v}{\partial y}$$

$$\gamma_{xy} = \frac{\partial u}{\partial y} + \frac{\partial v}{\partial x}$$

In Matrizenschreibweise stellen wir diese Beziehung als Produkt des matrizenförmigen Differentialoperators $\mathbf{D}$ mit dem Verschiebungsvektor $\mathbf{u} = (u,v)^{\mathrm{T}}$ dar:

$$\varepsilon = \begin{pmatrix} \varepsilon_{xx} \\ \varepsilon_{yy} \\ \gamma_{xy} \end{pmatrix} = \begin{pmatrix} \dfrac{\partial u}{\partial x} \\ \dfrac{\partial v}{\partial y} \\ \dfrac{\partial u}{\partial y} + \dfrac{\partial v}{\partial x} \end{pmatrix} = \begin{pmatrix} \dfrac{\partial}{\partial x}, & 0 \\ 0, & \dfrac{\partial}{\partial x} \\ \dfrac{\partial}{\partial y}, & \dfrac{\partial}{\partial x} \end{pmatrix} \begin{pmatrix} u \\ v \end{pmatrix} = \mathbf{D}\,\mathbf{u} \qquad (4.1')$$

Der Differentialoperator $\mathbf{D}$ liefert eine Vorschrift, wie die Dehnungen ε zu berechnen sind, wenn wir die (differenzierbaren) Verschiebungen $\mathbf{u}$ kennen.

Tabelle 4.2: Spannungen, Dehnungen und Werkstoffmatrizen isotroper Werkstoffe

Spannungs-vektor σ	Dehnungs-vektor ε	Werkstoffmatrix $\mathbf{C}$

ESZ: ebener Spannungszustand

$$\begin{pmatrix} \sigma_{xx} \\ \sigma_{yy} \\ \sigma_{xy} \end{pmatrix} \qquad \begin{pmatrix} \varepsilon_{xx} \\ \varepsilon_{yy} \\ \gamma_{xy} \end{pmatrix} \qquad \frac{E}{1-v^2}\begin{pmatrix} 1, & v, & 0 \\ v, & 1, & 0 \\ 0, & 0, & \frac{1-v}{2} \end{pmatrix}$$

EDZ: ebener Dehnungszustand

$$\begin{pmatrix} \sigma_{xx} \\ \sigma_{yy} \\ \sigma_{xy} \end{pmatrix} \qquad \begin{pmatrix} \varepsilon_{xx} \\ \varepsilon_{yy} \\ \gamma_{xy} \end{pmatrix} \qquad \frac{E(1-v)}{(1+v)(1-2v)}\begin{pmatrix} 1, & \frac{v}{1-v}, & 0 \\ \frac{v}{1-v}, & 1, & 0 \\ 0, & 0, & \frac{1-2v}{2(1-v)} \end{pmatrix}$$

räumlicher Spannungszustand

$$\begin{pmatrix} \sigma_{xx} \\ \sigma_{yy} \\ \sigma_{zz} \\ \tau_{xy} \\ \tau_{yz} \\ \tau_{zx} \end{pmatrix} \qquad \begin{pmatrix} \varepsilon_{xx} \\ \varepsilon_{yy} \\ \varepsilon_{zz} \\ \gamma_{xy} \\ \gamma_{yz} \\ \gamma_{zx} \end{pmatrix} \qquad \frac{E(1-v)}{(1+v)(1-2v)}\begin{pmatrix} 1, & \frac{v}{1-v}, & \frac{v}{1-v}, & 0, & 0, & 0 \\ \frac{v}{1-v}, & 1, & \frac{v}{1-v}, & 0, & 0, & 0 \\ \frac{v}{1-v}, & \frac{v}{1-v}, & 1, & 0, & 0, & 0 \\ 0, & 0, & 0, & \frac{1-2v}{2(1-v)}, & 0, & 0 \\ 0, & 0, & 0, & 0, & \frac{1-2v}{2(1-v)}, & 0 \\ 0, & 0, & 0, & 0, & 0, & \frac{1-2v}{2(1-v)} \end{pmatrix}$$

Wir haben in Anhang A3.1 die Beziehung

$$\sigma = \mathbf{C}\,(\varepsilon - \varepsilon_0) \tag{4.2}$$

zwischen Spannung und Dehnung als Werkstoffgesetz unter Berücksichtigung der Vordehnung ε_0, die auf thermische oder plastische Vorverformung zurückzuführen ist, eingeführt. Im folgenden gehen wir davon aus, daß

1. die Vordehnung ε_0 vernachlässigt werden kann (siehe hierzu Abschn. 5.7). Das erspart uns eine Menge an Schreibaufwand und erhöht die Lesbarkeit der Gleichungen.
2. der Werkstoff isotrop und homogen ist. Das vereinfacht die Darstellung der Werkstoffmatrizen $\mathbf{C}$, ohne die Darstellung wesentlicher Inhalte des Vorgehens zu beeinträchtigen (vgl. Anhang A3.5).

Die Dehnungen, Spannungen und Werkstoffmatrizen in Gl. (4.2) nehmen nach Anlage A3.1 die in Tabelle 4.2 beschriebenen Formen an. Den Fall der rotationssymmetrischen Bauteile behandeln wir nicht, da hierfür einiges mehr an mathematischer Vorarbeit erforderlich ist, ohne den Gewinn an Einblick in die Methode wesentlich zu steigern. Eine gut lesbare Einführung findet man in [16].

Zunächst rufen wir uns in Erinnerung (Anhang A1.1.2), daß das Skalarprodukt $(\mathbf{ab})$ zweier (Spalten-) Vektoren $\mathbf{a}$ und $\mathbf{b}$ als Matrizenprodukt der transponierten Matrix (des Zeilenvektors) $\mathbf{a}^\mathrm{T}$ mit der Matrix (dem Spaltenvektor) $\mathbf{b}$ geschrieben werden darf

$$(\mathbf{a\,b}) = \mathbf{a}^\mathrm{T}\,\mathbf{b} = \mathbf{b}^\mathrm{T}\mathbf{a} = (\mathbf{b\,a})$$

Aus der Spannung und der Dehnung berechnen wir die elastische Energiedichte, die elastisch im Bauteil bei dieser Spannung und Dehnung gespeicherte elastische Energie je Volumeneinheit.

$$\frac{\mathrm{d}W_{el}}{\mathrm{d}Vol} = \frac{1}{2}\varepsilon^\mathrm{T}\sigma = \tfrac{1}{2}\varepsilon^\mathrm{T}\mathbf{C}\varepsilon \tag{4.3}$$

Bei einer kleinen Dehnungsänderung $\delta\varepsilon$, die durch eine kleine, *virtuelle Verzerrung* $\delta\mathbf{u}$ des betrachteten Bauteils hervorgerufen wird, ist (vgl. Anlage A2.3) eine auf die Volumeneinheit bezogene Formänderungsarbeit

$$\delta\frac{\mathrm{d}W_{el}}{\mathrm{d}Vol} = \delta\varepsilon^\mathrm{T}\sigma = \delta\varepsilon^\mathrm{T}\mathbf{C}\varepsilon \tag{4.3'}$$

zu leisten. Die gesamte elastische Arbeit folgt dann aus der Integration über das Volumen des Bauteils

$$W_{el} = \int_{Vol} \frac{\mathrm{d}W_{el}}{\mathrm{d}Vol}\mathrm{d}Vol = \frac{1}{2}\int_{Vol}\varepsilon^\mathrm{T}\sigma\,\mathrm{d}Vol = \frac{1}{2}\int_{Vol}\varepsilon^\mathrm{T}\mathbf{C}\varepsilon\,\mathrm{d}Vol \tag{4.4}$$

bzw.

$$\delta W_{el} = \int_{Vol}\delta\frac{\mathrm{d}W_{el}}{\mathrm{d}Vol}\mathrm{d}Vol = \int_{Vol}\delta\varepsilon^\mathrm{T}\sigma\,\mathrm{d}Vol = \int_{Vol}\delta\varepsilon^\mathrm{T}\mathbf{C}\varepsilon\,\mathrm{d}Vol \tag{4.4'}$$

Diese Beziehungen verwenden wir, um die Steifigkeitsmatrizen der elastischen Elemente herzuleiten.

4.2
Das ebene QUAD4-Element

In der FE-Praxis hat sich in den letzten Jahren eine inoffizielle Vereinbarung über die Bezeichnung der verschiedenen Elementtypen durchgesetzt, an die wir uns im folgenden weitgehend halten werden. Diese Namenskonvention beruht darauf, einen Elementtyp durch seine Form und die Anzahl der das Element definierenden Knoten zu kennzeichnen. Viereckige Elemente, die nur durch die 4 Eckknoten beschrieben sind, werden in der Literatur und in FE-Programmhandbüchern häufig als QUAD4-Elemente bezeichnet. Da sich an ihnen alle wesentlichen Arbeitsschritte bei der Berechnung der Elementmatrizen noch relativ übersichtlich darstellen lassen, behandeln wir sie in diesem Abschnitt ausführlich. Die Übertragung auf andere Elementtypen ergibt sich dann entsprechend.

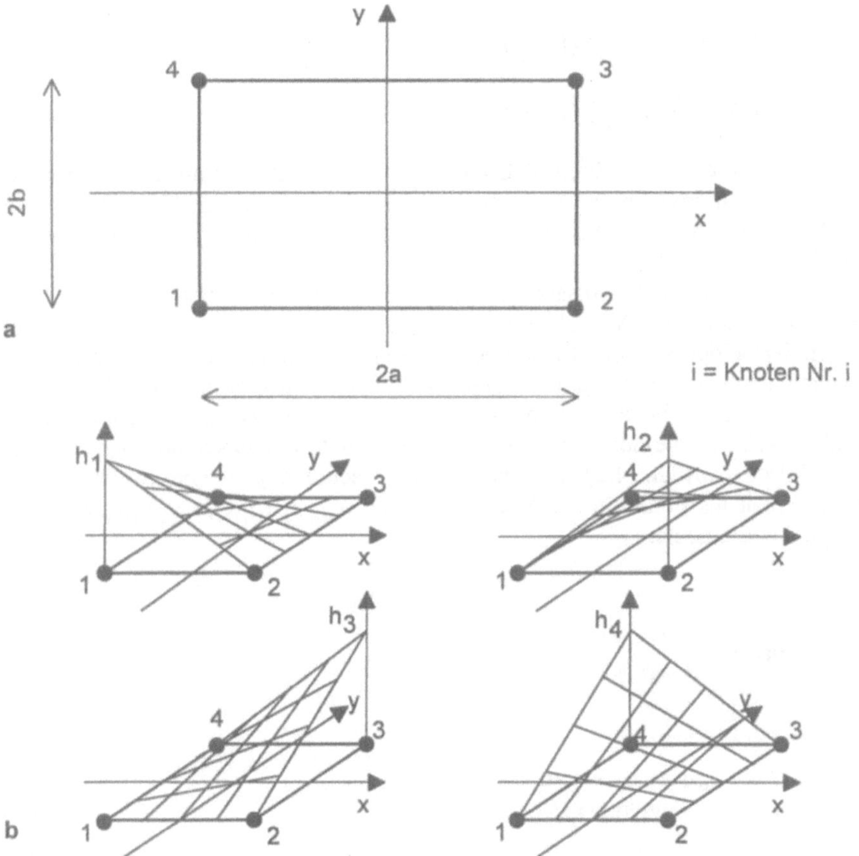

Abb. 4.1: Das ebene rechtwinkelige QUAD4-Element. **a** Rechtwinkeliges QUAD4-Element im lokalen x-y-Koordinatensystem, **b** Ansatzfunktionen des QUAD4- Elements

4.2.1
Das ebene rechtwinkelige QUAD4-Element

In der Ebene ist ein Netz wie in Abb. 2.12 durch rechtwinkelige 4-knotige Elemente gegeben. Ein einzelnes Element (Abb. 4.1a) ist durch die Position seiner 4 Knoten vollständig beschrieben. Da die Steifigkeit des Elements nicht von seiner Lage in einem Koordinatensystem abhängt, dürfen wir ein auf das Element bezogenes, lokales Koordinatensystem wie in Abb. 4.1a wählen. Zur Berechnung der Dehnungen und Spannungen benötigen wir die Verschiebungen auf dem Element. Diese Verschiebungen interpolieren wir aus denen der Knotenpunkte, indem wir die folgenden Ansatzfunktionen wählen (vgl. Abb. 4.1b):

$$h_1(x) = \frac{1}{4}\,(1 - \frac{x}{a})\,(1 - \frac{y}{b})$$

$$h_2(x) = \frac{1}{4}\,(1 + \frac{x}{a})\,(1 - \frac{y}{b})$$

$$h_3(x) = \frac{1}{4}\,(1 + \frac{x}{a})\,(1 + \frac{y}{b})$$

$$h_4(x) = \frac{1}{4}\,(1 - \frac{x}{a})\,(1 + \frac{y}{b}) \tag{4.5}$$

Es läßt sich leicht nachprüfen, daß diese 4 Ansatzfunktionen an dem Knoten mit dem gleichen Index wie die Ansatzfunktion den Wert 1, an den übrigen 3 Knoten den Wert 0 annehmen. Die Summe der Ansatzfunktionen ist 1, wie in Abschn. 2.5 gefordert.

Daß sich mit diesen Ansatzfunktionen an den gemeinsamen Rändern zweier Elemente gemeinsame Verschiebungen ergeben, ist offensichtlich. Die Verschiebungen der beiden Knoten, die den betrachteten Rand definieren, ergeben eine Gerade, auf der wir die Verschiebungen aller Punkte auf diesem Rand finden. Die Verschiebungen in benachbarten Elementen auf dem gemeinsamen Rand müssen identisch sein, da sie durch die zwei gleichen Knoten gegeben sind. Mit den Ansatzfunktionen aus Gl. (4.5) erhalten wir die Verschiebung an einer Stelle (x, y) auf dem Element als Funktion der Verschiebungen $\mathbf{u}_{elem} = (u_1, v_1, u_2, v_2, u_3, v_3, u_4, v_4)^{\mathrm{T}}$ der Knoten des Elements:

$$\mathbf{u}(x,y) = \begin{pmatrix} u(x,y) \\ v(x,y) \end{pmatrix} \approx \begin{pmatrix} \displaystyle\sum_{i=1}^{4} u_i h_i(x,y) \\ \displaystyle\sum_{i=1}^{4} v_i h_i(x,y) \end{pmatrix}$$

$$= \begin{pmatrix} u_1 h_1 + u_2 h_2 + u_3 h_3 + u_4 h_4 \\ v_1 h_1 + v_2 h_2 + v_3 h_3 + v_4 h_4 \end{pmatrix}$$

$$
= \begin{pmatrix} h_1, & 0, & h_2, & 0, & h_3, & 0, & h_4, & 0 \\ 0, & h_1, & 0, & h_2, & 0, & h_3, & 0, & h_4 \end{pmatrix} \begin{pmatrix} u_1 \\ v_1 \\ u_2 \\ v_2 \\ u_3 \\ v_3 \\ u_4 \\ v_4 \end{pmatrix}
$$

$$
= \mathbf{H}_{(2,8)} \, \mathbf{u}_{elem} \tag{4.6}
$$

Hier erscheint wieder die aus Kap. 3 bekannte Interpolationsmatrix **H**. Die Größe
(2 x 8) dieser Matrix folgt daraus, daß die Verschiebung eines Punktes an der Stelle (x, y) in jeweils 2 Freiheitsgraden (u und v) aus den Verschiebungen in 2 Freiheitsgraden an 4 Knoten (2 x 4 = 8) interpoliert wird. Um die Darstellung übersichtlich zu halten, lassen wir hier und im folgenden bei den Ansatzfunktionen meist die Argumente weg (z.B. h_1 statt $h_1(x, y)$), sofern keine Verwechslungen zu befürchten sind.

Aus den Verschiebungen auf dem Element folgen die Dehnungen (Gl. (4.1))

$$
\varepsilon(x,y) = \begin{pmatrix} \varepsilon_{xx} \\ \varepsilon_{yy} \\ \gamma_{xy} \end{pmatrix} = \begin{pmatrix} \dfrac{\partial u}{\partial x} \\[2mm] \dfrac{\partial v}{\partial y} \\[2mm] \dfrac{\partial u}{\partial y} + \dfrac{\partial v}{\partial x} \end{pmatrix} = \mathbf{D}\,\mathbf{u}_{elem}
$$

$$
\approx \begin{pmatrix} u_1\dfrac{\partial h_1}{\partial x} + u_2\dfrac{\partial h_2}{\partial x} + u_3\dfrac{\partial h_3}{\partial x} + u_4\dfrac{\partial h_4}{\partial x} \\[3mm] v_1\dfrac{\partial h_1}{\partial y} + v_2\dfrac{\partial h_2}{\partial y} + v_3\dfrac{\partial h_3}{\partial y} + v_4\dfrac{\partial h_4}{\partial y} \\[3mm] u_1\dfrac{\partial h_1}{\partial y} + v_1\dfrac{\partial h_1}{\partial x} + u_2\dfrac{\partial h_2}{\partial y} + v_2\dfrac{\partial h_2}{\partial x} + u_3\dfrac{\partial h_3}{\partial y} + v_3\dfrac{\partial h_3}{\partial x} + u_4\dfrac{\partial h_4}{\partial y} + v_4\dfrac{\partial h_4}{\partial x} \end{pmatrix}
$$

$$
= \begin{pmatrix} h_{1x}, & 0, & h_{2x}, & 0, & h_{3x}, & 0, & h_{4x}, & 0 \\ 0, & h_{1y}, & 0, & h_{2y}, & 0, & h_{3y}, & 0, & h_{4y} \\ h_{1y}, & h_{1x}, & h_{2y}, & h_{2x}, & h_{3y}, & h_{3x}, & h_{4y}, & h_{4x} \end{pmatrix} \begin{pmatrix} u_1 \\ v_1 \\ u_2 \\ v_2 \\ u_3 \\ v_3 \\ u_4 \\ v_4 \end{pmatrix}
$$

$$
= \mathbf{B}_{(3,8)} \, \mathbf{u}_{elem} \tag{4.7}
$$

mit

$$\mathbf{B}_{(3,8)} = \begin{pmatrix} h_{1x}, & 0, & h_{2x}, & 0, & h_{3x}, & 0, & h_{4x}, & 0 \\ 0, & h_{1y}, & 0, & h_{2y}, & 0, & h_{3y}, & 0, & h_{4y} \\ h_{1y}, & h_{1x}, & h_{2y}, & h_{2x}, & h_{3y}, & h_{3x}, & h_{4y}, & h_{4x} \end{pmatrix}$$

wobei für $\dfrac{\partial h_i}{\partial x} = h_{ix}$ die übliche Kurzschreibweise steht. Die Größe (3 x 8) der Matrix $\mathbf{B}_{(3,8)}$ bedeutet, daß die 3 Dehnungsterme ε_{xx}, ε_{yy} und γ_{xy} aus den 2 x 4 = 8 Elementfreiheitsgraden in $\mathbf{u}_{elem}$ zu berechnen sind. Die Matrix $\mathbf{B}$ erfüllt die Rolle des Differentialoperators aus Tabelle 4.1, sie liefert den Dehnungsvektor ε bei bekanntem Knotenpunktverschiebungsvektor $\mathbf{u}_{elem}$. Bei dieser Darstellung erhalten wir die Dehnungen aus den zunächst unbekannten, lastfallabhängigen Verschiebungen der diskreten Knoten. Die Differentiation berührt nur die bekannten Ansatzfunktionen.

Die Dehnungsenergiedichte an einer Stelle (x, y) im Element schreiben wir unter Berücksichtigung von $\varepsilon^{\mathrm{T}} = (\mathbf{B}\,\mathbf{u}_{elem})^{\mathrm{T}} = \mathbf{u}^{\mathrm{T}}_{elem}\,\mathbf{B}^{\mathrm{T}}$

$$\frac{\mathrm{d}W_{el}}{\mathrm{d}Vol} = \frac{1}{2}\varepsilon^{\mathrm{T}}\sigma = \frac{1}{2}\varepsilon^{\mathrm{T}}\mathbf{C}\,\varepsilon = \frac{1}{2}\mathbf{u}^{\mathrm{T}}_{elem}\,\mathbf{B}^{\mathrm{T}}\,\mathbf{C}\,\mathbf{B}\,\mathbf{u}_{elem} \tag{4.8}$$

Ihre Änderung bei einer kleinen Verzerrung $\delta\varepsilon$, die aus einer kleinen, virtuellen Verschiebung der Knoten $\delta\mathbf{u}_{elem}$ herrührt, ist

$$\delta\frac{\mathrm{d}W_{el}}{\mathrm{d}Vol} = \delta\varepsilon^{\mathrm{T}}\sigma = \delta\varepsilon^{\mathrm{T}}\mathbf{C}\,\varepsilon = \delta\mathbf{u}^{\mathrm{T}}_{elem}\,\mathbf{B}^{\mathrm{T}}\,\mathbf{C}\,\mathbf{B}\,\mathbf{u}_{elem} \tag{4.8'}$$

Hier bezeichnet $\mathbf{C}_{(3,3)}$ wieder die Werkstoffmatrix des vorliegenden ebenen Spannungs- oder ebenen Dehnungszustands (vgl. Tabelle 4.2). Die Matrix $(\mathbf{B}^{\mathrm{T}}\mathbf{C}\,\mathbf{B})$ hat die Größe (8 x 8). Es ist nur wenig anschaulich, sie auszuschreiben. Die Dehnungsenergie im Element errechnen wir nach

$$\begin{aligned} W_{el} &= \int\limits_{Vol} \frac{1}{2}\,\mathbf{u}^{\mathrm{T}}_{elem}\,\mathbf{B}^{\mathrm{T}}\,\mathbf{C}\,\mathbf{B}\,\mathbf{u}_{elem}\mathrm{d}Vol \\[2mm] &= t\int\limits_{A}\frac{1}{2}\,\mathbf{u}^{\mathrm{T}}_{elem}\,\mathbf{B}^{\mathrm{T}}\,\mathbf{C}\,\mathbf{B}\,\mathbf{u}_{elem}\mathrm{d}A \\[2mm] &= t\int\limits_{-b}^{b}\int\limits_{-a}^{a}\frac{1}{2}\,\mathbf{u}^{\mathrm{T}}_{elem}\,\mathbf{B}^{\mathrm{T}}\,\mathbf{C}\,\mathbf{B}\,\mathbf{u}_{elem}\mathrm{d}x\,\mathrm{d}y \end{aligned} \tag{4.9}$$

Ihre Änderung bei einer kleinen, virtuellen Verrückung $\delta\mathbf{u}$ beträgt

$$\begin{aligned} \delta W_{el} &= \int\limits_{Vol} \delta\mathbf{u}^{\mathrm{T}}_{elem}\,\mathbf{B}^{\mathrm{T}}\,\mathbf{C}\,\mathbf{B}\,\mathbf{u}_{elem}\mathrm{d}Vol \\[2mm] &= t\int\limits_{A}\delta\mathbf{u}^{\mathrm{T}}_{elem}\,\mathbf{B}^{\mathrm{T}}\,\mathbf{C}\,\mathbf{B}\,\mathbf{u}_{elem}\mathrm{d}A \\[2mm] &= t\int\limits_{-b}^{b}\int\limits_{-a}^{a}\delta\mathbf{u}^{\mathrm{T}}_{elem}\,\mathbf{B}^{\mathrm{T}}\,\mathbf{C}\,\mathbf{B}\,\mathbf{u}_{elem}\mathrm{d}x\,\mathrm{d}y \end{aligned} \tag{4.9'}$$

Hier bedeuten *Vol* das Volumen, A die Fläche, t die Dicke des Elements und damit $\mathrm{d}A = \mathrm{d}x\,\mathrm{d}y$ ein rechteckiges Flächenstück der Seitenlänge $\mathrm{d}x$ und $\mathrm{d}y$. Ein Volumenstück des ebenen Blechs ist durch $\mathrm{d}Vol = t\,\mathrm{d}A = t\,\mathrm{d}x\,\mathrm{d}y$ gegeben.

Die Elementverschiebungsvektoren $\mathbf{u}_{elem}$ bzw. ihre Änderung $\delta\mathbf{u}_{elem}$ hängen nicht von den Integrationsvariablen x und y ab, wir können sie aus den Integralen nach links bzw. rechts herausziehen:

$$W_{el} = \frac{1}{2}\,\mathbf{u}^{\mathrm{T}}_{elem}\,t\,\int_A \mathbf{B}^{\mathrm{T}}\,\mathbf{C}\,\mathbf{B}\,\mathrm{d}A\,\mathbf{u}_{elem} \tag{4.10}$$

und

$$\delta W_{el} = \delta\mathbf{u}^{\mathrm{T}}_{elem}\,t\,\int_A \mathbf{B}^{\mathrm{T}}\,\mathbf{C}\,\mathbf{B}\,\mathrm{d}A\,\mathbf{u}_{elem} \tag{4.10'}$$

Die Integration erfolgt nur noch über Größen, die von den zunächst unbekannten Verschiebungen unabhängig sind. Sie kann unabhängig vom jeweiligen Lastfall mit einem geeigneten Verfahren durchgeführt werden. Wegen der geringeren Zahl der Integrationsstützstellen verwendet man hierfür meist das 2 x 2-Gauß-Integrationsverfahren (vgl. Anhang A1.2.3). Im Fall des ebenen rechtwinkeligen QUAD4-Elements ist Gl. (4.10) noch mit überschaubarem Aufwand analytisch integrierbar. Da es aber wenig sinnvoll ist, eine (8 x 8)-Matrix anzuschauen, stellen wir auch diese Matrix hier nicht dar.

In Gl. (4.10) und (4.10') stehen explizit weder Dehnungen noch Spannungen, die innere, elastische Dehnungsenergie wird nur mit Hilfe der den an den Knoten des Elements beobachteten Verschiebungen errechnet.

Äußere, externe Kräfte leisten an den Knoten des Elements die Arbeit

$$W_{ex} = \frac{1}{2}\,\mathbf{u}^{\mathrm{T}}_{elem}\,\mathbf{F}_{elem} \tag{4.11}$$

bzw.

$$\delta W_{ex} = \delta\mathbf{u}^{\mathrm{T}}_{elem}\,\mathbf{F}_{elem} \tag{4.11'}$$

mit $\mathbf{F}_{elem} = (F_{1,x}, F_{1,y}, F_{2,x}, F_{2,y}, F_{3,x}, F_{3,y}, F_{4,x}, F_{4,y})^{\mathrm{T}}$, dem Vektor der an den Knoten angreifenden Kräfte. Durch Gleichsetzen der inneren, elastischen Energie und der äußeren Arbeit in Gl. (4.10') und (4.11') kommen wir zu

$$\delta W_{el} = \delta\mathbf{u}^{\mathrm{T}}_{elem}\,t\,\int_A \mathbf{B}^{\mathrm{T}}\,\mathbf{C}\,\mathbf{B}\,\mathrm{d}A\,\mathbf{u}_{elem} = \delta\mathbf{u}^{\mathrm{T}}_{elem}\mathbf{F}_{elem} = \delta W_{ex} \tag{4.12}$$

Durch feststehende Vektoren dürften wir in Gl. (4.12) nicht kürzen, da aber $\delta\mathbf{u}_{elem}$ eine beliebige, kleine, virtuelle Verschiebung darstellt, folgt (vgl. Anhang A1.1.2)

$$t\,\int_A \mathbf{B}^{\mathrm{T}}\,\mathbf{C}\,\mathbf{B}\,\mathrm{d}A\,\mathbf{u}_{elem} = \mathbf{F}_{elem}$$

oder

$$\mathbf{K}_{elem}\,\mathbf{u}_{elem} = \mathbf{F}_{elem} \tag{4.13}$$

mit

$$\mathbf{K}_{elem} = t\,\int_A \mathbf{B}^{\mathrm{T}}\mathbf{C}\,\mathbf{B}\,\mathrm{d}A \tag{4.14}$$

$\mathbf{K}_{elem,(8,8)}$ beschreibt die Beziehungen zwischen den Kräften und den Verschiebungen am Element. Eine derartige Matrix nennen wir wie in Kap. 3 die

Elementsteifigkeitsmatrix des Elements, hier die (8 x 8)-Elementsteifigkeitsmatrix des ebenen, rechtwinkeligen QUAD4-Elements. Wieder gilt, daß bei bekannten Verschiebungen die am Element wirkenden Kräfte entsprechend Gl. (4.13), nicht aber die Verschiebungen $\mathbf{u}_{elem}$ bei bekannten Kräften $\mathbf{F}_{elem}$ bestimmt werden können, solange nichts über eine Lagerung des Elements in seinen 4 Knoten bekannt ist. Da ein Körper in der Ebene 3 Starrkörperfreiheitsgrade (2 Translationen (u,v) und die Rotation in der Ebene) besitzt, sind mindestens 3 Lagerbedingungen anzugeben.

Wie bei den Fachwerken in Kap. 3 stellen wir bei einer aus *nelem* Elementen gebildeten Gesamtstruktur aus den Elementmatrizen die Gesamtsteifigkeitsmatrix nach

$$\mathbf{K}_{ges} = \sum_{i=1}^{nelem} \mathbf{K}_{elem,i} \tag{4.15}$$

durch Summation der Elementbeiträge an den einzelnen Freiheitsgraden auf. Um dies zu veranschaulichen, betrachten wir das FE-Modell eines rechtwinkeligen Blechs wie in Kap. 2 (Abb. 4.2). Das ebene Netz besteht aus 6 x 8 = 48 Elementen, es wird durch insgesamt 7 x 9 = 63 = *nnodes* Knoten beschrieben. Je Knoten existieren 2 (*ndof* = 2) Freiheitsgrade (*u*- und *v*-Verschiebung). Bezeichnen wir mit *nges* = *nnodes* x *ndof* = 126 die Zahl der Freiheitsgrade unseres Modells, weist die Gesamtsteifigkeitsmatrix $\mathbf{K}_{ges}$ (ohne die Matrizenoptimierung nach Abschn. 3.5) die Größe (*nges* x *nges*) = (126 x 126) auf.

Beispiel 4.1: Das in Abb. 4.2 schraffierte Element E_{20} ist durch die 4 Knoten 22, 23, 32 und 31 beschrieben (Anordnung im Gegenuhrzeigersinn). Nachdem die Elementsteifigkeitsmatrix $\mathbf{K}_{elem}$ der Größe (8 x 8) berechnet wurde, müssen wir die Beiträge, die dem *lokalen* Knoten 1 des Elements (vgl. Abb. 4.1a) entsprechen, in der Gesamtmatrix an der Stelle des *globalen* Knotens 22 eintragen, die des *lokalen* Knotens 2 an der des *globalen* Knotens 23, die *lokalen* Knoten 3 und 4 tragen zu den Einträgen der Knoten 32 und 31 in der Gesamtsteifigkeitsmatrix bei.

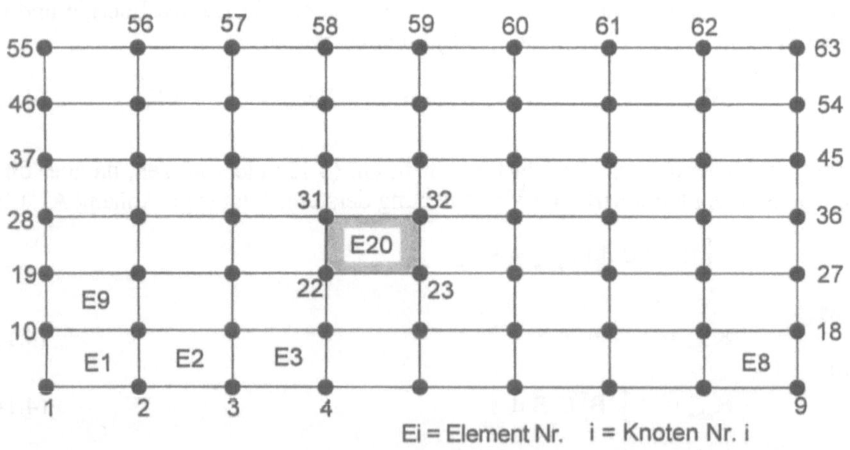

Abb 4.2: Knoten- und Elementnummern in einem rechteckigen Netz (Auswahl)

Eine durch Aufsummieren der Elementmatrizen entstandene Gesamtmatrix ist ebenfalls statisch unterbestimmt, da sie noch keine Einspann- oder Lagerbedingungen kennt. Wenn wir Lagerbedingungen wie in Abschn. 3.4 durch Streichen der entsprechenden Spalten und Zeilen der Gesamtmatrix $\mathbf{K}_{ges}$ bzw. Zeilen der Vektoren $\mathbf{u}_{ges}$ und $\mathbf{F}_{ges}$ berücksichtigen, entsteht, sofern die Lagerung nicht zu einem statisch unterbestimmten System führt, das lösbare lineare Gleichungssystem

$$\mathbf{K}_{red}\,\mathbf{u}_{red} = \mathbf{F}_{red} \tag{4.16}$$

aus dessen Lösung $\mathbf{u}_{red}$ wie in Abschn. 3.4 der Gesamtverschiebungsvektor $\mathbf{u}_{ges}$ und nach Gl. (3.60) die Einspannkräfte an den festgehaltenen Freiheitsgraden von $\mathbf{F}_{ges}$ folgen. Aus dem Gesamtverschiebungsvektor $\mathbf{u}_{ges}$ entnimmt man den Elementverschiebungsvektor $\mathbf{u}_{elem}$, der nach Gl. (4.7) und (4.2) die Berechnung der Dehnungen und Spannungen im Element ermöglicht

$$\varepsilon(x,y) = \mathbf{B}(x,y)\,\mathbf{u}_{elem} \tag{4.7'}$$
$$\sigma(x,y) = \mathbf{C}\,\varepsilon(x,y) \tag{4.2'}$$

4.2.2
Das verzerrte QUAD4-Element

Das im vorigen Abschnitt gezeigte Verfahren erlaubt es, die Steifigkeitsmatrizen rechteckiger, ebener Vierknotenelemente aufzustellen und Strukturen, die sich aus Rechtecken zusammensetzen lassen, zu analysieren. Im allgemeinen liegen aber keine nur durch Rechtecke beschriebenen Bauteile vor. Weit häufiger haben wir Konturen wie das in Abb. 4.3 gezeigte gekerbte Blech mit einem entsprechenden (hier sehr groben) Netz zu untersuchen. Wir benötigen die Steifigkeitsmatrizen

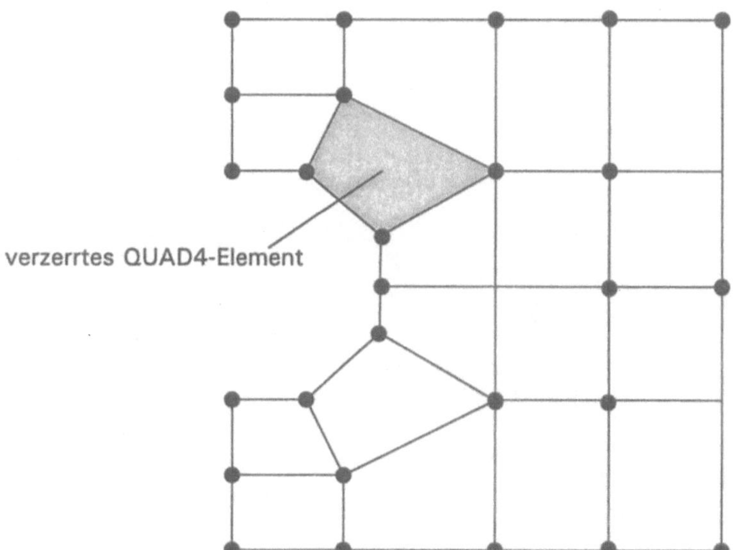

Abb. 4.3: FE-Netz eines gekerbten Blechs aus verzerrten QUAD4-Elementen

verzerrter, viereckiger, vierknotiger Elemente. Dem *physikalischen Raum*, in dem sich unsere Bauteile befinden, ordnen wir das *globale Koordinatensystem, (x, y)-System*, oft auch *Basiskoordinatensystem* oder *natürliches Koordinatensystem* genannt, zu. Zur Berechnung der Steifigkeitsmatrizen gehen wir von einem *Einheitselement* aus. Dieses Einheitselement liegt im *Einheitsraum*, in welchem wir ein *Elementkoordinatensystem, (r, s)-System*, auch *lokales Koordinatensystem* genannt, definieren (vgl. Abb. 4.4a). Das Einheitselement läßt sich mit den in Abschn. 4.2.1 gewählten Ansatzfunktionen auf ein beliebig im Raum liegendes, verzerrtes Element abbilden (Abb. 4.4b). Diese Transformation können wir auf alle anderen 2D- und 3D- Elementtypen übertragen, weshalb wir sie hier ausführlich beschreiben. Die Übertragungen führen wir im einzelnen nicht mehr aus.

Entsprechend Gl. (4.5) ergeben sich im Einheitsraum die Ansatzfunktionen

$$h_1(r,s) = \frac{1}{4}(1-r)(1-s)$$

$$h_2(r,s) = \frac{1}{4}(1+r)(1-s)$$

$$h_3(r,s) = \frac{1}{4}(1+r)(1+s)$$

$$h_4(r,s) = \frac{1}{4}(1-r)(1+s) \tag{4.5'}$$

Damit ist ein Punkt $\mathbf{x}$ mit den natürlichen Koordinaten (x, y) durch seine (r, s) Koordinaten im Einheitsraum nach

$$\mathbf{x(r)} = \begin{pmatrix} x(r,s) \\ y(r,s) \end{pmatrix} = \begin{pmatrix} x_1h_1(r,s)+x_2h_2(r,s)+x_3h_3(r,s)+x_4h_4(r,s) \\ y_1h_1(r,s)+y_2h_2(r,s)+y_3h_3(r,s)+y_4h_4(r,s) \end{pmatrix}$$

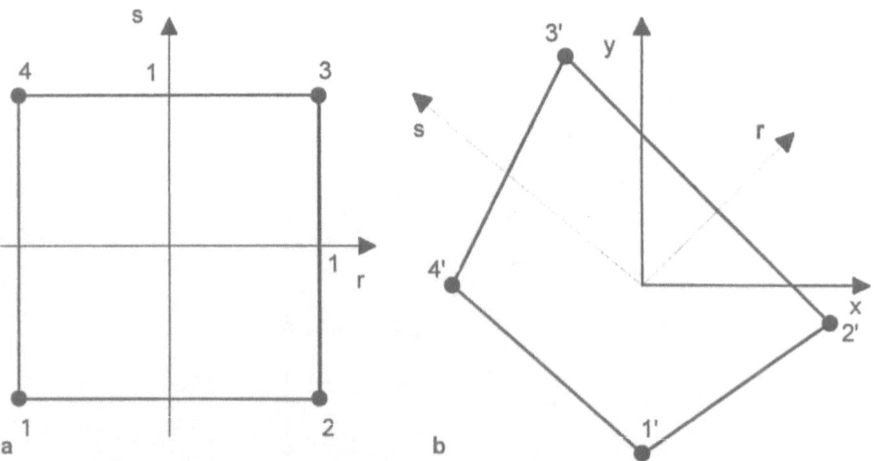

Abb. 4.4: QUAD4-Element im Einheits- und globalen Koordinatensystem. **a** Einheitskoordinaten, **b** globales Koordinatensystem

$$= \begin{pmatrix} h_1, & 0, & h_2, & 0, & h_3, & 0, & h_4, & 0 \\ 0, & h_1, & 0, & h_2, & 0, & h_3, & 0, & h_4 \end{pmatrix} \begin{pmatrix} x_1 \\ y_1 \\ x_2 \\ y_2 \\ x_3 \\ y_3 \\ x_4 \\ y_4 \end{pmatrix}$$

$$= \mathbf{H}\, \mathbf{x}_{elem} \tag{4.17}$$

beschrieben. Hier bedeuten

$\mathbf{r} = (r, s)^{\mathrm{T}}$ Ortsvektor in lokalen Koordinaten
$\mathbf{x} = (x, y)^{\mathrm{T}}$ Ortsvektor in globalen Koordinaten
$h_i(r,s)$ $(i = 1 - 4)$ Ansatzfunktionen
$\mathbf{x}_{elem}$ 8-zeiliger Vektor der Elementknotenkoordinaten
$\mathbf{H}$ Interpolationsmatrix

Um die Darstellung übersichtlicher zu gestalten, schreiben wir die Ansatzfunktionen auch hier meist ohne ihre Argumente: $h_i = h_i(r, s)$. Daß diese Transformation das Einheitselement eindeutig auf das verzerrte Element abbildet, folgt aus den Eigenschaften der Ansatzfunktionen. Jeder Knoten kommt eindeutig auf seinen Bildknoten zu liegen, die Verbindung zweier Knoten im Einheitsraum und im natürlichen Raum ist eine Gerade. Mehrdeutigkeiten sind damit ausgeschlossen. Mit der Hilfskonstruktion der Einheitselemente gilt für die Verschiebungen wie oben für die Koordinaten

$$\mathbf{u(r)} = \begin{pmatrix} u(r,s) \\ v(r,s) \end{pmatrix} = \begin{pmatrix} u_1 h_1(r,s) + u_2 h_2(r,s) + u_3 h_3(r,s) + u_4 h_4(r,s) \\ v_1 h_1(r,s) + v_2 h_2(r,s) + v_3 h_3(r,s) + v_4 h_4(r,s) \end{pmatrix}$$

$$= \begin{pmatrix} h_1, & 0, & h_2, & 0, & h_3, & 0, & h_4, & 0 \\ 0, & h_1, & 0, & h_2, & 0, & h_3, & 0, & h_4 \end{pmatrix} \begin{pmatrix} u_1 \\ v_1 \\ u_2 \\ v_2 \\ u_3 \\ v_3 \\ u_4 \\ v_4 \end{pmatrix}$$

$$= \mathbf{H}\, \mathbf{u}_{elem} \tag{4.18}$$

Hier ist $\mathbf{u}_{elem}$ wie im vorigen Abschnitt der Vektor, dessen 8 Komponenten die jeweils 2 (u und v) Verschiebungen an den 4 Knoten sind. Dieser Vektor wird auch der Vektor der Elementknotenverschiebungen genannt. $\mathbf{u(r)} = (u(r, s), v(r, s))^{\mathrm{T}}$ ist der Vektor der Verschiebungen auf dem Element an der Stelle $\mathbf{r} = (r, s)^{\mathrm{T}}$.

Die Dehnungen, die Ableitungen der Verschiebungen, bestimmen wir wieder aus den Elementknotenverschiebungen mit Hilfe einer Matrix **B**, welche die Wirkung des Differentialoperators **D** aus Gl. (4.1) hat

$$\varepsilon = \mathbf{D}\,\mathbf{u} = \begin{pmatrix} \varepsilon_{xx} \\ \varepsilon_{yy} \\ \gamma_{xy} \end{pmatrix} = \begin{pmatrix} \dfrac{\partial u}{\partial x} \\ \dfrac{\partial v}{\partial y} \\ \dfrac{\partial u}{\partial y} + \dfrac{\partial v}{\partial x} \end{pmatrix} \approx \mathbf{B}\,\mathbf{u}_{elem} \tag{4.19}$$

Um diese Matrix **B** aufzubauen, müssen wir uns die Kettenregel in der Ebene (Anlage A1.2.2) in Erinnerung rufen. Wenn wie in Abb. 4.5 eine differentierbare Funktion $f(r,s)$ der Variablen r und s in der Ebene gegeben ist, erhalten wir den Zuwachs der Funktion in x-Richtung bei einem Inkrement oder Schritt der Größe Δx nach:

$$\Delta f(r,s) = \frac{\partial f}{\partial r}\Delta r + \frac{\partial f}{\partial s}\Delta s \tag{4.20}$$

Daraus folgt nach Division durch Δx und dem Grenzübergang $\Delta x \to 0$

$$\frac{\partial f}{\partial x} = \frac{\partial f}{\partial r}\frac{\partial r}{\partial x} + \frac{\partial f}{\partial s}\frac{\partial s}{dx} \tag{4.20'}$$

Die Transformation (Gl. (4.17)) des Einheitselements im (r,s)-Raum auf das verzerrte Element im (x,y)-Raum stellt eine Beziehung zwischen den globalen Koordinaten (x,y) und den lokalen (r,s) dar, aus der sich durch Differenzieren die *Jacobi-Matrix* ergibt

$$\mathbf{J}(r,s) = \begin{pmatrix} \dfrac{\partial x}{\partial r}, & \dfrac{\partial y}{\partial r} \\ \dfrac{\partial x}{\partial s}, & \dfrac{\partial y}{\partial s} \end{pmatrix} =: \begin{pmatrix} \displaystyle\sum_{i=1}^{4} x_i\dfrac{\partial h_i}{\partial r}, & \displaystyle\sum_{i=1}^{4} y_i\dfrac{\partial h_i}{\partial r} \\ \displaystyle\sum_{i=1}^{4} x_i\dfrac{\partial h_i}{\partial s}, & \displaystyle\sum_{i=1}^{4} y_i\dfrac{\partial h_i}{\partial s} \end{pmatrix} \tag{4.21}$$

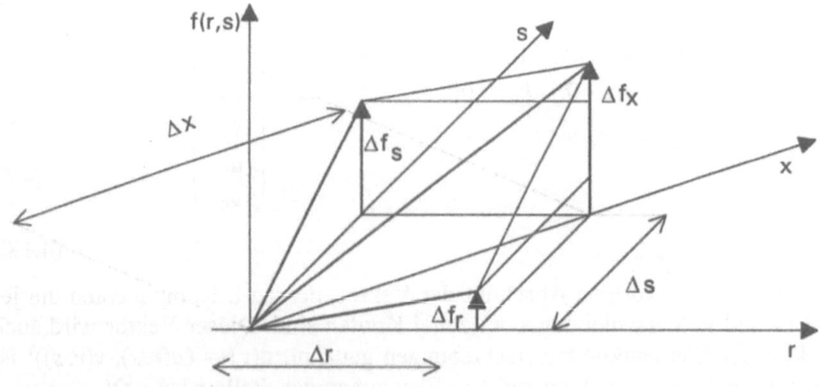

Abb. 4.5: Zur Kettenregel in der Ebene

Im folgenden schreiben wir meist

$$h_{ir} = \frac{\partial h_i}{\partial r} \quad \text{bzw.} \quad h_{is} = \frac{\partial h_i}{\partial s}$$

für die jeweilige Richtungsableitung der i-ten Ansatzfunktion.

Die Jacobi-Matrix gibt das Richtungs- und Streckungsverhältnis zwischen den beiden Koordinatensystemen wieder. Ihre Determinante

$$|\mathbf{J}| = \frac{\partial x}{\partial r}\frac{\partial y}{\partial s} - \frac{\partial x}{\partial s}\frac{\partial y}{\partial r} \tag{4.22}$$

drückt das Verhältnis zwischen einem lokalen Flächenstück $dA_{11} = dr\, ds$ im Einheitsraum und dem entsprechenden Flächenstück $dA_{xy} = dx\, dy = |\mathbf{J}|\, dA_{11}$ im natürlichen Raum aus. Die Inverse von $\mathbf{J}$ (vgl. Anhang 1.1) liefert uns die Ableitungen von r und s nach x und y

$$\mathbf{J}^{-1} = \begin{pmatrix} \dfrac{\partial r}{\partial x}, & \dfrac{\partial s}{\partial x} \\[2mm] \dfrac{\partial r}{\partial y}, & \dfrac{\partial s}{\partial y} \end{pmatrix} = \frac{1}{|\mathbf{J}|} \begin{pmatrix} \dfrac{\partial y}{\partial s}, & -\dfrac{\partial y}{\partial r} \\[2mm] -\dfrac{\partial x}{\partial s}, & \dfrac{\partial x}{\partial r} \end{pmatrix} \tag{4.23}$$

Nun können wir die Matrix $\mathbf{B}$, mit der die Dehnungen aus den Verschiebungen errechnet werden, aufstellen. Es gilt beispielsweise für die Dehnung

$$\varepsilon_{xx} = \frac{\partial u}{\partial x} = u_1\frac{\partial h_1}{\partial x} + u_2\frac{\partial h_2}{\partial x} + u_3\frac{\partial h_3}{\partial x} + u_4\frac{\partial h_4}{\partial x}$$

$$= u_1\left(\frac{\partial h_1}{\partial r}\frac{\partial r}{\partial x} + \frac{\partial h_1}{\partial s}\frac{\partial s}{\partial x}\right) + u_2\left(\frac{\partial h_2}{\partial r}\frac{\partial r}{\partial x} + \frac{\partial h_2}{\partial s}\frac{\partial s}{\partial x}\right)$$

$$+ u_3\left(\frac{\partial h_3}{\partial r}\frac{\partial r}{\partial x} + \frac{\partial h_3}{\partial s}\frac{\partial s}{\partial x}\right) + u_4\left(\frac{\partial h_4}{\partial r}\frac{\partial r}{\partial x} + \frac{\partial h_4}{\partial s}\frac{\partial s}{\partial x}\right) \tag{4.24}$$

Um die Lesbarkeit der Gleichungen zu erhöhen, verwenden wir im folgenden für die nach Gl. (4.20) gegebene Richtungsableitung der im (r, s) System gegebenen Ansatzfunktionen h_i ($i = 1 - 4$) nach den globalen Richtungen x bzw. y

$$h_{ix} = \frac{\partial h_i}{\partial r}\frac{\partial r}{\partial x} + \frac{\partial h_i}{\partial s}\frac{\partial s}{\partial x} \quad \text{bzw.} \quad h_{iy} = \frac{\partial h_i}{\partial r}\frac{\partial r}{\partial y} + \frac{\partial h_i}{\partial s}\frac{\partial s}{\partial y}$$

Diese Schreibweise ist formal nicht korrekt, da $h_i(r, s)$ keine Funktionen von x bzw. y ist, und damit auch nicht nach x bzw. y differenziert werden kann. Diese Kurzform erlaubt es aber, die folgenden Matrizen übersichtlicher zu formulieren, als es die exakte Schreibweise mit der ausgeschriebenen Kettenregel ermöglicht. Nach gleichem Schema für

$$\varepsilon_{yy} = \frac{\partial v}{\partial y}$$

und

$$\gamma_{xy} = \frac{\partial u}{\partial y} + \frac{\partial v}{\partial x}$$

folgen die Dehnungen aus den Verschiebungen nach

$$\varepsilon = \begin{pmatrix} \varepsilon_{xx} \\ \varepsilon_{yy} \\ \gamma_{xy} \end{pmatrix} = \begin{pmatrix} h_{1x}, & 0, & h_{2x}, & 0, & h_{3x}, & 0, & h_{4x}, & 0 \\ 0, & h_{1y}, & 0, & h_{2y}, & 0, & h_{3y}, & 0, & h_{4y} \\ h_{1y}, & h_{1x}, & h_{2y}, & h_{2x}, & h_{3y}, & h_{3x}, & h_{4y}, & h_{4x} \end{pmatrix} \begin{pmatrix} u_1 \\ v_1 \\ u_2 \\ v_2 \\ u_3 \\ v_3 \\ u_4 \\ v_4 \end{pmatrix}$$

$$= \mathbf{B}\,\mathbf{u}_{elem} \tag{4.25}$$

Diese Matrix **B** entspricht der durch Gl. (4.7) gegebenen. Genauso wie dort stehen in **B** nur Terme der Form

$$\frac{\partial h_i}{\partial x} \quad \text{bzw.} \quad \frac{\partial h_i}{\partial y}$$

Die Ansatzfunktionen sind aber hier im lokalen (r,s)-System, nicht mehr im globalen (x,y)-System definiert. Diese Matrix wird für unsere diskrete Struktur wieder die Rolle des Diffenentialoperators **D** aus Gl. (4.1) spielen, mit dem wir die Dehnungen aus den Verschiebungen bestimmen.

Aus den Dehnungen errechnen wir wie in Gl. (4.2) nach $\sigma = \mathbf{C}\,\varepsilon$ die Spannungen. Die elastische Dehnungsenergie und ihre Änderung bei einem kleinen, virtuellen Verschiebungszuwachs $\delta\mathbf{u}_{elem}$ sind dann (vgl. Gl. (4.10) und (4.10'))

$$W_{el} = \frac{1}{2}\mathbf{u}_{elem}^{T}\, t \int\limits_{A_{xy}} \mathbf{B}^{T}\mathbf{C}\,\mathbf{B}\, dA_{xy}\, \mathbf{u}_{elem}$$

$$= \frac{1}{2}\, \mathbf{u}_{elem}^{T}\, t \int\limits_{A_{11}} \mathbf{B}^{T}\mathbf{C}\,\mathbf{B}\, |\mathbf{J}|dA_{11}\, \mathbf{u}_{elem} \tag{4.26}$$

bzw.

$$\delta W_{el} = \delta\mathbf{u}_{elem}^{T}\, t \int\limits_{A_{xy}} \mathbf{B}^{T}\mathbf{C}\,\mathbf{B}\, dA_{xy}\, \mathbf{u}_{elem}$$

$$= \delta\mathbf{u}_{elem}^{T}\, t \int\limits_{A_{11}} \mathbf{B}^{T}\mathbf{C}\,\mathbf{B}\, |\mathbf{J}|dA_{11}\, \mathbf{u}_{elem} \tag{4.26'}$$

Statt über die beliebig in der (x,y)-Ebene liegenden Fläche A_{xy} eines allgemeinen Vierecks erstrecken sich die zweiten Integrationen jetzt über die Einheitsfläche A_{11} des durch $-1 \le x \le 1$, $-1 \le y \le 1$ beschriebenen Quadrats. Die Jacobi-Determinante $|\mathbf{J}|$ drückt die Flächenverhältnisse zwischen den beiden Systemen aus. In der Beziehung $dA_{xy} = |\mathbf{J}|dA_{11}$ stellt dA_{11} das Flächenstück dA_{xy} im globalen Raum durch das entsprechende Flächenstück im Einheitsraum dar. Daß diese Integration im Einheitsraum einfacher durchgeführt werden kann, als die Integration über die Fläche eines verzerrten Elementes, ist offensichtlich. Die Integrationen in Gl. (4.26) bzw. (4.26') sind nur noch mit einem unvertretbaren Aufwand analytisch durchführbar und ergeben dem Leser kaum verständliche Ausdrücke.

Es läßt sich nachweisen, daß eine 2 x 2-Gauß-Integration (vgl. Anhang A1.2.3) bei diesen linearen Elementen den exakten Wert des Integrals liefert. Das von den Knotenverschiebungen unabhängige Integral

$$\mathbf{K}_{elem} = t \int_{A_{11}} \mathbf{B}^T \mathbf{C} \, \mathbf{B} \, |\mathbf{J}| dA_{11} \tag{4.27}$$

ergibt die Elementsteifigkeitsmatrix des ebenen verzerrten QUAD4 Elements. Mit ihr können, wie mit den Steifigkeitsmatrizen der unverzerrten Elemente, Gesamtsteifigkeiten (z.B. für die in Abb. 4.3 gezeigte Struktur) aufgestellt, um die Randbedingungen reduziert und das so entstandene lineare Gleichungssystem mit einem gegebenem Kraftvektor gelöst werden. Spannungen und Dehnungen in den einzelnen Elementen berechnet man wieder nach Gl. (4.2') und (4.7'):

$$\varepsilon = \mathbf{B} \, \mathbf{u}_{elem}$$

$$\sigma = \mathbf{C} \, \varepsilon$$

4.3
Die Elemente der Elastostatik

Wie bei der Herleitung der Steifigkeitsmatrix des ebenen QUAD4-Elements vorgeführt, lassen sich die Steifigkeitsmatrizen der Elemente in der Ebene und im Raum nach einem einheitlichen Verfahren aufstellen. Für die 3dimensionalen räumlichen Elemente müssen wir noch nachtragen, daß die Kettenregel hier bei den 3 Richtungen (r, s, t) im Einheitsraum und (x, y, z) im natürlichen Raum

$$h_x(r,s,t) = \frac{\partial h}{\partial r}\frac{\partial r}{\partial x} + \frac{\partial h}{\partial s}\frac{\partial s}{\partial x} + \frac{\partial h}{\partial t}\frac{\partial t}{\partial x}$$

$$h_y(r,s,t) = \frac{\partial h}{\partial r}\frac{\partial r}{\partial y} + \frac{\partial h}{\partial s}\frac{\partial s}{\partial y} + \frac{\partial h}{\partial t}\frac{\partial t}{\partial y}$$

$$h_z(r,s,t) = \frac{\partial h}{\partial r}\frac{\partial r}{\partial z} + \frac{\partial h}{\partial s}\frac{\partial s}{\partial z} + \frac{\partial h}{\partial t}\frac{\partial t}{\partial z} \tag{4.20''}$$

lautet. Die Jacobi-Matrix im Raum ist durch

$$\mathbf{J} = \begin{pmatrix} \dfrac{\partial x}{\partial r}, & \dfrac{\partial y}{\partial r}, & \dfrac{\partial z}{\partial r} \\ \dfrac{\partial x}{\partial s}, & \dfrac{\partial y}{\partial s}, & \dfrac{\partial z}{\partial s} \\ \dfrac{\partial x}{\partial t}, & \dfrac{\partial y}{\partial t}, & \dfrac{\partial z}{\partial t} \end{pmatrix} \tag{4.21'}$$

gegeben. Ihre Determinante $|\mathbf{J}|$ stellt das Verhältnis zwischen einem Einheits-Raumstück $dVol_{111} = dr \, ds \, dt$ und dem entsprechenden natürlichen Raumstück $dVol_{xyz} = dx \, dy \, dz = |\mathbf{J}| dVol_{111}$ dar, die Inverse $\mathbf{J}^{-1}$ liefert die Ableitungen

$$\frac{\partial r}{\partial x}, \quad \frac{\partial r}{\partial y}, \quad \frac{\partial r}{\partial z}$$

usw..

Die **B**-Matrizen eines Elements mit n Knoten nehmen im 3D-Raum die Form

$$
\mathbf{B}_{(6,3n)} = \begin{pmatrix}
h_{1x}, & 0, & 0, & h_{2x}, & 0, & 0, & \ldots, & h_{nx}, & 0, & 0 \\
0, & h_{1y}, & 0, & 0, & h_{2y}, & 0, & \ldots, & 0, & h_{ny}, & 0 \\
0, & 0, & h_{1z}, & 0, & 0, & h_{2z}, & \ldots, & 0, & 0, & h_{nz} \\
h_{1y}, & h_{1x}, & 0, & h_{2y}, & h_{2x}, & 0, & \ldots, & h_{ny}, & h_{nx}, & 0 \\
0, & h_{1z}, & h_{1y}, & 0, & h_{2z}, & h_{2y}, & \ldots, & 0, & h_{nz}, & h_{ny} \\
h_{1z}, & 0, & h_{1x}, & h_{2z}, & 0, & h_{2x}, & \ldots, & h_{nz}, & 0, & h_{nx}
\end{pmatrix}
\tag{4.28}
$$

an. Dabei ist die in Gl. (4.20") gegebene Definition der Ableitung der Ansatzfunktionen h_i nach den natürlichen (x, y, z)-Koordinaten zu verwenden. Damit erhalten wir den räumlichen Dehnungsvektor

$$
\varepsilon = \begin{pmatrix}
\varepsilon_{xx} \\
\varepsilon_{yy} \\
\varepsilon_{zz} \\
\gamma_{xy} \\
\gamma_{yz} \\
\gamma_{zx}
\end{pmatrix}
\begin{pmatrix}
h_{1x}, & 0, & 0, & h_{2x}, & 0, & 0, & \ldots, & h_{nx}, & 0, & 0 \\
0, & h_{1y}, & 0, & 0, & h_{2y}, & 0, & \ldots, & 0, & h_{ny}, & 0 \\
0, & 0, & h_{1z}, & 0, & 0, & h_{2z}, & \ldots, & 0, & 0, & h_{nz} \\
h_{1y}, & h_{1x}, & 0, & h_{2y}, & h_{2x}, & 0, & \ldots, & h_{ny}, & h_{nx}, & 0 \\
0, & h_{1z}, & h_{1y}, & 0, & h_{2z}, & h_{2y}, & \ldots, & 0, & h_{nz}, & h_{ny} \\
h_{1z}, & 0, & h_{1x}, & h_{2z}, & 0, & h_{2x}, & \ldots, & h_{nz}, & 0, & h_{nx}
\end{pmatrix}
\begin{pmatrix}
u_1 \\ v_1 \\ w_1 \\ u_2 \\ v_2 \\ w_2 \\ \cdot \\ \cdot \\ \cdot \\ u_n \\ v_n \\ w_n
\end{pmatrix}
$$

$$
= \mathbf{B}\,\mathbf{u}_{elem}
\tag{4.25'}
$$

Die Elementsteifigkeitsmatrizen folgen nach

$$
\mathbf{K}_{elem} = \int\limits_{Vol_{111}} \mathbf{B}^{\mathrm{T}} \mathbf{C}\,\mathbf{B}\,|\mathbf{J}|\,dVol_{111}
\tag{4.27'}
$$

Der Vektor $\mathbf{u}_{elem} = (u_1, v_1, w_1, u_2, v_2, w_2, \ldots, u_n, v_n, w_n)^{\mathrm{T}}$ enthält die n Tripel der Knotenverschiebungen des Elements. Nach den Vorbereitungen in Abschn. 4.1 steht uns mit Gl. (4.27') eine Vorschrift zur Verfügung, mit der wir die Elemente der Elastostatik oder statischen Festigkeitsberechnung bestimmen können.

Um die Steifigkeitsmatrix eines Elements für linear elastische Berechnungen zu erstellen, hat sich folgendes, in Einzelschritte gegliedertes Schema bewährt:

1. *Skizzieren des Elements* in natürlichen und Einheitskoordinaten. Dabei festlegen, wie die Knoten zu numerieren sind (z.B. nach Abb. 4.4).
2. Wahl der *Ansatzfunktionen* (z.B. nach Gl. (4.5'))
3. Aufstellen der *Jacobi-Matrix,* ihrer Determinante und Inversen entsprechend Gl. (4.21) - (4.23) bzw. (4.21')
4. Bestimmen der **B**-*Matrix* nach Gl. (4.25) bzw. (4.28)
5. Ermitteln der *Werkstoffkennwerte* für die **C**-Matrix (Tabelle 4.2)
6. Berechnen der *Steifigkeitsmatrix* $\mathbf{K}_{elem}$ nach Gl. (4.27) bzw. (4.27')

Nach diesem Rezept entwickelt man schnell und effektiv Steifigkeitsmatrizen für die Elemente in der Ebene und im Raum. Die einzelnen Elemente unterscheiden sich nur noch durch
- die Zahl und Anordnung der Knoten auf den Elementen,
- ihre Ansatzfunktionen,
- die Werkstoffmatrix **C** und durch
- die in Ebene und Raum unterschiedlichen Jacobi-Matrizen.

Um einen neuen Elementtyp zu beschreiben genügt es, die Ansatzfunktionen des durch die Knotenzahl und -anordnung bestimmten Elementtyps anzugeben. Alle anderen benötigten Eingaben sind bekannt oder, wie die Werkstoffkennwerte, vorzugeben. In den nächsten Abschnitten stellen wir die Ansatzfunktionen für einige der gebräuchlichen Elemente in der Ebene und im Raum dar. Dies sind *lineare* Elemente ohne Zwischenknoten und *quadratische* Elemente mit einem Zwischenknoten auf den Elementkanten. Die Steifigkeitsmatrix des zweiknotigen Zugstabs haben wir schon in Kap. 3 hergeleitet. Den Aufbau der Steifigkeitsmatrizen von Balken und Schalen skizzieren wir in Abschnitt 4.5.

4.3.1
Die 2-dimensionalen, ebenen Elemente der Elastostatik

In der Ebene (bei 2-dimensionalen Berechnungen) sind folgende Elemente von praktischer Bedeutung:

Dreieckselemente	ohne	Zwischenknoten	(TRIA3, Abb. 4.6)
und	mit	Zwischenknoten	(TRIA6, Abb. 4.7)
Viereckselemente	ohne	Zwischenknoten	(QUAD4, Abb. 4.4)
und	mit	Zwischenknoten	(QUAD8, Abb. 4.8)

Als Werkstoffgesetz bei 2-dimensionalen elastostatischen Untersuchungen kommen ebener Spannungs- bzw. Dehnungszustand (vgl. Anhang A3.1) in Frage. Damit sind (bei isotropem Werkstoffverhalten) die Werkstoff-(**C**)-Matrizen nach Tabelle 4.2 gegeben. Anisotrope Werkstoffe können wir ebenso behandeln, es sind dann aber die entsprechenden **C**-Matrizen (vgl. Anhang A3.5) zu verwenden. Rotationssymmetrische Elemente beschreiben wir hier nicht, da die Herleitung der Dehnungs-Verschiebungs-Beziehungen einen erheblichen Mehraufwand an mathematischer Vorbereitung erfordert.

Die von uns im folgenden gegebene Knotennumerierung und die Lage der Einheitselemente ist, wie auch bei den räumlichen Elementen, nicht eindeutig. Manche Autoren legen z.B. das Einheitsviereck-Element (QUAD4) in den ersten Quadranten ($0 \leq x \leq 1$, $0 \leq y \leq 1$) oder bezeichnen den Knoten oben rechts (in unserer Darstellung der Knoten mit der Nummer 3) als den ersten Knoten. Allgemein wird aber eine ebene Elementdefinition eine mathematisch positve Anordnung der Knoten am Elementumfang aufweisen. Im räumlichen Fall steht dann die 3. Raumrichtung meist in positiver z-Richtung auf der Ebene der Knoten in der Basisebene.

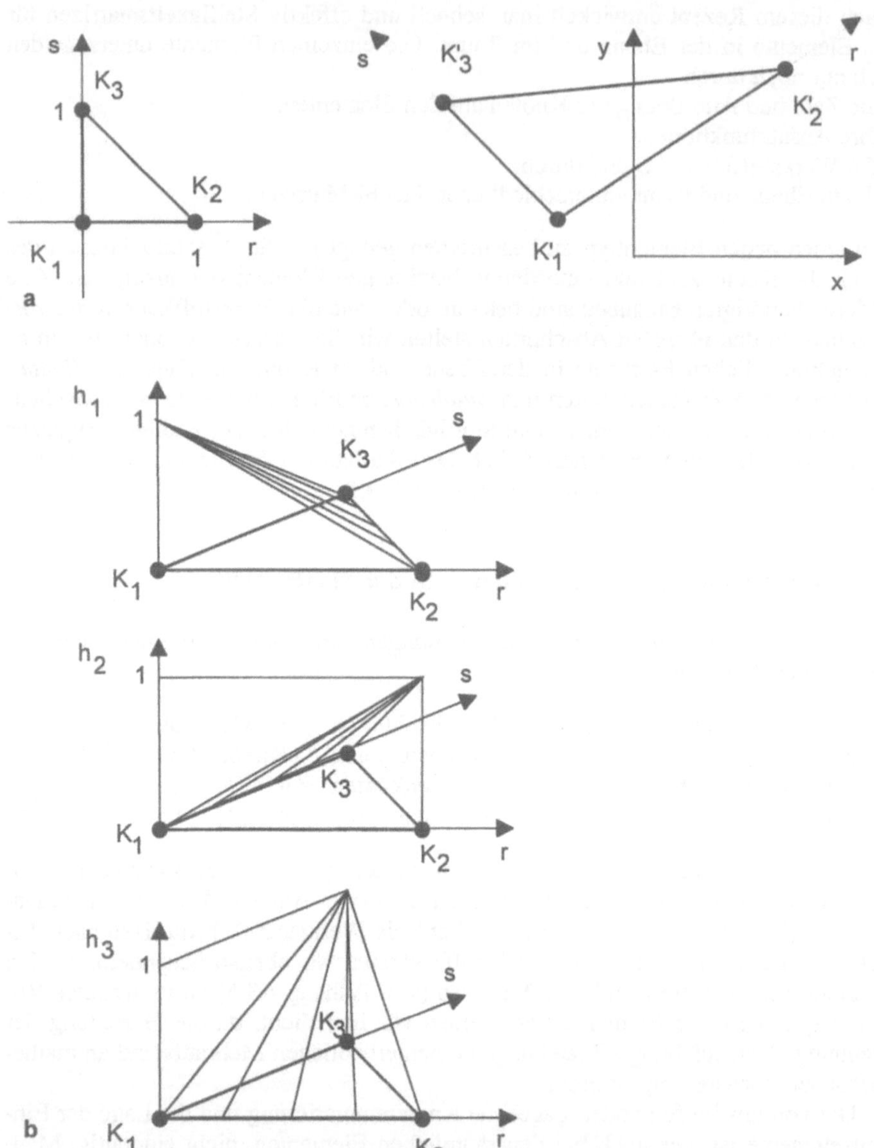

Abb. 4.6: Knotennummern und Ansatzfunktionen des TRIA3-Elementes. **a** Elementdefinition im Einheits- und globalen Koordinatensystem, **b** Ansatzfunktionen

TRIA3 (Abb. 4.6)

Die Ansatzfunktionen

$$h_{31}(r, s) = 1 - r - s$$

$$h_{32}(r, s) = r$$

$$h_{33}(r, s) = s \tag{4.29}$$

(Abb. 4.6b) genügen den in Kap. 2 geforderten Bedingungen, wie man sich leicht veranschaulichen kann.

TRIA6 (Abb. 4.7a)

Beim TRIA6-Element müssen für die Zwischenknoten noch die Ansatzfunktionen (Abb. 4.7b)

$$h_{64}(r, s) = 4 \, (r - r^2) \, (1 - s)$$

$$h_{65}(r, s) = 4 \, r \, s$$

$$h_{66}(r, s) = 4 \, (1-r) \, (s - s^2) \tag{4.30}$$

ergänzt werden. Damit die Ansatzfunktionen der TRIA3-Elemente an den Zwischenknoten zu Null werden, ist von ihnen jeweils die Hälfte der Ansatzfunktionen der angrenzenden Knoten zu subtrahieren (vgl. Abschn. 2.5, Gl. (2.9) - (2.10)).

$$h_{61}(r,s) = h_{31}(r,s) - \frac{1}{2}(h_{66}(r,s) + h_{64}(r,s))$$

$$h_{62}(r,s) = h_{32}(r,s) - \frac{1}{2}(h_{64}(r,s) + h_{65}(r,s))$$

$$h_{63}(r,s) = h_{33}(r,s) - \frac{1}{2}(h_{65}(r,s) + h_{66}(r,s)) \tag{4.31}$$

QUAD4 (Abb. 4.4)

Aus Gl. (4.5') sind die Ansatzfunktionen (vgl. Abb. 2.10a) bekannt.

QUAD8 (Abb. 4.8)

Die zusätzlichen Ansatzfunktionen für die Zwischenknoten sind (vgl. Abb. 2.10b)

$$h_{85}(r,s) = \frac{1}{2}(1 - r^2) \, (1 - s)$$

$$h_{86}(r,s) = \frac{1}{2}(1 - r) \, (1 - s^2)$$

$$h_{87}(r,s) = \frac{1}{2}(1 - r^2) \, (1 + s)$$

$$h_{88}(r,s) = \frac{1}{2}(1 + r) \, (1 - s^2) \tag{4.32}$$

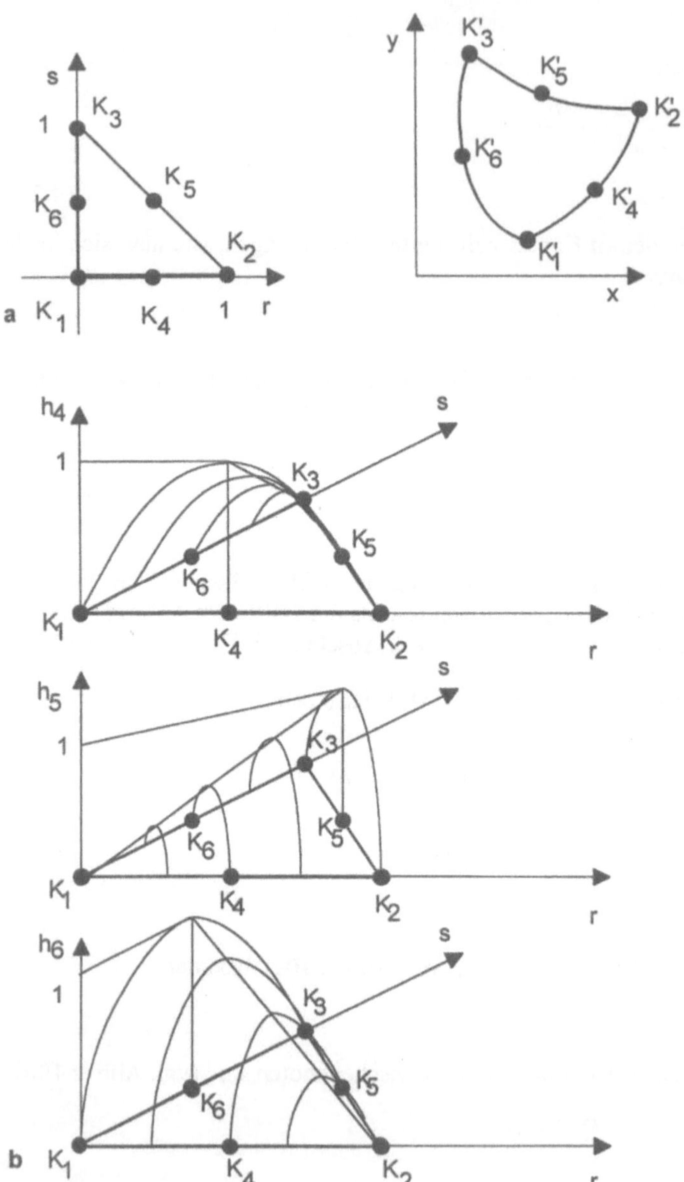

Abb. 4.7: Knotennummern und Ansatzfunktionen des TRIA6-Elementes. **a** Elementdefinition im Einheits- und globalen Koordinatensystem, **b** Ansatzfunktionen an den Zwischenknoten

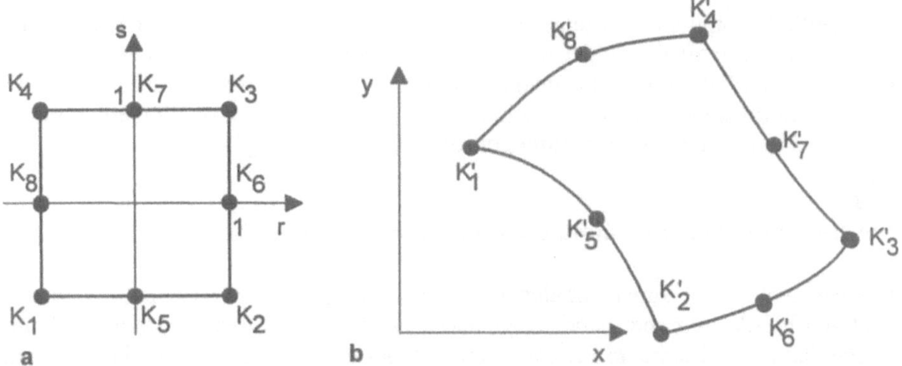

Abb. 4.8: QUAD8-Element im Einheits- und globalen Koordinatensystem. **a** Einheitskoordinatensystem, **b** globales Koordinatensystem

Wie beim TRIA6 ist auch beim QUAD8 wieder die Hälfte der Ansatzfunktionen der angrenzenden Zwischenknoten von denen der Eckknoten des QUAD4 zu subtrahieren, um diese an den Zwischenknoten zu Null werden zu lassen.

$$h_{81}(r,s) = h_{41}(r,s) - \frac{1}{2}(h_{88}(r,s) + h_{85}(r,s))$$

$$h_{82}(r,s) = h_{42}(r,s) - \frac{1}{2}(h_{85}(r,s) + h_{86}(r,s))$$

$$h_{83}(r,s) = h_{43}(r,s) - \frac{1}{2}(h_{86}(r,s) + h_{87}(r,s))$$

$$h_{84}(r,s) = h_{44}(r,s) - \frac{1}{2}(h_{87}(r,s) + h_{88}(r,s)) \tag{4.31'}$$

Mit diesen 4 Sätzen von Ansatzfunktionen, den durch Tabelle 4.1 gegebenen Werkstoffmatrizen und den Jacobi-Transformationen nach Gl. (4.21) - (4.23) können die B-Matrizen

$$\mathbf{B} = \begin{pmatrix} h_{1x}, & 0, & h_{2x}, & 0, & \dots \\ 0, & h_{1y}, & 0, & h_{1y}, & \dots \\ h_{1y}, & h_{1x}, & h_{2x}, & h_{2x}, & \dots \end{pmatrix} \tag{4.25'}$$

der 4 Elementtypen bestimmt werden. Die Steifigkeitsmatrizen erhalten wir wie in Gl. (4.27) durch numerische Integration von

$$\mathbf{K}_{elem} = t \int_{A_{11}} \mathbf{B}^\mathrm{T} \mathbf{C} \, \mathbf{B} \, |\mathbf{J}| dA_{11}$$

Im Quellprogramm des FE-Programms PLANE und in verschiedenen Lehrbüchern (z.B. [2]) ist die Berechnung der Elementsteifigkeitsmatrix des QUAD4- Elements dargestellt. Dabei sei darauf hingewiesen, daß diese Darstellungen zu Unterrichtszwecken dienen. Kommerzielle Implementierungen vermeiden die bei den Matrizenoperationen häufigen Multiplikationen mit Null sowie wiederholte Multiplikationen gleicher Faktoren. Weiterhin nutzen sie die Symmetrie der Elementmatrizen aus, um Rechenzeit und Speicherplatz zu sparen.

Gelegentlich kommen zu Steigerung der Rechenleistung oder um unerwünschte Steifigkeitsterme zu vermeiden (Beispiel 4.3), *reduzierte Integrationen* zum Einsatz. In diesen Fällen wird die Integration in Gl. (4.27) bei linearen Elementen mit einem Funktionswert im Elementschwerpunkt, bei quadratischen Elementen durch eine 2 x 2 statt einer 3 x 3 Gaußintegration durchgeführt (vgl. Anhang A1.2.3).

4.3.2
Die 3-dimensionalen, räumlichen Elemente der Elastostatik

Die Elemente im 3-dimensionalen Raum, die von praktischer Bedeutung in den heutigen FE-Programmen sind, zeigt bereits Abb. 2.5. In den verbreiteten, kommerziellen Finite Elemente Programmen gibt es sie wieder in den üblichen Formen ohne und mit einem Zwischenknoten. Andere Elementtypen sollen hier nicht besprochen werden, ihre Herleitung folgt dem angegebenen Schema.

In zahlreichen kommerziellen Programmsystemen haben sich folgende Namen für die 3D-Elemente eingebürgert:

ohne	mit	Form	siehe
	Zwischenknoten		
TETRA4	TETRA10	Tetraeder	Abb. 4.9
PENTA6	PENTA15	Pentaeder (Kuchenstück)	Abb. 4.10
PYRAM5	PYRAM13	Pyramide	Abb. 4.11
HEX8	HEX20	Hexaeder (Würfel)	Abb. 4.12

In Abb. 4.9a - d sind jeweils die linearen Vertreter der Elementgeometrien dargestellt. Im 3-dimensionalen Raum ist die Jacobi-Matrix in der Form von Gl. (4.21') zu verwenden, die Werkstoffmatrix entnimmt man Tabelle. 4.2. Es bleibt also nur die Aufgabe, die **B**-Matrizen mit Hilfe der Ansatzfunktionen wie in (Gl. 4.28) aufzustellen.

Die Gesamtheit der Ansatzfunktionen dieser 3D-Elemente anzugeben ist nur wenig anschaulich. Wir konstruieren beispielsweise die des HEX8-Elements aus denen des ebenen QUAD4, indem wir die Ansatzfunktionen um die 3. Raumrichtung ergänzen

$$h_1(r,s,t) = \frac{1}{8}(1-r)(1-s)(1-t) = \frac{1}{2}h_{41}(1-t)$$

$$h_2(r,s,t) = \frac{1}{8}(1+r)(1-s)(1-t) = \frac{1}{2}h_{42}(1-t)$$

$$h_3(r,s,t) = \frac{1}{8}(1+r)(1+s)(1-t) = \frac{1}{2}h_{43}(1-t)$$

$$h_4(r,s,t) = \frac{1}{8}(1-r)(1+s)(1-t) = \frac{1}{2}h_{44}(1-t)$$

$$h_5(r,s,t) = \frac{1}{8}(1-r)(1-s)(1+t) = \frac{1}{2}h_{41}(1+t)$$

$$h_6(r,s,t) = \frac{1}{8}(1+r)(1-s)(1+t) = \frac{1}{2}h_{42}(1+t)$$

$$h_7(r,s,t) = \frac{1}{8}(1+r)(1+s)(1+t) = \frac{1}{2}h_{43}(1+t)$$

$$h_8(r,s,t) = \frac{1}{8}(1-r)(1+s)(1+t) = \frac{1}{2}h_{44}(1+t) \tag{4.33}$$

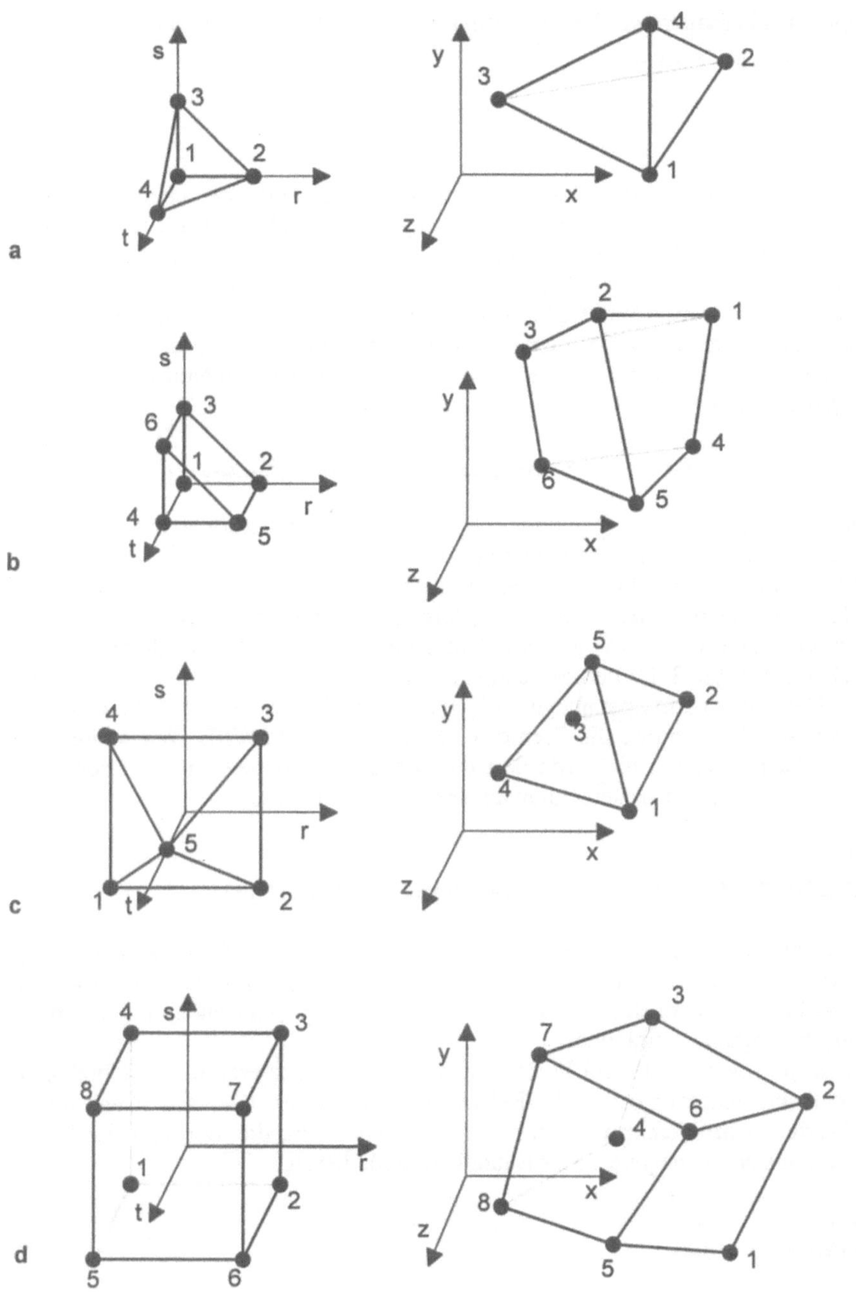

Abb. 4.9: Die räumlichen Elemente im Einheits- und physikalischen Raum **a** TETRA4, **b** PENTA6, **c** PYRAM5 **d** HEXA8

Entsprechend erhalten wir die Ansatzfunktionen des TETRA4-Elements

$$h_1 = 1 - r - s - t$$
$$h_1 = r$$
$$h_1 = s$$
$$h_1 = t \tag{4.34}$$

Man erkennt, wie sich die 3D-Ansatzfunktionen aus denen der ebenen Elemente herleiten lassen. Wir ersparen es uns, diejenigen der quadratischen Elemente (quadratisch nicht von der Form, sondern von den Ansatzfunktionen) anzugeben, sie errechnen sich wie die der ebenen Elemente (s. z.B. [1,2]). Bei ihnen subtrahieren wir wieder von den Ansatzfunktionen der Eckknoten der linearen Elemente die halben Ansatzfunktionen der benachbarten Zwischenknoten, um die den Eckknoten zugeordneten Ansatzfunktionen an den Zwischenknoten zu Null werden zu lassen. Wir erhalten

$$h_{eck,quad} = h_{eck,lin} - \frac{1}{2} \left(h_{zwischen,\,quad,1} + h_{zwischen,\,quad,2} + h_{zwischen\,quad,3} \right) \tag{4.35}$$

wenn $h_{zwischen,quad,1}$, $h_{zwischen,\,quad,2}$ und $h_{zwischen\,quad,3}$ die Ansatzfunktionen der 3 dem Eckknoten benachbarten Zwischenknoten sind.

Mit den nach dem obigen Verfahren aufgestellten Steifigkeitsmatrizen können wir die Berechnungen der Elastostatik durchführen, indem wir die Gesamtsteifigkeitsmatrix nach Gl. (4.15) aufsummieren, die gegebenen Randbedingungen entsprechend Abschn. 3.4.2 berücksichtigen und das Gleichungssystem $\mathbf{K}_{red}\,\mathbf{u}_{red} = \mathbf{F}_{red}$ lösen. Dehnungen und Spannungen folgen dann wieder aus GL. (4.7') bzw. (4.2').

Programmiert werden die Elemente ähnlich wie in PLANE. Wir achten aber darauf, die Rechenzeit nicht wie dort durch Multiplikationen mit Null oder Wiederholen symmetrischer Berechnungen unnötig zu verlängern.

4.4
Randbedingungen und Zwangsbedingungen

Die Wechselwirkungen zwischen einem Bauteil und den angrenzenden Baugruppen, von Elementen des Bauteils untereinander bzw. dem auf das Bauteil wirkenden Medium und dem Bauteil können wir in die Kategorien Randbedingungen und Zwangsbedingungen einteilen.

In Kap. 3 werden die bei Fachwerkberechnungen auftretenden Randbedingungen und ihre matrizentechnische Behandlung dargestellt. Hier gehen wir auf die bei Festigkeitsproblemen relevanten Möglichkeiten ein, die Wirkung der Umgebung auf unser zu analysierendes Bauteil zu modellieren.

4.4.1
Randbedingungen

Randbedingungen stellen die Wechselwirkung einer Struktur mit ihrer Umgebung dar, sie sind ein Bild der zu betrachtenden äußeren Einflüsse. Dazu gehören auch Symmetriebedingungen, die aussagen, daß das Verhalten auf beiden Seiten einer Schnittlinie oder -ebene gleichartig ist, da diese Symmetrie durch die Einwirkung der Umgebung erzwungen wird. Eine grobe Klassifizierung der Randbedingungen, die nur als ein Einstieg in diese komplexe Fragestellung dienen soll, kann folgendermaßen vorgenommen werden:

1. Starre Lagerung
Die Umgebung, an die das zu untersuchende Bauteil anschließt, ist sehr viel steifer als das Bauteil an den Lagerstellen. Es ist gerechtfertigt, die Lagerung als unendlich starr anzunehmen. Als Beispiel mag ein an eine Stahldüse anschließender flexibler Gummischlauch dienen. Man spricht hier von einer *wegkontrollierten Beanspruchung*, insbesondere, wenn die vorgegebene Verschiebung von Null verschieden ist.

2. Strecken- oder Flächenlast
Ein relativ flexibles, wenig zähes Medium übt eine Druckkraft aus. Beispielsweise belastet ein Fluid einen Behälter mit Innendruck, weicher Schnee liegt auf einem Dach. Wir haben es mit einer ebenen (2D) Streckenlast oder einer räumlichen (3D) Flächenlast zu tun, wenn die innere Steifigkeit des Mediums vernachlässigt werden kann. Solche Beanspruchungen bezeichnen wir als *kraftkontrolliert*.

3. Massenkräfte
Das Eigengewicht des Bauteils stellt einen wesentlichen Teil der Beanspruchung dar. Wir müssen die Gewichtskräfte als Volumenlast ermitteln, analog Trägheitskräfte bei beschleunigten Bewegungen, insbesondere Fliehkräfte bei Drehbewegungen. Auch diese Beanspruchungen sind *kraftkontrolliert*.

4. Punktlasten
Die reine Einzel- oder Punktlast, die wir in der Festigkeitslehre so gerne als Beanspruchung ansetzen, tritt in der Praxis nicht auf, da jede Kraft auf einer bestimmten Fläche eingeleitet werden muß, wenn nicht unendlich hohe Spannungen auftreten sollen. Gelegentlich ist es aber gerechtfertigt, eine Einzellast zu verwenden, besonders dann, wenn die Umgebung des Krafteinleitungspunkts nicht detailliert zu betrachten ist, da wir aus Erfahrung wissen, daß die Krafteinleitungsstelle die zu erwartende Beanspruchung erträgt. Auch hier spricht man von *kraftkontrollierter Beanspruchung*.

5. Wechselwirkungen
Das zu berechnende Bauteil und angrenzende, die Belastung vermittelnde oder weiterleitende Baugruppen sind von ähnlicher Steifigkeit. Die Verformungen beeinflussen sich gegenseitig. Ein typisches Beispiel ist die Verschraubung zweier Komponenten, bei der die Steifigkeiten der Komponenten, aber auch die von Schraube und Mutter zu berücksichtigen sind.

Der 1. Fall, derjenige der sehr starren Lagerung, wird durch das Streichen von Zeilen und Spalten entsprechend Abschn. 3.4.2 realisiert. So entsteht aus der Gesamtsteifigkeitsmatrix $\mathbf{K}_{ges}$ des statisch unterbestimmten Systems die Matrix $\mathbf{K}_{red}$ des mindestens statisch bestimmten Systems.

Im 2. und 3. Fall können wir die Oberflächen- bzw. Volumenlasten auf die entsprechenden Knotenanteile umrechnen (vgl. Abschn. 4.6), und wie im 4. Fall der Einzel- oder Punktlast als Kraft in unser lineares Gleichungssystem

$$\mathbf{K}_{red}\,\mathbf{u}_{red} = \mathbf{F}_{red}$$

einführen.

Im 5. Fall, der weichen oder flexiblen Lagerung, liegen wir zwischen diesen beiden Grenzfällen. Es liegt eine weder eindeutig weg- noch kraftkontrollierte Beanspruchung vor. Entweder modelliert man noch einen Teil der Umgebung mit, um deren Nachgiebigkeit zu berücksichtigen, oder man trifft sinnvolle Annahmen, um die Wechselwirkung mit der Umgebung durch eine der beiden Arten von Randbedingungen (kraft- oder wegkontrolliert) zu modellieren.

Randbedingungen verwenden wir auch, um die Symmetrie von Bauteilen zur Analyse kleinerer Modelle auszunutzen. Abbildung 4.10 stellt wieder das gelochte Blech unter Zugbeanspruchung dar. Wegen der vorliegenden Symmetrie genügt es ein Viertel der Struktur zu modellieren und zu berechnen. Die Randbedingungen erzwingen, daß sich das Viertel des Blechs nicht aus den beiden Symmetrielinien bewegt, und sich damit wie ein Viertel des ganzen Blechs verhält.

Die richtige Wahl von Randbedingungen ist neben der adäquaten Vernetzung und einem sinnvollen Werkstoffmodell eine der entscheidenden Größen für eine erfolgreiche FE-Berechnung. Ein großer Teil der heute immer noch gegen die FEM bestehenden Vorbehalte rührt daher, daß wenig erfahrene Anwender ihre Rechnungen mit mehr als zweifelhaften Randbedingungen durchführen. Dabei kommen sie auf Ergebnisse, die mit der Wirklichkeit nur wenig zu tun haben. Die

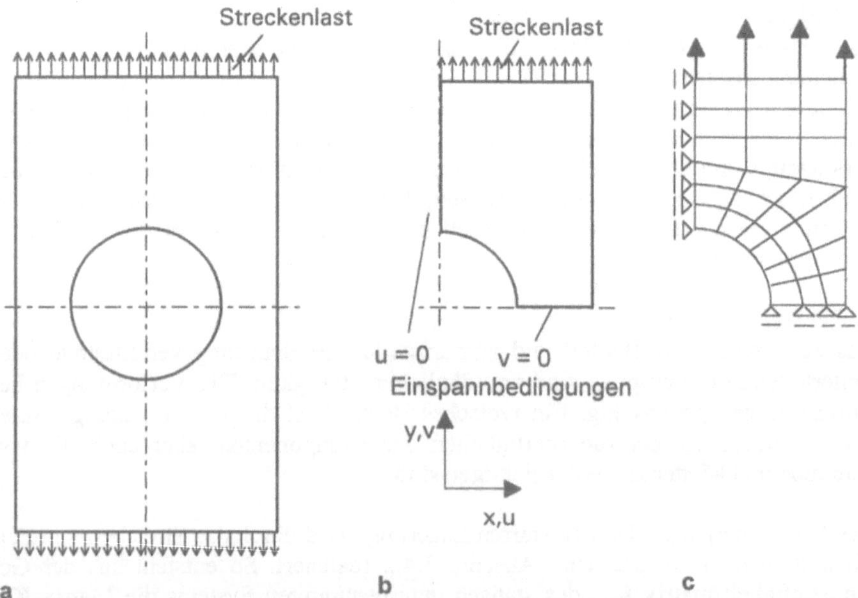

Abb. 4.10: Reduktion der FE-Modellgröße durch Ausnutzen der Symmetrie. **a** Gelochtes Blech mit Steckenlast, **b** repräsentatives Viertel, **c** FE-Netz mit Randbedingungen

Bedeutung, welche eine sinnvolle Wahl der Randbedingungen auf das Ergebnis einer Berechnung hat, führte dazu, daß einige FE-Spezialisten Seminare anbieten, die sich hauptsächlich auf die Verwendung von problemgerechten Randbedingungen konzentrieren.

4.4.2
Zwangsbedingungen

Neben den Randbedingungen, die wir zum Modellieren des Einflusses der Umgebung benötigen, gibt es gelegentlich noch den Bedarf nach einer Kopplung von Freiheitsgraden eines Modells.

Abbildung 4.11 zeigt eine Baugruppe, die auf einer schiefen Ebene verschiebbar sein soll. Alle Knoten auf der unteren Kante des Netzes müssen auf der Schiene bleiben, welche die schiefe Ebene kinematisch darstellt. Die u- und die v-Verschiebung sind durch die Steigung m der Geraden gekoppelt

$$v_i = m\,u_i \qquad\qquad (i = 1 - 5) \qquad\qquad (4.42)$$

Ein ähnliches Problem liegt vor, wenn wie in Abb. 4.12 ein grobes Netz an ein feineres oder ein Netz mit Zwischenknoten an eines ohne Zwischenknoten anschließen soll. Eine Verbindung mit stetigen Verschiebungen auf den Rändern der beiden Teilnetze setzt voraus, daß Knoten, die keinen unmittelbaren Anschlußpartner haben, in der Mitte zwischen den beiden Nachbarknoten bleiben. Dies ist in diesem elementaren Fall durch die Bedingung

$$\mathbf{u}_m = \begin{pmatrix} u_m \\ v_m \end{pmatrix} = \frac{1}{2}\begin{pmatrix} u_1 + u_2 \\ v_1 + v_2 \end{pmatrix} = \frac{1}{2}\,(\mathbf{u}_1 + \mathbf{u}_2) \qquad\qquad (4.43)$$

in welcher $\mathbf{u}_m$ die Verschiebung des Zwischenknotens, $\mathbf{u}_1$ und $\mathbf{u}_2$ diejenige der Eckknoten bedeutet, zu realisieren.

Die heute gebräuchlichen FE-Programme bieten ganze Kataloge von möglichen Anbindungen und Zwangsbedingungen an, es gehört eine gewisse Erfahrung dazu, die damit gegebenen Möglichkeiten sinnvoll zu nutzen. Beispiel A2.5 zeigt anhand der Analyse eines statisch überbestimmt gelagerten Balkens, wie Zwangsbedingungen eingesetzt werden können.

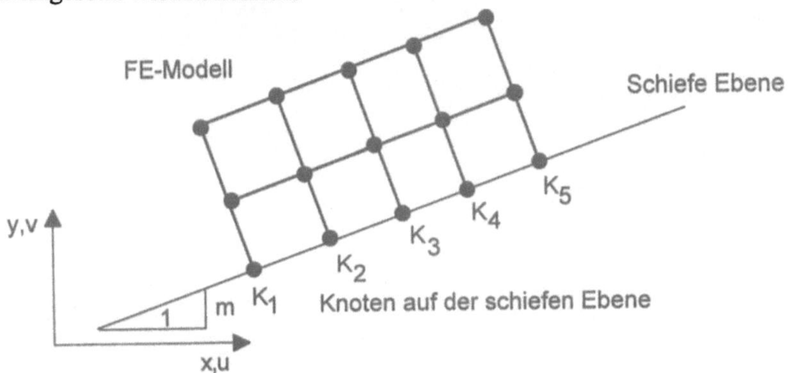

Abb. 4.11: Zwangsbedingungen beim Gleiten auf einer schiefen Ebene

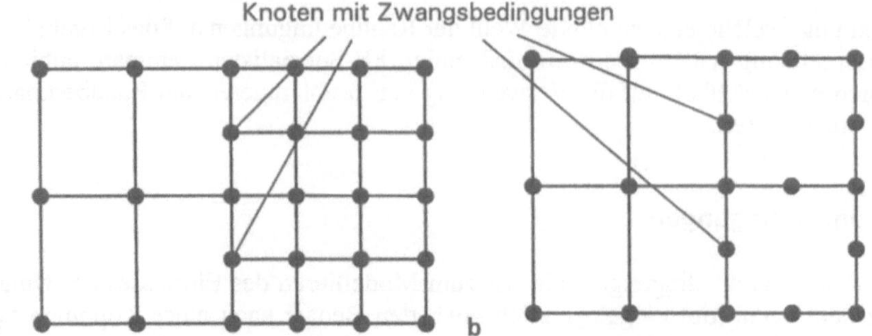

Abb. 4.12: Zwangsbedingungen beim Verbinden verschiedener Netzteile. **a** Anschluß grobes an feines Netz, **b** Anschluß lineare an quadratische Elemente

4.5
Balken und Schalen

Mit den in Abschn. 4.3 entwickelten Elementen können wir alle 2- und 3-dimensionalen Strukturen elastomechanisch analysieren. Damit existiert ein für die Festigkeitsberechnung wesentliches Werkzeug, das, wenn es mit Sachverstand angewandt wird, dem Konstrukteur wesentliche Unterstützung in der Dimensionierung von Bauteilen geben kann.

Bei verschiedenen Anwendungen ist es sinnvoll, die angeführten Elemente um weitere Klassen zu ergänzen. Betrachten wir dazu die in Abb. 4.13 dargestellte Konsole. Sie ist durch einen Umformvorgang (hier Tiefziehen) aus einem 1 mm dicken Blech gefertigt, alle Abmessungen der Konsole sind im Verhältnis zur Blechdicke groß. So betragen z.B. die Radien 30 mm. Um ein gutes FE-Modell dieser Konsole zu erstellen, setzen wir mindestens 2 quadratische Elemente über die Blechdicke ein. Da als grobe Regel gilt, daß die Längen der Kanten von Elementen keine zu großen Unterschiede aufweisen sollen (z.B. $l_{min} : l_{max} > 1 : 5$), wären allein ca. 20-30 HEX20-Elemente längs der Radien erforderlich, um dieses einfache Bauteil zu modellieren. Ähnliches gilt für den in Abb. 4.14 gezeigten Rohrleitungsstrang. Ein Rohr unter Innendruck und Biegebeanspruchung verhält

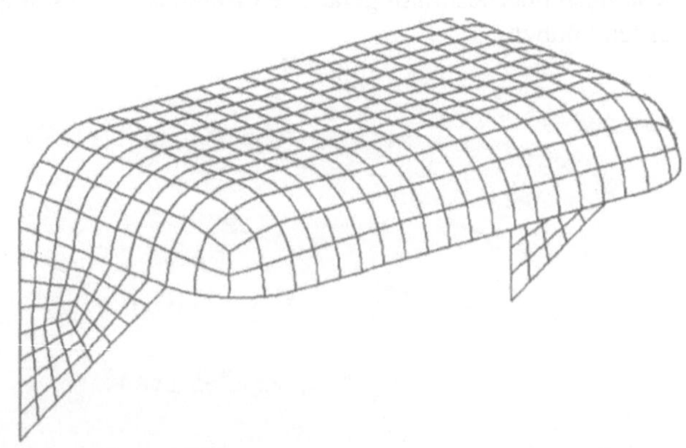

Abb. 4.13: FE-Modell einer Blechkonsole

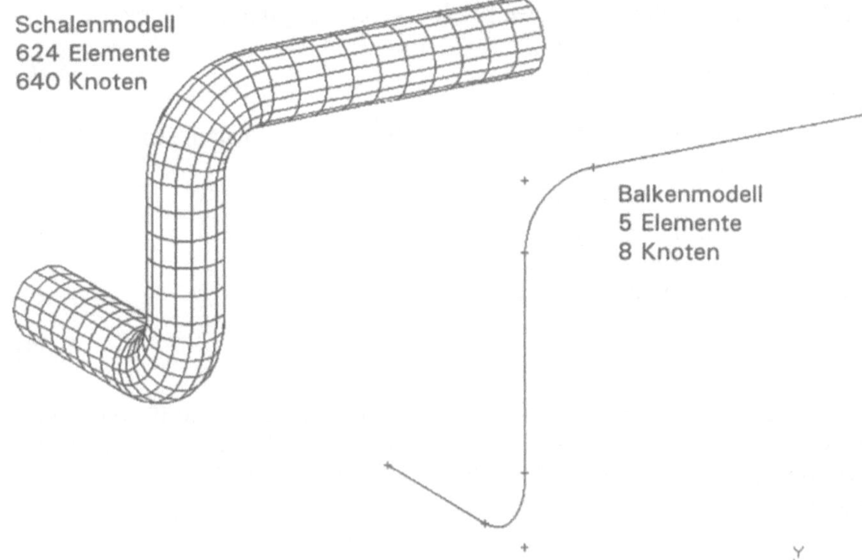

Abb. 4.14: Rohrleitungsmodell aus Schalen und Balken

sich wie ein Biegebalken, der mit elastomechanischen Methoden analysierbar ist. Die Steifigkeiten der Rohrbögen sind durch anerkannte Näherungsformeln beschreibbar. Es besteht kein Grund, diesen Rohrabschnitt mit Hunderten von Elementen und Knoten zu berechnen. Um in diesen beiden und zahlreichen ähnlichen Fällen zu einfachen, effektiven Berechnungsmodellen zu gelangen, wurden Sonderelemente entwickelt, welche Teile der Kontinuumsmechanik implizit enthalten, und deshalb Strukturen mit weniger Aufwand beschreiben können. Der erste Vertreter dieser Sonderelemente ist das in Kap. 3 beschriebene Zugstabelement in Ebene und Raum, welches die Effekte in der Dickenrichtung des Stabes vernachlässigt, den Stab auf seine Längssteifigkeit reduziert.

4.5.1
Balken

Betrachten wir den in Abb. 4.15a gezeigten Balken. Nach Kap. 3 kennen wir seine Längssteifigkeit. Sie beträgt

$$k_l = \frac{EA}{l} \tag{4.38}$$

Bei einer Einzellast F_{2z} am Knoten K_2 (Abb. 4.15b) wird der Balken um

$$f_{z,Fz} = \frac{F_{2,z}\, l^3}{3EI_y} \tag{4.39}$$

ausgelenkt. Dabei steht I_y wie üblich für das auf die y-Achse bezogene Flächenmoment 2. Ordnung.

Unter der Last $F_{2,z}$ erfährt der Knoten K_2 eine Verdrehung um die Querachse von

$$\phi_{y,F_z} = -\frac{F_{2,z}\, l^2}{2EI_y} \tag{4.40}$$

Greift ein Moment $M_{2,y}$ am Knoten K_2 an (Abb. 4.15c), erhalten wir die Durchbiegung

$$f_{z,M_y} = -\frac{M_{2,y}\, l^2}{2EI_y} \tag{4.41}$$

und die Verdrehung um die Querachse

$$\phi_{y,M_y} = \frac{M_{2,y}\, l}{EI_y} \tag{4.42}$$

Bei der Biegung um die z-Achse folgen entsprechende Ausdrücke für die Durchbiegungen in y-Richtung und die Verdrehungen um die z-Achse. Bei einem tordierenden Moment $M_{2,x}$ im Knoten K_2 (Abb. 4.15d) stellt sich die Verdrehung um die Längsachse

$$\phi_{x,M_x} = \frac{M_{2,x}\, l}{GI_t} \tag{4.43}$$

ein, wenn $G = E\,/\,2(1{+}\nu)$ der Schubmodul und I_t der Drillungswiderstand des Profils ist. Gl. (4.38) - (4.43), ergänzt um die entsprechenden Gleichungen für die Biegung um die z-Achse, stellen ein System von Gleichungen dar, aus denen wir die Steifigkeiten in den 6 Freiheitsgraden $\mathbf{u}_2 = (u_2, v_2, w_2, \phi_x, \phi_y, \phi_z)$ (3 Translationen, 3 Rotationen) des Balkenknotens K_2 berechnen können, indem jeweils einer dieser Freiheitsgrade 1, alle anderen 0 gesetzt werden. Hier begegnen uns erstmals Drehfreiheitsgrade, die nicht eine Verschiebung, sondern eine Verdrehung um die angegebene Achse beschreiben. Nach ähnlichen Überlegungen für den Knoten K_1 erhalten wir (mit den Lagerreaktionen in den festgehaltenen Freiheitsgraden des jeweils anderen Knotens) die Steifigkeitsmatrix $\mathbf{K}_{elem}$ des Balkens. Diese Matrix ist von der Größe 12 x 12, da beide Knoten je 6 Freiheitsgrade besitzen. Der Balken kann nun wie der Zugstab in Kap. 2 beliebig im Raum gedreht werden. Die Steifigkeiten des verdrehten Balkens ergeben sich durch beidseitige Multiplikation der Steifigkeitsmatrix mit der die Verdrehung beschreibenden Drehhmatrix bzw. ihrer Transponierten (vgl. [7]).

Die so gefundene Steifigkeitsmatrix eines Balkens ist nur eine von zahllosen möglichen. Unser Balken berücksichtigt weder die Schubanteile bei der Biegung, noch den Verlust an Torsionssteifigkeit bei Verdrehungen nicht kreisförmiger, dünnwandiger Querschnitte. Um diese und zahlreiche andere Phänomene zu beschreiben, wurde eine Vielzahl von Balkenmodellen entwickelt. Es geht über den Rahmen dieses Buches hinaus, die einzelnen Ansätze zu diskutieren oder zu bewerten (vgl. z.B. [15]). Natürlich gibt es auch Balkenelemente mit einem oder mehreren Zwischenknoten, auch hierauf wollen wir nicht näher eingehen.

Um diese unterschiedlichen Balken zu modellieren, verwendet man häufig nicht die oben angegebenen Ergebnisse der Elastizitätstheorie, sondern interpoliert die Verschiebungen und Verdrehungen mit Ansatzfunktionen.

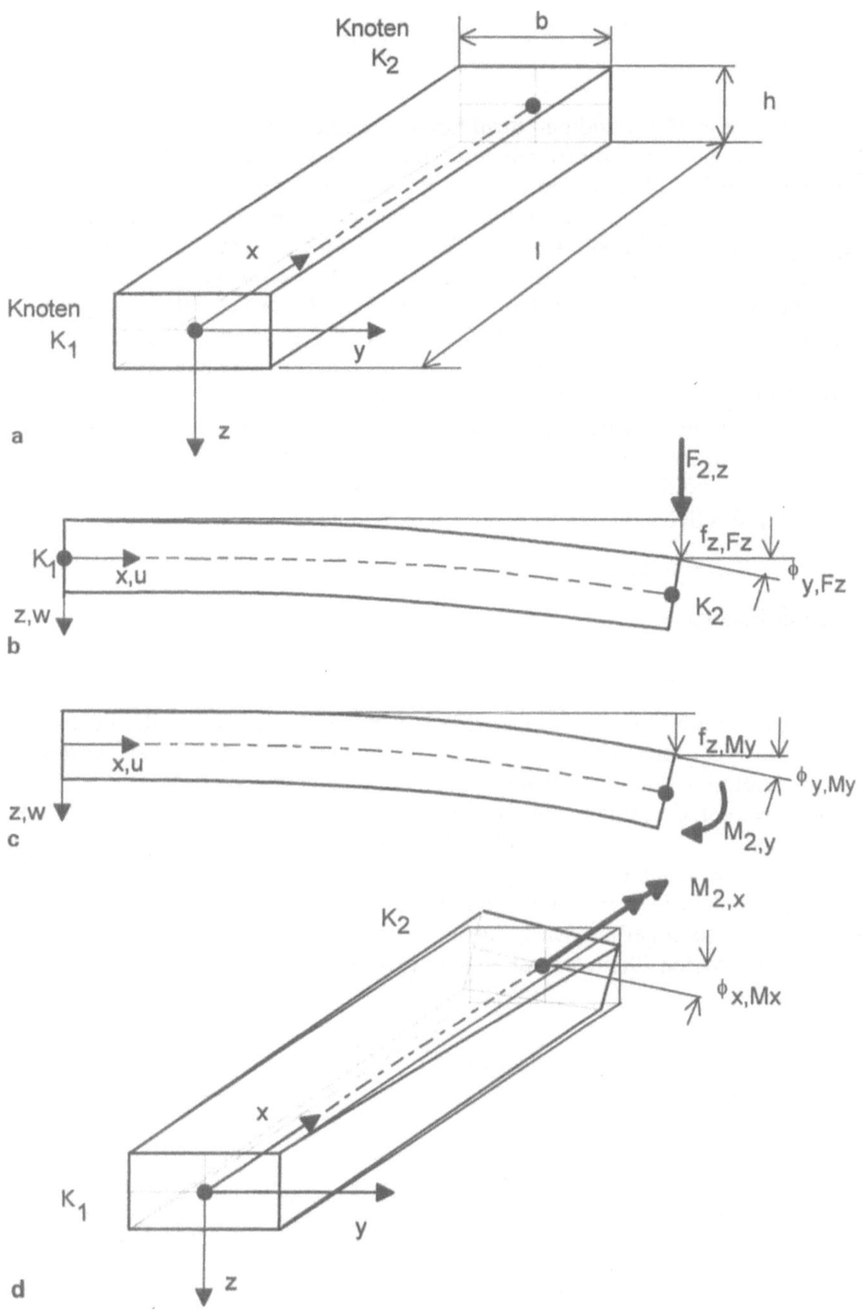

Abb. 4.15: Zur Herleitung der Balkensteifigkeit. **a** Balken im Raum, **b** Durchbiegung unter Einzellast, **c** Durchbiegung infolge Biegemoment, **d** Verdrehung infolge Torsionsmoment (Alle Größen betragsmäßig dargestellt)

4.5.2
Schalen

Zur Beschreibung dünnwandiger Strukturen wurden zahlreiche Schalenmodelle aufgestellt. Manche Autoren differenzieren hier noch zwischen ebenen Platten und gekrümmten Schalen. Wir wollen uns hier an diesem Unterschied nicht aufhalten. Abbildung 4.16a zeigt ein vierknotiges ebenes Schalenelement mit seinen Freiheitsgraden. Wie beim Balken hat jeder Knoten 6 Freiheitsgrade, 3 Translationen in den Achsenrichtungen und 3 Rotationen um die Achsen. Dabei ist die Rotation um die Hochachse nicht von vornherein mit einer Steifigkeit versehen, es gibt verschiedene Verfahren, um diese Singularität der Steifigkeitsmatrix zu unterdrücken. Bei allen anderen Freiheitsgraden muß eine Kraft oder ein Moment wirken, um eine Verschiebung oder Verdrehung hervorzurufen.

Abbildung 4.16b skizziert, wie sich eine Längs- und Drehsteifigkeit k_{us} bzw. $k_{\phi s}$ aus der Elementsteifigkeit eines HEXA8-Elements ableiten läßt. Aus den Verschiebungen der beiden Translationsfreiheitsgrade u_2 und u_3 errechnen wir die Verschiebung des Schalenknotens in der Elementdickenmitte

$$u_s = (u_2 + u_3) / 2 \qquad (4.44)$$

und die Verdrehung

$$\phi_s = (u_2 - u_3) / t \qquad (4.45)$$

Die Steifigkeiten dieser neuen Freiheitsgrade erhalten wir aus denen der beiden ursprünglichen. Auch hier gibt es eine große Zahl von konkurrierenden Ansätzen, z.B. um Schubterme quer zur Schalendicke zu berücksichtigen.

Schalen werden dort mit großem Erfolg eingesetzt, wo dünnwandige Strukturen zu analysieren sind. Der ganze Bereich der Berechnung von Blechkonstruktionen ist ohne sie nicht denkbar. Da ein großer Teil der FEM-Berechnung in der Luft- und Raumfahrt- sowie der Fahrzeugindustrie und dort häufig an dünnwandigen Blechstrukturen durchgeführt wird, dürften die verschiedenen Schalenelemente zu den meistverwendeten Elementen überhaupt gehören.

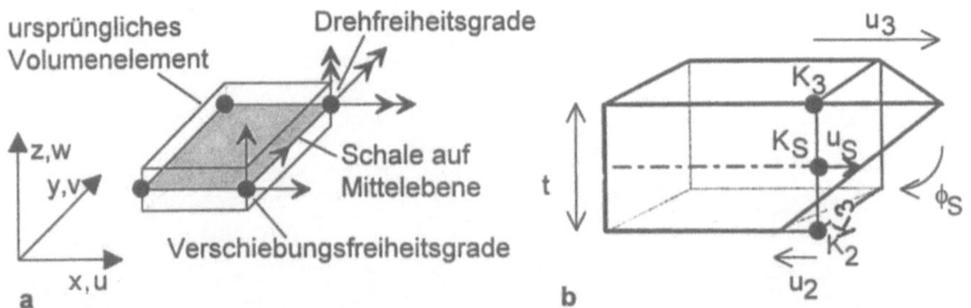

Abb. 4.16: Schalenelemente und ihre Freiheitsgrade. **a** Freiheitsgrade eines Schalenelementes, **b** Herleitung der Steifigkeiten der Drehfreiheitsgrade der Schalenelemente aus den Translationsfreiheitsgraden der Volumenelemente

4.6
Strecken- und Flächenlasten

In den bisherigen Abschnittes dieses Kapitels haben wir mit einigem Erfolg die linke Seite der Gleichung

$$\mathbf{K}\,\mathbf{u} = \mathbf{F}$$

analysiert. Aus den Verformungen des zu untersuchenden Kontinuums wurde ein System von Verschiebungen endlich vieler Knoten, das zur Bearbeitung in einer digitalen Rechenanlage geeignet ist. Auf der rechten Seite stand dabei stets der Vektor $\mathbf{F}$, der die an den Knotenpunkten wirkenden Kräfte beschrieb. Bei der Diskussion der Randbedingungen (Abschn. 4.4) wurde angesprochen, daß die Einzel- oder Punktlastlast eine Vereinfachung ist. Die Krafteinleitung in realen Konstruktionen findet stets auf einer Fläche (in 2-dimensionalen Problemen längs einer Strecke) statt. Wir benötigen ein Verfahren, um diese Flächen- oder Streckenlasten auf die in den diskreten Knoten wirkenden Kräfte umzurechnen. Dazu betrachten wir die von einer Steckenlast $q(x)$ an einer Elementkante von a bis b bei einer kleinen Verrückung $\delta u(x)$ geleistete äußere Arbeit (Abb. 4.17):

$$\delta W_{ex} = \int_a^b \delta u(x)\, q(x)\, dx \tag{4.46}$$

Wir nehmen wieder an, daß die Verschiebung $\delta u(x)$ sich aus derjenigen der Knoten K_1 und K_2 interpolieren läßt

$$\delta u(x) = \delta u_1\, h_1(x) + \delta u_2\, h_2(x) = \mathbf{H}\,\delta \mathbf{u}_{elem} \tag{4.47}$$

Eingesetzt in Gl. (4.46) erhalten wir (für beliebige 3D-Lasten $\mathbf{p}(x, y, z)$)

$$\delta W_{ex} = \int_{A_{elem}} \delta \mathbf{u}_{elem}^{T}\, \mathbf{H}^{T} \mathbf{p}(x,y,z)\,dA$$

$$= \delta \mathbf{u}_{elem}^{T} \int_{A_{elem}} \mathbf{H}^{T} \mathbf{p}(x,y,z)\, dA = \delta \mathbf{u}_{elem}^{T} \mathbf{F}_{elem} \tag{4.48}$$

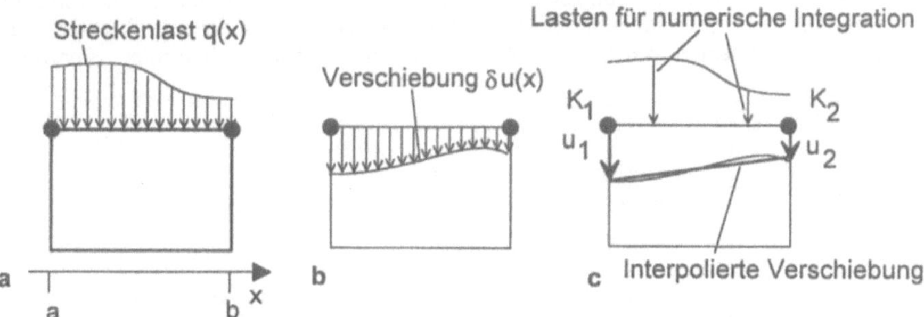

Abb. 4.17: Umrechnung von Strecken- auf Knotenlasten. **a** Auf der Elementkante verteilte Streckenlast $q(x)$, **b** Verschiebung $\delta u(x)$ infolge der Last $q(x)$, **c** Interpolation der Verschiebung durch Knotenverschiebungen

wobei sich das Integral in Gl. (4.48) über diejenige Fläche (bzw. Kante) A_{elem} des Elementes erstreckt, auf welcher die verteilte Last wirkt. Tangentiale Scherbeanspruchungen sind in der Vektorform von **p** inbegriffen, Wärmeflüsse (Kap. 5) lassen sich entsprechend ansetzen. Bei einer 2 x 2-Gauß-Integration sind in dem 2. Integral in Gl. (4.48) die beiden in Abb. 4.17c an den Gauß-Integrationsstellen eingetragenen Lasten und dort auftretenden Werte der Ansatzfunktionen $h_1(x)$ und $h_2(x)$ zu berücksichtigen.

4.7
Einige einfache Berechnungsprobleme

Wir wollen in diesem Abschnitt einige elementare Anwendungen der FEM vorführen. Die Beispiele sollte der Leser mit dem ihm zur Verfügung stehenden FE-System oder mit dem über den Server der FH Reutlingen erhältlichen Programm PLANE nachvollziehen. Eingabedateien der nachfolgenden Beispiele für PLANE finden sich ebenfalls auf dem Server. Um die Modellbeschreibungen einfacher zu haltenn nehmen wir in allen Beispielen als Werkstoffdaten folgende Werte an:

Elastizitätsmodul (Stahl) $E = 200\,000\ \text{N} / \text{mm}^2$
Querkontraktionszahl $\nu = 0,3$

4.7.1
Blech unter Zugbeanspruchung

Beispiel 4.1: Zunächst wollen ein quadratisches Blech der Dicke $t = 1$ mm mit der Seitenlänge $a = 200$ mm (Abb. 4.18) unter einer Streckenlast von $q = 2$ N/mm untersuchen. Als Lösungen sind eine Verschiebung in x-Richtung von 0,002 mm, in y-Richtung eine Einschnürung um 0,0006 mm und Spannungen $\sigma_{xx} = 2$ N/mm^2 zu erwarten.
a) Vergleichen Sie diese Werte mit denen, welche Ihr FE-System liefert!
b) Verschieben Sie den Mittelknoten wie skizziert und vergleichen Sie die Ergebnisse!
Achten Sie auf Fehlermeldungen und Warnungen wegen stark verzerrter Elemente im Programmausdruck!

4.7.2
Patch-Test

Beispiel 4.2: Um die Qualität von Elementen oder Programmen zu testen, gibt es verschiedene Möglichkeiten. Eine davon ist der sog. PATCH-Test [16], bei dem ein Rechteck, das mit verzerrten Elementen vernetzt ist, unter einfacher Belastung mit Finiten Elementen

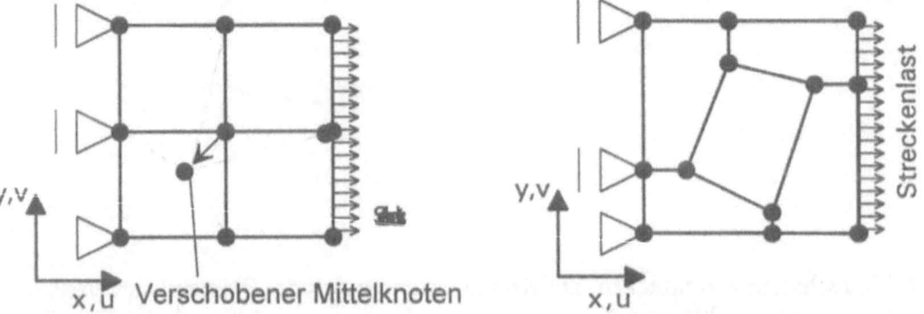

Abb. 4.18: Blech unter Streckenlast   **Abb. 4.19:** Patch-Test mit QUAD4-Elementen

nachgerechnet wird. Der Vergleich zwischen exakter und numerischer Lösung gibt einen Hinweis auf die Qualität von Element und Programm. Daß Elemente trotz erfüllten Patch-Tests unbefriedigende Ergebnisse in konkreten Berechnungen liefern können, wird Beispiel 4.3 zeigen. Wir verwenden hier wieder das quadratische Blech unter Streckenlast aus Beispiel 4.1. Ein mögliches Netz mit verzerrten Elementen zeigt Abb. 4.19. Bis auf geringen *numerischen Schmutz* infolge der begrenzt genauen Zahlendarstellung bei einigen Daten, z.B. den Reaktionskräften an inneren Knoten, die theoretisch Null sein müßten, sollten Sie bei Ihrer Nachrechnung die aus Beispiel 4.2 bekannten Werte erhalten.

4.7.3
Balkenbiegung, Schubsteifigkeitsüberhöhung

Nach dieser hervorragenden Übereinstimmung zwischen Theorie und Numerik könnten wir annehmen, daß unsere QUAD4-Elemente in der Lage sind, strukturmechanische Berechnungen zuverlässig und mit hoher Genauigkeit durchzuführen. Daß dies nicht so ist verdeutlicht folgendes Beispiel

Beispiel 4.3: Wir wollen die Durchbiegungen und Spannungen eines $l = 1000$ mm langen, $h = 100$ mm hohen und $t = 12$ mm dicken Biegebalkens unter der Biegekraft von $F = 600$ N wie in Abb. 4.20a berechnen.

Exakte Lösung: Theoretisch ergibt sich eine Durchbiegung von $f_{th} = 1$ mm und eine Biegespannung von $\sigma_b = 30$ N/mm².

FE-Ergebnisse: Bei der FEM-Berechnung wird der theoretische Wert mit einer Durchbiegung von $f_{FE} = 0{,}679$ mm grob unterschätzt, ebenso die berechnete Biegespannung am Integrationspunkt mit $\sigma_{FE} = 12{,}4$ N/mm² statt der erwarteten $\sigma_{th} = 16{,}9$ N/mm² (Der Gauß-Integrationspunkt, an dem die Spannung errechnet wird, liegt hier ca. 21 mm in Achsenrichtung und 29 mm in Querrichtung vom Mittelpunkt der Einspannung.). Die QUAD4-Elemente, die beim Patch-Test so überzeugende Ergebnisse lieferten, versagen bei der vorliegenden Biegebeanspruchung.

Ursache der Abweichung: Eine Begründung für dieses zu steife Verhalten entnehmen wir Abb. 4.20b: Wird ein QUAD4-Element gebogen, so folgen aus den Ansatzfunktionen an den Gauß-Integrationspunkten Schubdehnungen. Aus den Knotenverschiebungen und Ansatzfunktionen resultiert ein nichtverschwindender Term

$$\gamma_{xy} = \frac{\partial u}{\partial y} + \frac{\partial v}{\partial x} \tag{a}$$

Diese fiktive Schubdehnung versteift das Element, die Biegesteifigkeit wird drastisch überschätzt, die errechneten Durchbiegungen und Spannungen sind zu klein.

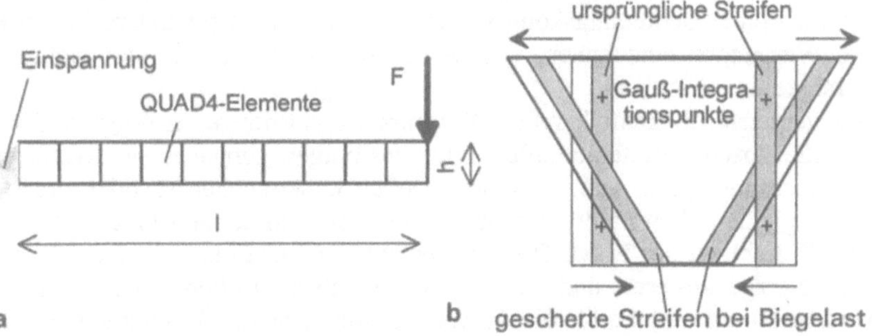

Abb. 4.20: Biegung des geraden Balkens. **a** Geometrie des Biegebalkens mit Randbedingungen, **b** Schubdehnungen bei Biegung des QUAD4-Elements

Tabelle 4.5: Vergleich der Biegebalkenberechnung mit PLANE

Modell	shear locking control	Verschiebung [mm]	Spannung [N/mm^2] (1 Element über die Höhe)	Spannung [N/mm^2] (2 Elemente über die Höhe)
exakt		1.000	16.9	23.2
1 x 10 Elemente	nein	0.679	12.4	
1 x 10 Elemente	ja	0.916	16.6	
2 x 10 Elemente	nein	0.746		17.6
2 x 10 Elemente	ja	0.982		23.0

Abhilfe: Um das Problem zu umgehen, gibt es verschiedene Maßnahmen. Eine relativ einfache besteht darin, die Schubterme nur im Elementschwerpunkt zu integrieren. In PLANE ist diese reduzierte Integration der Schubsteifigkeit aktivierbar, wenn die Parameter-Karte *shear locking control* eingefügt wird. Kommerzielle FE-Programme erlauben ähnliche Eingriffe. Teilweise erhält man bessere Ergebnisse, wenn die Elementmatrizen nicht mit der vollen, sondern einer *reduzierten Integration* berechnet werden. Weitere Verbesserungen erfordern ein feineres Netz oder (in PLANE nicht vorgesehene) höhere Elemente wie z.B. QUAD8-Elemente. Mit zwei Elementen über die Höhe des Balkens erhalten wir mit *shear locking control* eine berechnete Durchbiegung von f_{FE} = 0,9818 mm Die berechneten Spannungen sind σ_{FE} = 23 N/mm^2 statt der an den Gauß-Integrationspunkten nach Balkentheorie geforderten σ_{th} = 23,2 N/mm^2 Damit haben wir recht befriedigende Resultate. Tabelle 4.3 faßt die Ergebnisse zusammen.

Probleme wie das Überschätzen der Schubsteifigkeit treten in verschiedenen Anwendungen auf. Will man erfolgreich und zuverlässig mit Finiten Elementen Festigkeitsberechnungen durchführen, ist es unbedingt erforderlich, die theoretischen Grundlagen zumindest in groben Zügen zu kennen. Oft reicht es, sich bei unvorhergesehenen Schwierigkeiten daran zu erinnern, daß das aktuelle Problem keinen Sonderfall oder gar Programmfehler darstellt. Der Anwender weiß dann, daß es für sein aktuelles Problem in einem Lehrbuch oder Manual einen Hinweis auf seine konkrete Frage gibt.

Unumgänglich für das Vermeiden elementarer Fehler ist, daß der Programmbenutzer seine eigene Arbeit immer wieder kritisch hinterfragt. Das beste FE-Ergebnis kann nicht besser als seine Eingabedaten sein (vgl. Abschn. 8.4). Trotz eines heute recht hohen Bedienungskomforts ist es bisher nicht gelungen, in die Programme Warnungen einzubauen, welche auf alle physikalische oder numerische Unstimmigkeiten hinweisen.

Stark verzerrte Elemente kann ein Programm identifizieren und ggf. sogar entzerren. Alle Arten von fehlerhaften oder unsinnigen Eingaben zu lokalisieren, dürfte nahezu unmöglich sein. Daß diese Gefahr beherrschbar ist, oder zumindest nicht die tägliche Arbeit unmöglich macht, zeigt sich an der zunehmenden Akzeptanz und Beliebtheit der FEM. Diese Offenheit der FEM gegenüber erfuhr durch moderne Netzgeneratoren und interaktive Eingabekontrollen sowie graphische Auswerteverfahren, welche für die Anwender eine gewaltige Unterstützung bei ihrer Arbeit darstellen, eine zusätzliche Bestätigung.

Übungsaufgaben

1. Stellen Sie die Ansatzfunktionen eines QUAD5-Elements nach Abb. 4.21 auf!

2. Ergänzen Sie die in Abschn. 4.3.2 angegebenen Ansatzfunktionen um die der quadratischen (Zwischenknoten)-Elemente HEXA20 und TETRA10!

3. Rechnen Sie die Durchbiegungen und Spannungen des Biegebalkens aus Beispiel 4.3 mit linearen (QUAD4) und quadratischen (QUAD8) Elementen mit und ohne reduzierte Integration nach! Verwenden Sie dabei 1 x 10, 2 x 20 und 4 x 40 Netzeinteilungen! Stellen Sie die Ergebnisse (Durchbiegungen, Spannungen) als Funktion der Knotenanzahl im jeweiligen Netz dar!

4. Modellieren Sie einen an den Enden eingespannten Rohrleitungsstrang unter Innendruck wie in Abb. 4.14 mit HEX8-, HEX20-, QUAD4- und QUAD8-Schalen- und Balkenelementen. Vergleichen Sie die Zeit, die Sie zum Modelllieren brauchen mit der Rechenzeit der einzelnen Modelle! Wie groß sind die Unterschiede in den berechneten Verschiebungen und Spannungen?
Rechnen Sie mit den Werten von Stahl, einem Innendruck 160 bar und den Maßen

Radius	r =	400 mm
Wanddicke	t =	50 mm
Krümmungsradius	R =	1200 mm
Rohrlängen	l =	4000 mm

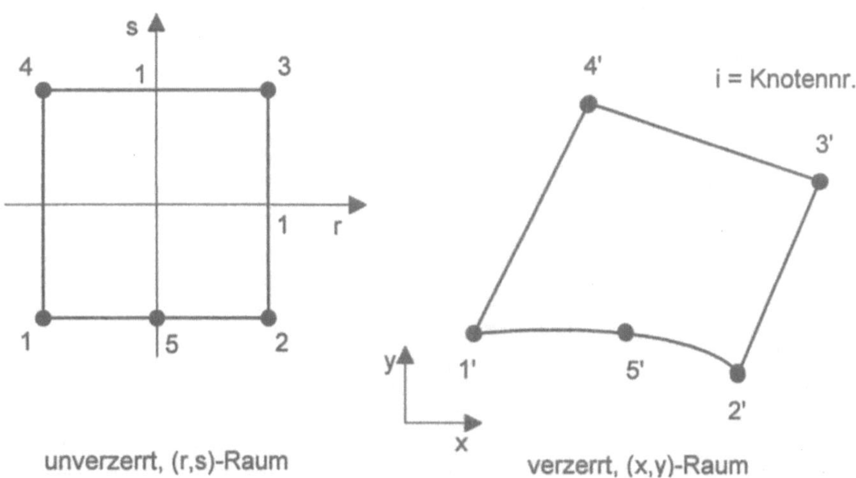

Abb. 4.21: QUAD5-Element im Einheits- und pysikalischen Raum

5 Potentialprobleme

Als *Potential-* oder *Feldprobleme* bezeichnet man in Physik und Technik die große Klasse von Fragestellungen, bei der sich die treibende Kraft des betrachteten Phänomens dieser Probleme aus einem Feld ableiten läßt. Das Potential eines Testkörpers in diesem Feld ist eine Funktion des Ortes und der Zeit, aus ihm folgen die Wirkungen des betrachteten physikalischen Prozesses auf diesen Testkörper. Historisch leitet sich der Begriff von dem der *potentiellen Energie* in der Mechanik ab. Damit kennzeichnet man die Energie, die ein Körper, an dem Hubarbeit geleistet wurde, aufgenommen hat. Das Potential eines Körpers in diesem Schwerefeld ist die aufgenommene *Energie je Einheitsmasse.*

Bei Potential- oder Feldproblemen untersuchen wir die zeitliche und räumliche Verteilung einer Erhaltungsgröße in einem Gebiet. Als typische Erhaltungsgrößen haben wir neben der Energie die Masse in Transport- oder Diffusionsvorgängen, beispielsweise in Form der Menge eines in einem anderen Stoff gelösten Stoffes oder die elektrische Ladung im elektrostatischen Coulombfeld. Beim Einsatzhärten von Stahl können wir die Diffusionsbewegung der Kohlenstoffatome ebenso als Potentialproblem darstellen, wie die Wanderungen der Metallionen im Galvanisierbad.

Wie in diesen ersten Beispielen stellen die Erhaltungssätze der Physik bei den verschiedenen Fragestellungen das Handwerkszeug bereit. Solange wir uns nicht im subatomaren Bereich mit der Umwandlung von Masse in Energie und umgekehrt beschäftigen, dürfen wir immer annehmen, daß die im zu analysierenden System vorhandenen Massen bzw. Energien erhalten bleiben. Die erste Gleichung eines derartigen Problems ist immer eine Form des jeweiligen Erhaltungssatzes. Unsere Aufgabe besteht darin, diese Gleichung so umzuformulieren, daß sich aus ihr die geforderten Erkenntnisse gewinnen lassen.

5.1 Einige elementare Potentialprobleme

Um die eingeführten Begriffe zu veranschaulichen, erläutern wir sie anhand einiger bekannter Beispiele.

Beispiel 5.1: Das Erwärmen eines Stabs und das Aufkohlen von Stahl sind als Potentialprobleme darstellbar. Abbildung 5.1a zeigt einen Stab, der an seinem linken Ende einer Wärmequelle ausgesetzt ist. Die vom linken Stabende je Zeit aufgenommene Wärmemenge fließt nach rechts in den Stab ab. Die Wärmemenge $Q(t)$ zur Zeit t im Stab ist gleich der ursprünglichen Wärmemenge Q_0 plus der durch das linke Ende aufgenommenen ΔQ_l minus der am rechten Ende abgegebenen Wärmemenge ΔQ_r. Im Stab stellt sich ein 1-dimensionales Temperaturfeld ein.

Die Gesamtwärmemenge zur Zeit t ist

$$Q(t) = Q_0 + \int_{t_o}^{t} \left(\dot{Q}_l - \dot{Q}_r \right) dt \tag{a}$$

Hier steht $\dot{Q} = \dfrac{dQ}{dt}$ für den Wärmefluß, die je Zeit angelieferte oder abgeführte Wärmemenge. An jeder Stelle x gilt, daß diese zeitliche Änderung der Wärmemenge je Volumeneinheit die von links aufgenommene minus die nach rechts abgegebene Wärmemenge ist.

$$\frac{d\,\dot{Q}_v\,(x)}{dVol} = \frac{d\,\dot{Q}_l\,(x)}{dVol} - \frac{d\,\dot{Q}_r\,(x)}{dVol} \tag{b}$$

Beim Aufkohlen von Stahl (Abb. 5.1b) wird in den kohlenstoffarmen Stahl aus einer kohlenstoffreichen Atmosphäre bei erhöhter Temperatur Kohle durch Diffusion eingelagert. Die Gesamtmenge an Kohlenstoff im Streifen Stahl ist gleich der ursprünglich vorhandenen plus die von links eindiffundierte minus die nach rechts hinausdiffundierte Menge.

$$C(t) = C_0 + \int_{t_o}^{t} \left(\dot{C}_l - \dot{C}_r \right) dt \tag{c}$$

Auch hier ist die zeitliche Änderung der an einer Stelle vorhandenen Konzentration an Kohlenstoff je Volumeneinheit (z.B. in dem in Abb. 5.1b hervorgehobenen Streifen) durch die von links aufgenommene und die nach rechts abgegebene Menge bestimmt.

$$\frac{d\,\dot{C}_v}{dVol} = \frac{d\,\dot{C}_l}{dVol} - \frac{d\,\dot{C}_r}{dVol} \tag{d}$$

Die Verteilung des Kohlenstoffs im Stahl können wir als Konzentrationsfeld auffassen.

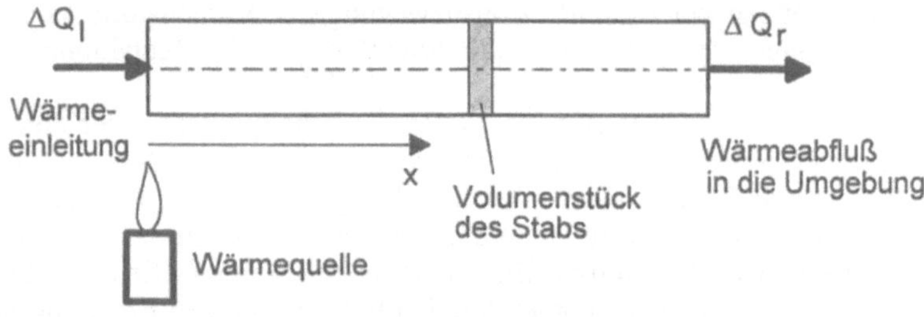

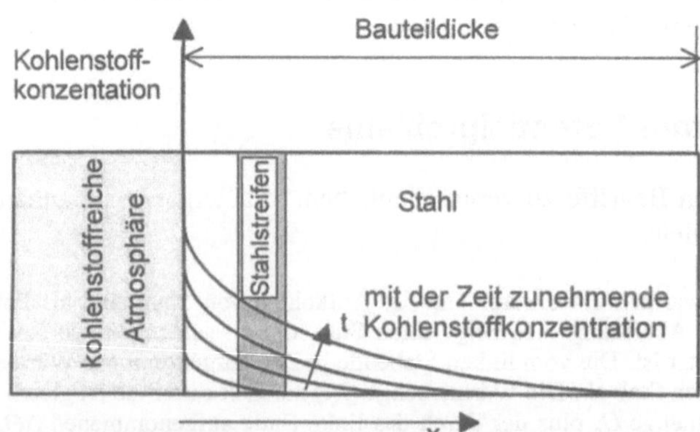

Abb. 5.1: Zwei elementare Potentialprobleme. **a** Wärmeleitstab, **b** Kohlenstoffkonzentration beim Aufkohlen von Stahl als Funktion von Ort und Zeit

In beiden betrachteten Beispielen entstehen ähnliche Gleichungen, obwohl die konkreten Probleme scheinbar nur wenig miteinander zu tun haben. Diese Art von Aussagen läßt sich auf eine Vielzahl physikalischer Fragestellungen, die vom äußeren Eindruck höchst unterschiedlich erscheinen, übertragen. Wir sprechen von Potentialproblemen, wenn wir das physikalische Phänomen, die räumliche und zeitliche Änderung der Erhaltungsgröße, mit einer Feld- oder Potentialfunktion beschreiben können. Damit besteht aus der Sicht eines Berechnungsingenieurs kein großer Unterschied in der mathematischen Behandlung folgender Aufgabenstellungen:

- stationäre und instationäre Wärmeleitung (Abb. 5.1a, 5.2a)
- Masseteilchen im Schwerefeld eines oder mehrerer Körper (Abb. 5.2b)
- Elektronen im Coulombfeld (Abb. 5.2c)
- wirbelfreie inkompressible Strömung (Abb. 5.2d)
- Galvanisieren (Abb. 5.2e)
- Diffusion (z.B. bei der Oberflächenbehandlung von Werkstoffen, Einsatzhärten usw.) (Abb. 5.1b)

Tabelle 5.1 führt entsprechende physikalische Größen eines Teils der Beispiele auf. Alle diese Fragestellungen lassen sich auf ein gemeinsames Prinzip zurückführen. Es besteht in dem zu untersuchenden Gebiet ein Feld, und dieses Feld ist konservativ, was für uns bedeutet, daß

a) der Gesamtinhalt des Feldes sich nur ändern kann, wenn von außen etwas dazugetan oder weggenommen wird

b) ein Prozeß, der zum Ausgangszustand zurückführt, keine äußere Arbeit erfordert.

Mathematisch lassen sich die beiden Bedingungen in einer partiellen DGL zusammenfassen (vgl. Gl. (2.1)):

$$\alpha \, \dot{u} - \Delta u = \alpha \frac{\partial u}{\partial t} - \left(\frac{\partial^2 u}{\partial x^2} + \frac{\partial^2 u}{\partial y'^2} + \frac{\partial^2 u}{\partial z^2} \right) = f(x,y,z,t) \qquad (5.1)$$

Tabelle 5.1: Analoge physikalische Größen bei Potentialproblemen

Wärmeleitung	Elektrostatik + stationäre Ströme	Sickerströmung	Diffusion
Temperatur	elektrische Spannung	Strömungsgeschwindigkeit	Konzentation
Wärmefluß	elektrischer Fluß	Druck	Diffusionsgeschwindigkeit
Wärmeleitfähigkeit	elektrische Leitfähigkeit	Durchlässigkeit	Diffusionskonstante
Wärmekapazität x Dichte	elektrische Kapazität	Aufnahmefähigkeit	Löslichkeit

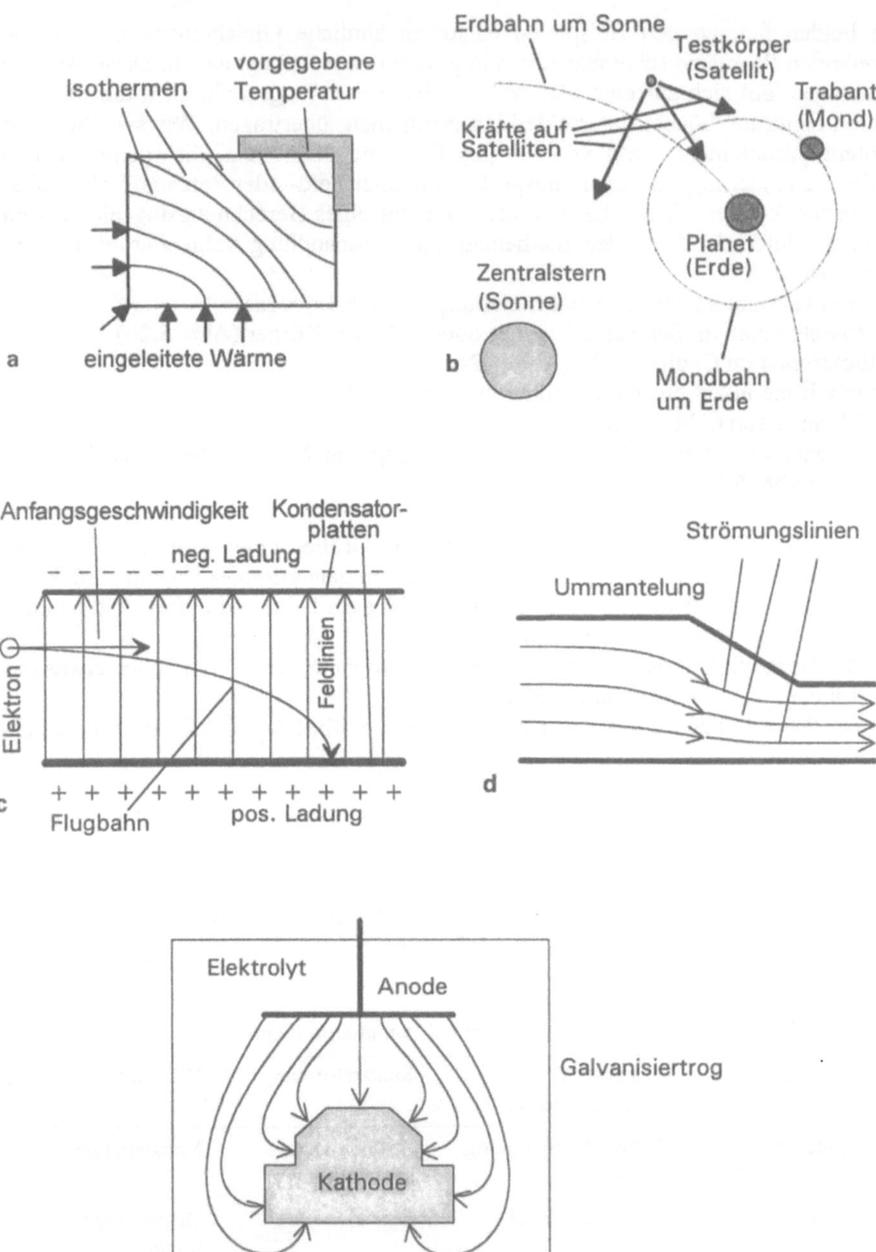

Abb. 5.2: Beispiele von Potentialproblemen. **a** Temperaturfeld auf einem 2-D Kontinuum, **b** Kräfte auf einen Satelliten im Schwerefeld von Sonne, Erde und Mond, **c** Flugbahn eines Elektrons in einem Plattenkondensator, **d** Strömungslinien an einer Verengung, **e** Ionenfluß beim Galvanisieren

Diese partielle Differentialgleichung (es treten partielle oder Richtungs-Ableitungen nach den 3 Raumrichtungen und der Zeit auf) drückt aus, daß die zu untersuchende physikalische Größe u im betrachteten Gebiet eine Erhaltungsgröße ist. Ihrer zeitlichen Änderung $\dot u$ an einer Stelle (x, y, z) entspricht ein Zu- oder Abfluß aus der oder in die Umgebung. Diesen Zu- oder Abfluß ruft die *Krümmung* Δu des Feldes hervor, sofern er nicht (durch den Term $f(x, y, z, t)$) von außen gesteuert erfolgt.

5.2
Der Wärmeleitstab

Wenn wir uns im folgenden meist auf Beispiele aus der Wärmeleitung beziehen, so deshalb, weil sie dem Ingenieur am ehesten vertraut und mit dem sog. gesunden Menschenverstand relativ leicht nachvollziehbar sind. Die gesuchten Felder sind hier die Temperaturverteilungen auf den Komponenten. Bei Wärmeleitproblemen heißt unsere DGL

$$c\rho\ \dot T - \lambda\Delta T = c\rho\frac{\partial T}{\partial t} - \lambda\left(\frac{\partial^2 T}{\partial x^2} + \frac{\partial^2 T}{\partial y^2} + \frac{\partial^2 T}{\partial z^2}\right) = \dot Q\,(x,y,z,t) \qquad (5.1')$$

Hierbei ist $T = T(x, y, z, t)$ die Temperatur, c die Wärmekapazität, ρ die Dichte, λ die Wärmeleitfähigkeit und $Q(x,y,z,t)$ die von außen angelieferte bzw. nach außen abgeführte Wärmemenge je Zeit, der externe Wärmefluß. Um nicht zu sehr durch die Komplexität der 3-dimensionalen Prozesse in der Anschauung beeinträchtigt zu werden, leiten wir, wie in der Elastomechanik beim Zugstab, die grundlegenden Zusammenhänge am 1-dimensionalen Wärmeleitstab her.

5.2.1
Die 1-dimensionale Transportgleichung

Die zeitliche Änderung der Temperatur an einem Ort (x, y, z) entspricht nach Gleichung (5.1') der Differenz zwischen Zu- und Abfluß von Energie in Form von Wärme in ein Volumenelement hinein oder aus einem Volumenelement heraus und der von außen zugeführten bzw. nach außen abgeführten Wärmemenge Q. Im Inneren des betrachteten Gebietes, überall dort, wo keine äußere Wärme zu- oder abgeführt wird, reduziert sich Gl. (5.1') zu der sog. Transportgleichung, die uns bei Diffusionsprozessen als das 2. Ficksche Gesetz bekannt ist:

$$c\rho\frac{\partial T}{\partial t} = \lambda\left(\frac{\partial^2 T}{\partial x^2} + \frac{\partial^2 T}{\partial y^2} + \frac{\partial^2 T}{\partial z^2}\right) \qquad (5.2)$$

wenn c wieder die Wärmekapazität, ρ die Dichte und λ die Wärmeleitfähigkeit bedeuten. Diese Gleichung wird oft mit $\kappa = \lambda/\rho c$ in der folgenden Form geschrieben:

$$\dot T = \frac{\partial T}{\partial t} = \kappa\left(\frac{\partial^2 T}{\partial x^2} + \frac{\partial^2 T}{\partial y^2} + \frac{\partial^2 T}{\partial z^2}\right) = \kappa\,\Delta T \qquad (5.2')$$

Der Sonderfall $\dot{T} = 0$ beschreibt die stationäre Wärmeleitung. Das ist der Zustand, der sich ggf. nach einer gewissen Anfangszeit als konstante Temperaturverteilung im betrachteten Gebiet einstellt.

Um Gl. (5.2) zumindest für den 1-dimensionalen Fall herzuleiten, stellen wir uns wie in Abb. 5.3 (analog zu den Zugstäben der Fachwerke in der Statik, Kap. 3) eine durch 3 Knoten beschriebene Kette aus 2 gleichlangen Wärmeleitstäben vor. In beiden Stäben nehmen wir den Querschnitt A, die Wärmeleitfähigkeit λ und -kapazität c sowie Dichte ρ als konstant an. An den Knoten herrschen die Temperaturen T_1, T_2 und T_3. Dann fließt im Stab 1 in Richtung $1 \rightarrow 2$ die Wärmemenge je Zeit

$$\frac{dQ_{12}}{dt} = -\frac{\lambda A}{l}\,(T_2 - T_1) \qquad . \tag{5.3}$$

im Stab 2 entsprechend $(2 \rightarrow 3)$

$$\frac{dQ_{23}}{dt} = -\frac{\lambda A}{l}\,(T_3 - T_2) \tag{5.3'}$$

Das negative Vorzeichen zeigt an, daß bei der gewählten Reihenfolge der Indizes der Wärmefluß in Richtung der kleineren Temperaturen verläuft. Vor der Temperaturdifferenz steht der Ausdruck $\lambda A/l$, die Wärmeleitfähigkeit des Stabs, der uns an die Elementsteifigkeit des Zugstabs $k = EA/l$ erinnert. Tatsächlich entstehen bei der stationären Wärmeleitung in Stäben ähnliche Gleichungen wie bei Zugstabketten, wenn die Elementsteifigkeit durch die Elemenleitfähigkeit ersetzt wird.

Nehmen wir an, daß jeweils die halbe Masse der beiden Stäbe in den entsprechenden Stabknoten konzentriert ist, dann wird sich die im Knoten 2 (dem eine Masse $m_2 = 2\,\rho A l\,/\,2 = \rho A l$ von 2 halben Stäben zugeordnet ist) gespeicherte

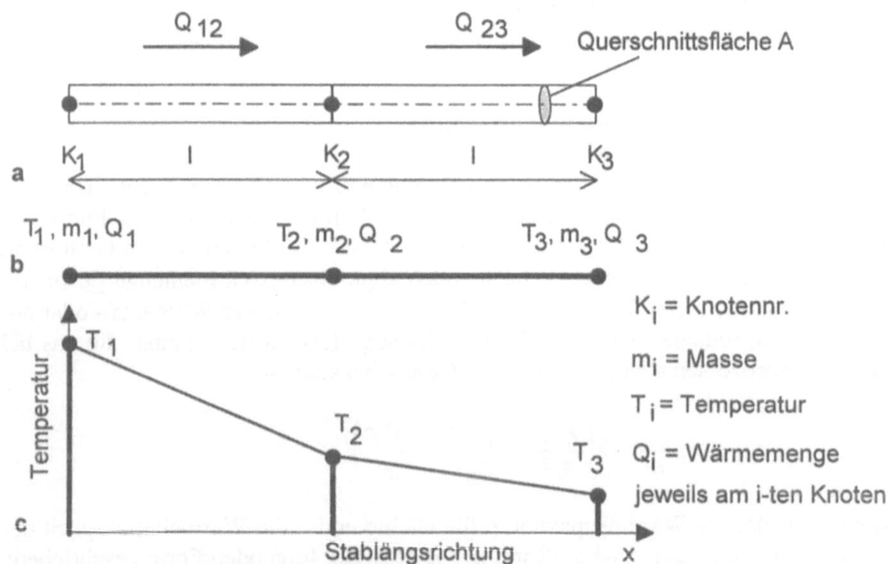

Abb. 5.3: Zur Herleitung der 1-dimensionalen Transportgleichung. **a** Modell der Stabkette aus 2 Stäben und 3 Knoten, **b** Ersatzmodell mit in den 3 Knoten konzentrierten Massen, **c** Temperaturverlauf längs der Stäbe

Wärmemenge infolge der durch Gl. (5.3) bzw. Gl. (5.3') gegebenen Wärmeflüsse ändern

$$\frac{dQ_2}{dt} = \frac{dQ_{12}}{dt} - \frac{dQ_{23}}{dt} = \frac{\lambda A}{l}\,(T_1 - 2T_2 + T_3) \tag{5.4}$$

Die Änderung der Wärmemenge und der Temperatur sind durch $dQ_2 = \rho c Vol\, dT$ verknüpft, entsprechend setzen wir

$$\rho\, c\, Vol\,\frac{dT_2}{dt} = \frac{\lambda A}{l}\,(T_1 - 2T_2 + T_3) \tag{5.4'}$$

oder (durch $Vol = Al$ dividiert)

$$\rho c\,\frac{dT_2}{dt} = \frac{\lambda}{l^2}\,(T_1 - 2T_2 + T_3) \tag{5.5}$$

Schreiben wir wieder $\kappa = \lambda/\rho c$, so erhalten wir für den Grenzfall $l \rightarrow 0$ auf der rechten Seite von Gl. (5.5) (vgl. numerisches Differenzieren, Anhang A1.2.3) nach

$$y''(x) = \lim_{\Delta x \rightarrow 0} \frac{y(x + \Delta x) - 2y(x) + y(x - \Delta x)}{\Delta x^2}$$

die Beziehung

$$\dot{T}_2 = \kappa\frac{\partial^2 T_2}{\partial x^2} = \kappa\, T_{2,xx}$$

und, da der Abschnitt K_1-K_3 beliebig aus einem Stück Wärmeleitstab herausgegriffen wurde, die 1-dimensionale Transportgleichung

$$\dot{T}(x) = \kappa\frac{\partial^2 T(x)}{\partial x^2} = \kappa\, T_{xx}(x) \tag{5.6}$$

Anmerkung: Im stationären Fall ($\dot{T} = 0$) steht in Gl. (5.6), daß die zweite Ableitung der Temperatur nach der Richtung x verschwindet. Die Temperatur fällt linear längs der Wärmeleitstäbe ab, wenn z.B. der Knoten K_3 mit T_3 eine vorgeschriebene Temperatur aufweist und eine externe Wärmequelle im Knoten K_1 eine bestimmte Wärmemenge $\dot{Q}_1$ je Zeit einleitet.

Anmerkung: Wird im stationären Fall nicht mindestens einem Knoten eine Temperatur vorgeschrieben, ist das stationäre Wärmeleitproblem unterbestimmt. Dies findet seine Entsprechung in einem 1-dimensionalen Zugstab in der Statik (vgl. Abschn. 3.1), dessen Verschiebungen bei gegebenen Kräften nur bestimmbar sind, wenn eine statisch nicht unterbestimmte Lagerung vorliegt.

Gleichung (5.6) ist der 1-dimensionale Sonderfall der von Gl. (5.2). Der skizzierte Weg stellt eine elementare Herleitung der Transportgleichung dar. Die räumliche DGL (Gl. (5.2)) entwickelt man für beliebige stationäre und transiente Potentialproblemen auf ähnliche Weise. Gleichung (5.5) erlaubt es, die zeitabhängigen Temperaturen in den n Knoten ($n \geq 3$) einer Kette von Wärmeleitstäben zu berechnen, indem man die Differentialgleichung in Richtung der Zeit (z.B. mit dem Euler-Vorwärts-Verfahren) integriert. Wir erhalten die Temperatur am i-ten inneren Knoten zur Zeit $t + \Delta t$ aus dem Temperaturverlauf zur Zeit t nach

$$T_i(t + \Delta t) \approx T_i(t) + \Delta t\, \dot{T}_i(t) = T_i(t) + \Delta t\, \kappa\, \frac{T_{i+1}(t) - 2T_i(t) + T_{i-1}(t)}{l^2} \tag{5.7}$$

Dieses numerische Integrationsschema stellt in der Raumrichtung x ein *Finite Differenzenverfahren* dar (vgl. Anhang A1.3.1). Wir berechnen den zeitlichen Verlauf der Temperatur an jedem der n Knoten unserer Stabkette aus den Temperaturen des Knotens und der seiner beiden Nachbarknoten zum vorherigen Zeitpunkt. Dazu benötigen wir die Anfangstemperaturen $T_i(0)$ ($i = 1 - n$) und Angaben über Temperaturen oder Wärmeflüsse an den Knoten, an denen derartige *Randbedingungen* während der zu untersuchenden Zeit vorgegeben sind.

Beispiel 5.2: 5 Knoten definieren eine Kette von 4 Wärmeleitstäben wie in Abb. 5.4a. Um die Zahlenrechnung einfach zu halten, setzen wir $\kappa = 1$. Die Anfangstemperaturen an allen Knoten sind $T_i(0) = 0$. Dem Knoten K_1 wird ab dem Zeitpunkt $t = 0$ eine (nur für dieses Beispiel sinnvolle) Temperatur von $T_1 = 1000$, dem Knoten K_5 die Temperatur $T_5 = 0$ vorgeschrieben. Wie ist der zeitliche Temperaturverlauf längs der Stabkette?

Lösung: Wenn wir bei diesem Beispiel wie in Gl. (5.7) ein Finite Differenzenverfahren in der Raumrichtung und das Euler-Vorwärts-Verfahren in der Zeit mit $\Delta t = 0,5$ anwenden, erhalten wir aus Gl. (5.7) die in Tabelle 5.2 abgedruckten und in Abb. 5.4b geplotteten Temperaturverläufe. $\Delta t = 0,5$ ist die größtmögliche Schrittweite, da bei der Vorwärtsintegration von Gl. (5.7) die Zeitschrittweite durch

$$\Delta t \leq 1/2 \; \kappa \; \Delta x^2$$

begrenzt ist. Abbildung 5.4c zeigt, daß diese Wahl im Vergleich mit $\Delta t = 0,25$ ein gewisses Nacheilen der Temperaturen bewirkt, die Rechnung mit größerem Zeitschritt unterschätzt die Temperaturen beim Aufheizen. Der zeitliche Verlauf wird aber nicht schlecht abgebildet. Größere Zeitschrittweiten führen zu numerischen Divergenzen (Abb. 5.4d). In diesem Fall sind die errechneten Temperaturen im Inneren des Stabs größer als die am linken bzw. kleiner als die am rechten Randknoten, was physikalisch unsinnig und unmöglich ist, da es gegen den zweiten Hauptsatz der Wärmelehre verstößt.

Tabelle 5.2: Temperaturverlauf beim Aufheizen der Stabkette

Zeit	Temperaturen an den Knoten				
	1	2	3	4	5
0.00	1000.	0.	0.	0.	0.
0.50	1000.	500.	0.	0.	0.
1.00	1000.	500.	250.	0.	0.
1.50	1000.	625.	250.	125.	0.
2.00	1000.	625.	375.	125.	0.
2.50	1000.	688.	375.	188.	0.
3.00	1000.	688.	438.	188.	0.
3.50	1000.	719.	438.	219.	0.
4.00	1000.	719.	469.	219.	0.
4.50	1000.	734.	469.	234.	0.
5.00	1000.	734.	484.	234.	0.
5.50	1000.	742.	484.	242.	0.
6.00	1000.	742.	492.	242.	0.
6.50	1000.	746.	492.	246.	0.
7.00	1000.	746.	496.	246.	0.
7.50	1000.	748.	496.	248.	0.
8.00	1000.	748.	498.	248.	0.
8.50	1000.	749.	498.	249.	0.
9.00	1000.	749.	499.	249.	0.
9.50	1000.	750.	499.	250.	0.
10.00	1000.	750.	500.	250.	0. = stationärer Zustand

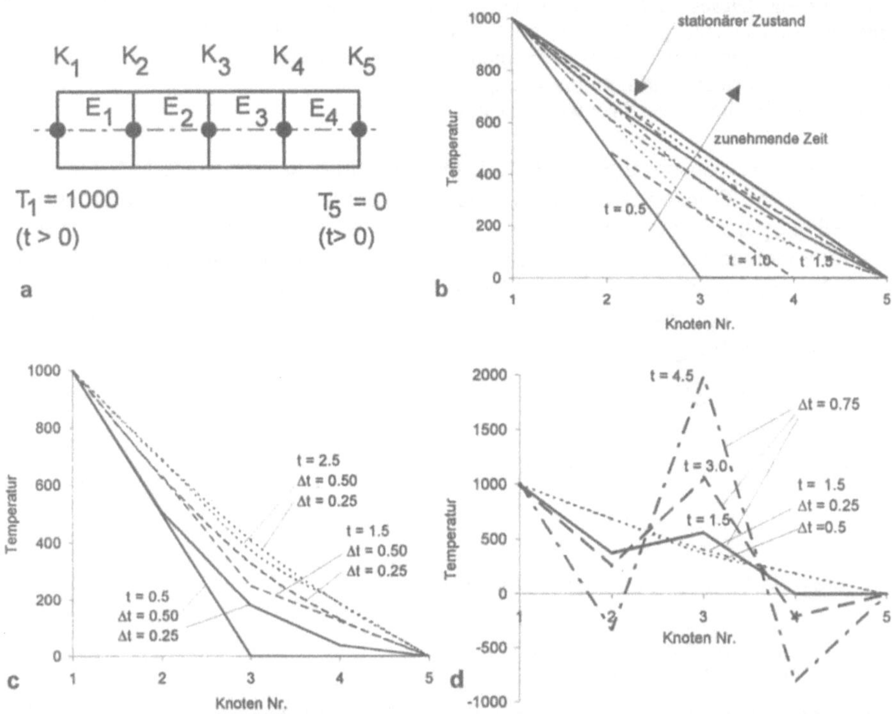

Abb. 5.4: Temperatur-Zeit-Verlauf beim Aufheizen der Wärmeleitstabkette. **a** Kette aus 4 Elementen und 5 Knoten zur Wärmeleitungsberechnung, **b** Temperaturverlauf während des Aufheizens mit $\Delta t = 0,5$, **c** Vergleich der Temperaturverläufe bei verschiedenen Zeitschrittweiten, **d** physikalisch unsinnige Ergebnisse bei $\Delta t > 0,5$ (Überschreitung der maximal zulässigen Integrationszeitschrittweite

5.2.2
Die Matrizen der Wärmeleitfähigkeit und der Wärmekapazität

Die Transportgleichung ist bei beliebigen Geometrien und Randbedingungen i.allg. nicht geschlossen integrierbar, es lassen sich bei vielen Fragestellungen keine Lösungen in Form von analytischen Formeln angeben. Deshalb wollen wir auch hier mit numerischen Methoden, speziell mit Finiten Elementen, eine Näherung des exakten Verlaufs der zu betrachtenden Größe, z.B. der Temperatur, finden.

Die in Gl. (5.1) vorliegende Form der Transportgleichung bzw. ihre 1-dimensionale Variante (Gl. (5.6)) ist so für eine Untersuchung mit Finiten Elementen nicht geeignet, da in ihr zweite Ableitungen nach den Raumrichtungen auftreten. Dies hätte bei linearen Elementen, bei denen die Ansatzfunktionen die Raumrichtungen höchstens in 1. Potenz enthalten, zur Folge, daß die zweiten Ableitungen der linear interpolierten Temperaturen verschwinden, den Wert 0 annehmen. Damit ginge jegliche Information über das Problem verloren. Wir behelfen uns mit einem häufig eingesetzten Verfahren, mit dem man die Ordnung von DGL reduzieren kann.

Anmerkung: Dieses Verfahren darf hier nur mit Vorbehalt eingesetzt werden, da wir beim linearen Stabelement in Gl. (5.15) implizit durch den Testvektor $\delta \mathbf{T}_{elem} = (0, 0)^T$ kürzen, was unzulässig ist. Bei anderen Elementen ist dieses Vorgehen gerechtfertigt, wir nehmen deshalb diesen Mangel hin, da die gezeigte, für die FEM typische Herleitung am Stab besonders anschaulich vorgeführt werden kann.

Wir überführen unsere lineare DGL 2. Ordnung in eine lineare DGL 1. Ordnung, indem wir die Transportgleichung mit einer Testfunktion δT multiplizieren und anschließend partiell integrieren. Diese Testfunktion ist beliebig auf dem zu untersuchenden Gebiet, sie darf nur nicht in großen Bereichen konstant Null werden. Sie darf aber, und davon machen wir Gebrauch, auf dem Rand des zu analysierenden Gebiets, im 1-dimensionalen Fall an den Stabenden, den Wert Null annehmen. Die Grundgleichung

$$\kappa \frac{\partial^2 T}{\partial x^2} = \frac{\partial T}{\partial t}$$

wird mit der Testfunktion δT multipliziert

$$\delta T \, \kappa \frac{\partial^2 T}{\partial x^2} = \delta T \, \frac{\partial T}{\partial t}$$

als Integral über die Länge des Stabs dargestellt

$$\int_0^l \delta T \, \kappa \frac{\partial^2 T}{\partial x^2} dx = \int_0^l \delta T \, \frac{\partial T}{\partial t} dx$$

und anschließend die linke Seite nach (vgl. Anhang A1.2.1)

$$\int u v'' dx = [u v'] - \int u' v' dx$$

partiell integriert

$$\int_0^l \delta T \, \frac{\partial^2 T}{\partial x^2} dx = \left[\delta T \, \frac{\partial T}{\partial x} \right]_0^l - \int_0^l \frac{\partial \delta T}{\partial x} \, \frac{\partial T}{\partial x} dx$$

Wählen wir eine Testfunktion δT, die für $x = 0$ und $x = l$ den Wert 0 annimmt, verschwindet der erste Ausdruck der rechten Seite der letzten Gleichung, unsere Transportgleichung erscheint in der Form

$$-\kappa \int_0^l \frac{\partial \delta T}{\partial x} \frac{\partial T}{\partial x} dx = \int_0^l \delta T \, \frac{\partial T}{\partial t} dx \tag{5.8}$$

In Gl. (5.8) treten nur noch erste räumliche Ableitungen der Temperatur auf. Wir können wieder das in Kap. 2, 3 und 4 vorgestellte Interpolationverfahren anwenden. Wie in der Elastostatik wählen wir auf dem Stab Ansatzfunktionen. Bei einem linearen Wärmeleitstab, der nur durch seine beiden Endknoten gekennzeichnet ist, lauten diese (vgl. Abschn. 3.1.3)

$$h_1(x) = 1 - \frac{x}{l}$$

$$h_2(x) = \frac{x}{l} \tag{5.9}$$

Daraus konstruieren wir die Matrix

$$\mathbf{H}(x) = (h_1(x), h_2(x)) = \left(1 - \frac{x}{l}, \frac{x}{l}\right) \tag{5.10}$$

mit deren Hilfe wir die Temperatur auf dem Stab aus den beiden Temperaturen T_1 und T_2 interpolieren

$$T(x) \approx T_1 h_1 + T_2 h_2 = (h_1, h_2)\begin{pmatrix} T_1 \\ T_2 \end{pmatrix}$$

$$= \mathbf{H}\,\mathbf{T}_{elem} \tag{5.11}$$

Wie in Kap. 4 schreiben wir die Argumente der Ansatzfunktionen nicht, wenn dies die Lesbarkeit der Gleichungen erhöht und Verwechslungen nicht zu befürchten sind. Die Änderung des Temperatur längs des Stabes näheren wir durch

$$\frac{\partial T(x)}{\partial x} \approx T_1 \frac{\partial h_1}{\partial x} + T_2 \frac{\partial h_2}{\partial x} = \left(\frac{\partial h_1}{\partial x}, \frac{\partial h_2}{\partial x}\right)\begin{pmatrix} T_1 \\ T_2 \end{pmatrix}$$

$$= \mathbf{B}\,\mathbf{T}_{elem} \tag{5.12}$$

mit

$$\mathbf{B} = \left(\frac{\partial h_1(x)}{\partial x}, \frac{\partial h_2(x)}{\partial x}\right) = \frac{1}{l}(-1, 1) \tag{5.13}$$

an. Gehen wir mit dieser Interpolation in Gl. (5.8), folgt

$$-\kappa \int_0^l \frac{\partial \delta T}{\partial x}\frac{\partial T}{\partial x}\mathrm{d}x = \int_0^l \delta T\,\frac{\partial T}{\partial t}\mathrm{d}x$$

$$-\kappa \int_0^l \delta \mathbf{T}_{elem}^{\mathrm{T}}\,\mathbf{B}^{\mathrm{T}}\mathbf{B}\mathbf{T}_{elem}\mathrm{d}x = \int_0^l \delta \mathbf{T}_{elem}^{\mathrm{T}}\,\mathbf{H}^{\mathrm{T}}\mathbf{H}\frac{\partial \mathbf{T}_{elem}}{\partial t}\mathrm{d}x \tag{5.14}$$

In dieser Gleichung hängen die Knotentemperaturen $\mathbf{T}_{elem} = (T_1, T_2)^{\mathrm{T}}$ und die Werte der Testfunktion $\delta \mathbf{T}_{elem} = (\delta T_1, \delta T_2)^{\mathrm{T}}$ nicht von der Integrationsvariablen x ab. Wir können sie unter Berücksichtigung der Regeln der Matrizenmultiplikation vor bzw. hinter das Integral ziehen

$$-\delta \mathbf{T}_{elem}^{\mathrm{T}}\,\kappa \int_0^l \mathbf{B}^{\mathrm{T}}\mathbf{B}\,\mathrm{d}x\,\mathbf{T}_{elem} = \delta \mathbf{T}_{elem}^{\mathrm{T}}\int_0^l \mathbf{H}^{\mathrm{T}}\mathbf{H}\,\mathrm{d}x\,\dot{\mathbf{T}}_{elem} \tag{5.15}$$

Da $\delta \mathbf{T}_{elem}$ eine beliebige Variation der Knotentemperaturen ist, darf durch $\delta \mathbf{T}_{elem}$ gekürzt werden (vgl. Anhang A1.1.2 und die Anmerkung auf S. 124). Es entsteht die Beziehung

$$\int_0^l \mathbf{H}_{elem}^{\mathrm{T}}\mathbf{H}\,\mathrm{d}x\,\dot{\mathbf{T}}_{elem} + \kappa \int_0^l \mathbf{B}^{\mathrm{T}}\mathbf{B}\,\mathrm{d}x\,\mathbf{T}_{elem} = 0 \tag{5.16}$$

oder, wenn wir $\kappa = \lambda/\rho c$ einsetzen

$$\rho c \int_0^l \mathbf{H}_{elem}^T \mathbf{H}\, dx\, \dot{\mathbf{T}}_{elem} + \lambda \int_0^l \mathbf{B}^T \mathbf{B}\, dx\, \mathbf{T}_{elem} = 0 \qquad (5.17)$$

Bei Werkstoffen, deren Eigenschaften im Element nicht konstant sind, müssen wir die nichtkonstanten Kennwerte $\rho(x)$, $c(x)$ bzw. $\lambda(x)$ unter das Integral ziehen.

Wollen wir die Gesamtenergie des Zugstabs erfassen, genügt es nicht, über die Länge l zu integrieren. Statt dessen muß sich das Integral in Gl. (5.17) über das Volumen $Vol = Al$ erstrecken. Wir nennen

$$\mathbf{K}_{elem} = \lambda A \int_0^l \mathbf{B}^T \mathbf{B}\, dx \qquad (5.18)$$

die *Elementwärmeleitfähigkeitsmatrix* und

$$\mathbf{M}_{elem} = \rho c A \int_0^l \mathbf{H}_{elem}^T \mathbf{H}\, dx \qquad (5.19)$$

die *Elementmassenmatrix* des Wärmeleitstabs, obwohl der Begriff *Wärmekapazitätsmatrix* hier genauer wäre. Mit den Ansatzfunktionen aus Gl. (5.9) und (5.10) errechnen wir (vgl. Gl. (3.38))

$$\mathbf{K}_{elem} = \frac{\lambda A}{l} \begin{pmatrix} 1, & -1 \\ -1, & 1 \end{pmatrix} \qquad (5.20)$$

und

$$\mathbf{M}_{elem} = \frac{\rho c A l}{6} \begin{pmatrix} 2, & 1 \\ 1, & 2 \end{pmatrix} \qquad (5.21)$$

Die Leitfähigkeitsmatrix erinnert an die Steifigkeitsmatrix des Zugstabs, an Stelle der Stabsteifigkeit $k = EA/l$ steht in diesem Fall die Leitfähigkeit des Wärmeleitstabs $k = \lambda A/l$.

Im Gegensatz zur Leitfähigkeitsmatrix ist die Massenmatrix nicht singulär, ihre Determinante verschwindet nicht, ihre Zeilen (und Spalten) sind linear unabhängig. Physikalisch kann dieser Unterschied so interpretiert werden: Weist ein Stab zwar an einem Knoten eine Wärmezufuhr, aber am anderen Knoten keine vorgeschriebene Temperatur als Randbedingung auf, erwärmt sich dieser Stab immer weiter, es stellt sich keine stationäre Temperaturverteilung ein. Dies entspricht dem Zugstab ohne Lagerung, der durch eine Einzellast (dem Äquivalent einer Wärmezufuhr) immer weiter in die Richtung dieser Kraft beschleunigt wird. Die träge Masse sorgt wie die Wärmekapazität dafür, daß zu jeder endlichen Zeit nur endliche Verschiebungen bzw. Temperaturen auftreten. Dem entspricht in der Matrizenformulierung die Nicht-Singularität der Massenmatrizen. Ein stationärer Zustand, der sich erst nach sehr großen, theoretisch unendlich langen Vorlaufzeit einstellt, wird in beiden Fällen nicht erreicht.

5.2.3
Diagonale Massenmatrizen

Bei verschiedenen Anwendungen, weniger in der Wärmeleitung eher bei Strömungs- und Crashproblemen, wird die Massenmatrix auf Diagonalgestalt gebracht, die Matrix hat nur auf der Diagonale von 0 verschiedene Einträge. Beim Wärmeleitstab erhalten wir die Form

$$\mathbf{M}_{elem,dia} = \frac{\rho c Al}{2} \begin{pmatrix} 1, & 0 \\ 0, & 1 \end{pmatrix} = \begin{pmatrix} \frac{cm}{2}, & 0 \\ 0, & \frac{cm}{2} \end{pmatrix} \tag{5.21'}$$

Diese Diagonalmatrix hat den Vorteil, daß sie einfach invertierbar ist. Die (als existierend angenommene) Inverse einer Diagonalmatrix $\mathbf{A} = (a_{ii})$ ist die Matrix $(1/a_{ii})$, auf deren Diagonale $1/a_{ii}$ steht. Zum Aufbau dieser Diagonalmassenmatrix nimmt man an, daß die ganze Masse oder Wärmekapazität in den Knoten konzentriert ist (vgl. Abschn. 6.2.4).

5.3
Die FEM, ein Galerkinverfahren

In Abschn. 1.5 haben wir das Galerkinverfahren zur Integration einer gewöhnlichen DGL kennengelernt. Es besteht im wesentlichen darin, die unbekannte Größe $y(x)$ und ihre Ableitungen durch eine Summe von unbekannten Koeffizienten multipliziert mit bekannten Ansatzfunktionen darzustellen.

$$y(x) = h_0(x) + a_1 h_1(x) + \ldots + a_n h_n(x) \tag{5.22}$$

$$y'(x) = h'_0(x) + a_1 h'_1(x) + \ldots + a_n h'_n(x) \tag{5.23}$$

Wir nähern eine DGL der Form

$$r(x, y(x), y'(x)) = 0 \tag{5.24}$$

durch

$$r\left(x, \left\{h_0(x) + \sum_{i=1}^{n} a_i h_i(x)\right\}, \left\{h'_0(x) + \sum_{i=1}^{n} a_i h'_i(x)\right\}\right) = 0 \tag{5.25}$$

an (vgl. Gl. (1.10)). $h_0(x)$ beschreibt die Rand- oder Anfangsbedingungen, während an Stellen mit Randbedingungen $h_i(x) = 0$, $(i = 1{-}n)$ gilt. Diese Annäherung multiplizieren wir mit den Ansatzfunktionen $h_k(x)$, $(k = 1{-}n)$ und berechnen daraus die gewichteten Residuen R_k, um die unbekannten Koeffizienten a_i zu bestimmen.

$$R_k = \int_a^b h_k(x)\, r\left(x, \left\{h_0(x) + \sum_{i=1}^{n} a_i h_i(x)\right\}, \left\{h'_0(x) + \sum_{i=1}^{n} a_i h'_i(x)\right\}\right) dx \quad (k=1{-}n) \tag{5.26}$$

Schreiben wir Gl. (5.6) in der Form

$$\kappa \frac{\partial^2 T}{\partial x^2} - \frac{\partial T}{\partial t} = 0$$

und approximieren $T(x)$ bei einem n-knotigen Element mit

$$T(x) \approx \sum_{i=1}^{n} T_i h_i(x) = \mathbf{H}\,\mathbf{T}_{elem} \tag{5.27}$$

sowie

$$\delta T(x) \approx \sum_{i=1}^{n} \delta T_i h_i(x) = \mathbf{H}\,\delta \mathbf{T}_{elem} \tag{5.27'}$$

folgt der Integralausdruck

$$\int_0^l (\Sigma\,\delta T_i h_i(x)\,)\left(\Sigma \left\{ \kappa T_i \frac{\partial^2 h_i(x)}{\partial x^2} - \dot{T}_i\,h_i(x) \right\} \right) dx$$

$$\approx \int_0^l \delta \mathbf{T}_{elem}^{\mathrm{T}} \mathbf{H}^{\mathrm{T}} \left(\kappa \frac{\partial^2 \mathbf{H}}{\partial x^2} \mathbf{T}_{elem} - \mathbf{H}\,\dot{\mathbf{T}}_{elem} \right) dx = 0 \tag{5.28}$$

Nachdem wir den vom Integral unabhängigen Testvektor $\delta \mathbf{T}_{elem}$ (die Variation, vgl. Anhang A2.3) links aus dem letzten Integral gezogen und (jetzt zulässigerweise) durch diese nichtverschwindende Variation $\delta \mathbf{T}_{elem}$ gekürzt haben, erhalten wir

$$\int_0^l \mathbf{H}^{\mathrm{T}} \left(\kappa \frac{\partial^2 \mathbf{H}}{\partial x^2} \mathbf{T}_{elem} - \mathbf{H}\,\dot{\mathbf{T}}_{elem} \right) dx = 0 \tag{5.29}$$

Dieses Integral besteht, wie man sich durch Einsetzen verdeutlichen kann, aus Zeilen der Art

$$R_k = \int_0^l h_k(x) \left(\sum_{i=1}^{n} \left\{ \kappa T_i \frac{\partial^2 h_i(x)}{\partial x^2} - \dot{T}_i\,h_i(x) \right\} \right) dx = 0 \tag{5.30}$$

also aus den mit den h_k gewichteten Residuen der DGL in der Form von Gl. (5.24).

Die FEM stellt sich in diesem 1-dimensionalen Fall als Galerkinverfahren dar, bei dem die Berechnung der Knotenpunkttemperaturen der Ermittlung der unbekannten Koeffizienten mit Hilfe der gewichteten Residuen entspricht. Die Operationen mit dem Greenschen Integralsatz, die in Abschn. 5.5 zu den Elementmatrizen führen, stellen eine 2- bzw. 3-dimensionale Erweiterung des hier gezeigten dar. Auch in diesen Fällen bilden wir implizit die gewichteten Residuen der Approximationen der DGL.

Ähnlich können wir auch in Elastomechanik und Dynamik argumentieren, wenn wir die DGL der Erhaltungsgröße

$$\delta W_{el} - \delta W_{ex} = 0$$

Kap. 4, Gl. (4.12) bzw.

$$\delta \mathbf{u}^{\mathrm{T}}(\mathbf{F}_m + \mathbf{F}_c + \mathbf{F}_k - \mathbf{F}_{ex}) = 0$$

Kap. 6, Gl. (6.1) in der Form von Gl. (5.28) bzw. (5.29) schreiben.

5.4
Randbedingungen, Gesamtmatrizen

5.4.1
Randbedingungen bei Wärmeleitproblemen

Die Transportgleichung (Gl. (5.1)) hat nach der obigen Herleitung bei einem Wärmeleitstab die Form (vgl. Gl. (5.17))

$$\mathbf{M}_{elem}\,\dot{\mathbf{T}}_{elem} + \mathbf{K}_{elem}\,\mathbf{T}_{elem} = \dot{\mathbf{Q}}_{elem} \tag{5.31}$$

angenommen. Hier bedeutet $\dot{\mathbf{Q}}_{elem}$ den vorgegebenen Wärmefluß an den beiden Knoten des Stabs. Im stationären Fall ($\dot{\mathbf{T}}_{elem} = 0$) reduziert sich Gl. (5.22) zu

$$\mathbf{K}_{elem}\,\mathbf{T}_{elem} = \dot{\mathbf{Q}}_{elem} \tag{5.32}$$

Dieses lineare Gleichungssystem hat, wie das entsprechende System eines nicht gelagerten Zugstabs, keine eindeutige Lösung, da die Elementleitfähigkeitsmatrix singulär ist. Sobald wir an einem Knoten die Temperatur vorschreiben, können wir durch den gleichen Formalismus wie beim Zugstab die Temperatur am anderen Knoten und den Wärmefluß am Knoten mit gegebener Temperatur berechnen.

Beispiel 5.3: Für einen Wärmeleitstab wie dem linken der beiden in Abb. 5.3a sei die Wärmeleitfähigkeit λ = 50 N/sec K, (zu den Einheiten vgl. Abschn. 5.6.1), die Querschnittsfläche A = 10 mm^2 und die Stablänge l = 1000 mm gegeben. Der Knoten K_1 hat eine konstante Temperatur von T_1 = 100 °C (z.B. durch Eintauchen in kochendes Wasser). Am Knoten K_2 wird ein Wärmefluß von $\dot{Q}$ = 0,01 W = 10 Nmm/sec vorgeschrieben. Welche Temperatur erhalten wir am Knoten K_2, welcher Wärmefluß stellt sich im Knoten K_1 ein?
Lösung: Die Wärmeleitfähigkeitsmatrix des Stabs ist nach Gl. (5.20) mit $k = \lambda\,A\,/l$

$$\mathbf{K}_{elem} = k \begin{pmatrix} 1, & -1 \\ -1, & 1 \end{pmatrix} = 0,5\,\frac{\text{Nmm}}{\text{sec K}} \begin{pmatrix} 1, & -1 \\ -1, & 1 \end{pmatrix} \tag{a}$$

Die Matrizen-Gleichung (5.32) ergibt zwei Gleichungen der Form

$$+k\,T_1 - k\,T_2 = \dot{Q}_1 \tag{b}$$
$$-k\,T_1 + k\,T_2 = \dot{Q}_2 \tag{c}$$

Der Randbedingung T_1 = 373 K entspricht das Einbringen einer Randbedingung $u \neq 0$ in der Elastomechanik (vgl. Anmerkung zu Randbedingungen $u \neq 0$ in Abschn. 3.4). Wir betrachten zunächst nur Gl. (c)

$$T_2 = \frac{\dot{Q}_2 + k\,T_1}{k} = \frac{10\,\frac{\text{Nmm}}{\text{sec}} + 0,5\,\frac{\text{Nmm}}{\text{sec K}}\,373\,\text{K}}{0,5\,\frac{\text{Nmm}}{\text{sec K}}} = 393\,\text{K} = 120\,^\circ\text{C} \tag{d}$$

Aus Gleichung (b) erhalten wir den (Wärmeab-) Fluß im Knoten K_1 zu

$$\dot{Q}_1 = k\,(T_1 - T_2) = 0,5\,\frac{\text{Nmm}}{\text{sec K}}\,20\,\text{K} = -10\,\frac{\text{Nmm}}{\text{sec}} = -0,01\,\text{W} \tag{e}$$

also genau die Wärmemenge je Zeit, die im Knoten K_2 eingebracht wird. Dies entspricht der Reaktionskraft am Zugstab (Abschn. 3.1), die der angreifenden Kraft das Gleichgewicht halten muß. Der Übergang von °C auf K ist nicht erforderlich, im Berechnungsschema dürfen wir beliebige Temperaturnullpunkte wählen. Gleichermaßen existieren keine Grenzen für die errechneten Temperaturen. Physikalisch unmögliche −400 K können genauso als Rechenergebnis auftreten wie +10 000 K. Es bleibt in der Verantwortung des Berechnungsingenieurs, sich die Gültigkeitsbereiche seiner Untersuchung bewußt zu machen, um unsinnige Ergebnisse zu vermeiden.

Neben der Analogie von Steifigkeit und Leitfähigkeit haben wir bei den Randbedingungen ebenfalls vergleichbare Größen. Die Randbedingungen der Wärmeleitung und ihre Entsprechung in der Elastostatik sind

$$
\begin{array}{lcl}
\text{Temperatur} & \Leftrightarrow & \text{Verschiebung} \\
\text{Wärmefluß} & \Leftrightarrow & \text{Kraft}
\end{array}
$$

Bei der instationären, zeitabhängigen Wärmeleitung, den Aufheiz- und Abkühlprozessen, kommt dazu noch die Anfangstemperatur, der in der Dynamik die Anfangslage und -geschwindigkeit entsprechen.

5.4.2
Gesamtmatrizen, Berücksichtigung der Randbedingungen

Aus den Elementmatrizen der Wärmeleitstäbe lassen sich wie aus den Zugstäben Fachwerke (Abschn. 3.3) aufbauen, indem man die Elementbeiträge der Stäbe zu den entsprechenden Stellen der Gesamtleitfähigkeitmatrix $\mathbf{K}_{ges}$ und der Gesamtmassenmatrix $\mathbf{M}_{ges}$ addiert. Bei *nelem* Stäben erhalten wir

$$
\mathbf{K}_{ges} = \sum_{i=1}^{nelem} \mathbf{K}_{elem,i} \tag{5.33}
$$

$$
\mathbf{M}_{ges} = \sum_{i=1}^{nelem} \mathbf{M}_{elem,i} \tag{5.34}
$$

wobei die Summen wieder nicht algebraisch, sondern als Addition der Terme an den jeweiligen Knoten des Fachwerks zu verstehen sind (vgl. Gl. (3.58)). Im Fall der stationären Wärmeleitung ($\dot{T} = 0$) berücksichtigen wir Randbedingungen in Form von vorgegebenen Temperaturen an einzelnen Knoten, indem wir die Gesamtleitfähigkeitsmatrix $\mathbf{K}_{ges}$ entsprechend Abschn. 3.4 und Beispiel 3.3 um die Zeilen und Spalten der Knoten mit vorgegebenen Temperaturen reduzieren. Dabei behandeln wir vorgegebene Temperaturen $T_j \neq 0$ wie Verschiebungen $u_j \neq 0$ (vgl. Beispiel 5.3). Für alle n_{RB} gegebenen Randbedingungen subtrahieren wir die einem Knoten mit vorgegebener Temperatur entsprechenden Spalten multipliziert mit der Temperatur des Knotens von der rechten Seite des linearen Gleichungssystems, des Lastvektors $\mathbf{Q}_{ges}$

$$
\dot{\mathbf{Q}}_{ges}^{*} = \dot{\mathbf{Q}}_{ges} - \sum_{j=1}^{n_{RB}} \mathbf{K}_{,j} \tag{5.35}
$$

Anschließend streichen wir in $\mathbf{K}_{ges}$ die Zeilen und Spalten der Knoten mit vorgegebener Temperatur. Von den Vektoren $\mathbf{T}_{ges}$ und $\dot{\mathbf{Q}}_{ges}$ streichen wir die entsprechenden Zeilen. Es entsteht bei sinnvollen Randbedingungen, die in diesem Fall mindestens eine vorgegebenen Temperatur enthalten, das lösbare Gleichungssystem

$$\mathbf{K}_{red}\,\mathbf{T}_{red} = \dot{\mathbf{Q}}_{red} \tag{5.36}$$

Dessen Lösung $\mathbf{T}_{red}$ ergibt mit den Temperaturen der Knoten mit Temperaturrandbedingungen, die aus $\mathbf{T}_{ges}$ entfernt wurden, den Gesamttemperaturvektor $\mathbf{T}_{ges}$. Mit $\mathbf{T}_{ges}$ errechnet man noch die Wärmeflüsse, die zu- oder abzuführenden Wärmemengen an den Knoten, an welchen vorgegebene Temperaturen herrschen.

$$\dot{\mathbf{Q}}_{ges} = \mathbf{K}_{ges}\,\mathbf{T}_{ges} \tag{5.37}$$

Im Falle transienter Analysen werden die Temperaturrandbedingungen bei der Massenmatrix $\mathbf{M}_{ges}$ ebenfalls durch Streichen der betroffenen Zeilen und Spalten berücksichtigt. Vorgegebene Temperaturänderungen treten auf der rechten Seite als entsprechende Lasten auf. Der Wärmefluß an den Knoten hat damit die Form

$$\dot{\mathbf{Q}}_{ges}^{*} = \dot{\mathbf{Q}}_{ges} - \sum_{j=1}^{n_{RB}}(\mathbf{K}_{,j}T_j - \mathbf{M}_{,j}\,\dot{T}_j) \tag{5.35'}$$

wenn $\mathbf{K}_{,j}$ bzw. $\mathbf{M}_{,j}$ die j-te Spalte der Gesamtmatrix bedeuten (vgl. Gl. (3.61)).

5.4.3
Die Integration der Transportgleichung in der Zeit

Bei instationärer Wärmeleitung liegt mit Gl. (5.31) und nach Gl. (5.33) bzw. (5.34) aufsummierten und dann um die Temperaturvorgaben reduzierten Matrizen $\mathbf{M}_{red}$ und $\mathbf{K}_{red}$ eine DGL in der Zeit vor. Die Lösung dieser DGL ist der zeitliche Verlauf der Temperatur in den Knoten längs einer Stabkette. Diese Lösung hängt natürlich von den Anfangsbedingungen $T_i(t=0)$ ($i = 1-n$) und den während der betrachteten Zeit herrschenden Randbedingung ab. Diese Randbedingungen sind die in der Zeit bekannten Wärmeflüsse $\dot{Q}_i(t)$ und Temperaturen $T_l(t)$ an den Knoten K_i bzw. K_l.

Unter Berücksichtigung der Randbedingungen können wir diese DGL ähnlich wie in Beispiel 5.2 integrieren, indem wir nach der zeitlichen Ableitung der Temperatur auflösen

$$\dot{\mathbf{T}}_{red}(t) = \mathbf{M}_{red}^{-1}\!\left(\dot{\mathbf{Q}}_{red}(t) - \mathbf{K}_{red}\mathbf{T}_{red}(t)\right) \tag{5.38}$$

Hier steht $\mathbf{M}_{red}^{-1}$ für die stets existierende Inverse der Massenmatrix $\mathbf{M}_{red}$. Die Temperatur zum Zeitpunkt $t + \Delta t$ berechnen wir wie in Beispiel 5.2 mit einem Euler-Vorwärts-Verfahren (oder einem anderen geeigneten Integrationsschema) nach

$$\mathbf{T}_{red}(t + \Delta t) \approx \mathbf{T}_{red}(t) + \Delta t\,\dot{\mathbf{T}}_{red}(t) \tag{5.7'}$$

Beispiel 5.4: Eine Kette von Wärmeleitstäben besteht aus 4 Elementen mit 5 Knoten (um die Zahlenrechnung einfach zu halten, alle Daten wie in Beispiel 5.2, vgl. Abb. 5.4a). Die Anfangstemperaturen sind $T_i = 0$ $(i = 1–5)$. Dem Knoten K_1 wird ab der Zeit $t = 0$ die Temperatur $T_1 = 1000$, dem Knoten K_5 die Temperatur $T_5 = 0$ vorgeschrieben. Wie ist der zeitliche Temperaturverlauf längs des Stabs?
Lösung: Wir bauen uns die Gesamt-Massen- und -Leitfähigkeitsmatrizen auf

$$\mathbf{M}_{ges} = \frac{1}{6}\begin{pmatrix} 2, & 1, & 0, & 0, & 0 \\ 1, & 4, & 1, & 0, & 0 \\ 0, & 1, & 4, & 1, & 0 \\ 0, & 0, & 1, & 4, & 1 \\ 0, & 0, & 0, & 1, & 2 \end{pmatrix} \tag{a}$$

und

$$\mathbf{K}_{ges} = \begin{pmatrix} 1, & -1, & 0, & 0, & 0 \\ -1, & 2, & -1, & 0, & 0 \\ 0, & -1, & 2, & -1, & 0 \\ 0, & 0, & -1, & 2, & -1 \\ 0, & 0, & 0, & -1, & 1 \end{pmatrix} \tag{b}$$

Diese Matrizen reduzieren wir um die Einträge der Knoten K_1 und K_5, an denen Temperaturrandbedingungen $(T_1 = 1000,\ T_5 = 0)$ gegeben sind.

$$\mathbf{M}_{red} = \frac{1}{6}\begin{pmatrix} 4, & 1, & 0 \\ 1, & 4, & 1 \\ 0, & 1, & 4 \end{pmatrix} \quad \text{mit} \quad \mathbf{M}_{red}^{-1} = \frac{3}{28}\begin{pmatrix} 15, & -4, & 1 \\ -4, & 16, & -4 \\ 1, & -4, & 15 \end{pmatrix} \tag{c}$$

und

$$\mathbf{K}_{red} = \begin{pmatrix} 2, & -1, & 0 \\ -1, & 2, & -1 \\ 0, & -1, & 2 \end{pmatrix} \tag{d}$$

Der Lastvektor wird, da keine Flüsse, sondern nur 2 Temperaturen vorgeschrieben sind, zu

$$\overset{*}{\mathbf{Q}}_{red} = -\mathbf{K}_{,1}T_1 - \mathbf{K}_{,5}T_5 = \begin{pmatrix} \dot{Q}_2 \\ \dot{Q}_3 \\ \dot{Q}_4 \end{pmatrix} = -\begin{pmatrix} k_{21}T_1 \\ k_{31}T_1 \\ k_{41}T_1 \end{pmatrix} - \begin{pmatrix} k_{25}T_5 \\ k_{35}T_5 \\ k_{45}T_5 \end{pmatrix} = \begin{pmatrix} 1000 \\ 0 \\ 0 \end{pmatrix}. \tag{e}$$

wobei $\mathbf{K}_{,1}$ bzw. $\mathbf{K}_{,5}$ die erste und fünfte Spalte der bereits um die erste und fünfte Zeile reduzierten Gesamtleitfähigkeitsmatrix bedeuten. Wir erhalten damit nach Gl. (5.38) die Beziehung

$$\begin{pmatrix} \dot{T}_2(t) \\ \dot{T}_3(t) \\ \dot{T}_4(t) \end{pmatrix} = \frac{3}{28}\begin{pmatrix} 15, & -4 & 1 \\ -4, & 16 & -4 \\ 1, & -4 & 15 \end{pmatrix}\left(\begin{pmatrix} 1000 \\ 0 \\ 0 \end{pmatrix} - \begin{pmatrix} 2, & -1, & 0 \\ -1, & 2, & 0 \\ 0, & -1, & 2 \end{pmatrix}\begin{pmatrix} T_2(t) \\ T_3(t) \\ T_4(t) \end{pmatrix}\right) \tag{f}$$

die wir wie in Beispiel 5.2 mit einem Euler-Verfahren nach Gl. (5.7') in der Zeit integrieren

$$\begin{pmatrix} T_2(t+\Delta t) \\ T_3(t+\Delta t) \\ T_4(t+\Delta t) \end{pmatrix} \approx \begin{pmatrix} T_2(t) \\ T_3(t) \\ T_4(t) \end{pmatrix} + \Delta t\begin{pmatrix} \dot{T}_2(t) \\ \dot{T}_3(t) \\ \dot{T}_4(t) \end{pmatrix} \tag{g}$$

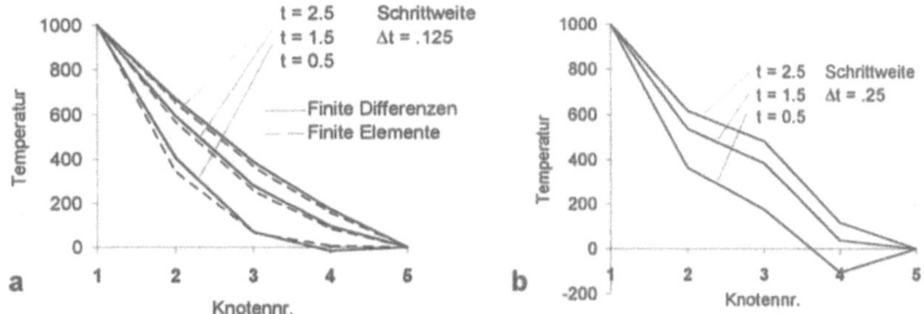

Abb. 5.5: Temperatur-Zeitverlauf bei der Stabkette. **a** Vergleich FEM-Finite Differenzen, **b** Beginn numerischer Oszillationen bei zu großen Zeitschritten

Die Zahlenwerte bei der Integration unterscheiden sich bei kleinen Schrittweiten Δt kaum von denen in Beispiel 5.2 (Abb. 5.5a). Es gibt hier ebenso wie bei der Finiten Differenzenmethode eine maximal zulässige Schrittweite (in diesem Fall $\Delta t_{max} = 0{,}25$), oberhalb derer die in Abb. 5.4d beschriebenen sinnlosen Temperaturschwankungen auftreten. Bei der Annäherung an die hier maximal zulässige Schrittweite $\Delta t_{max} = 0{,}25$ beobachten wir bereits eine Oszillation der Temperaturen (Abb. 5.5b), die, wie in Beispiel 5.2, beim Überschreiten von $\Delta t_{max} = 0{,}25$ zu einem divergenten Verhalten des Temperaturverlaufs führt. Auch hier wird mit höherwertigen Verfahren (z.B. gemischte Euler-Verfahren) effektiver gerechnet, man erzielt mit weniger Zeitschritten realistischere Ergebnisse (vgl. Abschn. 1.3). Deswegen kommen in kommerziellen FE-Programmen meist höhere Verfahren mit *automatischer Schrittweitensteuerung* zum Einsatz.

5.5
Die Elemente der Potentialmechanik

Im Fall der 1-dimensionalen Wärmeleitung im Wärmeleitstab wurde die Transportgleichung (5.1) durch partielle Integration auf die Form einer DGL 1. Ordnung gebracht. Im 2- und 3-dimensionalen Raum gelingt diese Reduktion des Grades der DGL ebenfalls. Dazu verwenden wir den Integralsatz von Green (vgl. Anhang A1.2.2), den wir in einer für unsere Anwendung geeigneten Form angeben.

Auf einem (2- oder 3-dimensionalen) Gebiet Ω (Abb. 5.6a) mit dem Rand Γ sind zwei Funktionen u und v sowie ihre partiellen Ableitungen Δu, ∇u, ∇v definiert. $\mathbf{n}_\Gamma$ bezeichne den normierten Normalenvektor auf Γ. Nach Green gilt

$$\int\limits_\Omega v\,\Delta u\,d\Omega = \int\limits_\Gamma v\,\nabla u\,d\mathbf{n}_\Gamma - \int\limits_\Omega (\nabla v)^{\mathrm{T}}(\nabla u)\,d\Omega \tag{5.39}$$

und wenn v auf dem Rand Γ identisch verschwindet (den Wert 0 annimmt)

$$\int\limits_\Omega v\,\Delta u\,d\Omega = -\int\limits_\Omega (\nabla v)^{\mathrm{T}}(\nabla u)\,d\Omega \tag{5.40}$$

Dieser Integralsatz erlaubt es, die maximal auftretende Ordnung der Ableitungen unter dem Integral um eine Stufe zu erniedrigen. Statt zweiter Ableitungen stehen nur erste Ableitungen unter dem Integral, allerdings auch Ableitungen der zweiten Funktion v, die bisher nur in ihrer Grundform auftrat.

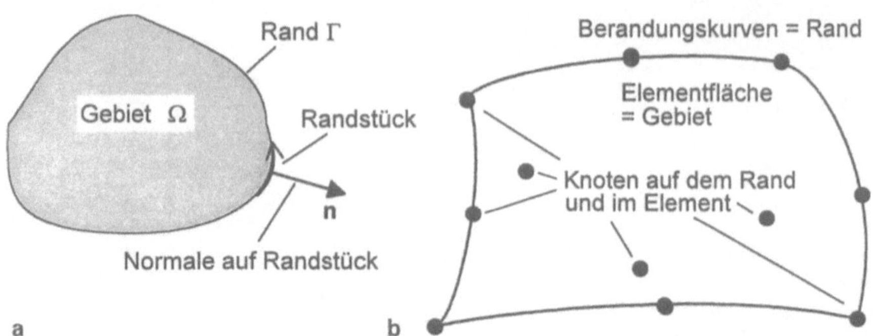

Abb. 5.6: Zur Herleitung der Potentialelemente. **a** Ebenes Gebiet mit orientiertem Rand und Normalenvektor auf dem Rand, **b** Element mit Knoten als Gebiet in der Ebene

Wir wählen auf dem zu untersuchenden Gebiet Ω eine differenzierbare Testfunktion δT, die auf dem Rand des Gebietes verschwindet. Die 2- oder 3-dimensionale Transportgleichung wird mit δT multipliziert und über das Gebiet Ω integriert.

$$c\rho \int_\Omega \delta T\, \dot{T}\, d\Omega \; - \; \lambda \int_\Omega \delta T\, \Delta T\, d\Omega \; = \; \int_\Omega \delta T\, \dot{Q}\, (x,y,z,t)\, d\Omega \tag{5.41}$$

Nach dem Greenschen Integralsatz, einer 2- bzw. 3-dimensionale Erweiterung der partiellen Integration, die zu Gl. (5.8) führt, folgt

$$c\rho \int_\Omega \delta T\, \dot{T}\, d\Omega \; + \; \lambda \int_\Omega \nabla\delta T\, \nabla T\, d\Omega \; = \; \int_\Omega \delta T\, \dot{Q}\, (x,y,z,t)\, d\Omega \tag{5.42}$$

da die Testfunktion δT wie v in Gl. (5.40) auf dem Rand verschwindet.

Wir betrachten das Gebiet Ω als die ebene oder räumliche Ausdehnung eines durch n Knoten beschriebenen Elements (Abb. 5.6b). Dann interpoliert

$$\mathbf{H}\, \mathbf{T}_{elem} = (h_1(x,y,z),\; h_2(x,y,z),\; \ldots,\; h_n(x,y,z)) \begin{pmatrix} T_1 \\ T_2 \\ . \\ . \\ T_n \end{pmatrix} \tag{5.43}$$

den Verlauf der Temperatur im Element. Die räumlichen Änderungen der Temperatur nähern wir durch

$$\nabla T = \begin{pmatrix} \dfrac{\partial T}{\partial x} \\[2mm] \dfrac{\partial T}{\partial y} \\[2mm] \dfrac{\partial T}{\partial z} \end{pmatrix} \approx \mathbf{B}\, \mathbf{T}_{elem} = \begin{pmatrix} h_{1x}, & h_{2x}, & \ldots & h_{nx} \\ h_{1y}, & h_{2y}, & \ldots & h_{ny} \\ h_{1z}, & h_{2z}, & \ldots & h_{nz} \end{pmatrix} \begin{pmatrix} T_1 \\ T_2 \\ . \\ . \\ T_n \end{pmatrix} \tag{5.44}$$

an. h_{ix} steht dabei wieder für die partielle Ableitung der i-ten Ansatzfunktion nach der Raumrichtung x. Gleichung (5.42) nimmt, wenn wir die Integration über das

Volumen *Vol* des Elements statt über das Gebiet Ω durchführen (ohne die äußere Last $Q\,(x,y,z,t)$ auf der rechten Seite der Gleichung, vgl. hierzu Abschn. 4.6), die Form

$$c\rho \int\limits_{Vol} \delta\mathbf{T}_{elem}^{\mathrm{T}}\mathbf{H}^{\mathrm{T}}\mathbf{H}\,\dot{\mathbf{T}}_{elem}\mathrm{d}Vol + \lambda \int\limits_{Vol} \delta\mathbf{T}_{elem}^{\mathrm{T}}\mathbf{B}^{\mathrm{T}}\mathbf{B}\,\mathbf{T}_{elem}\,\mathrm{d}Vol = 0$$

an. Da weder $\mathbf{T}_{elem}$ noch die Knotenwerte $\delta\mathbf{T}_{elem}$ der Testfunktion δT von den Integrationsvariablen, den Ortskoordinaten, abhängen, können wir beide Vektoren wieder aus den Integralen herausziehen

$$\delta\mathbf{T}_{elem}^{\mathrm{T}}\,c\rho \int\limits_{Vol} \mathbf{H}^{\mathrm{T}}\mathbf{H}\,\mathrm{d}Vol\,\dot{\mathbf{T}}_{elem} + \delta\mathbf{T}_{elem}^{\mathrm{T}}\,\lambda \int\limits_{Vol}\mathbf{B}^{\mathrm{T}}\mathbf{B}\,\mathrm{d}Vol\,\mathbf{T}_{elem} = 0$$

oder

$$\delta\mathbf{T}_{elem}^{\mathrm{T}}\left(c\rho \int\limits_{Vol} \mathbf{H}^{\mathrm{T}}\mathbf{H}\,\mathrm{d}Vol\,\dot{\mathbf{T}}_{elem} + \lambda \int\limits_{Vol}\mathbf{B}^{\mathrm{T}}\mathbf{B}\,\mathrm{d}Vol\,\mathbf{T}_{elem}\right) = 0 \qquad (5.45)$$

Da wir durch den Testvektor $\delta\mathbf{T}_{elem}$ kürzen dürfen, folgt (vgl. Gl. (5.18) - (5.19))

$$\mathbf{M}_{elem}\,\dot{\mathbf{T}}_{elem} + \mathbf{K}_{elem}\,\mathbf{T}_{elem} = 0 \qquad (5.46)$$

mit

$$\mathbf{K}_{elem} = \lambda \int\limits_{Vol}\mathbf{B}^{\mathrm{T}}\mathbf{B}\,\mathrm{d}Vol \qquad (5.47)$$

der *Elementleitfähigkeitsmatrix* und

$$\mathbf{M}_{elem} = c\rho \int\limits_{Vol}\mathbf{H}^{\mathrm{T}}\mathbf{H}\,\mathrm{d}Vol \qquad (5.48)$$

der *Massenmatrix*, obwohl auch hier *Wärmekapazitätsmatrix* exakter wäre. Das Multiplizieren mit δT und anschließende Kürzen durch $\delta\mathbf{T}_{elem}$ läßt sich wieder als das eigentliche Galerkin-Verfahren zur Integration der räumlichen DGL interpretieren (vgl. Abschnitt 5.3).

Die Integrationen in Gl. (5.47) - (5.48) führen wir selbstverständlich nicht auf den (krummlinigen) Elementen im natürlichen Raum, sondern wie in Kap. 4 mit Hilfe der Jacobitransformation im Einheitsraum durch.

Der wesentliche Unterschied zu den Elementen der Elastostatik besteht in der Form der **H**- und **B**-Matrizen. Hatten wir in der Ebene bzw. im Raum 2 bzw. 3 Verschiebungen und 3 bzw. 6 Dehnungs- und Spannungskomponenten, liegt bei der Wärmeleitung nur eine Temperatur mit ihren 2 bzw. 3 Richtungsableitungen vor. Für die Jacobi-Matrix benötigen wir aber nach wie vor die ebene bzw. räumliche Form. Tabelle 5.3 vergleicht die entsprechenden Größen in beiden Anwendungsgebieten der FEM.

Die **B**- und **H**-Matrizen und die Werkstoffkennwerte Dichte ρ, spezifische Wärmekapazität c und -leitfähigkeit λ verwenden wir, um nach Gl. (5.47) bzw. Gl. (5.48) die Matrizen des Wärmetransports aufzustellen. Dabei verfahren wir nach dem in Abschn. 4.3 vorgeschlagenen Rezept.

- Erstellen einer *Skizze des Elementes* im Einheits- und physikalischen Raum,
- Wahl der *Ansatzfunktionen*,
- Bestimmen der *Jacobi-Matrix* **J**, ihrer Determinante |**J**| und ihrer Inversen $\mathbf{J}^{-1}$
- Aufstellen der **B**- und **H**-*Matrizen*,
- Ermitteln der *Werkstoffdaten* und schließlich die
- numerische Integration der *Elementmatrizen*.

Mit den Ansatzfunktionen der in Kap. 4 beschriebenen Elemente können wir für diese Elementformen die entsprechenden Wärmeleitungselemente berechnen. Der Zusammenbau zu Gesamtmatrizen, das Einbringen von Randbedingungen und die Lösung des stationären oder transienten Problems folgen dann den bei den Wärmeleitstäben (Abschn. 5.2) gezeigten Schritten. Wir modellieren gegebene Geometrien und berechnen die stationären und transienten Temperaturverläufe auf ihnen.

Tabelle 5.3: Vergleich der Interpolationsmatrizen bei Elastostatik- und Potentialelementen

---

Elastostatik
2-dimensional

Verschiebungen $(u,v)^{\mathrm{T}}$	Temperatur T
Dehnungen $(\varepsilon_{xx}, \varepsilon_{yy}, \gamma_{xy})^{\mathrm{T}}$	Temperaturgradient $(T_x, T_y)^{\mathrm{T}}$

Wärmeleitung

$$\mathbf{H} = \begin{pmatrix} h_1 & 0 & h_2 & 0 & \dots & h_n & 0 \\ 0 & h_1 & 0 & h_2 & \dots & 0 & h_n \end{pmatrix} \qquad \mathbf{H} = \begin{pmatrix} h_1 & h_2 & \dots & h_n \end{pmatrix}$$

$$\mathbf{B} = \begin{pmatrix} h_{1x} & 0 & h_{2x} & 0 & \dots & h_{nx} & 0 \\ 0 & h_{1y} & 0 & h_{2y} & \dots & 0 & h_{ny} \\ h_{1y} & h_{1x} & h_{2y} & h_{2x} & \dots & h_{ny} & h_{nx} \end{pmatrix} \qquad \mathbf{B} = \begin{pmatrix} h_{1x} & h_{2x} & \dots & h_{nx} \\ h_{1x} & h_{2y} & \dots & h_{ny} \end{pmatrix}$$

3-dimensional:

Verschiebungen $(u,v,w)^{T}$	Temperatur T
Dehnungen $(\varepsilon_{xx}, \varepsilon_{yy}, \varepsilon_{zz}, \gamma_{xy}, \gamma_{yz}, \gamma_{zx})^{\mathrm{T}}$	Temperaturgradient $(T_x, T_y, T_z)^{\mathrm{T}}$

$$\mathbf{H} = \begin{pmatrix} h_1 & 0 & 0 & h_2 & 0 & 0 & \dots & h_n & 0 & 0 \\ 0 & h_2 & 0 & 0 & h_2 & 0 & \dots & 0 & h_n & 0 \\ 0 & 0 & h_3 & 0 & 0 & h_2 & \dots & 0 & 0 & h_n \end{pmatrix} \qquad \mathbf{H} = (h_1, h_2, \dots, h_n)$$

$$\mathbf{B} = \begin{pmatrix} h_{1x} & 0 & 0 & h_{2x} & 0 & 0 & \dots & h_{nx} & 0 & 0 \\ 0 & h_{1y} & 0 & 0 & h_{2y} & 0 & \dots & 0 & h_{ny} & 0 \\ 0 & 0 & h_{1z} & 0 & 0 & h_{2z} & \dots & 0 & 0 & h_{nz} \\ h_{1y} & h_{1x} & 0 & h_{2y} & h_{2x} & 0 & \dots & h_{ny} & h_{nx} & 0 \\ 0 & h_{1z} & h_{1y} & 0 & h_{2z} & h_{2y} & \dots & 0 & h_{nz} & h_{ny} \\ h_{1z} & 0 & h_{1x} & h_{2z} & 0 & h_{2x} & \dots & h_{nz} & 0 & h_{nx} \end{pmatrix} \qquad \mathbf{B} = \begin{pmatrix} h_{1x} & h_{1x} & \dots & h_{1x} \\ h_{1x} & h_{1x} & \dots & h_{1x} \\ h_{1x} & h_{1x} & \dots & h_{1x} \end{pmatrix}$$

5.6
Beispiele einfacher Wärmeleitungsberechnungen

Die nachfolgenden Beispiele sollen einen Anreiz bieten, sich mit den vorhandenen FE-Programmen an die Untersuchung stationärer und transienter Aufgaben zu wagen. Sie sind mit dem über den Server der FH Reutlingen verfügbaren PLANE berechenbar, sollten aber auch mit den vom Internet beziehbaren oder an den verschiedenen Bildungseinrichtungen vorhandenen FE-Programmsystemen nachvollziehbar sein.

5.6.1
Einheiten bei wärmetechnischen Berechnungen

Im Maschinenbau rechnen wir meist mit den Grundeinheiten der

Kraft	N
Länge	mm
Zeit	sec

Damit ist die

Energieeinheit	1 mJ	=	1 Nmm
Volumeneinheit	1 µl	=	1 mm^3

Dieses System von Einheiten wird ergänzt durch die folgenden *konsistenten* (zusammenpassenden) Dimensionen der

	Einheiten		
	gebräuchlich		*konsistent*
Masse	kg	=	10^{-3} N sec^2/mm
Dichte:	kg/l	=	10^{-9} N sec^2/mm^4
Wärmekapazität	J/kgK	=	10^6 mm^2/sec^{2}K
Wärmeleitfähigkeit	J/m sec K	=	1 N/sec K

Diese wenig einleuchtenden konsistenten Einheiten verwenden wir, indem wir beispielsweise die Dichte, die bei unseren technischen Werkstoffen Werte von einigen kg/l annimmt, mit einem Faktor von 10^{-9} in die Berechnung einbringen.

Tabelle 5.4 stellt die für die beiden meistgebrauchten metallischen Werkstoffe des Maschinenbaus einzusetzenden Daten dar. Die Werte können natürlich bei einzelnen Legierungen von den hier angegebenen abweichen.

Tabelle 5.4: konsistente Einheiten bei wärmetechnischen Berechnungen

			Werkstoff	
	Symbol	Einheit	Stahl	Aluminium
Dichte	ρ	N sec^2/mm^4	7,85 10^{-9}	2,70 10^{-9}
Wärmekapazität	c	mm^2/sec^{2}K	461 10^6	922 10^6
Wärmeleitfähigkeit	λ	N/sec K	50	222

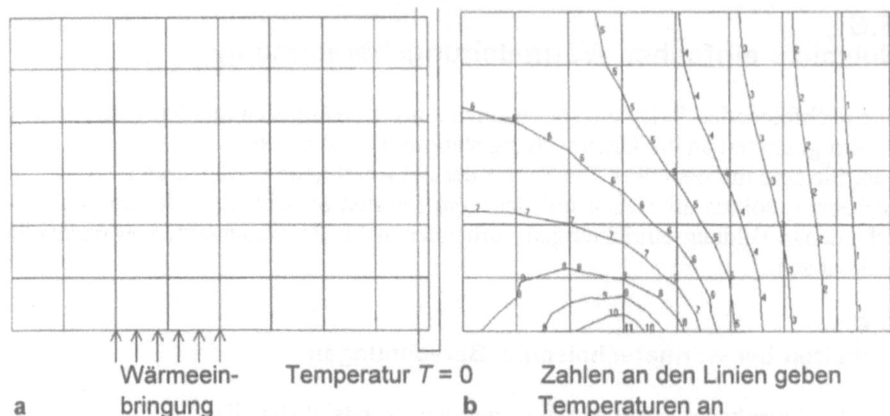

Abb. 5.7: FE-Modell und Temperaturverteilung im Blech mit seitlicher Wärmeeinbringung.
a Modell mit Randbedingungen, **b** Temperaturverteilung

5.6.2
Beispiele von Temperaturberechnungen

Beispiel 5.5: Ein rechteckiges (Breite x Höhe = 80 x 60 mm²) 1 mm dickes Blech aus Stahl
(Abb. 5.7a) wird an der rechten Seite auf konstanter Temperatur $T = 0$ gehalten, während
auf einem Abschnitt der Unterkante der Wärmefluß von 20 Nmm/sec mm² = 0,02 W/mm²
vorgegeben ist. Welche Temperaturverteilung stellt sich ein?
Lösung: Als Werkstoffkennwert benötigen wir bei stationären Problemen die Wärmeleitfähigkeit $\lambda = 50$ N/sec K, die wir Tabelle 5.4 entnehmen. Im Unterschied zur Festigkeitsberechnung haben wir an den Knoten und Kanten mit Randbedingungen nur jeweils einen
Wert, entweder Temperatur oder Wärmefluß vorzuschreiben. Abbildung 5.7b zeigt die Linien gleicher Temperatur auf dem Modell. Wir erkennen ein Wärmemaximum im Bereich
der Einleitung sowie einen Abfall der Temperatur hin zu der kalten rechten Wand.

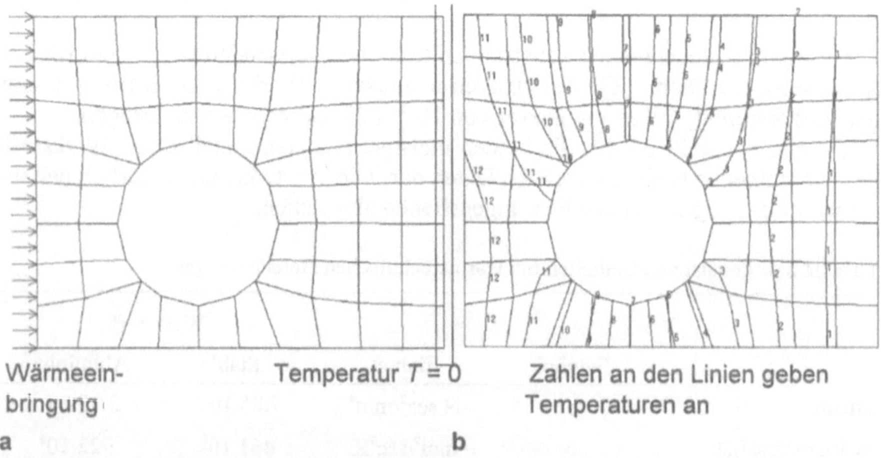

Abb. 5.8: FE-Modell und Temperaturverteilung im gelochten Blech. **a** Modell mit Randbedingungen, **b** Temperaturverteilung

Beispiel 5.6: Ein gelochtes, rechteckiges (Breite x Höhe = 100 x 80 mm^2) 5 mm dickes Aluminiumblech (vgl. Abb. 5.8a) erfährt auf der linken Kante eine Wärmeeinbringung von 10 Nmm/sec mm^2, auf der rechten Kante ist die Temperatur $T = 0$ vorgeschrieben. Wieder soll das Temperaturfeld bestimmt werden.
Lösung: Die Wärmeleitfähigkeit beträgt hier nach Tabelle 5.4 $\lambda = 222$ N/sec K. Die Temperaturen sind in Abb. 5.8b wieder durch Isolinien (Linien gleicher Temperatur) angedeutet. Das unsymmetrisch zur horizontalen Wärmeflußrichtung eingebrachte Loch bewirkt eine Störung im Wärmefluß. Das Loch behindert erwartungsgemäß den Fluß im unteren Bereich stärker als im oberen, weswegen sich an der linken Kante unten höhere Temperaturen einstellen (die Wärme kann nicht so gut abfließen). Auf der rechten Kante haben wir ein entsprechendes Verhalten. Im unteren Bereich wird weniger Wärme je Kantenlänge angeliefert als oben, die Temperatur ist geringer.

5.7
Gekoppelte Probleme, Wärmespannungen

Eine wichtige Anwendung der Wärmeleitungsanalysen besteht in der Untersuchung von Wärmespannungen, die häufig Ursache großer Beanspruchungen oder gar des Versagens von Bauteilen sind. In diesen Untersuchungen lassen wir die zu Beginn von Kap. 4 in Gl. (4.2) getroffene Voraussetzung, daß die Vordehnungen ε_0 verschwinden, fallen. Statt dessen nehmen wir an, daß durch Erwärmung oder Abkühlung des Bauteils eine Temperaturverteilung $T(x, y, z, t)$ besteht, die durch die Temperaturdifferenz $\Delta T(x, y, z, t)$ zur Ausgangstemperatur T_0, bei der keine Wärmespannungen herrschen, eine Wärmedehnung

$$\varepsilon_0(x,y,z,t) = \begin{pmatrix} \varepsilon_{xx,0} \\ \varepsilon_{yy,0} \\ \varepsilon_{zz,0} \\ 0 \\ 0 \\ 0 \end{pmatrix} = \begin{pmatrix} \alpha_{xx} \\ \alpha_{yy} \\ \alpha_{zz} \\ 0 \\ 0 \\ 0 \end{pmatrix} \Delta T(x,y,z,t) \tag{5.49}$$

hervorruft. Dabei bezeichnet α_{ii} den linearen Wärmeausdehnungskoeffizienten anisotroper Werkstoffe in der i-ten Raumrichtung. Die Verformungen des Bauteils unter Last rufen Spannungen hervor, die durch

$$\sigma = \mathbf{C}\,(\varepsilon - \varepsilon_0) \tag{5.50}$$

gegeben sind. Bei $\Delta T \neq 0$ unterscheiden sich diese Spannungen von denen, welche die externen Kräfte alleine erzeugen. Um die Spannungen zu bestimmen, gehen wir mit den um die Wärmedehnungen ergänzten Dehnungen in Gl. (4.8') und (4.9')

$$\delta W_{el} = \int\limits_{Vol} \delta\varepsilon^T\,\sigma\,\mathrm{d}Vol = \int\limits_{Vol} \delta\varepsilon^T\,\mathbf{C}(\varepsilon - \varepsilon_0)\,\mathrm{d}Vol$$

$$\approx \delta\mathbf{u}^T \int\limits_{Vol} \mathbf{B}^T\mathbf{C}(\varepsilon - \varepsilon_0)\,\mathrm{d}Vol$$

$$= \delta\mathbf{u}^T \int\limits_{Vol} \mathbf{B}^T\mathbf{C}\mathbf{B}\,\mathrm{d}Vol\,\mathbf{u} - \delta\mathbf{u} \int\limits_{Vol} \mathbf{B}^T\mathbf{C}\varepsilon_0\,\mathrm{d}Vol \tag{5.51}$$

Das zweite Integral der letzten Zeile von Gl. (5.51) liefert uns die Kräfte, die als externe Kräfte erforderlich wären, um die Wärmedehnungen zu erzeugen. Unser Gleichungssystem (bzw. die um die Randbedingungen reduzierte Form)

$$\mathbf{K}_{red}\, \mathbf{u}_{red} = \mathbf{F}_{red} \tag{5.52}$$

modifizieren wir zu

$$\mathbf{K}_{red}\, \mathbf{u}_{red} = \mathbf{F}_{ex} + \mathbf{F}_{therm} = \mathbf{F}_{red} \tag{5.53}$$

mit

$$\mathbf{F}_{therm} = \int_{Vol} \mathbf{B}^{T}\mathbf{C}\, \varepsilon_0\, \mathrm{d}Vol \tag{5.54}$$

Wir sprechen von *gekoppelten Problemen* (engl. *coupled analysis*) wenn wir in einer Analyse sowohl die Temperaturverteilung als auch die daraus resultierenden Spannungen bestimmen.

Beispiel 5.7: Ein Stahlstab (Elastizitätsmodul $E = 200\,000$ N/mm^2, linearer Wärmeausdehnungskoeffizient $\alpha = 12\,10^6$ K^{-1}, Länge $l = 1000$ mm und Querschnittsfläche $A = 100$ mm^2) wird an beiden Enden bei 100 °C eingespannt und auf $T = -50$ °C abgekühlt. Welche Wärmespannung herrscht im Stab, welche Kräfte wirken in den Lagern?
Lösung: Im Zugstab ist $\mathbf{B} = (-1,1) / l$. Mit $\varepsilon_0 = \alpha\,\Delta T$ wird das letzte Integral in Gl. (5.51) zu

$$\mathbf{F}_{therm} = \int_{Vol} \mathbf{B}^{T}\mathbf{C}\varepsilon_0 \mathrm{d}Vol = \begin{pmatrix} -1 \\ 1 \end{pmatrix} EA\, \alpha\, \Delta T$$

$$= \begin{pmatrix} -1 \\ 1 \end{pmatrix} 200\,000\,\mathrm{N/mm}^2 100\mathrm{mm}^2\, 12\,10^{-6}\mathrm{K}^{-1}(-150\,\mathrm{K}) = -36\mathrm{kN} \begin{pmatrix} -1 \\ 1 \end{pmatrix}$$

Da außer den Lagereaktionen keine äußeren Kräfte angreifen, muß $\mathbf{F}_{reakt} = -\mathbf{F}_{therm}$ in den Lagern wirken und eine Zugspannung von 360 N/mm^2 erzeugen.

Übungsaufgaben

Die nachfolgenden Aufgaben sollen zur Beschäftigung mit stationären, transienten und gekoppelten Problemen (Spannungen infolge behinderter Wärmedehnung) anregen. Sie lassen sich wie die bisherigen Übungaufgaben mit den Studenten- oder Demo-Versionen gängiger FE-Programme nachrechnen. Nach einigen Einstiegsschwierigkeiten kann man diese Fragen genauso sicher wie Festigkeitsprobleme behandeln. Da es um Prinzipdarstellungen geht, sind keine Maße angegeben, typische Kantenlängen sind z.B. 100 mm, der Wärmefluß beträgt z.B. 10 Nmm /sec mm^2.

1. Abbildung 5.9 zeigt ein T-förmiges Blech aus Stahl (Dicke = 1 mm) mit thermischen Randbedingungen.
a) Berechnen Sie die stationäre Temperaturverteilung auf dem Blech!
b) Berechnen Sie die Temperaturverteilung während des Aufheizvorgangs, gehen Sie von einer Anfangstemperatur von $T_0 = 0$ °C aus!
c) Berechnen Sie für beide Fälle die Wärmespannungen, wenn das Blech an den Enden des T eingespannt ist!

2. Abbildung 5.10 zeigt einen Bimetallstreifen, einen Verbund aus zwei Metallen, wie er in verschiedenen Steuer- und Regeleinrichtungen zum Einsatz kommt (natürlich nicht mit diesen Seitenverhältnissen, aber wir wollen ja etwas sehen).
a) Bestimmen Sie die stationäre Temperaturverteilung in dem Streifen!
b) Wie ist der Temperaturverlauf während des Aufheizens (wieder Anfangstemperatur von $T_0 = 0$ °C wählen)
c) Wir verformt sich der Streifen, wie ist die Spannungsverteilung über der Höhe des Streifens?

3. Leiten Sie an einem der Rohrenden aus Aufgabe 4 Kap. 4 (S. 113) einen Wärmefluß von 100 MW ein, halten Sie das andere Ende auf 20 °C!
a) Wie lange brauchen Sie zum Erreichen des stationären Zustands?
b) Vergleichen Sie die Wärmespannungen mit denen aus dem Innendruck!

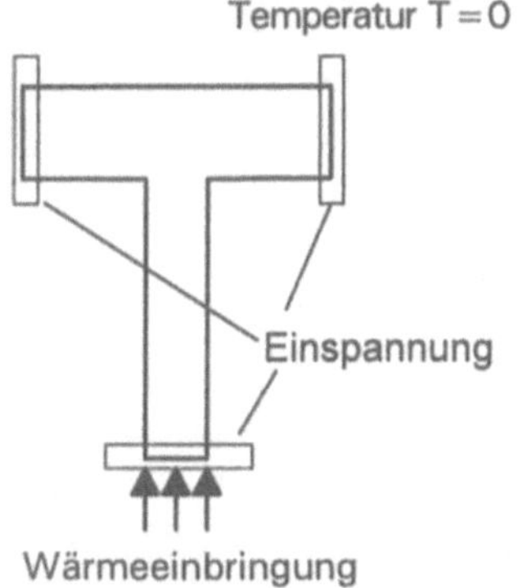

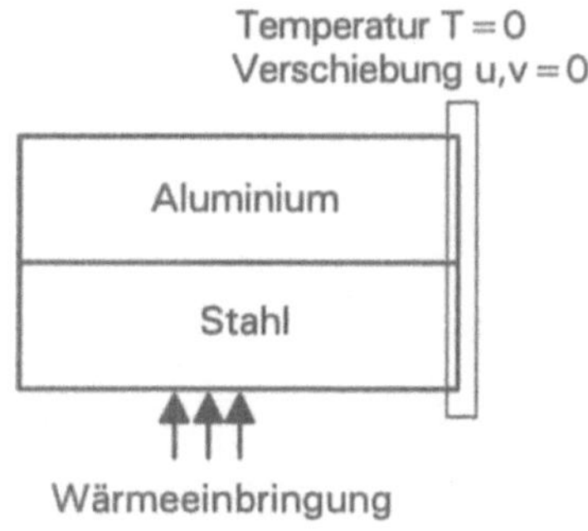

Abb. 5.9: T-Blech mit Wärmelasten   **Abb. 5.10:** Bimetallstreifen mit Wärmelasten

6 Dynamik

Wie in der Elastostatik und bei den Potentialproblemen wollen wir in einem ersten Abschnitt eine kurze Darstellung der physikalischen Phänomene der linearen Dynamik geben, und die sie beschreibenden Gleichungen einführen. Mit dieser Vorbereitung gehen wir dann an die Behandlung dynamischer Fragen mit der FEM.

Jede Beanspruchung eines Bauteils wird in einer bestimmten Zeit aufgebracht. Die resultierenden Verformungen, damit auch die Dehnungen und Spannungen, sind nie zeitunabhängig. Es ist dennoch gerechtfertigt, zahlreiche Lastfälle als statisch anzunehmen. Immer dann, wenn die Beanspruchungen während der Lastaufbringung sich nur wenig von denen im stationären Endzustand unterscheiden, und sie während des Aufbringens und einer gewissen Einschwingphase nicht wesentlich überschreiten, darf mit einiger Berechtigung statisch gerechnet werden. Dies gilt insbesondere, wenn periodische Lasten mit Frequenzen, die weit von den Eigenfrequenzen des Bauteils entfernt sind, auftreten. In diesen Fällen nimmt man bei Anregungsfrequenzen, die wesentlich kleiner als die Resonanzfrequenzen sind, die Lasten als statisch wirkend an. Bei Frequenzen, die deutlich über den relevanten Eigenfrequenzen liegen, ist dagegen zu prüfen, ob sie überhaupt noch zur Beanspruchung beitragen (vgl. Abschn. 6.1.2, die *Durchgangszahl* in Beispiel 6.3).

Häufig sind jedoch die Antworten des betrachteten Systems von der Art, wie die Lasten zeitlich wirken, abhängig. Dies gilt sowohl bei aperiodischen Stößen als auch bei zyklischen Anregungen im Resonanzbereich. Wir müssen dann nicht nur die Höhe der wirkenden Beanspruchung, sondern auch ihren zeitlichen oder transienten Verlauf in der Rechnung berücksichtigen.

Im folgenden gehen wir auf lineare dynamische Prozesse, die auf eine äußere Anregung zurückzuführen sind, ein. Das Gebiet der selbsterregten Schwingungen, wie das Flattern eines Rotors oder dem *Shimmy*, dem wilden Hin- und Herschwingen eines Rades beim Abrollen, das wir z. B. bei einem Einkaufswagen im Supermarkt beobachten, behandeln wir hier nicht.

6.1
3 Fragestellungen der linearen Dynamik

Bei Analysen von strukturmechanischen Problemen, bei denen die Zeitabhängigkeit der Belastung oder Verformung eine Rolle spielt, treten Trägheits-, Reibungs- und Rückstellkräfte auf. Diese 3 Arten von Kräften stehen mit der äußeren, externen anregenden Kraft im Gleichgewicht. Wir schreiben

$$F_m + F_v + F_k = F_{ex}(t) \tag{6.1}$$

Diese Kräfte sind bei linearen, viskos gedämpften Problemen über

$$
\begin{aligned}
F_m &= m\,a = m\,\ddot{u} \quad && \text{Trägheitskraft} \\
F_c &= c\,v = c\,\dot{u} \quad && \text{Dämpfungskraft} \\
F_k &= k\,u \quad && \text{Rückstellkraft} \\
F_{ex} & && \text{extern, von außen auf das betrachtete schwing-} \\
& && \text{fähige System wirkende Kraft} \qquad (6.2)
\end{aligned}
$$

mit $u(t)$, der Verschiebung, verknüpft. Dabei bedeuten in Gl. (6.2)

m die Masse,
c die Dämpfung,
k die Steifigkeit

Weiterhin bezeichnen in diesen Gleichungen

$a = \ddot{u}$ die Beschleunigung als zweite,
$v = \dot{u}$ die Geschwindigkeit als erste Ableitung der
     Verschiebung nach der Zeit.

Wir erhalten eine DGL, deren Lösung die Verschiebung $u(t)$ ist:

$$
m\,\ddot{u} + c\,\dot{u} + k\,u = F_{ex}(t) \qquad (6.3)
$$

Die Größen in Gl. (6.1) sind beim Einmassenschwinger (vgl. Abb. 6.1) die Skalare m, c, k, u und F_{ex}. Bei Systemen schwingfähiger Massen (Abb. 6.2, in der Abbildung ohne die Dämpfungen, die parallel zu den Federn wirken) handelt es sich um Matrizen (**M**, **C**, **K**) bzw. Vektoren (**u**, **F**).

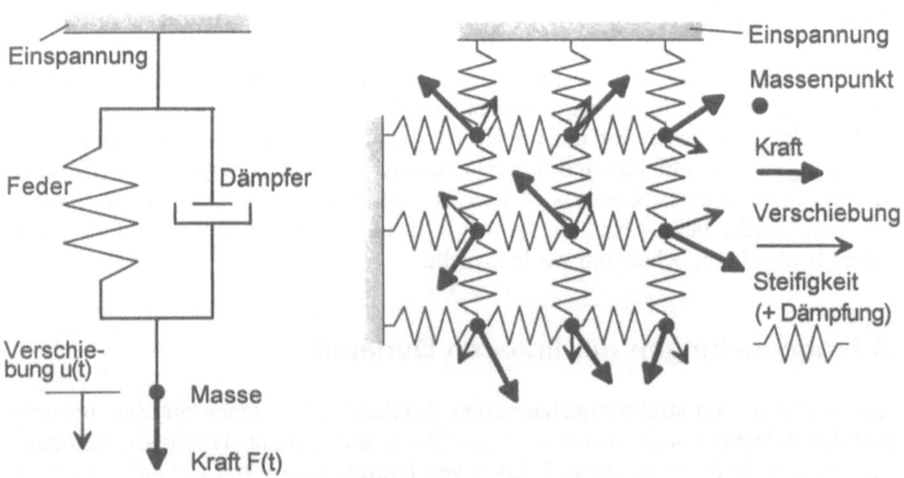

Abb. 6.1: Prinzip des Einmassenschwingers)

Abb. 6.2: Mehrmassenschwinger (System schwingfähiger Massen)

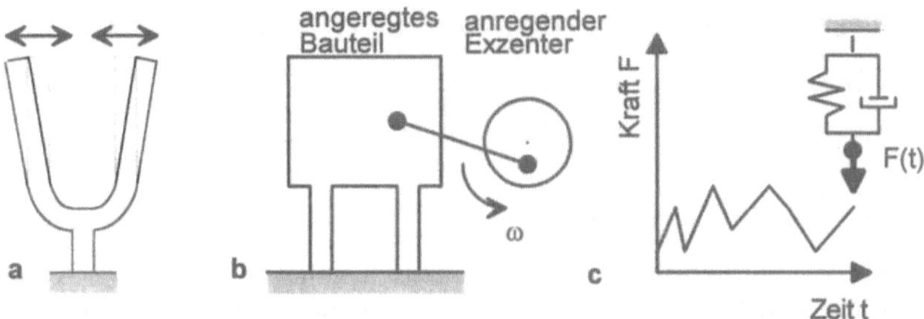

Abb. 6.3: Die 3 Fragestellungen der linearen Dynamik. **a** Eigenschwingungen, **b** erzwungene Schwingungen, **c** zeitabhängige Anregungen

Wir behandeln 3 Klassen dynamischer Fragestellungen:

1. *Modale Analysen,*
bei denen die Eigenfrequenzen und Eigenschwingformen der Bauteile zu bestimmen sind (Abb. 6.3a). Hier ist $F(t) = 0$, man betrachtet die Schwingungen des Bauteils ohne äußere Anregung.

2. *Erzwungene Schwingungen,*
bei denen eine erregende Kraft das Bauteil zum Mitschwingen in der Anregungsfrequenz bringt (Abb. 6.3b).

3. *Transiente Aufgaben,*
bei denen die anregende Kraft $F(t)$ eine beliebige nichtperiodische Funktion der Zeit ist (Abb. 6.3c).

Beispiele und Verfahren, diese unterschiedlichen Aufgaben zu behandeln, stellen wir in den nächsten Abschnitten anhand des Ein- bzw. Zweimassenschwingers (Abb. 6.4) dar.

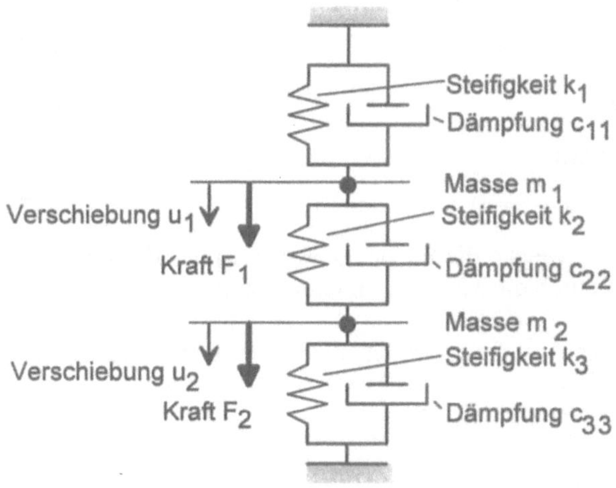

Abb 6.4: Prinzip des Zweimassenschwingers

Die Bewegungsgleichung des Zweimassenschwingers lautet (vgl. Gl. (6.1)):

$$\begin{pmatrix} m_1, & 0 \\ 0, & m_2 \end{pmatrix} \begin{pmatrix} \ddot{u}_1 \\ \ddot{u}_2 \end{pmatrix} + \begin{pmatrix} c_1, & 0 \\ 0, & c_2 \end{pmatrix} \begin{pmatrix} \dot{u}_1 \\ \dot{u}_2 \end{pmatrix} + \begin{pmatrix} k_{1,1}, & k_{1,2} \\ k_{2,1}, & k_{2,2} \end{pmatrix} \begin{pmatrix} u_1 \\ u_2 \end{pmatrix} = \begin{pmatrix} F_1(t) \\ F_2(t) \end{pmatrix}$$

oder

$$\mathbf{M\ddot{u}} + \mathbf{C\dot{u}} + \mathbf{Ku} = \mathbf{F}_{ex}(t) \tag{6.1'}$$

Hier ist i.allg. die Steifigkeitsmatrix $\mathbf{K}$ symmetrisch, es gilt $k_{1,2} = k_{2,1}$. Die Annahme einer in den Punkten konzentrierten Masse führt zur Diagonalgestalt der Massenmatrix, die Diagonalform der Dämpfungsmatrix mit den Einträgen c_1 und c_2 unterstellen wir zunächst einfach (vgl. Abschn. 6.3). Die Matrixeinträge in $\mathbf{K}$ folgen aus den Einzelsteifigkeiten durch Addition der an einem Massenpunkt angreifenden Komponenten wie bei Zugstäben. Es gilt (vgl. Abschn. 3.2)

$$\begin{aligned} k_{1,1} &= k_1 + k_2 \\ k_{1,2} &= k_{2,1} = -k_2 \\ k_{2,2} &= k_2 + k_3 \end{aligned}$$

6.1.1
Modale Analysen

Eine elastische, massenbehaftete Struktur reagiert auf eine zeitlich begrenzte, externe, äußere Anregung mit einer Antwort in bestimmten Frequenzen und Schwingformen, deren Gesamtheit wir die *Eigenfrequenzen* und *Eigenschwingformen* nennen. Beim Einmassenschwinger bestimmen wir die Eigenkreisfrequenz aus Gl. (6.1). Dazu setzen wir die äußere Kraft $F_{ex}(t) = 0$, da die Anregung beendet ist, und nehmen ein periodisches Antwortverhalten der Form

$$u(t) = u_0\, e^{i\omega t} \tag{6.4}$$

an. Die zeitlichen Ableitungen von $u(t)$ sind

$$\dot{u}(t) = i\omega\, u_0\, e^{i\omega t} \tag{6.5}$$

und

$$\ddot{u}(t) = -\omega^2\, u_0\, e^{i\omega t} \tag{6.6}$$

In Gl. (6.1) eingesetzt erhalten wir

$$(-\omega^2 m + i\omega c + k)\, u_0\, e^{i\omega t} = 0 \tag{6.7}$$

mit der trivialen Lösung $u_0 = 0$, welche die für uns uninteressante, ruhende Struktur beschreibt. Wir dividieren durch die Masse m und bezeichnen

$$\omega_0 = \sqrt{\frac{k}{m}} \quad \text{(Eigenkreisfrequenz des ungedämpften Schwingers)}$$
$$2\gamma = c/m$$

Damit erhalten wir

$$(\omega_0^2 - \omega^2 + 2i\omega\gamma) = 0 \tag{6.8}$$

und daraus die nichttriviale Lösung

$$\omega = i\gamma \pm \sqrt{\omega_0^2 - \gamma^2} = i\gamma \pm \omega_d \qquad (6.9)$$

mit

$$\omega_d = \sqrt{\omega_0^2 - \gamma^2}$$

der Eigenkreisfrequenz des gedämpften Einmassenschwingers. Die Periode T_d der gedämpften Schwingung ist größer als T_0, diejenige der ungedämpften Schwingung

$$T_d = \frac{2\pi}{\omega_d} = \frac{2\pi}{\sqrt{\omega_0^2 - \gamma^2}} > \frac{2\pi}{\omega_0} = T_0 \qquad (6.10)$$

Dies leuchtet unmittelbar ein, da die Dämpfungskraft $F_c = c\,\dot{u}$ immer der Bewegung des Massenpunktes entgegenwirkt, sie verlangsamt. Über u_0 ist nichts ausgesagt, sein Betrag hängt von der Intensität der Anregung, die das System ursprünglich zum Schwingen veranlaßte, ab. Die Bewegung des Massenpunktes ist damit durch

$$u(t) = u_0\,e^{i\omega t} = u_0\,e^{-\gamma t}\,e^{i\omega_d t} \qquad (6.11)$$

gegeben, eine (bei relativ kleiner Dämpfung) langsam abklingende, periodische Schwingung (Abb. 6.5). Die Fälle stark gedämpfter Schwingungen bis hin zu den aperiodischen Grenzfällen behandeln wir hier nicht, da sie für die folgende Überlegungen ohne wesentliche Bedeutung sind.

Um die Eigenkreisfrequenzen und -formen eines Zweimassenschwingers nach Gl. (6.1') zu bestimmen, verwenden wir einen Ansatz wie in Gl. (6.4) - (6.6):

$$u = \begin{pmatrix} u_1 \\ u_2 \end{pmatrix} e^{i\omega t}, \quad \dot{u} = i\omega \begin{pmatrix} u_1 \\ u_2 \end{pmatrix} e^{i\omega t}, \quad \ddot{u} = -\omega^2 \begin{pmatrix} u_1 \\ u_2 \end{pmatrix} e^{i\omega t} \qquad (6.12)$$

Wir nehmen dabei an, daß ein Eigenvektor $\mathbf{u} = (u_1, u_2)^T$ mit einer Kreisfrequenz ω schwingt. Dieser Eigenvektor und die dazugehörige Eigenfrequenz müssen die Gleichung

$$\mathbf{M\,\ddot{u} + C\,\dot{u} + K\,u = 0} \qquad (6.1'')$$

befriedigen.

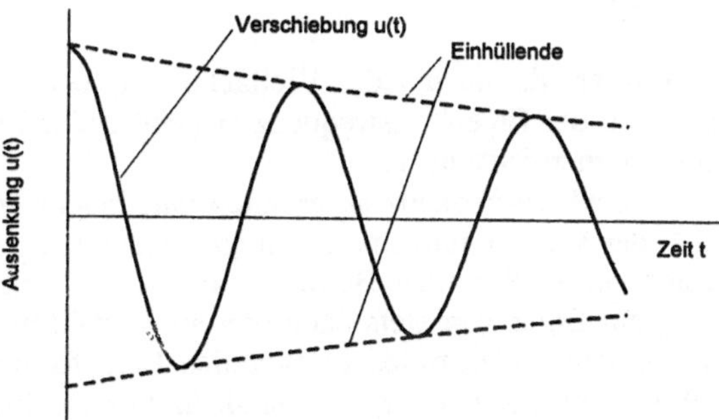

Abb. 6.5: Zeitlicher Verlauf der gedämpften Schwingung des Einmassenschwingers

Die Gesamtheit der Lösungen $(\mathbf{u}_i, \omega_i)$, $i = 1$ oder $i = 2$ der Gl. (6.1") stellt das *Eigensystem* des vorliegenden Zweimassenschwingers dar. Zur Vereinfachung der Darstellung betrachten wir ein ungedämpftes System. In Gl. (6.1') erhalten wir nach Division der Zeilen durch die jeweilige Masse die Größen

$$\omega_{11}^2 = k_{1,1}/m_1$$
$$\omega_{12}^2 = k_{1,2}/m_1$$
$$\omega_{21}^2 = k_{2,1}/m_2$$
$$\omega_{22}^2 = k_{2,2}/m_2 \tag{6.13}$$

Damit lautet unsere Aufgabe, die nichttrivialen $(\mathbf{u} \neq 0)$ Lösungen des Systems

$$(\mathbf{K} - \omega^2 \mathbf{M})\,\mathbf{u} = 0 \iff \begin{pmatrix} \omega_{11}^2 - \omega^2, & \omega_{12}^2 \\ \omega_{21}^2, & \omega_{22}^2 - \omega^2 \end{pmatrix} \begin{pmatrix} u_1 \\ u_2 \end{pmatrix} = \begin{pmatrix} 0 \\ 0 \end{pmatrix} = 0 \tag{6.14}$$

zu bestimmen. Es liegen 2 Gleichungen in den 3 Unbekannten ω^2, u_1 und u_2 vor. Die 2 Eigenkreisfrequenzen ω_1 und ω_2 ergeben sich aus der Forderung

$$|\mathbf{K} - \omega^2 \mathbf{M}| = 0$$

als Wurzeln (Nullstellen) des Polynoms (vgl. Anhang A1.1.1)

$$(\omega_{11}^2 - \omega^2)(\omega_{22}^2 - \omega^2) - \omega_{21}^2 \omega_{12}^2 = 0$$

oder

$$\omega^4 - (\omega_{11}^2 + \omega_{22}^2)\,\omega^2 + \omega_{11}^2 \omega_{22}^2 - \omega_{21}^2 \omega_{12}^2 = 0 \tag{6.15}$$

zu

$$\omega_{1,2}^2 = \frac{\omega_{11}^2 + \omega_{22}^2}{2} \pm \sqrt{\frac{(\omega_{11}^2 + \omega_{22}^2)^2}{4} - (\omega_{11}^2 \omega_{22}^2 - \omega_{12}^2 \omega_{21}^2)} \tag{6.16}$$

Um die zu den beiden Eigenkreisfrequenzen ω_1 und ω_2 gehörenden Eigenvektoren $\mathbf{u}_1 = (u_{1,1}, u_{1,2})^{\mathrm{T}}$ bzw. $\mathbf{u}_2 = (u_{2,1}, u_{2,2})^{\mathrm{T}}$ zu erhalten, wählt man folgendes Vorgehen:
Wir wollen den Eigenvektor $\mathbf{u}_1$ mit der Eigenkreisfrequenz ω_1 bestimmen. Dazu nehmen wir $u_{11} = 1$ an. Durch Einsetzen in die erste Zeile von Gl. (6.14) folgt

$$u_{1,2} = -u_{1,1} \frac{\omega_{11}^2 - \omega_1^2}{\omega_{12}^2}$$

Dies ist ein zulässiges Verfahren, da mit $\mathbf{u}_i$ jedes Vielfache $\alpha\,\mathbf{u}_i$ (α beliebig reell) dieser Lösung ebenfalls ein zu der Eigenkreisfrequenz ω_i gehörender Eigenvektor des durch Gl. (6.14) beschriebenen Systems ist.
Einen Eigenvektor zur Eigenkreisfrequenz ω_2 erhalten wir, indem wir in einer der 2 Zeilen von Gl. (6.14) der Wert ω_2 und eine beliebige Annahme $u_{2,i} \neq 0$ für eine der beiden Komponenten von $\mathbf{u}_2$ einsetzen. Beim Zweimassenschwinger können wir den Eigenvektor zu einem Eigenwert stets nach diesem Verfahren gewinnen. Bei Systemen mit mehr Freiheitsgraden treten gelegentlich Eigenformen auf, bei denen einzelne Verschiebungskomponenten $u_{k,i} = 0$ sind. In diesen Fällen ist eine andere Komponente $u_{k,j}$ des Eigenvektors vorzugeben.

Beispiel 6.1: Wir betrachten den ungedämpften Zweimassenschwinger aus Abb. 6.6a mit den Werten $k_i = 1$, $m_i = 1$ ($i = 1, 2$ bzw. 3). Die Steifigkeiten erhalten wir wie bei den Zugstabketten in Abschn. 3.2. Das System aus Gl. (6.1'') lautet dann

$$\mathbf{M\,\ddot{u}} + \mathbf{K\,u} = \begin{pmatrix} 1, & 0 \\ 0, & 1 \end{pmatrix} \begin{pmatrix} \ddot{u}_1 \\ \ddot{u}_2 \end{pmatrix} + \begin{pmatrix} 2, & -1 \\ -1, & 2 \end{pmatrix} \begin{pmatrix} u_1 \\ u_2 \end{pmatrix} = \begin{pmatrix} 0 \\ 0 \end{pmatrix} = 0 \qquad \text{(a)}$$

Mit $\omega_{11}^2 = \omega_{22}^2 = 2$, $\omega_{12}^2 = \omega_{21}^2 = -1$ nimmt Gl. (6.14) die Form

$$\mathbf{K} - \omega^2 \mathbf{M} = \begin{pmatrix} 2 - \omega^2, & -1 \\ -1, & 2 - \omega^2 \end{pmatrix} \begin{pmatrix} u_1 \\ u_2 \end{pmatrix} = \begin{pmatrix} 0 \\ 0 \end{pmatrix} \qquad \text{(b)}$$

an. Wir erhalten aus

$$|\mathbf{K} - \omega^2 \mathbf{M}| = \omega^4 - 4\,\omega^2 + 3 = 0 \qquad \text{(c)}$$

die Eigenkreisfrequenzen (man wählt meist eine ansteigende Anordnung $\omega_1 < \omega_2 < .. < \omega_n$)

$$\omega_1^2 = 1, \quad \omega_2^2 = 3 \qquad \text{(d)}$$

Nach Wahl von $u_{11} = 1$ folgt durch Einsetzen in die erste der Zeilen von Gleichung (b)

$$u_{1,2} = 1 \qquad \text{(e)}$$

und damit

$$\mathbf{u}_1 = (1,1)^{\mathrm{T}} \qquad \text{(f)}$$

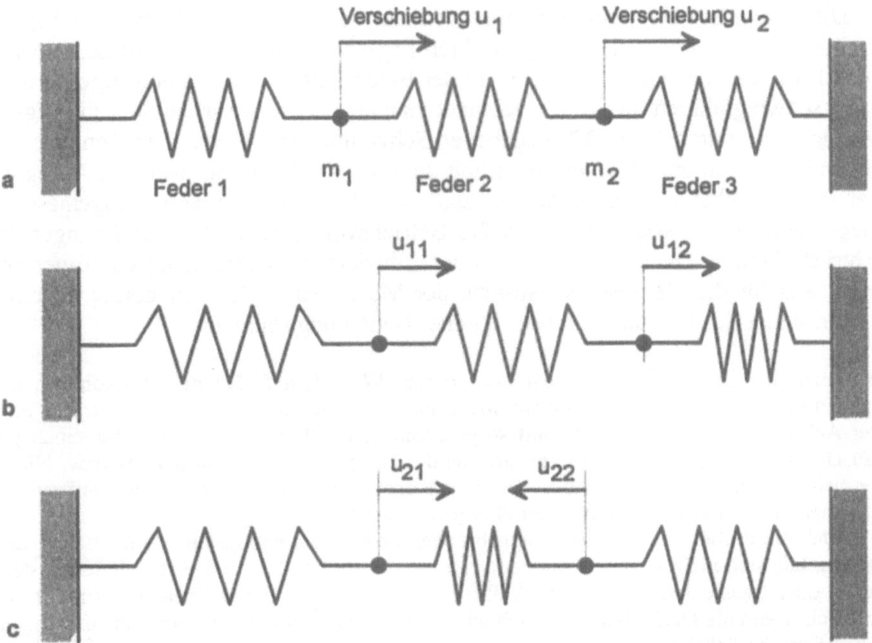

Abb. 6.6: Eigenformen des Zweimassenschwingers. **a** ungedämpfter Zweimassenschwinger, **b** 1. Eigenform $u_1 = u_2$, **c** 2. Eigenform $u_1 = -u_2$

Dies entspricht der Schwingung, bei der die beiden Massenpunkte ihren Abstand nicht ändern, die Feder 2 keine Kraft überträgt. Abbildung 6.6b veranschaulicht diese Eigenform.

Zur Eigenfrequenz ω_2 gehört der Eigenvektor

$$\mathbf{u}_2 = (u_{2,1}, u_{2,2})^{\mathrm{T}} = (1, -1)^{\mathrm{T}} \tag{g}$$

Die diesem Eigenvektor (oder dieser Eigenform) entsprechende Bewegung zeigt Abb. 6.6c. Die beiden Massenpunkte haben zu jedem Zeitpunkt betragsmäßig gleich große, aber entgegengesetzte Verschiebungen und Geschwindigkeiten.

Im allgemeinen Fall des n-Massenschwingers stellt sich die Aufgabe, alle oder eine bestimmte Menge der Eigenwerte und -vektoren des Systems

$$(\mathbf{K} - \omega^2\,\mathbf{M})\,\mathbf{u} = 0 \tag{6.17}$$

zu finden. Dabei steht in unseren Anwendungen $\mathbf{K}$ für die meist symmetrische Steifigkeits-, $\mathbf{M}$ für die ebenfalls symmetrische und nichtsinguläre ($|\mathbf{M}| \neq 0$) Massenmatrix. Eine Beschreibung der zur Berechnung der Eigenwerte und -formen entwickelten, relativ aufwendigen Verfahren würde den Rahmen dieses Buches sprengen. [2, 5, 9, 13] enthalten Beschreibungen derartiger Algorithmen. Die große Bedeutung der Eigenwertanalysen, nicht nur zur Berechnung von kritischen Frequenzen, sondern auch zur Ermittlung von Instabilitäten (Beulen, Knicken, Kippen), bewirkt eine rege Entwicklungsarbeit zur Realisierung effektiver Methoden, da die bekannten Verfahren zur Eigenwertbestimmung immer noch sehr zeitaufwendig sind.

Die Ergebnisse einer solchen Eigenwertanalyse nach Gl. (6.17) sind die Eigenkreisfrequenzen ω_i und die dazugehörigen Eigenformen $\mathbf{u}_i$ ($i = 1 - n$) des n-Massenschwingers. Die Gesamtheit (ω_i, $\mathbf{u}_i$) der Eigenkreisfrequenzen und Eigenformen einer schwingfähigen Struktur bezeichnet man als das *Eigensystem* oder die *Eigenlösungen* des durch Gl. (6.17) gegebenen Schwingungsproblems. Die Kenntnis der Eigenfrequenzen und -formen vermittelt dem Konstrukteur, bei welchen Anregungen eine Struktur in welcher Art wie stark schwingt. Er kann daraus angemessene Gegenmaßnahmen wie z.B. angepaßte Betriebsvorschriften oder Änderungen im Antrieb ableiten. Dadurch vermeidet oder reduziert er die Anregung von Eigenformen, was für die Geräuschbelästigung der Menschen in der Umgebung oder die Lebensdauer des Bauteils von wesentlicher Bedeutung sein kann.

Anmerkung: Im Fahrzeugbau legt man großen Wert darauf, daß der Fahrkomfort, das subjektive Wohlbefinden der Insassen, nicht durch Schwingungen des Antriebsstrangs oder der Achsen beeinträchtigt wird, und sorgt durch konstruktive Maßnahmen für einen geräuscharmen Fahrgastraum. Ein abschreckendes Beispiel des Nichtbeachtens bzw. Nichtvermeidens derartiger Anregungen bei einer Konstruktion ist das im Leerlauf auftretende Dröhnen der Seitenscheiben mancher älterer Linienbusse.

Auch ein großer Teil der Ermüdungsbrüche, die eine der häufigsten Schadensarten darstellen, läßt sich nicht auf die vom Hersteller oder Betreiber der Anlage spezifizierten statischen oder transienten Lasten zurückführen. Eine Erklärung dieser Schäden ist meist erst möglich, wenn die tatsächlichen betrieblichen Anregungen mit Frequenzen nahe den Eigenfrequenzen berücksichtigt werden. Derartige Anregungen sind bei der Auslegung der Anlagen oft noch nicht bekannt, weshalb in den letzten Jahren die Betriebsüberwachung technischer Anlagen eine zunehmende Bedeutung erhielt.

Im folgenden bezeichnen wir die Eigensysteme mit (ω_i, ϕ_i), um Verwechslungen zwischen den Verschiebungen **u** und den Eigenformen ϕ zu vermeiden. Die Gesamtheit der Eigenformen hat einige Eigenschaften, die für die weiteren Betrachtungen von wesentlicher Bedeutung sind.

1. *Orthogonalität*
Die Eigenformen sind orthogonal, sie stehen senkrecht aufeinander, das Skalarprodukt zweier verschiedener Eigenformen ist Null.

$$\phi_i^T \phi_j = 0 \qquad i \neq j$$

2. M-*Normierbarkeit*
Die Eigenformen oder -vektoren lassen sich **M**-normieren. Wir bezeichnen die Matrix, deren Spalten die Eigenvektoren sind, mit $\Phi = (\phi_1, \phi_2, \phi_3, \ldots, \phi_n)$. Diese Eigenvektoren können wir so strecken oder stauchen, daß **M**-Orthonormalität besteht. Das bedeutet, daß die Massenmatrix von links mit dem gestreckten Φ^T und von rechts mit dem ebenfalls modifizierten Φ multipliziert zur Einheitsmatrix **E** wird.

$$\Phi^T M \Phi = E = \begin{pmatrix} 1, & 0, & 0, & \ldots & 0 \\ 0, & 1, & 0, & \ldots & 0 \\ 0, & 0, & 1, & \ldots & 0 \\ \vdots & \vdots & \vdots & \vdots\vdots\vdots & \vdots \\ 0, & 0, & 0, & \ldots & 1 \end{pmatrix} \qquad (6.18)$$

Aus Gl. (6.12) und (6.17) folgt, daß die Steifigkeitsmatrix bei der gleichen Operation zu einer Diagonalmatrix wird, deren Diagonalelemente gerade die Quadrate der Eigenkreisfrequenzen ω_i sind.

$$\Phi^T K \Phi = \Omega^2 = \begin{pmatrix} \omega_1^2, & 0, & 0, & \ldots & 0 \\ 0, & \omega_2^2, & 0, & \ldots & 0 \\ 0, & 0, & \omega_3^2, & \ldots & 0 \\ \vdots & \vdots & \vdots & \vdots\vdots\vdots & \vdots \\ 0, & 0, & 0, & \ldots & \omega_n^2 \end{pmatrix} \qquad (6.19)$$

3. *Entkoppelbarkeit*
Das System aus Gl. (6.17) wird bei bekannten Eigenformen ϕ_i durch die beidseitige Multiplikation der Matrizen mit Φ^T bzw. Φ in das äquivalente System

$$\Phi^T M \Phi \, \ddot{u} - \Phi^T K \Phi \, u = 0$$

$$E \quad \ddot{u} - \quad \Omega^2 \quad u = 0 \qquad (6.20)$$

überführt. Dieses System besteht aus Zeilen der Art

$$\ddot{u}_i - \omega_i^2 u_i = 0 \qquad\qquad (i = 1 - n)$$

Da Φ aus lauter zueinander orthogonalen Spalten besteht, ist Φ nicht singulär, nach Gl. (6.18) existiert die Inverse $\Phi^{-1} = \Phi^T M$. Dem entspricht, daß sich jede Verschiebung $\mathbf{u}(t)$ als Linearkombination von Eigenvektoren ϕ_i ($i = 1 - n$) darstellen läßt

$$\mathbf{u}(t) = \sum_{i=1}^{n} a_i(t)\,\phi_i = \Phi\,\mathbf{a}(t) \tag{6.21}$$

und umgekehrt die Koeffizienten $a_i(t)$ der Verschiebung $\mathbf{u}(t)$ eindeutig zugeordnet sind:

$$\mathbf{a}(t) = (a_1(t), a_2(t), \ldots, a_n(t))^T = \Phi^{-1}\,\mathbf{u}(t) = \Phi^T M\,\mathbf{u}(t) \tag{6.22}$$

Die Eigenformen sind als n linear unabhängige Vektoren eine Basis des n-dimensionalen Verschiebungsraumes. Damit nimmt die Bewegungsgleichung (ohne den Dämpfungsterm), die ursprünglich

$$\mathbf{M}\,\ddot{\mathbf{u}}(t) + \mathbf{K}\,\mathbf{u}(t) = \mathbf{F}(t)$$

lautete, mit den Transformationen aus Gl. (6.21) die Form

$$\mathbf{M}\,\Phi\,\ddot{\mathbf{a}}(t) + \mathbf{K}\,\Phi\,\mathbf{a}(t) = \mathbf{F}(t)$$

an. Nach linksseitiger Multiplikation mit Φ^T entsteht

$$\Phi^T \mathbf{M}\,\Phi\,\ddot{\mathbf{a}} + \Phi^T \mathbf{K}\,\Phi\,\mathbf{a} = \Phi^T \mathbf{F}$$

Unter Berücksichtigung von Gl. (6.18) und (6.19) erhalten wir

$$\ddot{\mathbf{a}} + \Omega^2\,\mathbf{a} = \Phi^T\,\mathbf{F} \tag{6.23}$$

Da Ω^2 Diagonalgestalt hat, liegt kein System von n gekoppelten DGL zweiter Ordnung vor, wir haben nur noch n voneinander unabhängige, entkoppelte DGL der Form

$$\ddot{a}_i - \omega_i^2\,a_i = f_i(t) \qquad (i = 1 - n) \tag{6.23'}$$

zu integrieren. Hier bedeutet

$$f_i(t) = \phi_i^T\,\mathbf{F}(t)$$

die i-te Komponente der transformierten Kraft.

Beispiel 6.2: Wir betrachten statt des Zweimassenschwingers in Abb. 6.4 einen Stab, der an beiden Enden eingespannt ist (Abb. 6.7a) und eine äußere Kraft $\mathbf{F}(t) = (F_2(t), F_3(t))^T$ erfährt. Das Eigensystem der Axialbewegungen dieses Stabs wollen wir aus einer Diskretisierung mit 4 Knoten und 3 Elementen (Abb. 6.7b) bestimmen. In Abschn. 6.2.2 werden wir zeigen, daß die Massenmatrix des 1-dimensionalen Zugstabs ähnlich wie die Wärmekapazitätsmatrix des Wärmeleitstabs (vgl. Abschn. 5.2.2, Gl. (5.21)) durch

$$\mathbf{M}_{elem} = \frac{\rho Al}{6}\begin{pmatrix} 2, & 1 \\ 1, & 2 \end{pmatrix} \tag{a}$$

gegeben ist.

Die Gesamt-Massen- und Steifigkeitsmatrizen des Systems aus 3 Elementen und 4 Knoten sind

$$\mathbf{M}_{ges} = \frac{\rho A l}{6} \begin{pmatrix} 2, & 1, & 0, & 0, \\ 1, & 4, & 1, & 0, \\ 0, & 1, & 4, & 1, \\ 0, & 0, & 1, & 2, \end{pmatrix} \tag{b}$$

bzw.

$$\mathbf{K}_{ges} = \frac{EA}{l} \begin{pmatrix} 1, & -1, & 0, & 0, \\ -1, & 2, & -1, & 0, \\ 0, & -1, & 2, & -1, \\ 0, & 0, & -1, & 1, \end{pmatrix} \tag{c}$$

Um die Zahlenrechnung einfacher zu halten, nehmen wir an, daß alle physikalischen Größen (ρ, A, l, E) den Wert 1 besitzen. Das um die Einspannungen der Knoten 1 und 4 reduzierte System hat die Form

$$\frac{1}{6} \begin{pmatrix} 4, & 1 \\ 1, & 4 \end{pmatrix} \begin{pmatrix} \ddot{u}_2 \\ \ddot{u}_3 \end{pmatrix} + \begin{pmatrix} 2, & -1 \\ -1, & 2 \end{pmatrix} \begin{pmatrix} u_2 \\ u_3 \end{pmatrix} = \begin{pmatrix} 0 \\ 0 \end{pmatrix} = 0 \tag{d}$$

Mit dem Ansatz $u = u_0 e^{i\omega t}$ wird aus der Bedingung

$$|\mathbf{K} - \omega^2 \mathbf{M}| = \left\| \begin{pmatrix} 2 - \frac{4}{6}\omega^2, & -1 - \frac{1}{6}\omega^2 \\ -1 - \frac{1}{6}\omega^2, & 2 - \frac{4}{6}\omega^2 \end{pmatrix} \right\| = 0 \tag{e}$$

die Bestimmungsgleichung für ω^2

$$(2 - \frac{4}{6}\omega^2)^2 - (-1 - \frac{4}{6}\omega^2)^2 = 0 \tag{f}$$

mit den Lösungen

$$\omega_1^2 = \frac{6}{5}, \quad \omega_1^2 = 6 \tag{g}$$

und den Eigenformen

$$\phi_1 = (1, 1)^T, \quad \phi_2 = (1, -1)^T. \tag{h}$$

Die Beträge $\omega_1 = 1{,}095...$ und $\omega_2 = 2{,}449...$ der Eigenkreisfrequenzen dieses Zweimassenschwingers mit verteilten Massen weichen deutlich von denen des Zweimassenschwingers mit konzentrierten Massen (Beispiel 6.1) $\omega_1 = 1{,}0$ und $\omega_2 = 1{,}732...$ ab. Die Annahme von in den Knoten konzentrierten Massen ist also nicht unproblematisch (vgl. Abschn. 6.2.4).

Setzen wir $\alpha = \dfrac{1}{\sqrt{10}}$ und $\beta = \dfrac{1}{\sqrt{6}}$ so erhalten wir die **M**-orthonormierten Eigenformen

$$\phi_1 = (\alpha, \alpha)^T, \quad \phi_2 = (\beta, -\beta)^T$$

da, wie man leicht nachrechnet, mit

$$\Phi = (\phi_1, \phi_2) = \begin{pmatrix} \alpha, & \beta \\ \alpha, & -\beta \end{pmatrix} \tag{i}$$

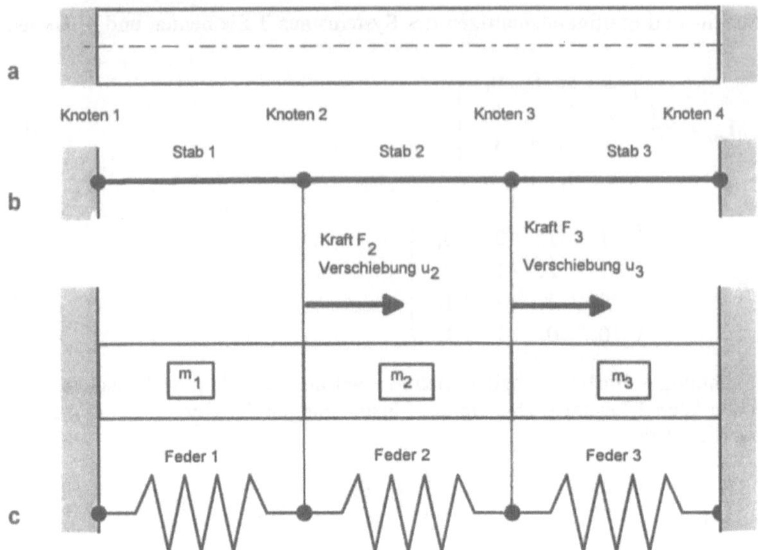

Abb. 6.7: Idealisierung eines Stabes als Zweimassenschwinger. **a** Stab mit Randbedingungen, **b** Diskretisierung mit 3 Stäben und 4 Knoten, **c** Ersatzmodell aus Federn und verteilten Massen

die normierte Massenmatrix zu

$$\Phi^T \mathbf{M}_{red}\, \Phi = \mathbf{E} = \begin{pmatrix} 1, & 0 \\ 0, & 1 \end{pmatrix} \tag{j}$$

und die Steifigkeitsmatrix zu

$$\Phi^T \mathbf{K}_{red}\, \Phi = \Omega^2 = \begin{pmatrix} \omega_1^2, & 0 \\ 0, & \omega_2^2 \end{pmatrix} \tag{k}$$

werden, und damit die geforderte Gestalt aufweisen. Die äußere Kraft $\mathbf{F}(t) = (F_1(t), F_2(t))^T$ wirkt in diesem System auf die Eigenformen nach (vgl. Gl. 6.23')

$$\mathbf{E}\,\ddot{\mathbf{a}} + \Omega^2 \mathbf{a} = \Phi^T \mathbf{F}(t) \tag{l}$$

oder

$$\ddot{a}_1 + \omega_1^2\, a_1 = f_1(t) = \alpha\,(F_2(t) + F_3(t))$$

$$\ddot{a}_2 + \omega_2^2\, a_2 = f_2(t) = \beta\,(F_2(t) - F_3(t)) \tag{m}$$

6.1.2
Erzwungene Schwingungen

Von erzwungenen Schwingungen spricht man, wenn ein Bauteil eine periodische Kraft, eine Anregung, die sich in der Zeit wiederholt, erfährt. Da jede derartige Anregung durch eine Fourieranalyse zerlegt werden kann, genügt es, statt der Gesamtkraft Einzelkräfte der Art $F(t) = F_0\, e^{i\omega t}$, Kräfte F_0, die periodisch mit der Kreisfrequenz ω wirken, anzunehmen. Nach einer gewissen Einschwingdauer folgt das Bauteil dieser anregenden Einzelkraft. Bei linearen Problemen folgt die Gesamtantwort aus der Superposition der Einzelantworten.

Die Bewegungsgleichung des eingeschwungenen Einmassenschwingers hat mit der anregenden Kraft

$$F(t) = F_0\, e^{i\omega t}$$

die Form

$$m\,\ddot{u} + c\,\dot{u} + k\,u = F_0 e^{i\omega t} \tag{6.24}$$

Mit dem Ansatz

$$u(t) = u_0 e^{i(\omega t-\psi)}$$

$$\dot{u}(t) = i\omega\, u_0 e^{i(\omega t-\psi)}$$

$$\ddot{u}(t) = -\omega^2\, u_0 e^{i(\omega t-\psi)} \tag{6.25}$$

wird Gl. (6.24) zu

$$(-\omega^2 + i\,\omega\,c + k)\,u_0\,e^{i(\omega t-\psi)} = F_0\,e^{i\omega t} \tag{6.24'}$$

an. ψ bezeichnet hier den Winkel, um den die Masse der anregenden Kraft nacheilt. Dieser Winkel wird die *Phasenverschiebung* genannt. Wie bei den Eigenschwingungen wählen wir

$$\omega_0^2 = \frac{k}{m}$$

$$2\gamma = \frac{c}{m}$$

Daraus folgt, eingesetzt in Gl. (6.24'), nach Kürzen durch $e^{i\omega t}$

$$(\omega_0^2 - \omega^2 + 2i\omega\gamma)\,u_0\,e^{-i\psi} = \frac{F_0}{m} \tag{6.26}$$

Daraus erhalten wir die Amplitude

$$u_0 = \frac{F_0}{m}\,\frac{1}{\sqrt{(\omega_0^2 - \omega^2)^2 + 4\omega^2\gamma^2}} \tag{6.27}$$

und die Phasenverschiebung zwischen Anregung und Antwort

$$\psi = \mathrm{atan}\,\frac{2\omega\gamma}{(\omega_0^2 - \omega^2)} \tag{6.28}$$

Bei Systemen von Massen und Federn (Abb. 6.2) ergibt Gl. (6.24) ein Gleichungssystem der Art

$$\mathbf{M}\,\ddot{\mathbf{u}} + \mathbf{C}\,\dot{\mathbf{u}} + \mathbf{K}\,\mathbf{u} = \mathbf{F}_0 e^{i\omega t} \tag{6.24''}$$

Wir nehmen wieder an, daß sich die Verschiebungen als Vektoren der Art

$$\mathbf{u}(t) = \mathbf{u}_0 e^{i(\omega t-\psi)}$$

$$\dot{\mathbf{u}}(t) = i\omega\,\mathbf{u}_0 e^{i(\omega t-\psi)}$$

$$\ddot{\mathbf{u}}(t) = -\omega^2 \mathbf{u}_0 e^{i(\omega t-\psi)} \tag{6.25'}$$

darstellen lassen. Setzen wir die Aufspaltung der komplexen Verschiebung in Real- und Imaginärteil

$$\mathbf{u}(t) = \mathbf{u}_r\, e^{i\omega t} + i\,\mathbf{u}_i\, e^{i\omega t} = \mathbf{u}_0 e^{i\omega t}(\cos\psi + i\,\sin\psi)$$

in Gl. (6.24") ein, erhalten wir aus

$$-\omega^2\mathbf{M}\,(\mathbf{u}_r + i\mathbf{u}_i) + i\omega\,\mathbf{C}\,(\mathbf{u}_r + i\mathbf{u}_i) + \mathbf{K}\,(\mathbf{u}_r + i\mathbf{u}_i)\,e^{i\omega t} = \mathbf{F}_0\,e^{i\omega t}$$

über

$$\{(\mathbf{K} - \omega^2\mathbf{M})\,\mathbf{u}_r - \omega\,\mathbf{C}\,\mathbf{u}_i\} + i\{(\mathbf{K} - \omega^2\mathbf{M})\,\mathbf{u}_i + \omega\,\mathbf{C}\,\mathbf{u}_r\} = \mathbf{F}_0$$

nach Trennung der Produkte der reellen Matrizen mit den komplexen Vektoren in Real- und Imaginärteil $2n$ Gleichungen der Art

$$(\mathbf{K} - \omega^2\,\mathbf{M})\,\mathbf{u}_r - \omega\,\mathbf{C}\,\mathbf{u}_i = \mathbf{F}_0$$

$$(\mathbf{K} - \omega^2\,\mathbf{M})\,\mathbf{u}_i + \omega\,\mathbf{C}\,\mathbf{u}_r = 0 \qquad\qquad (6.29)$$

Bei n Freiheitsgraden ist das ein lösbares lineares Gleichungssystem mit den $2n$ Unbekannten der jeweils n Komponenten des Real- und Imaginärteils der komplexen Verschiebung $\mathbf{u} = \mathbf{u}_r + i\mathbf{u}_i$. Für jeden der n Freiheitsgrade ist die Amplitude durch

$$u_k = \sqrt{u_{k,r}^2 + u_{k,i}^2} \qquad\qquad (k = 1 - n) \qquad\qquad (6.30)$$

die Phasenverschiebung durch

$$\psi_k = \operatorname{atan}\left(\frac{u_{k,i}}{u_{k,r}}\right) \qquad\qquad (6.31)$$

bis auf Vielfache von π bestimmt.

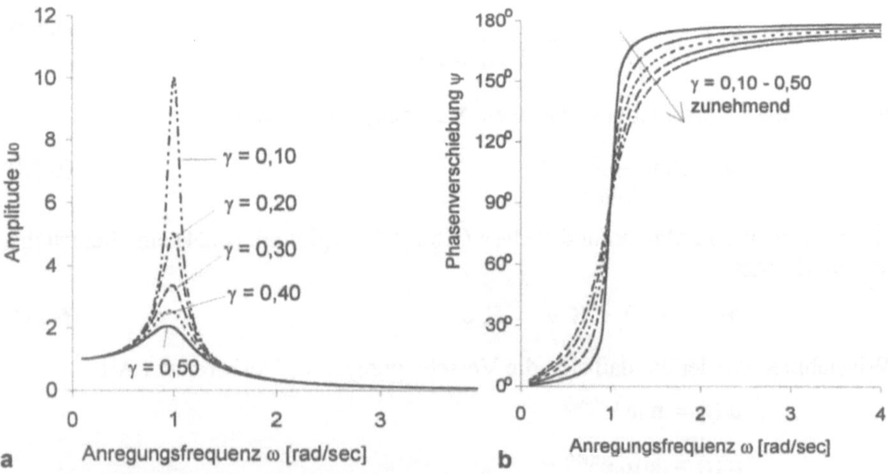

Abb. 6.8: Erzwungene Schwingungen beim Einmassenschwinger. **a** Amplitudenüberhöhung (Durchgangszahl), **b** Phasenverschiebung

Beispiel 6.3: Der Einmassenschwinger aus Abb. 6.1 wird mit der Kraft $F_0 = 1\ e^{i\omega t}$ angeregt. Wir nehmen eine Masse $m = 1$ und eine Federsteifigkeit $k = 1$ an. Gesucht sind die Amplitude und die Phasenverschiebung bei einen Anregung von $\omega = 0$ bis $\omega = 4\ \omega_0$.
Lösung: Abb. 6.8a stellt den Verlauf der Amplitude, Abb. 6.8b die Phasenverschiebung über der Anregungskreisfrequenz bei verschiedenen Dämpfungen γ dar.

Der Verlauf der normierten Amplitude (Normieren heißt hier, daß wir die Amplitude des statischen Grenzfalls zu 1 setzen: $u(\omega{=}0) = 1$) über der Frequenz wird auch als die *Durchgangszahl* des Schwingers bezeichnet und drückt aus, inwieweit eine dynamische Antwort zu erwarten ist. Die Resonanz bei $\omega = \omega_0 = 1$ ist deutlich erkennbar. Weiterhin bemerkt man, daß bei kleinen Frequenzen $\omega < \omega_0$ die Amplitude nur wenig größer als die des statischen Falls ($\omega = 0$) ist. Gleichzeitig laufen Anregung und Antwort fast in gleicher Phase. Dies rechtfertigt es, Anregungen mit kleinen Frequenzen (bezogen auf die Eigenfrequenz) als statische Lastfälle zu behandeln. Bei Annäherung an die Eigenfrequenz wächst die Amplitude, der Nachlaufwinkel (die Phasenverschiebung) ψ vergrößert sich bis zu 90° bei der Eigenfrequenz. Im ungedämpften Fall errechnet man in Gl. (6.27) unendlich große Amplituden, die sog. *Resonanzkatastrophe* tritt ein. Bei noch höheren Frequenzen nimmt der Nachlaufwinkel weiter zu, bis schließlich Anregung und Schwinger nahezu gegenläufige Bewegungen ($\psi \approx 180°$) ausführen, während die Amplitude mit $1/\omega^2$ abnimmt. Dieses Abnehmen der Amplitude oberhalb der größten relevanten Eigenfrequenz eines schwingfähigen Systems tritt auch bei Mehrmassenschwingern auf (vgl. Abb. 6.9). Deshalb können Anregungen mit großen Frequenzen (bezogen auf die wesentlichen Eigenfrequenzen) oft vernachlässigt werden.

Beispiel 6.4: Der Zweimassenschwinger aus Beispiel 6.2 wird um eine kleine Dämpfung des Betrags $c_2 = c_3 = 0{,}01$ ergänzt. Er erfährt die betragsmäßig gleichen, um die Kräfte an den eingespannten Knoten K_1 und K_4 reduzierten ($\mathbf{F}_{red} = (F_2, F_3)^T$) Anregungen

$$\mathbf{F}_1(t) = \mathbf{F}_{1,0}\ e^{i\omega t} = \begin{pmatrix} F_2 \\ F_3 \end{pmatrix} = \begin{pmatrix} 1 \\ 0 \end{pmatrix} e^{i\omega t} \tag{a}$$

$$\mathbf{F}_2(t) = \mathbf{F}_{1,1}\ e^{i\omega t} = \begin{pmatrix} F_2 \\ F_3 \end{pmatrix} = \frac{1}{\sqrt{2}}\begin{pmatrix} 1 \\ 1 \end{pmatrix} e^{i\omega t} \tag{b}$$

$$\mathbf{F}_3(t) = \mathbf{F}_{0,1}\ e^{i\omega t} = \begin{pmatrix} F_2 \\ F_3 \end{pmatrix} = \begin{pmatrix} 0 \\ 1 \end{pmatrix} e^{i\omega t} \tag{c}$$

$$\mathbf{F}_4(t) = \mathbf{F}_{1,-1}\ e^{i\omega t} = \begin{pmatrix} F_2 \\ F_3 \end{pmatrix} = \frac{1}{\sqrt{2}}\begin{pmatrix} 1 \\ -1 \end{pmatrix} e^{i\omega t} \tag{d}$$

Welche Schwingungsantworten sind zu erwarten?
Lösung: Die 2. und die 4. Anregung entsprechen denen mit der 1. bzw. 2. Eigenform (vgl. Beispiel 6.2). Abbildung 6.9a veranschaulicht, daß die beiden Anregungen mit Eigenformen (bis auf kleine numerische Störungen) nur zu Resonanzen in der Nähe der zugehörigen Eigenfrequenz führen. Bei der jeweils anderen Eigenfrequenz ist kein signifikanter Anstieg der Amplitude zu erkennen. Dies folgt aus der Orthogonalität der Eigenformen. Eine Eigenform kann bei der Frequenz, bei der eine andere Eigenform auftritt, keine Energie in das Schwingungssystem liefern, da die anregende Kraft und die resultierende Verschiebung senkrecht aufeinander stehen, orthogonal sind. Die geleistete Arbeit, die sich aus dem Skalarprodukt von Kraft und Weg ergibt, ist Null. Die beiden anderen Anregungen $\mathbf{F}_1$ und $\mathbf{F}_3$ rufen bei beiden Eigenfrequenzen eine Amplitudenerhöhung hervor, die erreichten Amplituden sind aber deutlich kleiner (Abb. 6.9b).

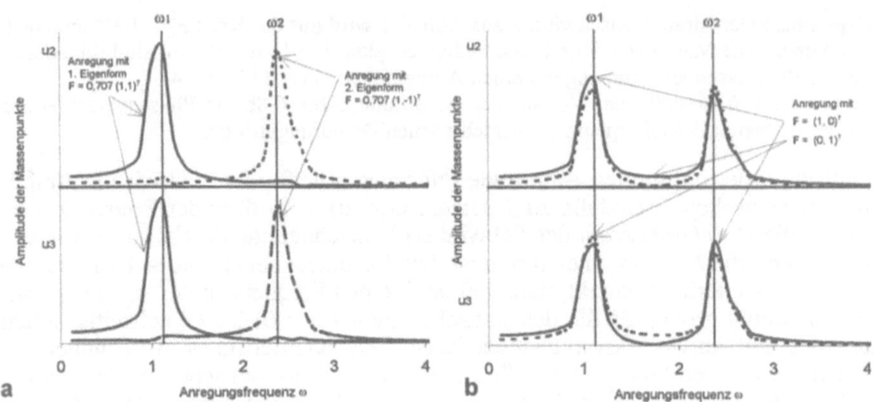

Abb. 6.9: Erzwungene Schwingungen beim Zweimassenschwinger. **a** Amplitude bei Anregung mit einer Eigenform, **b** Amplitude bei Anregung eines Knotens

Kennt man die von einer Anregung $\mathbf{F}(t) = \mathbf{F}_0\,e^{i\omega t}$ hervorgerufene komplexe Antwort $\mathbf{u}$ nach Gl. (6.29), kann man mit Gl. (6.22) bewerten, wie diese Anregung auf die einzelnen Eigenformen wirkt. Nach

$$\mathbf{a}(t) = \Phi^{-1}\,\mathbf{u}(t) \qquad\qquad (6.22')$$

erhalten wir die Aufspaltung der erzwungenen Schwingung $\mathbf{u}(t) = \mathbf{u}\,e^{i\omega t}$ in die Anteile der Eigenformen. Die Beiträge der Komponenten a_i von

$$\mathbf{a}(t) = (a_1 e^{-i\psi_1}, a_2 e^{-i\psi_2}, \ldots, a_n e^{-i\psi_n})^{\mathrm{T}} e^{i\omega t}$$

stellen die Amplituden der einzelnen Eigenformen bei der gegebenen Anregung dar. Die ψ_i sind die Nachlaufwinkel dieser Eigenform gegenüber der anregenden Kraft. Die Amplituden zeigen an, wie stark eine Eigenform auf die vorliegende periodische Beanspruchung reagiert. Ist bei einem Bauteil zu befürchten, daß die zu erwartende äußere Erregung eine Eigenform besonders stark anregt, kann man mit dieser Analyse das Mitschwingen quantifizieren und evtl. erforderliche Gegenmaßnahmen, wie z.B. ein *Verstimmen* dieser kritischen Eigenform durch zusätzliche Sicken oder Rippen, veranlassen.

6.1.3
Transiente Analysen

Neben den bisher behandelten Fällen der Eigenschwingung und der erzwungenen Schwingungen stellt der Problemkreis der transienten, zeitabhängigen Aufgaben einen dritten Bestandteil der linearen dynamischen Fragestellungen dar. Transiente Analysen sind immer dann erforderlich, wenn sich eine Beanspruchung nicht auf einen periodischen Prozeß zurückführen läßt. Ein typisches Beispiel hierfür sind die Kräfte, die auf ein Fahrzeug wirken, welches über eine unebene Straße fährt (vgl. Abb. 6.3c).

Jedes neue Schlagloch führt zu einer neuartigen Belastung, die von allen bisherigen verschieden sein kann. Transiente Dynamik erfordert, die Bewegungsgleichung (Gl. (6.1)), die den Zusammenhang zwischen Beschleunigung, Dämpfung, Verformung und äußerer Kraft beschreibt, über das interessierende Zeitintervall zu integrieren. Wir benötigen Integrationsverfahren, welche aus der Bewegungsgleichung die Verformungen in dem betrachteten Zeitabschnitt ermitteln.

Um die in der Form von Gl. (6.1) vorliegende DGL zu lösen, die Verschiebung $u(t)$ (skalar oder vektoriell) als Funktion der Zeit zu berechnen, lassen sich immer Verfahren, die mit den in Kap. 1, Beispiel 1.5 beschriebenen Euler-Verfahren verwandt sind, anwenden. Beim Einmassenschwinger lösen wir die DGL nach der Beschleunigung $\ddot{u}(t)$ auf

$$\ddot{u}(t) = \frac{1}{m}\Big[f(t) - \big\{c\,\dot{u}(t) + k\,u(t)\big\}\Big] \tag{6.32}$$

Bei Systemen gekoppelter Schwinger ist die Division durch die skalare Masse m durch die linksseitige Multiplikation mit der inversen Massenmatrix $\mathbf{M}^{-1}$ zu ersetzen. Wir erhalten eine Abschätzung der Verschiebung zur Zeit $t + \Delta t$ durch die Reihenentwicklung bis zum 2. Glied

$$u(t + \Delta t) \approx u(t) + \Delta t\,\dot{u}(t) + \frac{\Delta t^2}{2}\,\ddot{u}(t)$$

$$\dot{u}(t + \Delta t) \approx \dot{u}(t) + \Delta t\,\ddot{u}(t) \tag{6.33}$$

Um die Integrationsvorschrift nach Gl. (6.32) und (6.33) anwenden zu können, müssen Verschiebung und Geschwindigkeit zum Anfangszeitpunkt t_0 bekannt sein, genauso wie die Anfangstemperatur bei transienten Wärmeleitproblemen gegeben sein muß. Daß hier zwei Angaben erforderlich sind, folgt aus der Tatsache, daß die Bewegungsgleichung (Gl. (6.1)) eine DGL 2. Ordnung in der Zeit (es treten zweite zeitliche Ableitungen auf) darstellt, während die Transportgleichung eine DGL erster Ordnung in der Zeit ist. Bei ausreichend kleinem Δt nähert die so gefundene Verschiebung den zeitlichen Verlauf der Verschiebung $u(t)$ befriedigend gut an. Wie Beispiel 6.5 zeigen wird, ist dieses Integrationsverfahren keineswegs das effektivste, in der Praxis kommen andere Verfahren zum Einsatz. Dem entspricht die Erfahrung, daß das Euler-Vorwärts-Verfahren zwar immer einsetzbar ist, aber sehr viele kleine Integrationsschritte benötigt, um zu ausreichend genauen Ergebnissen zu gelangen. Den prinzipiellen Aufbau der beiden meistverwendeten Integrationsverfahren, die von der Idee her den quadratischen Verfahren (oder Verfahren 2. Ordnung) in Beispiel 1.5 ähneln, beschreiben wir hier.

a) *Integration nach Newmark*
Im Zeitintervall $[t, t + \Delta t]$ nehmen wir die konstante gemittelte Beschleunigung

$$\ddot{u}_m = \frac{1}{2}\{\ddot{u}(t) + \ddot{u}(t + \Delta t)\}$$

an.

Damit ergibt sich ein quadratischer Verlauf der Verschiebung von $u\,(t)$ und ein linearer der Geschwindigkeit $\dot{u}\,(t)$

$$u\,(t+\Delta t) = u\,(t) + \Delta t\ \dot{u}\,(t) + \frac{\Delta t^2}{4}\,\{\ddot{u}\,(t) + \ddot{u}\,(t+\Delta t)\} \qquad (6.34)$$

$$\dot{u}\,(t+\Delta t) = \dot{u}\,(t) + \frac{\Delta t}{2}\,\{\ddot{u}\,(t) + \ddot{u}\,(t+\Delta t)\} \qquad (6.35)$$

Zusammen mit der Bewegungsgleichung (Gl. (6.3)) zum Zeitpunkt $t+\Delta t$

$$m\,\ddot{u}\,(t+\Delta t) + c\,\dot{u}\,(t+\Delta t) + k\,u(t+\Delta t) = f\,(t+\Delta t) \qquad (6.36)$$

liegen 3 Gleichungen für die 3 Unbekannten $u\,(t+\Delta t)$, $\dot{u}\,(t+\Delta t)$ und $\ddot{u}\,(t+\Delta t)$ vor. Setzt man $\Delta u = u\,(t+\Delta t) - u\,(t)$, folgt für diesen Zuwachs der Verschiebung

$$\Delta u = \frac{f\,(t+\Delta t) - k\,u\,(t) + m\left\{\ddot{u}\,(t) + \dfrac{4}{\Delta t}\,\dot{u}\,(t)\right\} + c\,\dot{u}\,(t)}{\dfrac{4}{\Delta t^2}\,m + \dfrac{2}{\Delta t}\,c + k} \qquad (6.37)$$

Die Geschwindigkeit $\dot{u}\,(t+\Delta t)$ und die Beschleunigung $\ddot{u}\,(t+\Delta t)$ errechnet man aus Gl. (6.34) und Gl. (6.35). Die Division durch

$$s = \frac{4}{\Delta t^2}\,m + \frac{2}{\Delta t}\,c + k$$

ist im Fall von n-Massenschwingern, wenn wir statt des Skalars $u\,(t+\Delta t)$ den Vektor der Knotenverschiebungen $\mathbf{u}(t+\Delta t)$ berechnen wollen, als linksseitige Multiplikation mit der Inversen $\mathbf{S}^{-1}$ von

$$\mathbf{S} = \frac{4}{\Delta t^2}\,\mathbf{M} + \frac{2}{\Delta t}\,\mathbf{C} + \mathbf{K}$$

zu verstehen. Die Zeitintegration nach Newmark erfordert zwar die oft aufwendige Berechnung dieser Inversen, erlaubt aber relativ große Zeitschritte, so daß dieser Nachteil in vielen Fällen wieder ausgeglichen wird. Insbesondere bei linearen Problemen, bei denen die Systemmatrizen nicht von den aktuellen Verschiebungen abhängen, ist dieses Verfahren effektiv einsetzbar, da wir die Inverse $\mathbf{S}^{-1}$ nur einmal berechnen müssen.

b) *Zentrales Differenzenverfahren*
Die Geschwindigkeit $\dot{u}\,(t)$ läßt sich als erste Ableitung der Verschiebung nach der Zeit durch die Verschiebungen zu den Zeiten $t-\Delta t$ und $t+\Delta t$ bei ausreichend kleinem Zeitschritt Δt durch

$$\dot{u}\,(t) \approx \frac{u(t+\Delta t) - u(t-\Delta t)}{2\Delta t} \qquad (6.38)$$

annähern (vgl. Anhang A1.2.3).

Eine Näherung der Beschleunigung $\ddot{u}\,(t)$ als zweiter Ableitung der Verschiebung nach der Zeit ist

$$\ddot{u}\,(t) \approx \frac{u(t+\Delta t)\,-2\,u(t)\,+\,u(t-\Delta t)}{\Delta t^2} \tag{6.39}$$

Setzt man diese Beziehungen in die Bewegungsgleichung (Gl. (6.3)) zur Zeit t ein, erhält man mit den Abkürzungen $u_1 = u\,(t+\Delta t)$, $u_0 = u\,(t)$ und $u_{-1} = u\,(t-\Delta t)$

$$m\,\frac{u_1\,-2\,u_0\,+\,u_{-1}}{\Delta t^2} + c\,\frac{u_1\,-\,u_{-1}}{2\Delta t} + k\,u_0 = F(t) \tag{6.40}$$

eine Beziehung, aus der man die Verschiebung $u_1 = u\,(t+\Delta t)$ berechnen kann, wenn die Verschiebungen zu den vorherigen Zeitpunkten t und $t-\Delta t$ bekannt sind.

$$u_1 = \frac{F(t)\,-\,(k-\dfrac{2m}{\Delta t^2})\,u_0\,-\,(\dfrac{m}{\Delta t^2}-\dfrac{c}{2\Delta t})\,u_{-1}}{\dfrac{m}{\Delta t^2}\,+\,\dfrac{c}{2\Delta t}} \tag{6.41}$$

Bei mehreren Freiheitsgraden entspricht der Division durch

$$s = \frac{m}{\Delta t^2} + \frac{c}{2\Delta t}$$

wieder die linksseitige Multiplikation mit der Inversen $\mathbf{S}^{-1}$ der Matrix

$$\mathbf{S} = \frac{1}{\Delta t^2}\,\mathbf{M} + \frac{1}{2\Delta t}\,\mathbf{C}$$

Um die neue Verschiebung $u_1 = u\,(t+\Delta t)$ zu berechnen, benötigen wir Werte der Verschiebung u zu 2 vorhergehenden Zeitpunkten. Da uns bei einem transienten Problem Anfangsverschiebung und -geschwindigkeit und damit nach Gl. (6.32) auch die Beschleunigung zu Zeit $t = 0$ bekannt sein müssen, besorgen wir uns eine fiktive Verschiebung zur Zeit $-\Delta t$ aus der Reihenentwicklung

$$u_{-1} = u\,(-\Delta t) \approx u\,(0) - \Delta t\,\,\dot{u}\,(0) + \frac{\Delta t^2}{2}\,\ddot{u}\,(0) \tag{6.42}$$

und können im ersten Zeitschritt die Verschiebung $u_1 = u\,(\Delta t)$ nach Gl. (6.41) berechnen.

Das Zentrale Differenzenverfahren wird, wie verschiedene ähnliche Verfahren (z.B. nach Gl. (6.32-6.33)) *explizit* genannt, weil die Verschiebung $u\,(t+\Delta t)$ nicht mit einer Untersuchung der Bewegungsgleichung zur Zeit $t+\Delta t$, sondern aus den Bedingungen zur Zeit t errechnet wird, während das *implizite* Newmark-Verfahren das Kräftegleichgewicht zur Zeit $t+\Delta t$ betrachtet.

Dieses explizite Verfahren ist bei diagonalen Massen- und Dämpfungsmatrizen $\mathbf{M}$ und $\mathbf{C}$ (vgl. Abschn. 6.2.4), bei denen die Inverse von

$$S = \begin{pmatrix} s_{1,1}, & 0, & . \;\; . \;\; . & 0 \\ 0, & s_{2,2}, & . \;\; . \;\; . & 0 \\ \vdots & \vdots & \vdots \; \vdots \; \vdots & \vdots \\ 0, & 0, & . \;\; . \;\; . & s_{n,n} \end{pmatrix}$$

durch

$$
S = \begin{pmatrix}
\dfrac{1}{s_{1,1}}, & 0, & \cdots & 0 \\
0, & \dfrac{1}{s_{2,2}}, & \cdots & 0 \\
\vdots & \vdots & \vdots\;\vdots\;\vdots & \vdots \\
0, & 0, & \cdots & \dfrac{1}{s_{n,n}}
\end{pmatrix}
$$

mit

$$
s_{i,i} = \frac{m_i}{\Delta t^2} + \frac{c_i}{2\Delta t} \qquad\qquad (i = 1 - n)
$$

leicht bestimmbar ist, von großer Bedeutung. Die extrem schnellen, nichtlinearen Crash-Programme, die während einer Berechnung Hunderttausende von Integrationsschritten durchführen und dabei laufend neue Matrizen berechnen, verwenden dieses oder davon abgeleitete Verfahren. Die Zeitschritte, mit denen die Bewegungen eines Bauteils noch befriedigend berechnet werden können, sind deutlich kleiner als beim Newmark-Prozeß [2], dafür laufen die Berechnungen sehr einfach und sind hervorragend parallelisierbar, also auf Rechnern mit mehreren oder vielen Prozessoren sehr schnell. Desweiteren kommen sie mit wenig Speicherplatz aus, da die Matrizen in Gl. (6.41) niemals vollständig aufgestellt werden müssen.

Beispiel 6.5: Abbildung 6.10a stellt die mit den 3 vorgestellten Methoden bei der Integration der DGL

$$
\ddot{u} + 0{,}1\,\dot{u} + u = 1
$$

eines Einmassenschwingers berechneten Auslenkungen der exakten Lösung gegenüber.

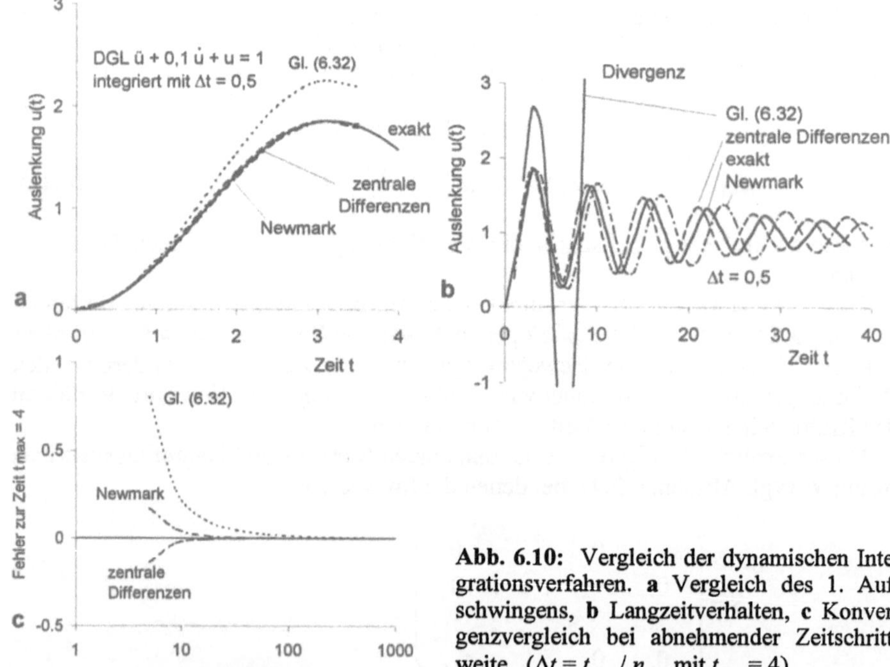

Abb. 6.10: Vergleich der dynamischen Integrationsverfahren. **a** Vergleich des 1. Aufschwingens, **b** Langzeitverhalten, **c** Konvergenzvergleich bei abnehmender Zeitschrittweite, ($\Delta t = t_{max} / n_{step}$ mit $t_{max} = 4$)

Dabei wurde mit Anfangsbedingungen $u(0) = 0$, $\dot{u}(0) = 0$ und der Schrittweite $\Delta t = 0{,}5$ im Intervall $[0, 4]$ gerechnet. Die Überlegenheit der beiden höher entwickelten Integrationsverfahren ist klar ersichtlich. Dies wird bei der Untersuchung eines größeren Zeitabschnitts noch deutlicher (Abb. 6.10b). Das Verfahren nach Gl. (6.32) - (6.33) divergiert, die Amplitude wächst über alle Grenzen. Die beiden anderen Verfahren zeigen ein gegen den Grenzwert $u = 1$ strebendes Verhalten. Daß dabei das zentrale Differenzenverfahren der exakten Lösung voreilt, die Eigenfrequenz überschätzt, während die Newmark-Integration nachläuft, die Eigenfrequenz unterschätzt, ist typisch für die beiden Methoden. Die relativ großen Abweichungen vom exakten Verlauf sind in dem großen Zeitschritt von ca. 15 % einer Grundschwingungsdauer begründet. Diesen Effekt verdeutlicht Abb. 6.10c, in der die Abweichung der Werte der Verschiebung u zur Zeit $t = 4$ von der exakten Lösung, die sich bei abnehmenden Schrittweiten Δt ergeben, eingetragen sind. Circa 20 - 50 Zeitschritte je Grundschwingung erlauben stabile, zuverlässige Zeitintegrationen über lange Zeiträume. Um dementsprechend das Zeitinkrement für die Integration sinnvoll zu wählen, muß eine Abschätzung der relevanten Eigenfrequenzen des zu untersuchenden Bauteils vorliegen.

Die oben beschriebenen Verfahren der Integration der Bewegungsgleichung in der Zeit sind bei kleinen Matrizen (bis einige 1000 Freiheitsgrade) oder kurzen Zeiten (beim Fahrzeugcrash ca. 0,1 - 0,3 sec.) anwendbar. Bei Untersuchungen von großen Systemen (einige 100 000 Freiheitsgrade) und langen Zeiten (Minuten bis Stunden) sind sie auch auf schnellsten Rechnern nicht mehr mit ökonomisch vertretbarem Aufwand einsetzbar.

Da es bei derartigen Anwendungen, z. B. der Analyse des Schwingungsverhaltens eines Fahrzeugs auf einer unebenen Fahrbahn, häufig ausreicht, die Antwort einiger, meist der kleinsten Eigenfrequenzen zu kennen, wird die Gesamtverschiebung nach Gl. (6.21) als Summe von Eigenvektoren oder -formen dargestellt. Von diesen Eigenformen betrachtet man nur eine kleine, aber ausreichende Anzahl m (z.B. 100 - 1000), deren Eigenfrequenzen im interessierenden Bereich liegen. Wir erhalten damit für die transiente Untersuchung insgesamt m separierte DGL

$$\ddot{a}_i + \omega_i^2\, a_i = \boldsymbol{\phi}_i^{\mathrm{T}} \mathbf{F}(t) \qquad\qquad (i = 1 - m\,,\, m < n)$$

die sich aus dem entkoppelten System (vgl. Abschn. 6.1.1)

$$\ddot{\mathbf{a}} + \Omega^2\, \mathbf{a} = \Phi^{\mathrm{T}}\, \mathbf{F}(t) \qquad\qquad\qquad\qquad\qquad\qquad (6.23')$$

ergeben. Die aus diesen Eigenformen aufgebaute Bewegung repräsentiert die Gesamtbewegung häufig recht gut, da die höheren Frequenzen und ihre Schwingformen oft nur lokale oder untergeordnete Bedeutung besitzen.

6.2
Massenmatrizen

Nachdem wir die elastischen Steifigkeitsmatrizen unserer schwingenden Bauteile bereits in Kap. 4 aufgestellt haben, benötigen wir für dynamische Untersuchungen mit Finiten Elementen noch Modelle der trägen Massen und der Dämpfung der Strukturen. Die erforderlichen Massenmatrizen sind den in Kap. 5 entwickelten Massenmatrizen, welche dort die Wärmekapazitäten abbildeten, ähnlich. Für die

Dämpfung werden wir, wie es in den meisten gängigen FE-Programmen üblich ist, keine Elementmatrizen berechnen, sondern die in kommerziellen FE-Programmen eingesetzten pragmatischen Zugänge skizzieren (Abschn. 6.3).

6.2.1
Aufbau der Massenmatrizen

Um eine Masse längs eines kleinen Wegstücks $\delta\mathbf{u}$ um $\ddot{\mathbf{u}}$ zu beschleunigen, ist nach dem Newtonschen Grundgesetz

$$F = m\,a = m\,\ddot{u}$$

je Volumeneinheit die Beschleunigungsarbeit

$$\delta\frac{dW_a}{dVol} = \delta\mathbf{u}^T\frac{dm}{dVol}\,\ddot{\mathbf{u}} = \delta\mathbf{u}^T\rho\,\ddot{\mathbf{u}} \tag{6.43}$$

erforderlich. Hier steht ρ für die Dichte des beschleunigten Stoffes. Entsprechend der Herleitung der Steifigkeits- und Wärmekapazitätsmatrizen beschreiben wir die Kinematik im Element mit Hilfe von Ansatzfunktionen. Das bedeutet, daß die Bewegung jedes einzelnen trägen Massenteilchens der Masse $\rho dVol$ im Element durch die Verschiebungen der Knoten des Elementes, in welchem sich das Volumenstück $dVol$ befindet, eindeutig bestimmt ist. Wie bei den Steifigkeits- und Wärmekapazitätsmatrizen ist im n-knotigen Element die 3-dimensionale Verschiebung an der Stelle $\mathbf{x} = (x, y, z)^T$ durch die Verschiebungen der Knoten über die n Ansatzfunktionen $h_i(x, y, z)$, $(i = 1 - n)$ mit der Interpolationsmatrix $\mathbf{H}$ (vgl. Abschn. 2.5 und Kap. 4) gegeben

$$u = \begin{pmatrix} u \\ v \\ w \end{pmatrix} = \begin{pmatrix} h_1, & 0, & 0, & h_2, & 0, & 0, & \dots & h_n, & 0, & 0 \\ 0, & h_1, & 0, & 0, & h_2, & 0, & \dots & 0, & h_n, & 0 \\ 0, & 0, & h_1, & 0, & 0, & h_2, & \dots & 0, & 0, & h_n \end{pmatrix} \begin{pmatrix} u_1 \\ v_1 \\ w_1 \\ \vdots \\ u_n \\ v_n \\ w_n \end{pmatrix}$$

$$= \mathbf{H}\,\mathbf{u}_{elem}$$

Die gesamte Beschleunigungsarbeit in einem Element erhalten wir durch Integration der differentiellen Arbeiten in Gl. (6.43) über das Volumen des Elementes

$$\delta W_a = \int_{Vol} \delta\mathbf{u}^T\rho\,\ddot{\mathbf{u}}\,dVol = \int_{Vol_{111}} \delta\mathbf{u}_{elem}^T\mathbf{H}^T\rho\,\mathbf{H}\,\ddot{\mathbf{u}}_{elem}\,|\mathbf{J}|\,dVol_{111}$$

$$= \delta\mathbf{u}_{elem}^T \int_{Vol_{111}} \mathbf{H}^T\rho\,\mathbf{H}\,|\mathbf{J}|\,dVol_{111}\,\ddot{\mathbf{u}}_{elem}$$

$$= \delta\,\mathbf{u}_{elem}^T\,\mathbf{M}_{elem}\,\ddot{\mathbf{u}}_{elem} \tag{6.44}$$

mit

$$\mathbf{M}_{elem} = \int_{Vol_{111}} \mathbf{H}^T\rho\,\mathbf{H}\,|\mathbf{J}|\,dVol_{111} \tag{6.45}$$

der Massenmatrix des *n*-knotigen Elementes. Hierbei machen wir wieder von der Integration über das Einheitselement mit der Jacobitransformation Gebrauch. Gleichung (6.45) stellt die allgemeine Form der Elementmassenmatrizen dar. Wir erkennen, daß diese den Wärmekapazitätsmatrizen weitgehend ähneln. Unterschiede bestehen in der **H**-Matrix und dem Werkstoffkennwert (vgl. Tabelle 5.3). Während bei der Wärmeleitung nur eine Temperatur an einem Punkt herrscht, haben wir hier 1 – 3 Verschiebungen in den bei dem aktuellen Problem betrachteten Raumrichtungen. Außerdem ist statt der auf das Volumen bezogenen spezifischen Wärmekapazität cρ die Dichte ρ einzusetzen. Auch hier darf man bei homogenem Material die Dichte vor das Integral ziehen. Nachdem wir in Abschn. 5.5 nur die allgemeine Form der Massenmatrizen aufgeführt haben, tragen wir jetzt 2 Elementtypen nach, die Matrizen anderer Elemente folgen entsprechend.

6.2.2
Die Massenmatrix des homogenen 1-dimensionalen Zugstabs

Nach Gl. (3.28) - (3.29) und Abb. 3.3 sind die Ansatzfunktionen und die Interpolationsmatrix **H** des zweiknotigen 1-dimensionalen Zugstabs (des 1-D ROD2-Elements) durch

$$h_1 (r) = 1/2 (1 - r)$$

$$h_2 (r) = 1/2 (1 + r) \tag{6.46}$$

$$\mathbf{H} = (h_1, h_2) = 1/2 (1 - r, 1 + r) \tag{6.47}$$

gegeben. Damit ist

$$\mathbf{M}_{ROD2} = \frac{\rho A}{4} \int_{-1}^{1} \begin{pmatrix} 1 - r \\ 1 + r \end{pmatrix} (1 - r, 1 + r) \frac{l}{2} \, dr$$

$$= \frac{\rho Al}{8} \int_{-1}^{1} \begin{pmatrix} (1 - r)^2, & 1 - r^2 \\ 1 - r^2, & (1 + r)^2 \end{pmatrix} dr = \frac{\rho Al}{6} \begin{pmatrix} 2, & 1 \\ 1, & 2 \end{pmatrix} \tag{6.48}$$

Diese Massenmatrix entspricht der in Abschn. 5.2 hergeleiteten Wärmekapazitätsmatrix des linearen Wärmeleitstabes.

6.2.3
Die Massenmatrix des linearen räumlichen Hexaeders HEX8

Der in Abb. 4.12 gezeigte lineare Hexaeder hat die aus Gl. (4.33) bekannten Ansatzfunktionen

$$h_1(r, s, t) = 1/8 (1 - r) (1 - s) (1 - t)$$

$$\cdots\cdots\cdots\cdots$$

bis

$$h_8(r, s, t) = 1/8 (1 - r) (1 + s) (1 + t) \tag{6.49}$$

Die **H**-Matrix ist vom Typ (3 x 24), da 3 räumliche Verschiebungen aus 3 x 8 = 24 Knotenverschiebungen zu interpolieren sind.

Sie lautet

$$\mathbf{H}_{(3,24)} = \begin{pmatrix} h_1, & 0, & 0, & h_2, & 0, & 0, & \dots & h_8, & 0, & 0 \\ 0, & h_1, & 0, & 0, & h_2, & 0, & \dots & 0, & h_8, & 0 \\ 0, & 0, & h_1, & 0, & 0, & h_2, & \dots & 0, & 0, & h_8 \end{pmatrix} \tag{6.50}$$

Mit diesem $\mathbf{H}$ bestimmt man nach Gl. (6.45) die Elementmassenmatrix $\mathbf{M}_{HEX8}$.

6.2.4
Diagonale Massenmatrizen

Wie im Abschn. 6.1.3 dargelegt, gelingt die Integration der Bewegungsgleichung (Gl. (6.1) bzw. (6.3)) bei transienten Problemen besonders schnell mit dem Zentralen Differenzenverfahren, wenn die Massen- und die Dämpfungsmatrix Diagonalgestalt haben, und damit ihre Inverse leicht bestimmbar ist. Die oben beschriebenen Elementmassenmatrizen haben alle Außerdiagonalterme, sie scheiden in diesem Fall aus.

Diagonale Massenmatrizen entstehen, wenn die Masse eines Elementes in den Knoten konzentriert wird. Dabei kann man die Gesamtmasse eines Elementes gleichmäßig auf die Knoten verteilen, es kann aber auch eine Verteilung der Massen entsprechend den Volumenanteilen der Knoten vorgenommen werden. Der Fehler, den man mit dieser Vereinfachung macht, ist relativ gering, da man diese Technik zumeist bei nichtlinearen Problemen (vgl. Kap. 7), die sehr viele kleine Elemente erfordern, einsetzt. In solchen Berechnungen mit vielen Knoten und Elementen spielt es eine untergeordnete Rolle, ob eine Masse konzentriert an einem Knoten oder verteilt auf einem Raumstück anzunehmen ist. Vergleichen wir aber die Eigenfrequenzen $\omega_1^2 = 1$, $\omega_2^2 = 3$ des Zweimassenschwingers aus Beispiel 6.1, der eine diagonale Massenmatrix besitzt, mit $\omega_1^2 = 1{,}2$, $\omega_2^2 = 6$ aus Beispiel 6.2, wo wir eine *konsistente Massenmatrix* einsetzten, sind die Unterschiede insbesondere bei höheren Frequenzen, denen differenzierte lokale Bewegungen entsprechen, unverkennbar. Die hier bei den beiden ersten Eigenfrequenzen beobachtete Abweichung zwischen den beiden Modellen der Massenträgheit nimmt ab, sobald eine größere Anzahl von Elementen und Knoten längs des Stabes (oder allgemein auf dem Bauteil) eingesetzt wird.

6.3
Dämpfung

War es relativ einfach, die physikalischen Zusammenhänge, die zur Steifigkeits- bzw. Massenmatrix führen, aufzustellen, liegen bei der Dämpfung keine so eindeutigen Beziehungen vor. Es gibt verschiedene Modelle, um das Phänomen der Dämpfung zu beschreiben. Häufig geht man davon aus, daß die innere Reibungskraft linear mit der Dehnungsgeschwindigkeit $\dot{\varepsilon}$ zunimmt, eine *viskose Dämpfung* vorliegt. Dies ließe sich dann in einem FE-Ansatz verwenden

$$\frac{d\mathbf{F}_R}{dVol} = \mathbf{R}\,\dot{\varepsilon} = \mathbf{R}\,\mathbf{B}\,\dot{\mathbf{u}}_{elem} \tag{6.51}$$

Die Matrix **R** stellt die Beziehung zwischen der Dehnungsgeschwindigkeit $\dot{\varepsilon}$ und der auf das Volumen bezogenen Reibungskraft $\mathbf{F}_R$ dar. Daraus folgt mit dem bekannten Formalismus

$$\delta W_d = \delta \mathbf{u}^T \mathbf{F}_R = \delta \mathbf{u}^T{}_{elem} \int_{Vol} \mathbf{H}^T \mathbf{R} \, \mathbf{B} \, \mathrm{d}Vol \, \dot{\mathbf{u}}_{elem} \tag{6.52}$$

eine *Elementdämpfungsmatrix*

$$\mathbf{C}_{elem} = \int_{Vol_{111}} \mathbf{H}^T \mathbf{R} \, \mathbf{B} \, |\mathbf{J}| \, \mathrm{d}Vol_{111} \tag{6.53}$$

Da Verwechslungen der Dämpfungsmatrix **C** mit der Werkstoffmatrix **C** (Kap. 4) nicht zu befürchten sind, verwenden wir diese in der Literatur übliche Bezeichnung.

War es relativ einfach, Werte für die Dichte ρ und die elastische Spannungs-Dehnungsbeziehung **C** zu finden, gibt es bei der Dämpfung kein allgemein anerkanntes Verfahren, wie eine Matrix **R** zu definieren bzw. ihre Einträge zu messen sind. Experimentell abgesichert ist, daß die Dämpfung von der Frequenz abhängt, es wird kaum gelingen, die Matrix unabhängig von dem herrschenden Schwingungszustand aufzustellen.

Da Dämpfungskräfte in den praktischen Anwendungen häufig eine untergeordnete Rolle spielen, wählt man meist einen pragmatischen Weg. Wir beschreiben die Amplitude der gedämpfte Schwingung eines Einmassenschwingers mit den Bezeichnungen von Abschn. 6.1.2 durch

$$u(t) = u_0 \, e^{i\omega_d t} \, e^{-\gamma t}$$

Die Einhüllenden dieser abklingenden Schwingung (Abb. 6.5) sind durch

$$u_h(t) = \pm \, u_0 \, e^{-\gamma t}$$

gegeben. Setzen wir wieder

$$\omega_0 = \sqrt{\frac{k}{m}} \qquad \text{(Eigenkreisfrequenz des ungedämpften Systems)}$$

und

$$2\gamma = \frac{c}{m}$$

so bezeichnet man

$$\delta = \frac{\gamma}{\omega_0} = \gamma \sqrt{\frac{m}{k}} \tag{6.54}$$

als *Lehrsches Dämpfungsmaß*. Dieses Dämpfungsmaß drückt aus, um welchen Anteil die Amplitude einer Schwingung mit der Eigenfrequenz ω nach einer Periode T des Systems abnimmt. Eines von zahlreichen praktisch benutzten Verfahren besteht darin, diagonale Dämpfungsmatrizen der Art

$$\mathbf{C} = (c_{ii}) = \left(2\delta_i \sqrt{k_{ii} m_{ii}} \right) \tag{6.55}$$

aus den Diagonaleinträgen der Massen- und Steifigkeitsmatrizen abzuleiten.

Man hat sich damit das erneute Aufstellen von Elementen nach Gl. (6.53) erspart, und kann bei Wahl eines geeigneten Dämpfungsmaßes δ brauchbare Ergebnisse errechnen. Realistische Werte für das Dämpfungmaß in Strukturwerkstoffen liegen im Bereich von 0,1% - 0,4 % (Stahl) bis wenigen Prozent (Spannbeton).

Manche FE-Programme bilden die Dämpfung aus dem gewichteten Mittel der Massen- und Steifigkeitsmatrizen

$$\mathbf{C} = \delta \, (\alpha \, \mathbf{M} + \beta \, \mathbf{K}) \qquad (6.56)$$

wobei wieder meist nur die Diagonale der Dämpfungsmatrix verwendet wird. Auch bei stärker dämpfenden Werkstoffen werden i.allg. keine höherentwickelten Ansätze verwendet, da die Unsicherheiten über das Werkstoffverhalten größer als der erzielbare Genauigkeitsgewinn sind.

Bei entkoppelten Systemen von Eigenformen der Art (vgl. Abschn. 6.1.1)

$$\ddot{a}_i + c_i \, \dot{a}_i + \omega_i^2 \, a_i = \phi_i^{\mathrm{T}} \mathbf{F} \qquad (6.57)$$

lassen sich die frequenzabhängigen Dämpfungen, soweit sie bekannt sind, direkt einbauen. Hier stellt man zumeist die Eigenformmatrizen Φ für das ungedämpfte System auf, da das Entkoppeln bei gedämpften Systemen nur in Ausnahmefällen gelingt. Die bei den Eigenkreisfrequenzen ω_i gemessenen oder geschätzten Dämpfungen c_i werden dann als zusätzliche Größe in die separierten DGL eingefügt.

6.4
Berechnungen von Eigenschwingungen

Bei dynamischen Berechnungen fallen zumindest im transienten, aber auch im zwangserregten Fall sehr viele Daten an, die ohne geeignete Postprozessoren kaum ausgewertet werden können. Wir wollen deshalb nur zwei elementare Beispiele aus der Eigenschwingungsanalyse vorstellen.

Beispiel 6.6: Der Zweimassenschwinger aus Beispiel 6.1 wird mit 3 quadratischen QUAD4-Elementen mit insgesamt 8 Knoten modelliert (Abb. 6.11a). Gesucht sind die Eigenfrequenzen und -formen
Lösung: Wir unterbinden Vertikalbewegungen (v=0) und erwarten, daß sich die beiden mittleren Knoten wie die Punktmassen eines Zweimassenschwingers verhalten. Um den Zweimassenschwinger mit seinen Punktmassen nachzubilden, wählen wir diagonale Massenmatrizen. Abbildung 6.11b - e stellt die Eigenformen des Modells dar. Zunächst erscheint die erwartete erste Eigenform des Zweimassenschwingers (Abb. 6.11b). Als weitere Eigenformen erscheinen danach aber die den Scherbewegungen der 4 inneren Knoten entsprechenden Eigenformen (Abb. 611.c und d), bevor schließlich (Abb. 6.11e) die zweite Eigenform des Zweimassenschwingers auftritt. Nach Beispiel 6.1 erwarten wir für die beiden Eigenkreisfrequenzen des Zweimassenschwingers die Werte $\omega_1 = 1$ und $\omega_2 = 1,732..$. Tabelle 6.1 stellt die PLANE-Ergebnisse den exakten gegenüber. Die kleinen Abweichungen der Eigenfrequenzen resultieren aus der Art der Behandlung der Randbedingungen bei der modalen Analyse.

Tabelle 6.1: Eigenfrequenzen des Zweimassenschwingers, Vergleich analytischer und numerischer Werte

Eigenwert Nr.	Frequenz analytisch [1/sec]	Frequenz PLANE [1/sec]	Abweichung %
1	0,15915..	0,16194..	1,75
2	0,27566..	0,28669..	4

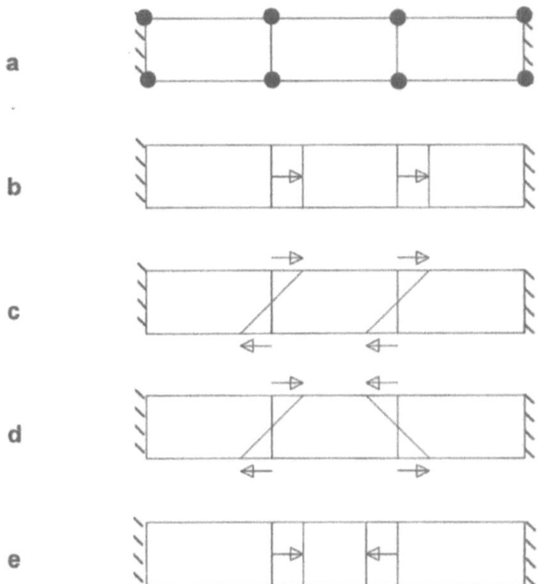

Abb. 6.11: Eigenformen des als ebenes Bauteil mit 3 Elementen und 8 Knoten modellierten Zweimassenschwingers. **a** FE-Modell des Zweimassenschwingers aus 3 QUAD4-Elementen, **b** 1. Eigenform $\phi_1 = (1, 1)^T$, **c** Scherbewegung gleichsinnig, **d** Scherbewegung gegensinnig, **e** 2. Eigenform $\phi_2 = (1, -1)^T$

Um das in PLANE implementierte Jacobi-Verfahren [9] zur Berechnung des Eigensystems anwenden zu können, ist es bei der in PLANE verwendeten Art, Randbedingungen zu berücksichtigen, erforderlich, die eingespannten Knoten mit relativ großen Steifigkeiten zu versehen, da wir sie nicht explizit aus den Gesamtmatrizen entfernen. Damit werden die Eigenfrequenzen, welche den Bewegungen eingespannter Knoten entsprechen, nicht unterdrückt, sondern in den Bereich großer Frequenzen verschoben. Je größer diese Hilfssteifigkeiten im Vergleich zu den echten Steifigkeiten der Struktur sind, um so schlechter arbeitet das numerische Verfahren zur Lösung des Eigensystems. Deshalb sind in PLANE und manchen anderen Programmen diese Steifigkeiten nur so weit erhöht, daß die Eigenfrequenzen der eingespannten Knoten sicher deutlich größer als die größten physikalisch sinnvollen Eigenfrequenzen sind. Dies führt wiederum zu einem zu weichen Verhalten des FE-Modells und zu kleinen Verschiebungen der eingespannten Knoten. So erhalten wir für die in x- und y-Richtung festgehaltenen Eckknoten bei der ersten Eigenform Verschiebungen von ca. 0,011, für die x-Richtung beträgt diese Verschiebung 0,0397 und damit ca. 5 % der Verschiebung der freien Knoten.

Diesen Mangel könnten wir durch ein anderes Berücksichtigen der Randbedingungen beseitigen. Dies geschieht in den meisten kommerziellen Programmen, indem aus den Matrizen die Zeilen und Spalten, die Freiheitsgraden mit Randbedingungen entsprechen, wie in Kap. 3 dargestellt, entfernt werden. In PLANE hätte das ein unübersichtliches Umspeichern zur Folge, weswegen wir die einfachere, unscharfe Variante bevorzugen.

Beispiel 6.7: Wir wollen die Eigenfrequenzen und -formen einer Stimmgabel bestimmen und geben uns dazu ein einfaches Modell vor (Abb. 6.12a). Die Abbildungen 6.12b-d stellen die ersten 3 Eigenformen dieser Stimmgabel dar. Sie entsprechen denen, die wir erwarten. Zunächst erhalten wir die Grundschwingung der Gabel auf ihrem Fuß, dann die

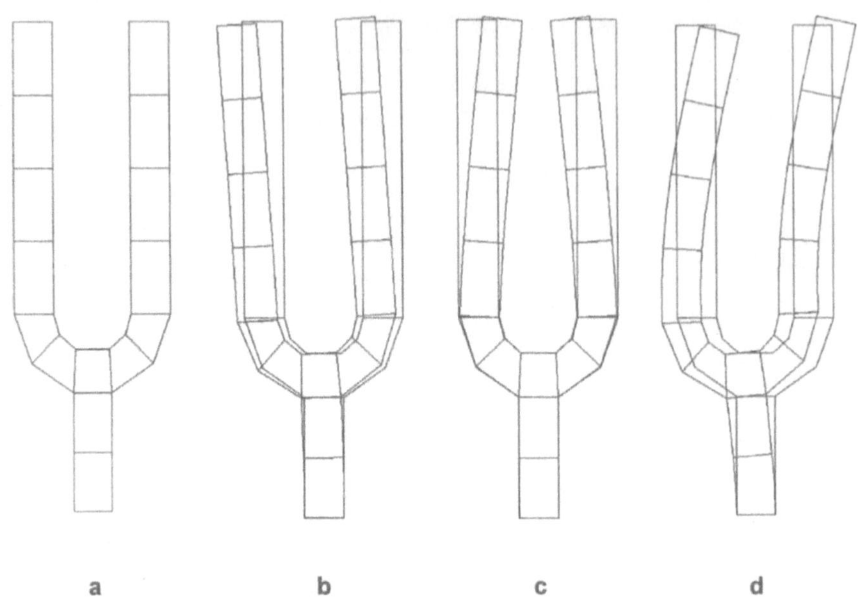

Abb. 6.12: Eigenformen einer Stimmgabel. **a** FE-Modell der Stimmgabel **b - d** 1. - 3. Eigenform

Eigenschwingung der Gabelarme und als dritte Form die gegensinnige Bewegung von Fuß und Gabel. Vermessen und modellieren wir eine reale Stimmgabel, und rechnen dabei die Massenbelegung und Steifigkeit ihrer kreisförmigen Querschnitte auf die rechteckigen des ebenen QUAD4-Elements um, erhalten wir bei reduzierter Integration der Schubspannungen (vgl. Beispiel 4.3) mit 448 Hz eine gute Abschätzung der 1. Eigenfrequenz der Stimmgabel von 440 Hz (des Kammertons *a*). Der in Beispiel 6.6 aufgetretene Fehler spielt hier bei der Grundschwingung keine so große Rolle, da sich die zusätzlichen Steifigkeiten an den hohen Frequenzen der Oberschwingungen orientieren.

Übungsaufgaben

1. Abbildung 6.13 zeigt einen Zweimassenschwinger ($m_1 = m_2 = 1$ kg, Steifigkeit der Stäbe $k = 20\,000$ N/mm.
a) Bestimmen Sie die Eigenfrequenzen und -formen dieses Zweimassenschwingers! Vergleichen Sie die Ergebnisse mit denen eines an einem Ende eingespannten Stabs!
b) Am freien Ende (Knoten K_2) wirkt eine periodische Erregung ($F_2(t) = F_0 e^{i\omega t}$), mit $\omega = 0$ bis $\omega = 4\omega_2$. Bestimmen Sie die Amplituden u_2 und u_3 als Funktionen der Anregungsfrequenz!
c) Das um die Dämpfungen $c_1 = c_2 = 0,05$ Ns/mm ergänzte System befindet sich bis zur Zeit $t = 0$ in Ruhe. Auf den Knoten K_2 wirkt ab $t = 0$ die Kraft $F_2 = 1000$ N. Bestimmen sie die Auslenkung als Funktion der Zeit mit den in Abschn. 6.1.3 vorgestellten Methoden!

2. Stellen Sie die Steifigkeits- und Massenmatrix eines 1-dimensionalen 3-knotigen Zugstab- (ROD3-) Elements auf (Abb. 6.14, vgl. auch Abschn. 6.2.2, Abb. 2.9b sowie die Gl. (2.5)-(2.7))!

3. Ein Freiträger aus Stahl (Abb. 6.15, Dicke d = 10 mm) wird mit 10 Elementen modelliert. Bestimmen Sie die Eigenfrequenzen und -formen bei unterschiedlichen Elementtypen:
a) QUAD4 voll integriert
b) QUAD4 reduziert integriert (oder mit Schubspannungskontrolle)
c) QUAD4 voll integriert mit konzentrierten Massen (diagonale Massenmatrix)
d) Wiederholen Sie die Rechnung mit verfeinerten Netzen (2 x 20 bzw. 4 x 40 statt 1 x 10 Elemente)!
e) Wiederholen Sie die Rechnungen mit QUAD8-Elementen!
f) Stellen Sie den Wert der 1. Eigenfrequenz als Funktion der Knotenzahl für jedes Modell (QUAD4 reduziert und voll integriert, QUAD8) dar!

4. Bestimmen Sie die Eigenfrequenzen- und formen des Rohrleitungsstrangs aus Aufgabe 4 Kap. 4 (S. 113). Vergleichen Sie die Werte der verschiedenen Modelle!

Warnung: Starten Sie Eigenwertanalysen größerer Modelle nur, wenn Sie oder Ihre Kollegen den Rechner in nächster Zeit nicht dringend benötigen, die Rechnungen können sehr zeitintensiv werden!

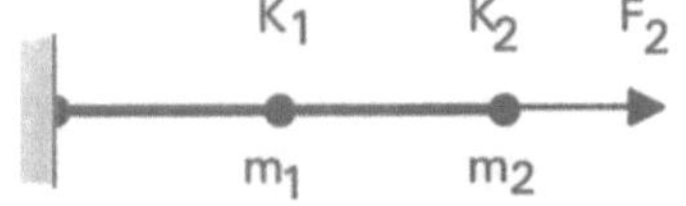

Abb. 6.13: Zweimassenschwinger

Abb. 6.14: 3-knotiges quadratisches Stabelement (ROD3)

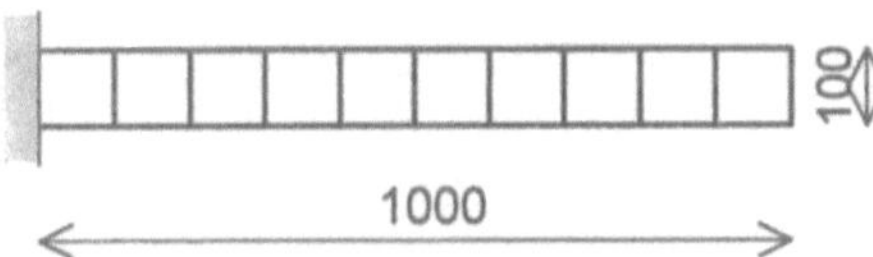

Abb. 6.15: Freiträger (Biegebalken)

7 Nichtlineare Probleme

Die bisherigen Kapitel zeigten, daß die FEM in einem breiten Spektrum von technischen Problemen ein nützliches Hilfsmittel darstellen kann. Es gelingt bei den unterschiedlichsten Fragestellungen das vorliegende kontinuumsmechanische Problem auf eine diskrete Formulierung der Art

$$\mathbf{S}\,\mathbf{u} = \mathbf{F} \tag{7.1}$$

zu bringen. Dabei ist $\mathbf{S}$ die Systemmatrix, $\mathbf{u}$ beschreibt die gesuchte physikalische Größe, $\mathbf{F}$ die Einwirkung der Umgebung auf das betrachtete Kontinuum. $\mathbf{S}$ beinhaltet bei statischen oder stationären Aufgaben nur die Steifigkeits- bzw. die Leitfähigkeitsmatrix $\mathbf{K}$, bei transienten oder dynamischen Untersuchungen zusätzlich noch die Massenmatrix $\mathbf{M}$ und ggf. die Dämpfungsmatrix $\mathbf{C}$. In allen betrachteten Fällen waren die Matrizen, welche das System beschrieben, und die äußere Einwirkung $\mathbf{F}$ unabhängig von der zu berechnenden physikalischen Größe $\mathbf{u}$. Unter dieser Voraussetzung lassen sich sehr schnelle, effektive Algorithmen entwickeln, da bei einer Analyse eines Zeitverlaufs die gesuchte Variable $\mathbf{u}(t)$ durch

$$\mathbf{u}(t) = \mathbf{S}^{-1}\,\mathbf{F}(t) \tag{7.2}$$

bestimmt ist. $\mathbf{S}$ muß nur einmal invertiert werden, um $\mathbf{u}(t)$ als Funktion von $\mathbf{F}(t)$ aus Gl. (7.2) als Produkt einer Matrix mit einem Vektor zu berechnen. So hatten wir beim Newmark-Verfahren (Abschn. 6.1.3, Gl. (6.37)) zur Integration der Bewegungsgleichung

$$\Delta\mathbf{u} = \left(\frac{4}{\Delta t^2}\mathbf{M} + \frac{2}{\Delta t}\mathbf{C} + \mathbf{K}\right)^{-1}\left(\mathbf{F}_{ex}(t+\Delta t) - \mathbf{K}\,\mathbf{u}(t) + \mathbf{M}\left\{\ddot{\mathbf{u}}\,(t) + \frac{4}{\Delta t}\,\dot{\mathbf{u}}\,(t)\right\} + \mathbf{C}\,\dot{\mathbf{u}}\,(t)\right)$$

die Systemmatrix

$$\mathbf{S} = \left(\frac{4}{\Delta t^2}\mathbf{M} + \frac{2}{\Delta t}\mathbf{C} + \mathbf{K}\right) \tag{7.3}$$

invertiert und nach Gl. (7.2) den Zuwachs $\Delta\mathbf{u}(t + \Delta t)$ der Verschiebung vom Zeitpunkt t bis zum Zeitpunkt $t + \Delta t$ aus dem aktuellen Kraftzuwachs

$$\Delta\mathbf{F}(t+\Delta t) = \left(\mathbf{F}_{ex}(t+\Delta t) - \mathbf{K}\,\mathbf{u}(t) + \mathbf{M}\left\{\ddot{\mathbf{u}}\,(t) + \frac{4}{\Delta t}\,\dot{\mathbf{u}}\,(t)\right\} + \mathbf{C}\,\dot{\mathbf{u}}\,(t)\right) \tag{7.4}$$

linksseitig multipliziert mit der Inversen von $\mathbf{S}$ ermittelt.

$$\Delta\mathbf{u}(t+\Delta t) = \mathbf{S}^{-1}\Delta\mathbf{F}(t+\Delta t) \tag{7.2'}$$

Die Annahme, daß sich das zu analysierende System während des betrachteten Prozesses nicht oder nur vernachlässigbar wenig ändert, erlaubt es, viele Untersuchungen relativ einfach durchzuführen. Die ganze klassische Festigkeitsberechnung sowie große Teile der Technischen, aber auch Theoretischen Mechanik basieren auf dieser Hypothese der Systemkonstanz. Für den gesamten Komplex derartiger Fragen verwenden wir den Begriff *lineare Probleme*. Für lineare Probleme gilt, daß (vgl. Gl. (7.1)) bei f-facher Last $f\,\mathbf{F}$ auch eine f-fach vergrößerte Systemantwort $f\,\mathbf{u}$ zu erwarten ist.

Tatsächlich ist die Annahme linearen Verhaltens oft eine Vereinfachung des jeweils vorliegenden Problems. In vielen technischen Fragestellungen sind sowohl die Anregung $\mathbf{F} = \mathbf{F}(\mathbf{u},t)$ als auch die Systemmatrix $\mathbf{S} = \mathbf{S}(\mathbf{u},t)$ vom aktuellen Wert des Zustands $\mathbf{u}(t)$ abhängig. Um dies zu veranschaulichen, wollen wir einige Aspekte *nichtlinearer* Probleme ansprechen, bei denen eine f-fache Last $f\,\mathbf{F}$ eben keine f-fach vergrößerte Antwort $f\,\mathbf{u}$ zur Folge hat.

Dieses Kapitel versucht nicht, die Anwendung der FEM in der ganzen Vielfalt von nichtlinearen Problemen darzustellen, dazu wäre ein eigenes Buch kaum ausreichend. Nachdem sich aber in den letzten Jahren die Anwendung der FEM in Gebieten wie den überelastischen Beanspruchungen sowie der Umformtechnik und den Crash-Analysen (was mathematisch fast dasselbe ist) zum Allgemeingut der Berechnungspraxis entwickelt hat, soll zumindest skizziert werden, welche Ideen hinter der Behandlung nichtlinearer Berechnungsaufgaben stehen.

7.1
Beispiele nichtlinearer Probleme

Schon bei relativ einfachen Aufgaben erreichen wir die Grenze, die lineare und nichtlineare Fragestellungen trennt. 3 Beispiele mögen dies veranschaulichen:

Beispiel 7.1: Abbildung 7.1a zeigt eine Gummischnur, die zwischen zwei festen Knoten K_1 und K_3 eingespannt ist. Die Schnur hat einen konstanten, von der Dehnung unabhängigen

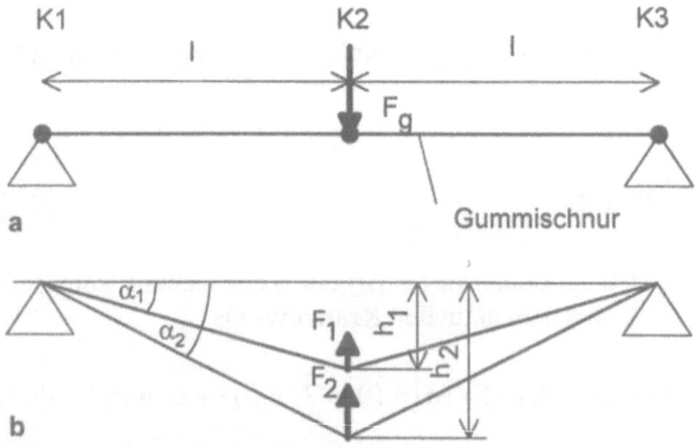

Abb. 7.1: Auslenkung einer Gummischnur bei einer Querkraft. **a** Eingespannte Gummischnur mit Einzellast, **b** Reaktionskräfte bei vorgegebenen Verschiebungen h_1 und h_2

Elastizitätsmodul $E = 2$ N/mm^2 und eine Querschnittsfläche von $A = 100$ mm^2, ihre Länge ist $2l = 2000$ mm. In der Mitte der Schnur, beim Knoten K_2, ist ein Gewicht mit der Gewichtskraft $F_g = 10$ N eingehängt. Das Eigengewicht der Schnur vernachlässigen wir. Wie weit bewegt sich bei dieser Kraft der Aufhängeknoten K_2 nach unten?

Elastomechanischer Ansatz: Wir wissen, daß ein Zugstab keine Steifigkeit quer zur Achse aufweist. Das Problem ist also mit den klassischen elastomechanischen Methoden nicht lösbar, da eine endliche Kraft, der keine Steifigkeit entgegenwirkt, unendlich große Verschiebungen zur Folge hätte.

Linearer FEM-Ansatz: Folgen wir den in Kap. 3 hergeleiteten matrizentechnischen Ansätzen, erhalten wir mit den Bezeichnungen von Abb. 7.1a die Elementmatrizen für die beiden Hälften der Schnur

$$\mathbf{K}_{elem} = \frac{EA}{l} \begin{pmatrix} 1, & 0, & -1, & 0 \\ 0, & 0, & 0, & 0 \\ -1, & 0, & 1, & 0 \\ 0, & 0, & 0, & 0 \end{pmatrix} \qquad (a)$$

und daraus die Gesamtmatrix

$$\mathbf{K}_{ges} = \frac{EA}{l} \begin{pmatrix} 1, & 0, & -1, & 0, & 0, & 0 \\ 0, & 0, & 0, & 0, & 0, & 0 \\ -1, & 0, & 2, & 0, & -1, & 0 \\ 0, & 0, & 0, & 0, & 0, & 0 \\ 0, & 0, & -1, & 0, & 1, & 0 \\ 0, & 0, & 0, & 0, & 0, & 0 \end{pmatrix} \qquad (b)$$

Durch Streichen der den eingespannten Knoten K_1 und K_3 entsprechenden 1., 2., 5. und 6. Zeile und Spalte entsteht für den Knoten K_2 das singuläre, nicht lösbare lineare Gleichungssystem

$$\mathbf{K}_{red}\,\mathbf{u}_{red} = \frac{EA}{l} \begin{pmatrix} 2, & 0 \\ 0, & 0 \end{pmatrix} \begin{pmatrix} u_2 \\ v_2 \end{pmatrix} := \begin{pmatrix} 0 \\ F_g \end{pmatrix} = \mathbf{F}_{red} \qquad (c)$$

Da bei der Belastung durch die Gewichtskraft F_g keine Bewegung in x-Richtung zu erwarten ist ($u_2 = 0$), können wir (c) durch Streichen der 1. Zeile und Spalte zu der ebenfalls nicht lösbaren Gleichung

$$\mathbf{K}_{red}\,\mathbf{u}_{red} = k\,(0)\,v_2 = k\,0\,v_2 = F_g = \mathbf{F}_{red} \qquad (d)$$

mit $v_2 = h$ und $k = EA/l$ weiter reduzieren. Beim Übergang von (c) nach (d) haben wir den in Abschn. 4.4.1 beschriebenen Ansatz zur Modellierung von symmetrischen Strukturen verwendet und damit unsere Modellgröße von 2 Freiheitsgraden auf 1 Freiheitsgrad halbiert.

Analytische Lösung: Eine analytische Lösung der gestellten Aufgabe finden wir durch Betrachtung des ausgelenkten Zustands der Schnur, indem wir die Verlängerung der Schnur bei bestimmten Winkeln α berechnen, und aus der Verlängerung die Rückstellkraft bestimmen: Bei einer Auslenkung um einen Wert h (Abb. 7.1b) tritt der Winkel α zwischen unverformter und verformter Schnur auf. Die Schnur hat sich um

$$\Delta l = l\,(\frac{1}{\cos\alpha} - 1) \qquad (e)$$

verlängert.

Dabei wirkt in der Schnur die Längskraft (wenn wir konstanten Elastizitätsmodul E und Querschnitt A annehmen) von

$$F_l = \frac{EA}{l}\,\Delta l = EA\left(\frac{1}{\cos\alpha} - 1\right) \tag{f}$$

und die Vertikalkraft aus beiden Schnurhälften

$$F_y = 2F_l \sin\alpha = 2EA\left(\frac{1}{\cos\alpha} - 1\right)\sin\alpha \tag{g}$$

Wegen

$$\frac{h}{l} = \tan\alpha \tag{h}$$

läßt sich Gl. (g) zu

$$F_y = 2\,EA\frac{h}{l}\left(1 - \frac{1}{\sqrt{1+\left(\frac{h}{l}\right)^2}}\right) \tag{i}$$

umformen, woraus wir die in Tabelle 7.1 aufgelisteten Kräfte als Funktion der Auslenkung h erhalten.

Nichtlinearer FEM-Ansatz: Eine matrizentechnische Lösung erhalten wir durch Differenzieren der Kraft F_y (Gl. (g)) und der Auslenkung h (Gl. (h)) nach α

$$\frac{dF_y}{d\alpha} = 2\,EA\frac{1-\cos^3\alpha}{\cos^2\alpha} \tag{j}$$

und

$$\frac{dh}{d\alpha} = \frac{l}{\cos^2\alpha} \tag{k}$$

Daraus folgt bei einer Auslenkung h, der eine Verdrehung um den Winkel α entspricht, in Gl. (d) eine nichtlineare Vertikalsteifigkeit $k_y(\alpha)$

$$k_y(\alpha) = \frac{dF_y}{dh} = \frac{dF_y}{d\alpha}\frac{d\alpha}{dh} = \frac{2\,EA}{l}(1-\cos^3\alpha) \tag{l}$$

Tabelle 7.1: Iterative Lösung der Gummischnuraufgabe

Anmerkung	Auslenkung h [mm]	Verlängerung Δl [mm]	Rückstellkraft F [N]
	50	1.25	.03
	100	5.00	.20
	150	11.2	.66
	200	19.8	1.55
	250	30.2	3.00
	300	44.0	5.06
	350	59.5	7.86
$F >$ Zielwert F_g =10 N	400	77.0	11.44
durch iteratives Suchen des Zielwerts F = 10 N	381	70.1	9.99

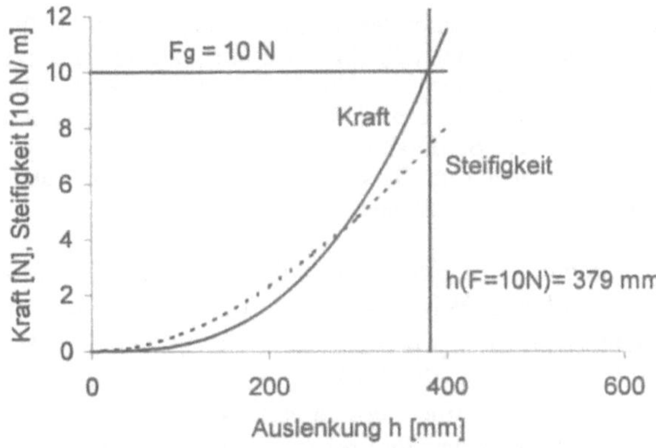

Abb. 7.2: Kraft- und Steifigkeitsverlauf beim Auslenken der Gummischnur

Mit dieser Steifigkeit $k_y(\alpha) = \mathrm{d}F_y/\mathrm{d}h$, die von der bereits zurückgelegten Auslenkung h abhängt, können wir die Kraftzunahme, die wir in einem Intervall

$$\Delta h_i = h_i - h_{i-1} \tag{m}$$

zu erwarten haben, durch (vgl. Gl. (d))

$$\Delta \mathbf{F}_{red,\,i} = \Delta F_{y,i} = 1/2\,(k_y(\alpha_i) + k_y(\alpha_{i-1}))\,\Delta h_i = \mathbf{K}_{red,i}\,\Delta \mathbf{u}_{red,i} \tag{n}$$

die im Intervall gemittelte Vertikalsteifigkeit multipliziert mit dem Verschiebungszuwachs abschätzen. Dieses Vorgehen entspricht dem Integrieren der DGL

$$\frac{\mathrm{d}F_y}{\mathrm{d}h} = k_y(\alpha\,(\tfrac{h}{l})) \tag{o}$$

Tabelle 7.2: Berechnung der Kräfte durch Integration des Steifigkeitsverlaufs

Auslenkung h [mm]	Winkel α [°]	Vertikalsteifigkeit $k_y(\alpha)$ [0.001 N / mm]	Kraftzuwachs ΔF [N]	Rückstellkraft F [N]
50	2.86	1.50	0.0375	0.0375
100	5.71	5.93	0.1857	0.2232
150	8.53	13.13	0.4765	0.6997
200	11.31	22.85	0.8995	1.5992
250	14.04	34.77	1.4405	3.0397
300	16.70	48.50	2.0817	5.1215
350	19.29	63.66	2.804	7.9255
400	21.80	79.84	3.5875	11.511
379 interpoliert	20.76	72.94	2.0745	10.000

mit α (h/l) = atan (h/l) (Gl. (h)) unter der Anfangsbedingung $F_y(0) = 0$ mit einem gemischten Euler-Verfahren (vgl. Abschn. 1.3). Abb. 7.2 und Tabelle 7.2 zeigen die Steifigkeiten $k_y(\alpha)$ und die berechneten Kräfte als Funktion der vorgegebenen Auslenkung h. Die gesuchte Lösung $h(F = 10\ \mathrm{N}) = 379$ mm erhalten wir durch Interpolation im letzten Intervall.

Die mit diesen gemittelten Steifigkeiten gefundene Näherung weicht nur um 2 mm oder 0,5 % vom Wert aus Tabelle 7.1 ab. Dies zeigt, daß das gemischte Euler-Verfahren bei dem vorliegenden Problemtyp effektiv arbeitet.

Das gezeigte Vorgehen stellt eine Möglichkeit dar, die Gummischnuraufgabe mit Finiten Elementen zu lösen. Wir können die Qualität der Näherungen während der einzelnen Rechenschritte überprüfen, indem wir aus der berechneten Kraft F_y die Verlängerung Δl und daraus die Auslenkung h bestimmen. Ist die Abweichung zwischen den vorgegebenen und berechneten Auslenkungen zu groß, müssen wir die Schrittweite reduzieren oder die Steifigkeit im Intervall besser interpolieren.

Im vorigen Beispiel gingen wir von der Annahme aus, daß Gummi ein linear-elastisches Werkstoffverhalten besitzt. Nicht nur Gummi, die meisten Werkstoffe haben nur bei sehr kleinen Dehnungen ein annähernd linear-elastisches Verhalten. Sobald die Dehnungen eine Größe von ca. 0,1% −1% bei Metallen oder nur wenigen Prozent bei Gummi und Kunststoffen erreichen, besteht zwischen Dehnung und Spannung kein linearer, proportionaler Zusammenhang mehr. Es treten vielfältige nichtlineare Beziehungen auf, von denen das elasto-plastische Verhalten der zähen Metalle das bekannteste ist. Weitere nichtlineare Werkstoffgesetze kennen wir aus dem Bereich der Ermüdung. Dort hängt die Tragfähigkeit von der Anzahl der Lastzyklen ab. Im Bereich der Zeitstandfestigkeit von Metallen bei erhöhten Temperaturen beobachten wir lastdauerabhängige, irreversible Dehnungen.

Beispiel 7.2: Der Werkstoff des in Abb. 7.3a dargestellten Zugstabs der Länge $l = 1000$ mm mit der Querschnittsfläche $A = 100\ \mathrm{mm}^2$ hat das in Abb. 7.3b aufgetragene Spannungs-Dehnungs-Verhalten. Er erfährt eine Kraft $F = 70$ kN. Wie groß ist die Verlängerung unter Einwirkung der Kraft? Welche bleibende Verlängerung erfährt der Stab?
Analytische Lösung: Bis zur Grenze des elastischen Verhaltens ($R_p = 400\ \mathrm{N/mm}^2$) nimmt der Stab die Kraft

$$F_{el} = R_p A = 40\ \mathrm{kN} \tag{a}$$

auf. Dabei verlängert er sich elastisch um

$$\Delta l_{el} = \frac{l}{EA} F_{el} = 2\ \mathrm{mm} \tag{b}$$

mit dem Elastizitätsmodul $E = 400\ \mathrm{N/mm}^2/0,002 = 200\ 000\ \mathrm{N/mm}^2$. Die verbleibende Kraft $F_{pl} = 30$ kN bewirkt eine Verlängerung im plastischen Bereich um

$$\Delta l_{pl} = \frac{l}{E'A} F_{pl} = 6\ \mathrm{mm} \tag{c}$$

wenn $E' = 400\ \mathrm{N/mm}^2/0,008 = 50\ 000\ \mathrm{N/mm}^2$ den Anstieg der Spannungs-Dehnungskurve jenseits der Elastizitätsgrenze R_p bedeutet. Die Gesamtverlängerung ist

$$\Delta l = \Delta l_{el} + \Delta l_{pl} = 8\ \mathrm{mm} \tag{d}$$

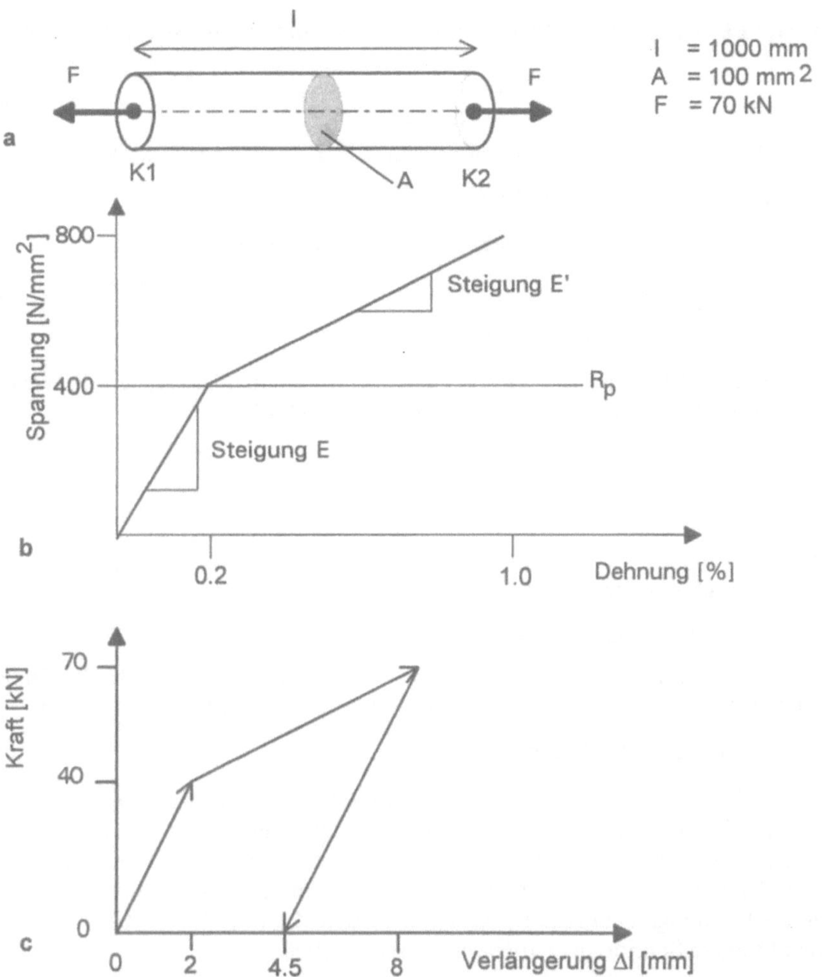

Abb. 7.3: 1-dimensionaler Zugstab mit nichtlinearem Werkstoffverhalten. **a** Zugstab unter Axiallast, **b** Spannungs-Dehnungsdiagramm des Werkstoffs, **c** Kraft-Verlängerungskurve des Lastspiels

Wir nehmen an, daß bei der Entlastung keine plastischen Verformungen des gestreckten Stabes auftreten. Der Stab wird nach Wegnahme der Last elastisch zurückfedern, der Federweg beträgt

$$\Delta l_r = \frac{\sigma}{E}\, l = 3{,}5 \text{ mm} \tag{e}$$

Die bleibende, irreversible Verlängerung ist damit

$$\Delta l_{ir} = \Delta l - \Delta l_r \doteq 4{,}5 \text{ mm} \tag{f}$$

Abbildung 7.3c zeigt die Kraft-Verlängerungskurve des beschriebenen Lastspiels.

Nichtlineare FEM-Lösung: Die Steifigkeitsmatrix des 1-dimensionalen Zugstabs ist nach Abschn. 3.1

$$\mathbf{K}_{elem} = \frac{EA}{l}\begin{pmatrix} 1, & -1 \\ -1, & 1 \end{pmatrix} = k\begin{pmatrix} 1, & -1 \\ -1, & 1 \end{pmatrix} \tag{g}$$

Die um die Einspannung eines der beiden Knoten (z.B. K_1) reduzierte (1 x 1)-Matrix wird zu

$$\mathbf{K}_{red} = (k) = EA/l = 20\ 000\ \text{N/mm} \tag{h}$$

Wir bringen Kraftzuwächse (-inkremente) von (beispielsweise) $\Delta F_2 = 10$ kN auf

$$\mathbf{K}_{red}\ \mathbf{u}_{red} = k\,\Delta u_2 = \Delta F_2 \tag{i}$$

daraus

$$\Delta u_{2,\,elastisch} = \Delta F_2\ /\ k = 0{,}5\ \text{mm} \tag{j}$$

Nach 4 solchen Laststeigerungen stellen wir fest, daß wir die Elastizitätsgrenze R_p erreicht haben. Wir rechnen ab jetzt mit der elastoplastischen Steifigkeit

$$k' = E'A/l = 5\ 000\ \text{N/mm} \tag{k}$$

und damit

$$\Delta u_{2,\,elastoplastisch} = \Delta F_2\ /\ k'\ = 2\ \text{mm} \tag{l}$$

Nach 3 weiteren Lastschritten von $\Delta F_2 = 10$ kN ist die Gesamtkraft F = 70 kN erreicht, wir haben eine Gesamtverlängerung von

$$u_{2,\,ges} = 4\ \Delta u_{2,\,elastisch} + 3\ \Delta u_{2,\,elastoplastisch} = 4\ \text{x}\ 0{,}5\ \text{mm} + 3\ \text{x}\ 2\ \text{mm} = 8\ \text{mm} \tag{m}$$

Beim Entlasten müssen wir wieder mit der elastischen Steifigkeit k rechnen. Nach 7 (entlastenden) Inkrementen $-\Delta F_2 = -10$ kN erhalten wir (vgl. Gl. (j)) eine Rückfederung von

$$7\ \text{x}\ \Delta u_{2,rück} = -7\ \text{x}\ 0{,}5\ \text{mm} = -3{,}5\ \text{mm} = -\Delta l_r \tag{n}$$

Wie in Beispiel 7.1 war es auch hier nicht möglich, die gesuchte Größe, die Verlängerung, auf einen Schritt zu berechnen. Wir mußten in diesem Fall jeden der 3 Abschnitte (2 Anstiege auf dem Spannungs-Dehnungs-Diagramm, eine elastische Entlastung) getrennt untersuchen. Bei einem durch mehrere Segmente gegebenen Spannungs-Dehnungs-Diagramm bzw. einer glatten Kurve (Abb. 7.6b) wären entsprechend feinere Schritte oder *Inkremente* erforderlich.

Beispiel 7.3: In einem Federsystem (Abb. 7.4a) sind am Knoten K_2 2 Federn der Steifigkeit $k = 20$ N/mm angebracht, die linke Feder ist fest im Knoten K_1 gelagert. Der Knoten K_3 ist frei, solange seine Verschiebung u_3 kleiner als $b = 10$ mm ist. Sobald K_3 in Kontakt mit K_4 kommt, dort *anschlägt*, ist K_3 als eingespannt zu betrachten. Welche Verschiebung u_2 erfährt der Knoten K_2 bei einer Kraft $F_2 = 1000$ N?
Analytische Lösung: Auch hier arbeiten wir schrittweise oder *inkrementell*. Um die Verschiebung b bis zum Kontakt von K_3 und K_4 zurückzulegen ist eine Kraft von

$$\Delta F_{2,1} = k\,\Delta u_{2,1} = k\,b = 200\ \text{N} \tag{a}$$

erforderlich. Die verbleibende Kraft $\Delta F_{2,2} = 800$ N bewirkt dann eine weitere Verschiebung von

$$\Delta u_{2,2} = \Delta F_{2,2}\ /\ 2k = 20\ \text{mm} \tag{b}$$

Die Gesamtverschiebung des Punktes K_2 beträgt

$$u_2 = \Delta u_{2,1} + \Delta u_{2,2} = 30\ \text{mm} \tag{c}$$

Abbildung 7.4b veranschaulicht das Kraft-Weg-Verhalten der Struktur.

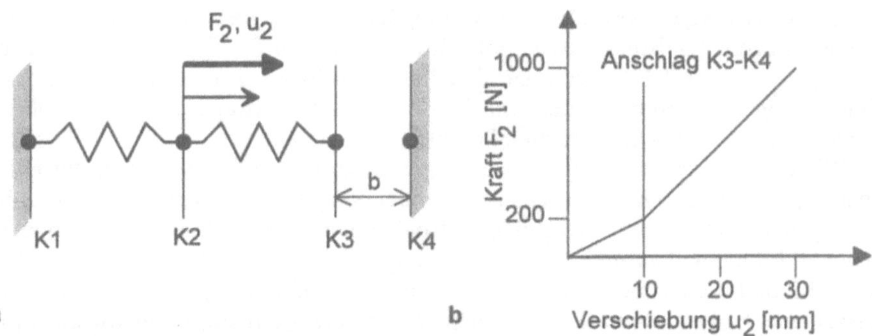

Abb. 7.4: Federsystem mit Anschlag. **a** Federsystem mit Anschlag im Knoten K_4, **b** Kraft-Weg-Verhalten des Federsystems

Nichtlineare FEM-Lösung: Die Gesamtsteifigkeitsmatrix des unverformten Systems ist nach Abschn. 3.2

$$\mathbf{K}_{ges} = k \begin{pmatrix} 1, & -1, & 0, & 0 \\ -1, & 2, & -1, & 0 \\ 0, & -1, & 1, & 0 \\ 0, & 0, & 0, & 0 \end{pmatrix} \tag{d}$$

Der Knoten K_4 hat keine Verbindung zum Restsystem. Mit den Einspannbedingungen

$$u_1 = u_4 = 0 \tag{e}$$

erhalten wir das reduzierte System

$$\mathbf{K}_{red}\,\Delta\mathbf{u} = k \begin{pmatrix} 2, & -1 \\ -1, & 1 \end{pmatrix} \begin{pmatrix} \Delta u_2 \\ \Delta u_3 \end{pmatrix} = \begin{pmatrix} \Delta F_2 \\ \Delta F_3 \end{pmatrix} = \begin{pmatrix} \Delta F_2 \\ 0 \end{pmatrix} = \Delta\mathbf{F}_{red} \tag{f}$$

Daraus ergeben sich bei Laststeigerungen von $\Delta F_2 = 100$ N (K_3 bewegt sich mit K_2)

$$\Delta\mathbf{u}_{red} = \begin{pmatrix} \Delta u_2 \\ \Delta u_3 \end{pmatrix} = \begin{pmatrix} 5 \\ 5 \end{pmatrix} \text{mm} \tag{g}$$

Nach 2 solchen Lastschritten und $u_2 = u_3 = 10$ mm schließt der Kontakt zwischen K_3 und K_4. Wir erhalten die neue reduzierte (1 x 1)-Matrix (da K_3 jetzt eingespannt ist, sind die entsprechenden Matrixeinträge aus $\mathbf{K}_{red}$ zu streichen)

$$\mathbf{K}_{red} = k\,(2) = 2k = 40 \text{ N/mm} \tag{h}$$

und hier bei einer weiteren Laststeigerung von $\Delta F_2 = 100$ N die Verschiebung

$$\Delta\mathbf{u}_{red} = \Delta u_2 = \Delta F_2/2k = 2,5 \text{ mm} \tag{i}$$

8 derartige Lastschritte nach dem Kontakt ist die Gesamtkraft $F_2 = 1000$ N erreicht, die zusätzliche Verschiebung beträgt 20 mm, die Gesamtverschiebung $u_2 = 30$ mm.

Diese 3 Beispiele hatten eine Gemeinsamkeit. Es war in keinem Fall möglich, aus dem Ausgangszustand die endgültige Lösung zu finden. Entweder mußten wir bei der Lösung die verformte Geometrie berücksichtigen (Beispiel 7.1 und 7.3), oder es war die aktuelle Steifigkeit, die sich durch die Änderung des Werkstoffverhaltens (Übergang von E auf E' wie in Beispiel 7.2) bzw. der Anzahl der wirkenden Federn (Beispiel 7.3) ergibt, einzusetzen. Die Steifigkeit k des Systems hing in jedem der 3 Fälle von der aktuellen Verschiebung u (oder h bzw. Δl) ab. Die Lösung erhielten wir, indem wir die Belastung schrittweise aufbrachten und zu Beginn jedes Schritts die aktuellen Parameter einsetzten.

Wie erinnern uns an die in Kap. 1 vorgestellten Integrationsverfahren für Differentialgleichungen. Die beiden linearen Euler-Verfahren zeigten eine recht unbefriedigende Konvergenz. Das gleiche Verhalten kann bei der Integration von nichtlinearen Problemen auftreten. Deshalb genügt es in vielen Fällen nicht, wie in Beispiel 7.2 und 7.3 nur den Ausgangs- oder Endzustand am Beginn oder Ende eines Inkrements zu betrachten. Oft erreichen wir bessere Verläufe, wenn wir die variablen Parameter in irgendeiner adäquaten Weise nachbessern, realistischer abschätzen, z.B. wie in Beispiel 7.1 die Steifigkeit $k(\alpha)$ im Intervall Δh mitteln.

7.2
Klassifizierung nichtlinearer Probleme

Die obigen Beispiele zeigten, daß es verschiedene Arten von Nichtlinearitäten gibt. Genauso wie ein Berechnungsproblem durch die Angabe von

- Geometrie: der Form der Raumes, der betrachtet wird
- Werkstoff: die inneren Gesetze der Stoffe im Kontinuum
- Randbedingungen: der Gesamtheit der äußeren Einwirkungen

(vgl. Abschn. 2.1) beschrieben ist, gibt es auch 3 Hauptklassen der Nichtlinearität

- geometrische   Beispiel 1 und 3
- werkstofftechnische   Beispiel 2
- randbedingungsabhängige Beispiel 3

Diese Unterscheidung läßt sich nicht immer konsequent durchhalten. So war die Nichtlinearität in Beispiel 7.3 eindeutig auf veränderte Randbedingungen zurückzuführen. Diese Veränderung folgte aber aus einer großen Bewegung, einer Geometrieänderung. Ähnlich unterscheiden wir bei Werkstoffbeanspruchungen, wenn z.B. eine starke Quereinschnürung infolge einer Längsdehnung auftritt, nur schwer zwischen der Werkstoffnichtlinearität und der geometrischen Nichtlinearität. Im folgenden wollen wir einige häufig betrachtete Fälle beschreiben und ihre numerische Behandlung skizzieren. In allen Fällen gilt, daß der Zustand der Struktur unter Last nicht allein aus dem Ausgangszustand der unbelasteten Struktur bestimmt oder auch nur zuverlässig abgeschätzt werden kann. Immer muß der zeitliche Verlauf des Zustands der Struktur unter Last in die Berechnung eingehen.

7.2.1
Geometrische Nichtlinearität

Von geometrischer Nichtlinearität spricht man immer dann, wenn sich die Form des betrachteten Bauteils unter der anliegenden Belastung wesentlich verändert.

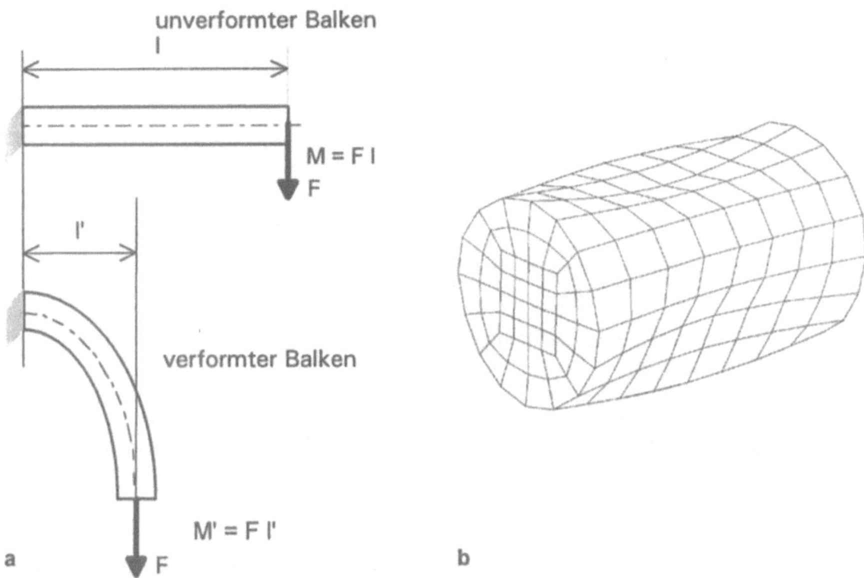

Abb. 7.5: Beispiele geometrischer Nichtlinearität. **a** Hebeländerung bei starker Durchbiegung eines Balkens, **b** Einbeulen eines zylindrischen Behälters unter Außendruck

Beispiel 7.1 hat dies zu veranschaulichen versucht. Ein anderer klassischer Fall ist der Biegebalken, dessen Durchbiegung eine Verkürzung des Hebelarms bewirkt (Abb. 7.5a). Die Instabilitätsfälle stellen eine weitere wichtige Klasse von geometrischen Nichtlinearitäten dar. Beim Beulen, Knicken und Kippen (z.B. Abb. 7.5b) stellt sich plötzlich, bei minimaler Belastungssteigerung, eine große Verformung ein, die oft mit dem Versagen des Bauteils gleichzusetzen ist. In diesen Bereich gehört auch der Verlust an Tragfähigkeit durch lokales Ausweichen von Trägern.

Aus der Wärmetechnik kennen wir den Fall, daß Thermostaten bei erhöhter Raumtemperatur weniger Heizmedium durch einen Querschnitt strömen lassen, und damit eine Begrenzung der Temperatur bewirken. In der Strömungstechnik gibt es Klappen, die Querschnitte verengen oder vergrößern, wenn der Durchfluß zunimmt. Mit derartigen Komponenten werden verschiedene Regelungsaufgaben wahrgenommen.

7.2.2
Werkstoffnichtlinearität

Werkstoffnichtlinearitäten treten in nahezu allen physikalischen Bereichen auf. Meist kann nur bei minimalen Störungen des Ausgangszustands mit einigem Recht von linearem Verhalten gesprochen werden. Es ist unmöglich, alle Phänomene und die bis heute aufgestellten Modelle nichtlinearen Verhaltens aufzuführen, einige wesentliche seien hier angesprochen.

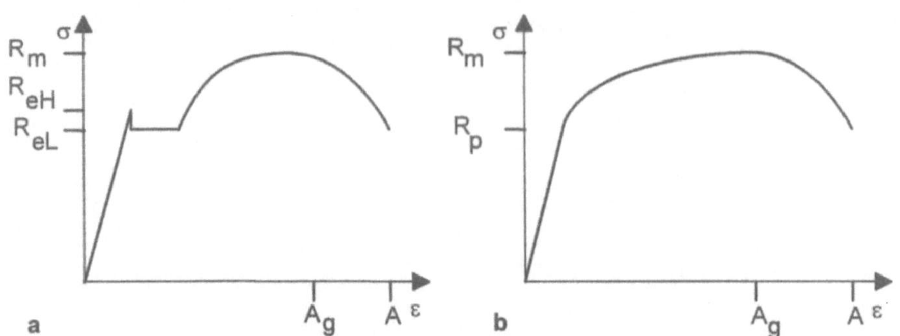

Abb. 7.6: typische Spannungs-Dehnungskurven. **a** Mit ausgeprägter Streckgrenze, **b** ohne
ausgeprägte Streckgrenze

1. *Festigkeitsberechnung*

Werkstoffnichtlinearität liegt in der Festigkeitsberechnung vor, wenn der Bereich
der Hookeschen Geraden verlassen wird.

a) *elastoplastisches Verhalten*

Es gibt wie in Beispiel 7.2 eine Vielzahl vom Spannungs-Dehnungs-Beziehungen,
die sich in der Form von Abb. 7.6a und 7.6b darstellen lassen. Derartiges Verhalten beobachtet man z.B. bei Metallen. Das Absinken der Spannung und die Verlängerung ohne Spannungszunahme in Abb. 7.6a nach der oberen Streckgrenze R_{eH}
ist eine Probeneigenschaft. Deshalb können wir immer einen lokalen Verlauf wie
in Abb. 7.6b als Werkstoffgesetz annehmen. Die möglichen Verfestigungen und
die maximal erreichbaren Dehnungen schwanken in großem Maße. Hochfeste
Stähle können ein Streckgrenzenverhältnis von $R_p/R_m = 0,8 - 0,9$ aufweisen, während dieses Verhältnis bei zähen Werkstoffen, z.B. austenitischen Stählen, unter
0,3 liegen kann. Die Bruchdehnung A hochfester Stahl- oder Aluminiumlegierun-
gen kann weniger als 1% betragen bei weichem Aluminium beobachten wir Werte
über 50%.

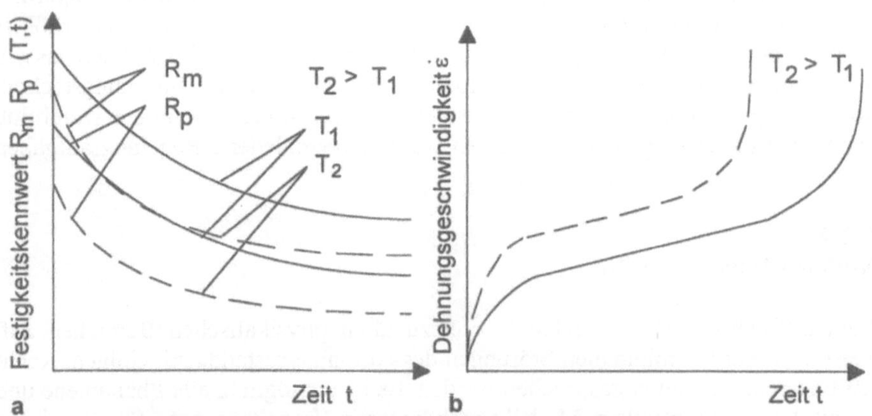

Abb. 7.7: Zeitstandfestigkeitsverläufe bei verschiedenen Temperaturen. **a** Festigkeitskennwerte als Funktion der Zeit, **b** Dehnungsgeschwindigkeit bei gegebener Spannung

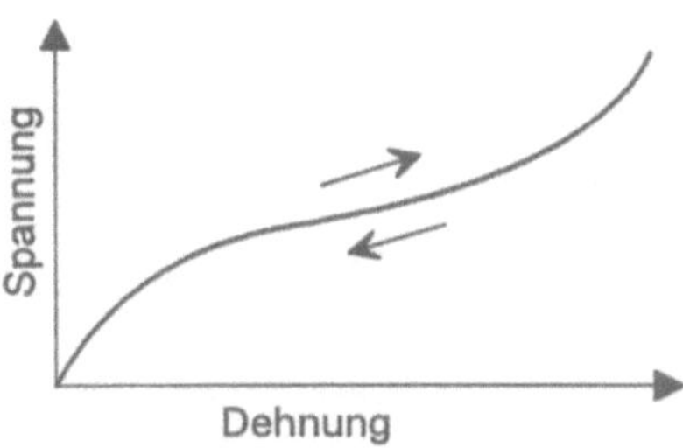

Abb. 7.8: Spannungs-Dehnungsverhalten von Gummi (schematisch)

b) *Kriechen und Relaxation*

Bei erhöhten Temperaturen ($T > 0,4\ T_{kf}$ (T_{kf} = Schmelztemperatur)) zeigen Metalle eine Zeitabhängigkeit der Festigkeitskennwerte. Spannungen, die kurzfristig ohne bleibende Veränderung ertragen wurden, führen nach einiger Zeit zu plastischen Verformungen. Dieses Phänomen wird als Kriechen bezeichnet. Treten bei vorgegebener Verlängerung eine zeitabhängige plastische Dehnung und ein Spannungsabbau ein, spricht man von Relaxation. Um beide Phänomene zu beschreiben, geht man von einem elastoplastischen Verhalten wie in Abb. 7.6b aus, bei dem die Festigkeitskennwerte R_p und R_m der Kurve eine Zeit- und Temperaturabhängigkeit wie in Abb. 7.7a aufweisen. Die Dehnungsgeschwindigkeit $\dot{\varepsilon}$ stellt sich als Funktion von anliegender Spannung, Temperatur und Belastungsdauer dar (Abb. 7.7b).

c) *nichtlineare Elastizität*

Gummi und zahlreiche Kunststoffe zeigen ein Verhalten, das auch bei großen Dehnungen zwar weitgehend reversibel, aber nicht linear ist (vgl. Abb. 7.8). Zahlreiche Ansätze, dieses Verhalten zu beschreiben, sind in kommerziellen FEM-Systemen implementiert.

2. *Potentialprobleme, Wärmeleitung*

Bei Potentialproblemen nehmen wir i.allg. an, daß sich die Massen- oder Kapazitätsterme unter Last nicht wesentlich ändern, solange keine Phasenübergänge wie Schmelzen oder Erstarren auftreten. Ausnahmen sind hier die Zustände, bei denen die Kapazitäten erschöpft sind, weil der Träger der Masse vollständig aufgefüllt ist. So kann z.B. nicht beliebig viel Kohlenstoff in das austenitische Gitter des Stahls eindiffundieren, bei ca. 2 % ist die maximale Löslichkeit erreicht. Diese und andere verwandte Nichtlinearitäten betreffen die Massenterme in der vorliegenden Erhaltungsgleichung (Gl. (2.1)). Der andere Bereich der Nichtlinearität bezieht sich auf die Leitfähigkeit, die ebenfalls von der Menge der zu transportierenden Größe und ihrem erreichten Zustand abhängen kann. Hier einige Beispiele:

a) *magnetische Hysterese*

Wird ein ferromagnetisches Metall, z.B. ein Weicheisenkern, einem zunehmenden magnetischen Feld H ausgesetzt, wächst die Magnetisierung J zunächst proportional mit dem Feld H (Abb. 7.9). Bei Überschreiten eines Wertes J_0 verlangsamt sich die Zunahme von J, bis schließlich bei J_s der Sättigungswert der Magnetisierung erreicht ist. Eine weitere Steigerung der Feldstärke H führt zu keiner weiteren Zunahme der Magnetisierung J. Wird das äußere Feld H abgeschaltet, nimmt die

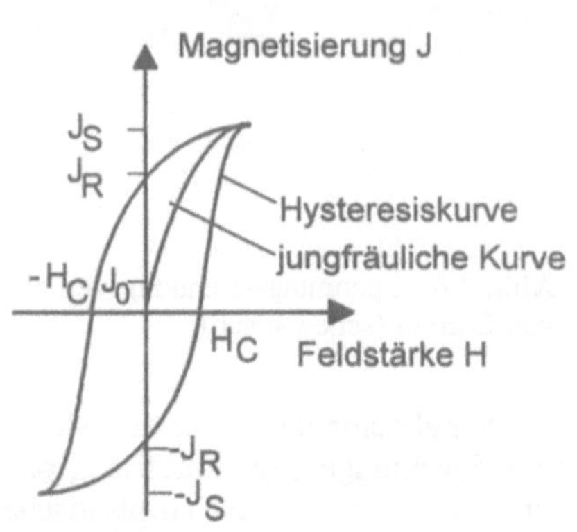

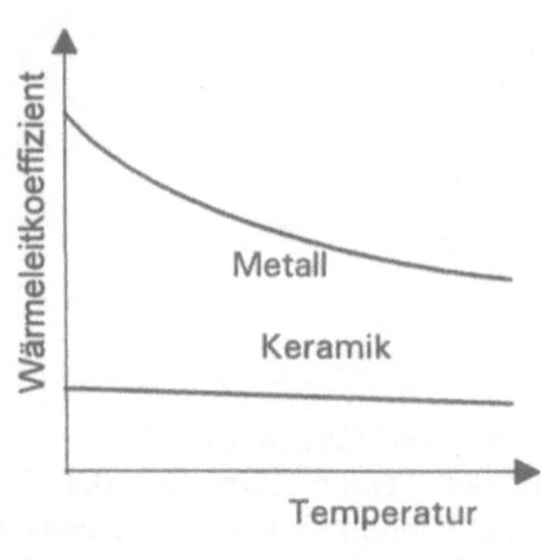

Abb. 7.9: Hysteresisschleife der Magnetisierung

Abb. 7.10: Temperaturabhängigkeit der Wärmeleitfähigkeit

Magnetisierung J zwar ab, es bleibt jedoch eine *remanente Magnetisierung J_R* bestehen, die erst durch eine Gegenfeldstärke $-H_C$ abgebaut wird. Steigert man nun dieses dem ursprünglichen Feld entgegengesetzte Feld, treten nichtlineare Erscheinungen wie beim Ausgangsfeld mit umgekehrten Vorzeichen auf. Zunächst nimmt J mit H zu, um in eine negative Sättigung überzugehen. Den Verlauf der Kurve nennt man die Hysteresisschleife der Magnetisierung.

b) *Wärmeleitkoeffizient*

Abbildung 7.10 vergleicht den Verlauf des Wämeleitkoeffizienten λ eines Metalls und eines keramischen Werkstoffs. Bei zunehmender Temperatur sinkt die Leitfähigkeit des Metalls, während die der Keramik nahezu konstant bleibt. Diese Abnahme der Leitfähigkeit beträgt bei Stahl zwischen Raumtemperatur und 500 °C nahezu 40 %, kann also nicht immer vernachlässigt werden.

c) *elektrische Leitfähigkeit*

Abb. 7.11 skizziert den Verlauf des spezifischen Widerstands (der inversen elektrischen Leitfähigkeit) eines Metalls und eines supraleitenden Werkstoffs bei tiefen Temperaturen. Mit abnehmender Temperatur steigt die Leitfähigkeit des Metalls, der spezifische Widerstand sinkt, bis es nahe dem absoluten Nullpunkt

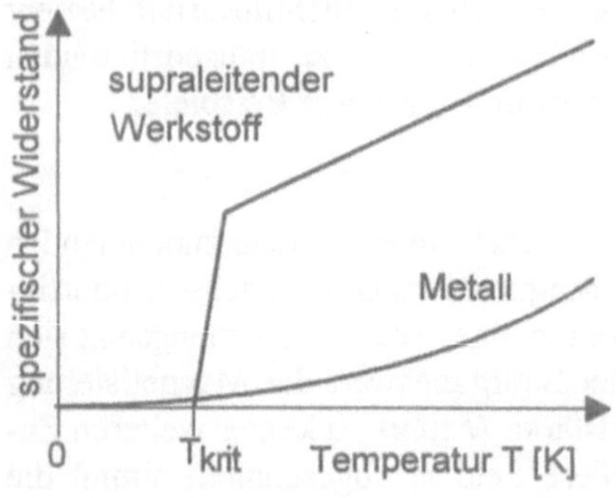

Abb. 7.11: Temperaturabhängigkeit des spezifischen Widerstandes

supraleitend wird. Der supraleitende Stoff hat eine kritische Temperatur, ab der er nahezu keinen meßbaren Widerstand aufweist, die Leitfähigkeit wird fast unendlich. Es gelang, diesen Bereich bei einzelnen Werkstoffen bis auf ca. −60 °C auszuweiten. Damit sind Supraleiter bisher in technische Anwendungen nur in Ausnahmefällen nutzbar.

7.2.3
Nichtlineare Randbedingungen

Nichtlineare Randbedingungen liegen vor, wenn die Wirkung der Umgebung auf das betrachtete Bauteil vom Zustand des Bauteils abhängt. Einige Ansätze hierzu sind schon in Kap 4.4 bei der Wechselwirkung zwischen verschiedenen Bauteilen beschrieben. Auch hier sollen einige Beispiele das Problem veranschaulichen.

1. Festigkeitsberechnung
Die Randbedingungen der Festigkeitsberechnung sind die auf das Bauteil wirkenden Kräfte und die vorgegebenen Lagerungen. Nichtlineare Randbedingungen können dementsprechend diese beiden Größen berühren.

a) Kontaktprobleme
Der bekannteste Fall nichtlinearer Randbedingungen liegt bei den Kontaktproblemen vor. Ob es sich um einen Umformprozeß (Abb. 7.12) oder um eine Unfallsimulation handelt, stets verändert sich mit der schon erreichten Verformung die Art, wie die Umgebung (z.B. Stempel und Matrize) auf das Bauteil, in unserem Fall das Werkstück, oder beim Crash ein Hindernis auf das Fahrzeug einwirken. Bei dem in Abb. 7.12 gezeigten Umformvorgang können sich die Enden des Werkstücks anfangs frei nach oben bewegen, bis sie in Kontakt mit dem Stempel kommen, danach ist ihre vertikale Bewegung eingeschränkt.

Bei Kontaktproblemen liegen nichtlineare Verschiebungsvorgaben vor. In Abhängigkeit von der bereits zurückgelegten Verschiebung **u** sind die aktuellen Rand- oder Zwangsbedingungen einzelner Komponenten von **u** einzusetzen (vgl. Beispiel 7.3).

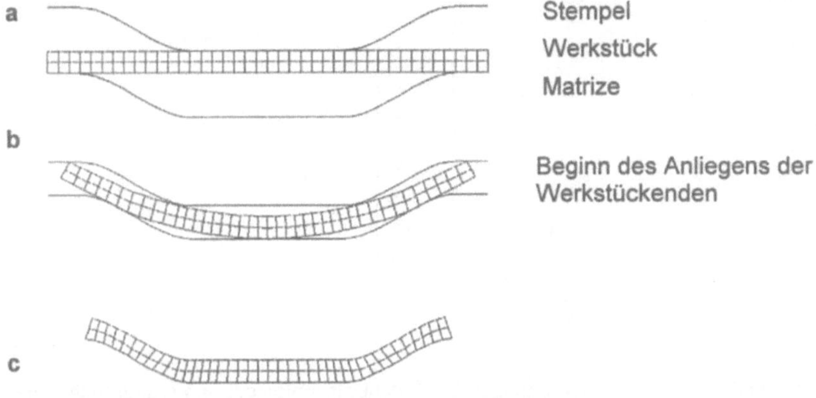

Abb. 7.12: Umformvorgang (schematisch). **a** vor dem Tiefziehen, **b** während des Umformens, **c** fertiges Tiefziehteil

b) *verschiebungsabhängige Kräfte*
Den anderen Fall nichtlinearer Randbedingungen beobachten wir bei verschiebungsabhängigen Kräften. Abbildung 7.5 zeigt einen Balken, der sich unter einer Biegekraft stark verformt. Im Ausgangszustand wirkt keine Längskraft. Bei der sich einstellenden großen Durchbiegung ist dagegen ein Teil der wirkenden Kraft als axiale Zugkraft anzusetzen. Auch die in Abb. 7.13a skizzierte Änderung des Wärmeflusses infolge Wärmedehnung kann eine geometrisch nichtlineare Randbedingung darstellen, wenn die thermische Verformung des Bauteils zu neuen Kontakten und neuen Lasten führt.

2. *Potentialprobleme, Wärmeleitung*
Wie in der Festigkeitsberechnung gibt es auch hier 2 Arten von Nichtlinearitäten, vorgegebene Größen, z.B. der Temperatur, oder vorgegebene Änderungen der Größen, z.B. des Wärmeflusses. Darüber hinaus können noch Zustandsänderungen wie Phasenumwandlungen als nichtlineare Randbedingungen angesehen werden, man kann diese aber auch als nichtlineares Werkstoffverhalten interpretieren.

Dem Kontaktproblem der Festigkeitsberechnung entspricht das Erreichen einer Temperatur $T = T_{fix}$, (z.B. Schmelz- oder Siedetemperatur), die, wenn sie einmal erreicht ist, zunächst nicht überschritten oder wieder verlassen werden kann.

Ein Fall nichtlinearer Wärmeflußrandbedingungen bei Potentialproblemen tritt auf, wenn der Übergang der fließenden Größe in den Rand von der schon am Rand angesammelten Menge der Größe abhängt. Dies spielt beispielsweise bei Diffusionsprozessen eine Rolle, wenn der aufnehmende Stoff ursprünglich eine deutlich andere Übergangszahl und Leitfähigkeit als nach der Einwirkung des eindiffundierenden Stoffes aufweist (Abb. 7.13b). Ein anschauliches Beispiel hierfür ist die abnehmende Leistung eines im Betrieb verschmutzenden Kühlers, z.B. des Ölkühlers eines PKW, der beim Überfahren einer Schlechtwegstrecke eine starke Leistungseinbuße zeigt. In den gleichen Bereich fallen Regelglieder, welche den Durchfluß eines Stoffes in Abhängigkeit vom bestehenden Zustand eines Systems einstellen.

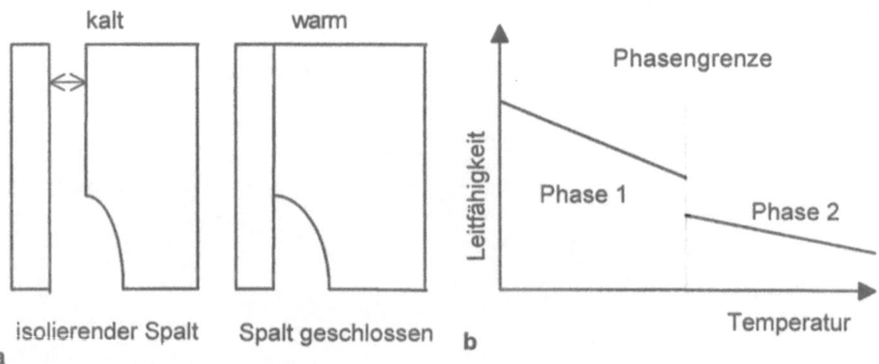

Abb. 7.13: Nichtlineare Randbedingungen bei Potentialproblemen. **a** Veränderungen des Wärmeflusses infolge Wärmedehnung, **b** Eigenschaftsänderung durch Phasenübergänge

7.3
Berechnung nichtlinearer Probleme

Wie schon in den Beispielen 7.1 - 7.3 vorgeführt, besteht die Lösung nichtlinearer Aufgaben meist darin, daß man sich schrittweise von einem bekannten Ausgangszustand dem gesuchten Endzustand nähert. Dabei kommen Strategien wie die in Abschn. 1.3 vorgestellten Euler-Verfahren zum Einsatz. Aus dem Trend (der Steigung) des Anfangszustands zu Beginn eines Inkrements oder Zeitschritts schließen wir auf den Zustand am Ende des Zeitschritts. Weicht dieser geschätzte Zustand zu stark vom Gleichgewicht ab, wird mit dem Trend am Ende oder einem im Intervall gemittelten Trend nachgebessert (Abb. 7.14). Die Verfahren haben einen Aufbau, der an die linearen oder quadratischen Euler-Verfahren erinnert.

So haben wir in Beispiel 7.1 den Verlauf der Steifigkeit in einem Intervall der Länge Δh durch den Mittelwert der beiden Steifigkeiten an den Intervallenden angenähert. Analog lassen sich nichtlineare Fragestellungen meist auf eine Form

$$\mathbf{M(u},t)\ \ddot{\mathbf{u}}(t) + \mathbf{C(u},t)\ \dot{\mathbf{u}}(t) + \mathbf{K(u},t)\ \mathbf{u}(t) = \mathbf{F(u},t) \qquad (7.5)$$

mit Matrizen $\mathbf{M}$, $\mathbf{C}$, $\mathbf{K}$ und Vektoren $\mathbf{F}$, die vom erreichten Zustand der gesuchten Größe $\mathbf{u}$ abhängen, bringen.

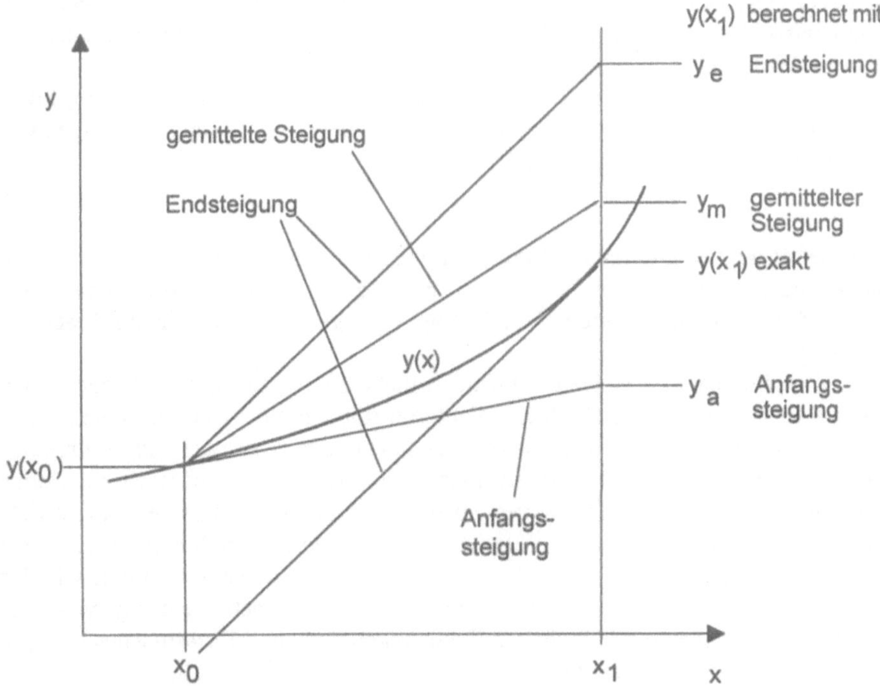

Abb. 7.14: Schrittweise Berechnung mit nachverbesserten Daten

Eine Lösung von Gl. (7.5) läßt sich in vielen Fällen finden, wenn man mit einem vertretbar kleinen Zeitinkrement Δt aus dem Zustand des Systems zu Beginn des Inkrements auf den am Ende des Inkrements schließt. Ändert sich das System während dieses Intervalls nur wenig, so kommen dem Euler-Vorwärts-Verfahren (Abschn. 1.3) verwandte Vorgehen zum Einsatz. Wenn $S(u(t))$ wie in Gl. (7.1) die Systemmatrix und $\Delta F(t)$ den Kraftzuwachs (allgemein den Zuwachs an äußerer Einwirkung) bezeichnen, gilt

$$\Delta u \;=\; u(t + \Delta t) - u(t) \approx S^{-1}\,(u(t))\,\Delta F(t + \Delta t) \tag{7.6}$$

Reicht diese Abschätzung nicht aus, müssen wir entweder den Zeitschritt Δt weiter verkleinern oder den Verlauf von $S(u)$ während des Zeitschritts berücksichtigen:

$$\Delta u \;=\; u(t + \Delta t) - u(t) \approx 1/2\,\{S\,(u(t)) + S\,(u(t+\Delta t))\}^{-1}\,\Delta F(t + \Delta t) \tag{7.7}$$

Diese Art von Berechnung nichtlinearer Probleme entspricht prinzipiell den in Abschn. 1.3 vorgestellten höheren Euler-Verfahren (gemischtes oder verbessertes Euler-Verfahren). Kommerzielle Programmen verwenden häufig noch effektivere Verfahren, um den Verlauf der variablen Größe abzuschätzen. Grundsätzlich liegt aber immer ein Problem der Art

$$S(u,t)\,u \;=\; F(u,t) \tag{7.1'}$$

vor. Dabei ist u der Vektor der Knotenpunktvariablen, die den Zustand des Systems beschreiben, ggf. mit ihren zeitlichen und räumlichen Ableitungen, S die Systemmatrix des Problems und F die zeit- (und u.U. ebenfalls zustands-) abhängige externe Einflußgröße.

Die Instabilitätsprobleme Beulen, Knicken und Kippen (vgl. Abb. 7.4b) bilden hier eine Ausnahme. Ihre Behandlung erfolgt über die Lösung des Eigenwertproblems

$$(K - \lambda\,E)\,\Delta u = 0 \tag{7.8}$$

und liefert die zu erwartenden Beul-, Kipp- oder Knickformen und -lasten bei der anliegenden Vorbelastung [2]. Die aufwendigen Lösungsverfahren von Eigenwertaufgaben sprengen, wie bereits in Kap. 6 ausgeführt, den Rahmen dieser Einführung.

Bei nichtlinearen Problemen gilt noch mehr als bei linearen, daß durch mangelnde Erfahrung, wenig überlegte Wahl von Randbedingungen und unzureichende Berücksichtigung des Werkstoffzustands unsinnige oder zweifelhafte Ergebnisse zustande kommen. Hat man bei linearen Fragestellungen oft noch ein Gefühl, Gespür oder eine aus Erfahrung gewonnenen Ahnung, wie ein System sich verhält, wird dieses Gefühl bei lokalem Fließen des Werkstoffs, Kraftumlagerungen oder veränderten Kontakten zwischen komplexen Strukturen meist überfordert sein. Um zuverlässig vertrauenswürdige Resultate zu erhalten, ist neben einer gewissen Erfahrung der Vergleich mit ähnlichen Rechnungen und ein selbstkritisches Überprüfen der Modelle unumgänglich.

8 Probleme beim Arbeiten mit Finiten Elementen

Nachdem in den bisherigen Kapiteln das Werkzeug für eine Finite Elemente Berechnung bereitgestellt wurde, wollen wir jetzt überlegen, wie die Analyse einer technischen Fragestellung mit der FEM abläuft. Schon von der Aufgabenstellung her stoßen wir dabei auf einige Schwierigkeiten. Es gibt so viele verschiedene Arten von Berechnungsaufgaben, daß es nicht gelingen kann, befriedigend auf auch nur einen wesentlichen Teil von ihnen einzugehen. Wir müssen uns in der Darstellung beschränken, um nicht in unverständlicher Allgemeinheit zu beharren. Bei den unterschiedlichen Aufgabenstellungen gibt es aber einige typische Erscheinungen, die sich in verschiedenen Formen in vielen Aufgaben wiederfinden. Aufgrund der Häufigkeit der Anwendungen orientieren wir uns an Festigkeitsuntersuchungen. Der Prozeß einer FE-Berechnung läuft bei anderen Fragestellungen ähnlich ab.

Das vorliegende Kapitel versucht einige der zentralen Probleme aufzulisten, die uns dabei immer wieder begegnen. Damit ist sicher weder ein vollständiger Katalog erstellt, noch sind alle angesprochenen Schwierigkeiten in ausreichender Tiefe ausgelotet. Daß ein großer Teil der folgenden Ausführungen als Frage und nicht als Antwort zu verstehen ist, mag dies nochmals unterstreichen.

8.1
Aufgabenstellung

Jede technische Berechnung, die von kommerziellen oder wissenschaftlichen Einheiten durchgeführt wird, hat einen Anlaß. Ganz allgemein kann man formulieren, daß irgendwer aus irgendwelchen Gründen eine Berechnung durchführen (lassen) möchte oder muß. Wir wollen uns zunächst die Komponenten des Zustandekommens eines solchen Begehrens, die formale Auftragserteilung, anschauen.

8.1.1
Auftraggeber und Auftragnehmer

Im Zuge einer Entwicklung oder einer Serienbetreuung entsteht der Bedarf nach einer FEM-Berechnung. Dies heißt häufig nicht mehr, als daß die Beteiligten mit den bisherigen Verfahren und Einsichten nicht weiterwissen. Sie kommen zu der Ansicht, eine FEM-Berechnung könne ihnen helfen. Diese Formulierung mag schwammig klingen, trifft aber häufig den Kern der Sache. Bei einer solchen Berechnung treten 2 Beteiligte auf:

1. der *Auftraggeber*, der glaubt oder hofft, die Berechnung nütze seiner Arbeit
2. der *Auftragnehmer*, der davon lebt, daß er Berechnungen durchführt.

Typische Auftraggeber sind Konstruktionsabteilungen und Schadensbegutachter, die etwas über das Verhalten eines geplanten oder schon im Einsatz befindlichen Bauteils unter betriebsnahen Lasten wissen möchten. Auftragnehmer sind Berechnungsgruppen, selbständige Ingenieure oder gar der einzelne Konstrukteur selbst, der überprüfen will, ob sein Entwurf den Erwartungen entspricht. Stets ist eine Trennung in denjenigen, der eine Berechnung benötigt, und denjenigen, der sie durchführt, festzustellen, und sei diese Trennung nur zeitlich. Die beiden schließen zum Zweck einer Berechnung einen Vertrag, treffen eine Abmachung, die festlegt, welche Leistungen zu welchen Kosten zu erbringen sind. Über die Einzelheiten dieses Vertrages wollen wir uns Gedanken machen.

8.1.2
Ziel der Berechnung

Der Vertrag zwischen Auftraggeber und -nehmer beschreibt, was der Auftraggeber als Ziel der Berechnung wissen möchte. Hierbei begegnet uns häufig die Vorstellung, daß man erst einmal eine Rechnung durchführt, um dann, je nach Ergebnis, weitere Schritte zu veranlassen. Ein solches Vorgehen ist nicht unüblich und führt oft zum gewünschten Ziel, z.B. einer optimierten Konstruktion. Hinter solchen Aufträgen verbirgt sich aber nicht selten eine gewisse Ahnungslosigkeit, wie man eine kritischen Phase eines Entwicklungsprozesses oder einer Schadensanalyse überwindet. Um hier unnötigen Ärger nach der Projektabwicklung zu vermeiden, sollte dem Auftraggeber vor Auftragserteilung bewußt sein oder bewußt gemacht werden, welches Bauteil er mit welchen Lasten aus welchem Grunde berechnet haben will. Er sollte weiterhin wissen, was er mit den Ergebnissen anfangen will.

Ist beispielsweise ein Bauteil ohne wesentliche Abweichungen von den Fertigungs- und Werkstoffparametern unter spezifizierten Betriebslasten ausgefallen, so nützt eine Analyse wenig, daß und wie das Bauteil versagt hat, ist ja bekannt. Eine solche Analyse kann bestenfalls nachweisen, daß entweder das Fertigungsverfahren ungeeignet ist, oder die tatsächlichen Betriebslasten unbekannt sind, weil durch die spezifizierten Lasten kein Versagen hervorgerufen wird. Meist ist hier die Frage sinnvoller, wie eine optimierte Konstruktion aussehen muß, oder ob man durch geeignete Maßnahmen (z.B. Änderung der Krafteinleitung, Werkstoffwahl, Oberflächenbehandlung usw.) eine Verbesserung des Verhaltens erzielen kann.

Ähnlich sieht es bei der Bewertung von Neukonstruktionen aus. Hier ist festzulegen, ob nur der vorliegende Entwurf berechnet werden soll, oder ob, was sicher mehr Sinn macht, aus den Ergebnissen gleich eine Optimierung abzuleiten ist. Daß dabei der Rahmen der möglichen Optimierung abzustecken ist, sollte beiden Parteien bewußt sein. Gerade bei wenig erfahrenen Berechnern und ohne Festlegen eines Kostenrahmens besteht die Gefahr ausufernder, oft weltfremder Variantenanalysen.

Deshalb sollte in jedem Fall ein *Pflichtenheft*, eine von beiden Seiten abgezeichnete Aufgabenbeschreibung, klarlegen, welchen Umfang die Untersuchung haben soll bzw. darf, welche Kosten der Auftraggeber trägt. Damit kann der Auftragnehmer abschätzen, welcher Arbeitsumfang von ihm erwartet wird, welchen Aufwand der aktuelle Auftrag erfordert.

8.1.3
Isolierte Berechnungen und Großprojekte

Eine wesentliche Frage betrifft den Umfang der Analyse. Handelt es sich um eine isolierte Aufgabe, oder ist im Rahmen eines Projektes zu erwarten, daß ähnliche oder benachbarte Fragestellungen zu bearbeiten sind? Im ersten Fall ist der Aufwand eindeutig einzugrenzen. Insbesondere sind zusätzliche Analysen oder Interpretationen auszuschließen bzw. gesondert (im kaufmännischen Sinne) zu behandeln. Es gibt Auftraggeber, bei denen sich das Gefühl einschleicht, daß, wenn die Berechnung schnell und effektiv arbeitet, hinter Zusatzaufgaben kein nennenswerter Arbeitsanfall steht. Hier sollten eindeutige Festlegungen bestehen.

Findet eine einzelne Berechnung im Zusammenhang eines umfangreichen Projekts statt, muß rechtzeitig dessen Rahmen abgeklärt werden. In manchen Fällen lohnt es sich, einen größeren Aufwand an Vorarbeit zu leisten. Wenn beispielsweise zu erwarten ist, daß in den nächsten Monaten 50 Kurbelwellen zu berechnen sind, sollte man überlegen, ob nicht ein spezieller Netz- und Eingabegenerator, der auf die spezifischen Parameter eingehen kann, angeschafft oder entwickelt wird.

Ein vertrauensvolles Verhältnis zwischen den Vertragsparteien kann hier zu einer zuverlässigen Abstimmung führen. Für den meist schwächeren Auftragnehmer, z.B. ein kleines Berechnungsbüro, besteht dann eine gewisse Sicherheit bei geplanten Investitionen. Schon mehr als ein Ingenieurbüro ging daran zugrunde, daß in gutem Glauben Vorleistungen erbracht wurden, die später keinen entsprechenden Gegenwert in erteilten Aufträgen fanden.

8.1.4
Vorgaben und Freiheiten

Vor Beginn einer Untersuchung muß festgelegt oder abgegrenzt sein, welche Parameter des Bauteils unumgänglich festliegen, welche in welchem Umfang zu variieren oder optimieren sind. Hier schwankt die Breite der möglichen Vorgaben zwischen dem kompletten Konstruktionsauftrag:
Wie muß eine Bauteil unter den gegebenen Lasten und Einbaubedingungen aussehen, welchen Werkstoff, welche Fertigungsverfahren setzen wir ein?
bis zur Vorgabe aller Details:
Zeichnung, Werkstoff und Fertigungsprozeß liegen fest, lediglich die betrieblichen Verformungen, Spannungen und Lagerkräfte sind zu berechnen!
Daß ein Berechner oder Konstrukteur, dem keine Freiheit gelassen wird, auch keine Optimierung vornehmen kann, sollte dem Auftraggeber allerdings bewußt sein. Berüchtigt ist die Fragestellung:
Das Bauteil nach Zeichnungs-Nr. xyz aus dem Werkstoff 1.2345 hat unter Betriebslasten versagt. Warum und wie kann ein solches Versagen künftig ausgeschlossen werden, ohne die Konstruktion oder den Werkstoff zu ändern?
Die Antwort ist eindeutig und ohne Berechnung zu geben:
Das Bauteil hat versagt, weil die Lasten unter realen Betriebsbedingungen zu hoch waren. Es wird ohne konstruktive oder werkstofftechnische Änderungen auch künftig versagen.

Eine klare Definition der möglichen Änderungen und ihrer Grenzen (z.B. wegen der Verträglichkeit der Einbaumaße bei Normteilen) führt meist dazu, daß relativ schnell eine Einigung auf die im Rahmen des Zulässigen möglichen Parametervariationen erfolgen kann.

8.1.5
Aufwand und Kosten

Zwischen Auftraggeber und -nehmer besteht ein Spannungsverhältnis, das sich nicht zuletzt in finanzieller Weise ausdrückt. Auch bei innerbetrieblichen Berechnungsgruppen muß heute meist ein Auftrag erteilt und der häufig nicht unerhebliche, den anfallenden Ingenieurstunden entsprechende Kostenaufwand gedeckt werden. Dies sollte vor der Berechnung allen Beteiligten klar sein.

Es macht wenig Sinn ein Bauteil, z. B. eine Rohrschelle mit einem kalkulierten Endpreis von DM 1.–, die nur einige 100 000 mal verkauft wird, rechnerisch mit einem Aufwand von mehreren Mannmonaten zu optimieren, wenn diese Schelle danach DM 2.– kostet und damit unverkäuflich ist. Hier liegt die Verantwortung beim Berechner, der vermitteln muß, daß eine FE-Berechnung trotz modernster Systeme einen nicht geringen Aufwand darstellen kann. Umgekehrt sollte sich auch der Auftraggeber bei vermeintlich günstigen Angeboten zumindest überlegen, ob in der Zeit, die dem Auftragsvolumen entspricht, ein sinnvolles Ergebnis zu erwarten ist.

Bietet beispielsweise ein Berechnungsbüro die Analyse eines komplexen Bauteils für einen Preis an, der 5 Ingenieurstunden entspricht, so dürfte dies kaum ein seriöses Angebot sein, da in dieser Zeit der Auftrag weder eingeworben, noch bearbeitet oder abgeliefert werden kann.

Leider gibt es immer wieder derartige Dumpingpreise, die tatsächlich weder dem Auftraggeber noch dem Auftragnehmer nützen. Ersterer hat unzuverlässige oder unsinnige Ergebnisse, letzterer gräbt sich und seinen Kollegen durch solche Kalkulationen das Wasser ab. Letztlich profitieren nur Gutachter und Rechtsanwälte von solchen vermeintlich kostengünstigen Berechnungen.

8.2
Ablauf einer Berechnung

Wir gehen davon aus, daß sich Auftraggeber und -nehmer über Art und Umfang einer Berechnung geeinigt haben. Das Pflichtenheft ist erstellt, der zeitliche und finanzielle Rahmen abgesteckt. Damit liegen vor:
- Zeichnung des zu analysierenden Bauteils (auf Papier oder als CAD-Modell?)
- Werkstoffkennwerte der einzusetzenden und alternativen Werkstoffe
- Lasten und Betriebsbedingungen (Intensität und Häufigkeit von Kräften, Momenten, Temperaturzyklen, korrosive und errosive Beanspruchung usw.)

Zu diesem Zeitpunkt sollte der Berechner eine ingenieurmäßige Vorstellung von dem Bauteil und seinen zu erwartenden Einsatzgebieten haben, er muß verstehen, wie das Bauteil in seiner betrieblichen Umgebung funktioniert. Es beginnt nun die Umsetzung der technischen Daten in ein FEM-Modell.

8.2.1
Art des Berechnungsproblems

Vor der Erstellung des Modells, am besten, um übereiltes Modellieren zu vermeiden, vor Einschalten des Rechners, sollte Klarheit über die Art der durchzuführenden Berechnung herrschen. Die wesentliche Frage ist dabei zu erfassen, um was für eine Problemklasse es sich handelt.

- 2- oder 3-dimensional?
Genügt es einen ebenen oder axialsymmetrischen Schnitt durch das Bauteil zu berechnen, oder ist die gesamte räumliche Ausdehnung von Bedeutung? Im ebenen Fall ist zu klären, ob ebener Spannungs- oder Dehnungszustand vorliegt. Hier sollte man auch mögliche Symmetrien, die zur Modellverkleinerung dienen (vgl. Abschn. 4.4), betrachten. Weiter ist zu überlegen, ob sich das Bauteil ganz oder teilweise als Schalen- oder Balkenmodell abbilden läßt (vgl. Abschn. 4.5).

- linear oder nichtlinear?
Sind die Verformungen des Bauteils so klein, daß die Lasten auf der unverformten Geometrie aufgebracht werden dürfen? Bleibt der Werkstoff im linear-elastischen Bereich? Sind durch große Verformungen Änderungen, wie z.B. Kontakte, der Wechselwirkung mit der Umgebung zu erwarten?

- statisch oder zeitabhängig?
Darf die Belastung als ruhend angenommen werden? Müssen wir eine transiente oder dynamische Analyse durchführen? Spielt die zeitliche Reihenfolge der Lasten eine Rolle (z. B. Wärmespannungen beim Aufheizen, Einschwingvorgänge, Anregungen mit Frequenzen nahe den Eigenfrequenzen usw.)?

- ein oder mehrere Lastfälle?
Sind alle Lasten, die im Betrieb auftreten bekannt? Wie häufig treten sie auf? Genügt es den vermeintlich kritischen Lastfall nachzurechnen, oder verstecken sich in anderen, vermeintlich unbedeutenden, aber häufig auftretenden Beanspruchungen die relevanten Lasten?

In allen 4 Fragen ist die erste Variante (eben, linear, statisch, ein Lastfall) mit weniger Aufwand verbunden und deshalb i.allg., wenn es von der Aufgabenstellung gerechtfertigt ist, vorzuziehen. Es ist aber unzulässig, diese einfacheren Ansätze zu wählen, nur weil sie eben einfacher sind. Immer ist der Berechner dafür verantwortlich, daß sein Modell ein sinnvolles Abbild des realen oder geplanten Bauteils und seines Verhaltens unter Last darstellt.

Häufig empfiehlt es sich dennoch, zunächst eine einfache, z.B. ebene statische Analyse durchzuführen, um die zu erwartenden Systemantworten (kritische Stellen, Verformungen, Spannungen usw.) abzuschätzen. Die Ergebnisse der Rechnungen mit einem solchen ebenen Grobmodell helfen bei der Entscheidung, welche Parameter im eigentlichen Rechenlauf einzusetzen sind. Beispielsweise kann die in Abb. 8.4 gezeigte Netzverfeinerung Auskunft geben, wie ein Radius zu modellieren ist, um realistische Kerbspannungen zu errechnen.

Sind diese Fragen geklärt und erforderliche Vorstudien abgeschlossen, lassen sich einige wesentlichen Vorgaben für die weitere Modellerstellung festlegen:

- Auswahl des FE-Programms
Häufig stehen verschiedene FE-Programme zur Verfügung, von denen jedes seine Stärken und Schwächen aufweist. Es gibt beispielsweise sehr schnelle lineare 3D-Programme, die bei räumlichen Festigkeitsproblemen weit effektiver als ihre Konkurrenten arbeiten, aber auf diese Klasse von Problemen beschränkt sind.

- Elementtypen
Hier kann als grobe Regel gelten, daß bei einfachen, nicht stark nichtlinearen Problemen höhergradige, in kommerziellen Systemen quadratische oder kubische Elemente einzusetzen sind. Bei ausgeprägt nichtlinearen Problemen verwendet man gerne einfache, lineare Elemente. Natürlich gibt es auch hier Gründe, daß dieser Regel von vielen erfahrenen Anwendern (häufig zu Recht) widersprochen wird.

Anmerkung: Einfach sind in diesem Sinne alle Probleme, die linear oder nur schwach nichtlinear sind. Dazu gehören alle kleinen Werkstoffnichtlinearitäten (z.B. Dehnungen bis zu wenigen Prozent), Bewegungen (ebenfalls wenige Prozent der lokal relevanten Bauteilgröße) und Drehungen (wenige Grad). Stark nichtlinear sind nahezu alle Probleme mit Kontaktänderungen (Umformen, Crash, nicht konstante Ein- und Vorspannungen), starker Plastifizierung der Werkstoffe mit wesentlicher Quereinschnürung sowie großen Translationen und Rotationen.

- Art des Berechnungsmodells im Programmsystem
Zahlreiche kommerzielle Programme bieten unterschiedliche Optionen zur Steuerung der Problemanalyse an. Beispielsweise kann die Art der Nichtlinearität (Geometrie, Werkstoff, Randbedingung), der räumlichen Art des Modells (ebener Spannungs- oder Dehnungszustand, Axialsymmetrie, 3-dimensional) oder das Werkstoffgesetz (lineares Hooksches Gesetz, Inkompressibilität, Kriechen etc.) vorgegeben werden.

- Hardware
Genügen die im Haus vorhandenen Kapazitäten, lohnt sich ein Ausbau? Ist es effektiver, in einem externen Rechenzentrum Zeit zu mieten?

Nach einer solchen gründlichen Vorüberlegung kann man die Art der Berechnung festgelegen, z.B. durch eine Vorgabe der Art:
Wir führen eine Berechnung mit folgenden Parametern durch:

- Spannungszustand: Ebener Spannungszustand
- Verformungen: geometrisch nichtlinear, große Verdrehungen
- Werkstoff: lineares Werkstoffgesetz
- Randbedingungen: ohne Kontakte, keine Änderung der Randbedingungen
- Elementtyp: quadratische (Zwischenknoten-) Elemente
- Programmsystem: UVW Version 22b
- Rechner: IJK-Workstation

Nur wenn sich jede dieser Entscheidungen rechtfertigen läßt, ist eine erfolgreiche Berechnung zu erwarten.

8.2.2
Bestandteile des Modells

Wie in den vorherigen Kapiteln immer wieder betont, sollte dem berechnenden Ingenieur auch in der betrieblichen Praxis bewußt sein, daß sein Modell immer aus den 3 Komponenten
- Geometrie
- Werkstoff
- Randbedingungen
besteht. Bei der Vorgabe jeder dieser 3 Teilinformationen sind deren relevante Größen zu beachten.

1. *Geometrie*
Bei der Modellierung des Bauteils, der Netzerstellung, fällt der größte Zeitaufwand einer FE-Berechnung an. Je nach Aufgabe und vorhandenen automatischen Netzgeneratoren (vgl. Abschn. 9.3) ist davon auszugehen, daß ca. 50% - 90% der Arbeitszeit, die eine Berechnung erfordert, bei der Vernetzung anfallen. Die häufigsten Fragestellungen beim Modellieren sind:
- Was ist *vorgegeben*, welche Maße sind einzuhalten, welche Toleranzen dürfen (oder können) auftreten?
- Lohnt es sich einen *speziellen Netzgenerator* zu erstellen, mit dem schnell Varianten des Modells erzeugt werden können. Ist es sinnvoller mit *Standardgeneratoren* zu arbeiten?
- Wo sind *kritische Stellen* zu erwarten, wie fein muß das Netz dort sein?
- Welche Probleme gibt es bei der *automatischen Netzerzeugung*?
Hier können die Ergebnisse der in Abschn. 8.2.1 angesprochenen Voruntersuchungen mit einem einfachen Modell wichtige Entscheidungshilfen liefern. Es läßt sich aber nicht immer ausschließen, daß sie, weil sie vereinfachte Analysen sind, wesentliche Informationen nicht vermitteln, oder, was ebenfalls geschehen kann, irrige oder zweifelhafte Schlußfolgerungen nahelegen.

Insbesondere beim Einsatz von automatischen Netzgeneratoren sind wir vor Überraschungen nicht gefeit. Ein häufiges Problem dabei bilden die Anschlüsse von auf verschiedenen Teilstrukturen eines CAD-Modells erzeugten Teilnetzen. Benachbarte Kanten oder Oberflächen (engl. *surfaces*) werden nicht immer mit gleichen Unterteilungen versehen. Wir haben dann Klaffungen im Netz, die sich günstigstenfalls als unsinnige Kerbspannungen im Ergebnis bemerkbar machen.

Auf eine andere, oft beobachtete Fehlerart bei automatischer Modellaufbereitung weist Abb. 8.1 am Beispiel eines verfeinerten Netzes hin. Der Generator hat das Ausgangselement in 4 Tochterelemente unterteilt. Anstatt nun wie gewünscht alle unteren Knoten festzuhalten, und die Flächenlast auf dem oberen Rand einzuleiten, wurde der mittlere untere Knoten freigelassen. Als weiterer Fehler tritt die auf alle Tochterelemente wirkende Flächenlast auf.

Derartige Überraschungen erleben wir immer, wenn die in den Netzgeneratoren programmierte Logik von unserer eigenen abweicht. Deshalb empfiehlt es sich, vor allen automatischen Modellmodifiktionen eine Zwischensicherung zu erstellen, die erst dann gelöscht wird, wenn sichergestellt ist, daß keine ungewollten Modifikationen im Modell entstanden sind.

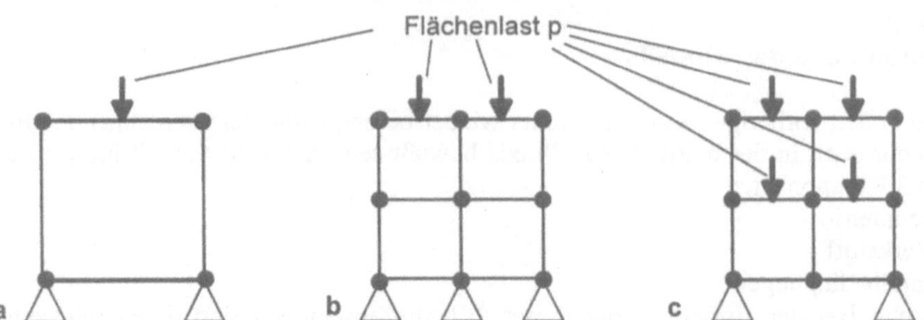

Abb. 8.1: Überraschungen beim Arbeiten mit automatischen Netzgeneratoren. **a** Ausgangsmodell, **b** erwartetes Modell nach Netzunterteilung, **c** Ergebnis der automatischen Netzunterteilung

2. *Werkstoff*

Auch beim Modellieren des Werkstoffverhaltens sollten wir einige Überlegungen in die Berechnung einbringen. Bisher (z. B. in Kap. 4, 6 und 7) beschrieben wir den Werkstoff durch Elastizitätsmodul E, Querkontraktionszahl ν, Dichte ρ und bei nichtlinearem Verhalten zusätzlich durch ein Verfestigungsgesetz (Spannungs-Dehnungsgesetz, σ-ε-Verlauf). Bei Wärmeleitungsproblemen (Kap. 5) entsprachen diesen Größen die Leitfähigkeit λ und die Wärmekapazität $c\rho$. Daß wir bei Werkstoffen wie Gummi andere Ansätze wählen müssen, wurde in Kap. 7 gezeigt. Aber auch schon bei den technisch wichtigsten Werkstoffen, den Metallen, stellt die Reduktion des Werkstoffverhaltens auf diese Parameter eine nicht unproblematische Vereinfachung dar. Betrachten wir Abb. 8.2: Ein Blech hat unter einer geringen Biegebelastung (Abb. 8.2a) eine lineare Spannungs- und Dehnungsverteilung über der Dicke. Während eines Umformvorgangs wie in Abb. 8.2b skizziert, bleibt die Dehnungsverteilung linear, während an den äußeren Fasern die Spannung die Streckgrenze überschreitet, der Werkstoff verformt sich plastisch. Nach Wegnahme der Biegekraft federt das Blech zurück, es ergibt sich die in Abb. 8.2c

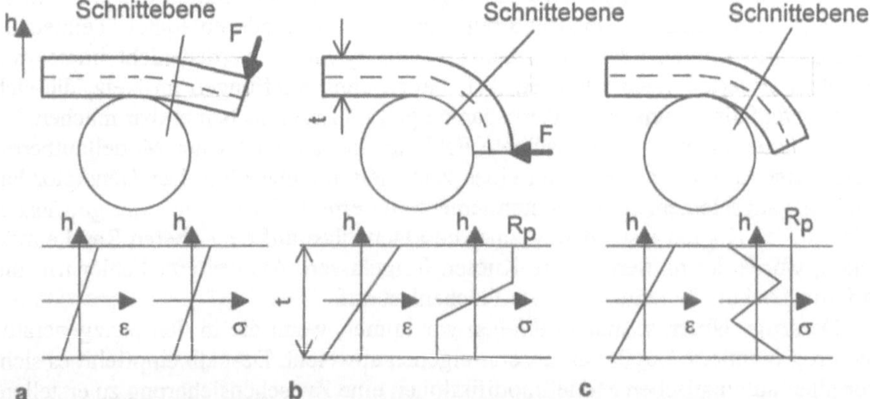

Abb. 8.2: Dehnungen und Spannungen in einem plastisch verformten Blech. **a** Elastische Biegung, **b** plastisches Verformen, **c** Rückfedern nach Wegnahme der Last

dargestellte Z-förmige Spannungsverteilung über der Blechdicke. Für die Spannungsbewertung eines Bauteils mit einer derartigen Eigenspannungsverteilung wäre es sinnvoller, statt des eigenspannungsfreien Modellmaterials den durch Eigenspannungen aus Umformvorgängen oder thermischen Lasten gekennzeichneten, tatsächlichen Zustand des Werkstoffs zu betrachten. Da dies häufig unmöglich ist, müssen wir zumindest bei den angenommenen zulässigen Spannungen des Werkstoffs überlegen, wie sich die Vorverformung auf die Tragfähigkeit des Materials auswirkt. Die Auswirkungen einer solchen Vorverformung sind nicht eindeutig. Es ist denkbar, daß der Werkstoff durch das Kaltumformen verfestigt, seine Kennwerte gesteigert werden, wie wir es von gezogenen Nägeln kennen. Es tritt aber ebenso auf, daß durch die Verformung die Oberfläche beschädigt wird, Mikrorisse oder Abplatzen der Schutzschicht zu verringerter Tragfähigkeit des Materials führen. Ähnliches gilt bei Potentialproblemen, wo wir auf Werkstoffzustände treffen, die nur eingeschränkt mit den aus Tabellen zu entnehmenden Kennwerten beschreibbar sind. Es liegt in der alleinigen Verantwortung des Berechners, ein angemessenes Werkstoffmodell einzusetzen, die erhaltenen Ergebnisse richtig zu interpretieren und ggf. seine Unsicherheit zu artikulieren.

3. *Randbedingungen*
Wie für Geometrie und Werkstoff gilt, daß die Vereinfachungen, die jedes Modell aufweist, zu unsinnigen oder implausiblen Ergebnissen führen können. Nachdem bereits in Abschn. 4.4 einiges zu den Rand- und Zwangsbedingungen gesagt wurde, hier nur einige Fragen
- Unter welchen *Betriebsbedingungen* (Lasten, Temperaturen, Umgebung) wird das Bauteil betrieben?
- Sind die kritischen Stellen so weit von Verzwängungen, Lagern, Einspannungen, Lasteinleitungen usw. entfernt, daß sich die *richtige Kinematik* einstellen kann?
- Sind *Laständerungen* oder *Umlagerungen* infolge der Bewegung des Bauteils zu erwarten?
- Ist die *Reihenfolge der Lasten* relevant?
- Sind *alle Lasten* bekannt, treten im Betrieb unbekannte Beanspruchungen auf?

Dieser Katalog läßt sich beliebig erweitern. Er soll den Anwender motivieren, sich das Bauteil in seiner Wechselwirkung mit der Umgebung zu veranschaulichen, um so ein möglichst realistisches Bild des Lastkollektivs zu erhalten.

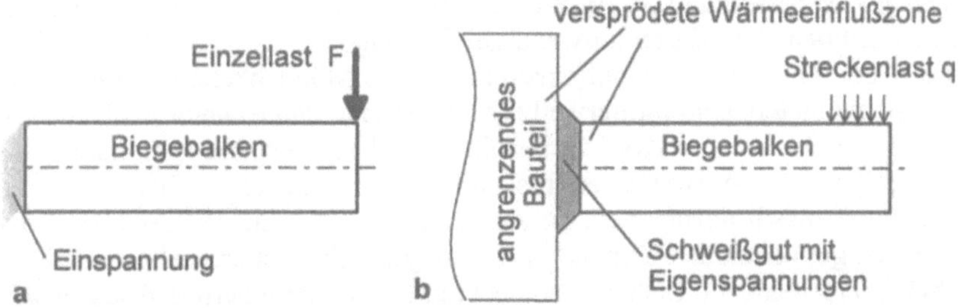

Abb. 8.3: Idealer und realer Biegebalken. **a** Biegebalken als ideales Modell, **b** Einbausituation eines realen Trägers

Abb. 8.3 verdeutlicht die Diskrepanz zwischen den Berechnungsannahmen, wie sie in der Festigkeitslehre getroffen werden, und der realen Situation eines Freiträgers. Diese Abbildung, die nur einen von zahlreichen vergleichbaren Fällen darstellt, mag dazu anregen, sich den Unterschied zwischen unserer Vorstellung und den Gegebenheiten am Bauteil bewußt zu machen. Weder gibt es eine starre Einspannung, die wir in der Festigkeitslehre so gern unterstellen, noch treten Einzel- oder Punktlasten auf. Stets werden Lasten auf Flächen eingeleitet, ebenso wie angrenzende Bauteile immer eine gewisse Flexibilität aufweisen.

Häufig sind nicht die spezifizierten Lasten die Ursache von Schäden, sondern unbekannte oder nicht exakt quantifizierbare Größen wie Eigenspannungen, Werkstoffverspödungen, nichtspezifizierte Vibrationen oder Temperaturwechsel.

8.2.3
Probleme während des Rechenlaufs

Nachdem alle relevanten Parameter vermeintlich befriedigend berücksichtigt und in die Modellbeschreibung eingearbeitet wurden, beginnt der Prozeß des eigentlichen Rechnens. Über dessen Ablauf läßt nur wenig unabhängig vom speziellen System aussagen. Häufige, oft nur schwer lokalisierbare Probleme liegen an
- falschen Elementdefinitionen (inside out) oder zu stark verzerrten Elementen
- Fehlern im Modell (Klaffungen, mangelnde Verbindungen von Teilstrukturen)
- fehlerhaften Einspannungen (das Bauteil ist nicht mindestens statisch bestimmt gelagert
- fehlerhafter Zuordnung von Eigenschaften (Werkstoff, Blechdicke, Lasten usw.)
- mangelhaften Programmhandbüchern
- falschen Programmoptionen, bislang unentdeckten Fehlern im Programm
- unsinnigen Programmeldungen, verwirrenden Fehlercodes

Diese eigenen oder systemspezifischen Fehler zu erkennen und zu beseitigen erfordert Erfahrung, Geduld und die Fähigkeit zur Selbstkritik. Auch hier kann eine einfache Voruntersuchung dazu dienen, Irrtümer zu erkennen und zu überwinden. Hilfreich ist hier oft, sich von Kollegen, die nicht vom aktuellen Problem betroffen sind, helfen zu lassen. Die Betriebsblindheit, die sich schon nach kurzer Zeit der Beschäftigung mit einer Aufgabe einschleichen kann, läßt sich auch durch noch so heftiges Bemühen nicht immer überwinden. Dagegen sieht ein Außenstehender oft auf einen Blick, worin die Mängel eines Modells oder Ansatzes liegen.

In diesem Zusammenhang ist ein Problem nicht zu unterschätzen. Die Systemlieferanten bemühen sich, durch aufwendige Unterlagen und ausgefeilte Schulungen in die Arbeit mit ihrem Produkt einzuführen. Die Möglichkeiten, die moderne Softwaresysteme bieten, sind mittlerweile so umfassend, daß es unmöglich ist, alle Optionen und Variationen im Kopf zu behalten. Andererseits sind Handbücher oft eher dazu geeignet, den Anwender zu frustrieren, als ihm zu helfen. Sich hier einen vernünftigen Arbeitsstil anzueignen, ist eine mühevolle Arbeit. Hilfreich sind dabei oft die weniger offiziellen Kontakte zum Programmhersteller, insbesondere eine regelmäßig erscheinende Liste mit entdeckten Programmfehlern und sog. *workarounds*, Möglichkeiten die bekannten Programmfehler zu umgehen.

8.3
Interpretation

Haben wir die Berechnung erfolgreich durchgeführt, müssen wir, die Berechner, die Ergebnisse richtig interpretieren, um die Fragen des Auftraggebers befriedigend zu beantworten. Diese Interpretation oder Auswertung findet heute meist am Bildschirm mit interaktiven Postprozessoren statt.

8.3.1
Welche Daten fallen an?

Als Ergebnis einer FEM-Analyse haben wir zunächst (vgl. Gl. (7.1)) einen Vektor **u** als Lösung des Gleichungssystems

$$\mathbf{S\,u} = \mathbf{F} \tag{8.1}$$

Dieser Vektor **u**, dessen Komponenten die Verschiebungen, Temperaturen, elektrische Spannungen oder sonstige berechnete physikalische Größen $u_i(x, y, z, t)$ an den diskreten Stellen oder Knoten ($i = 1 - n$) unseres Modells beschreiben, ist das wesentliche Ergebnis der Berechnung. Aus diesem Vektor und evtl. den aus ihm gewonnenen Näherungen der Richtungsableitungen u_x, u_y, u_z der kontinuumsmechanischen Größe u schließen wir auf das Verhalten der Struktur. Diese Richtungsableitungen stellen in der Festigkeitsberechnung die Dehnungen und die mit ihnen verknüpften Spannungen, bei Wärmeleitproblemen die Wärmeströme dar. Ferner stehen uns Reaktionsgrößen an den Stellen mit vorgegebenen Randbedingungen als Ausdruck der Wechselwirkung mit der Umgebung zur Verfügung.

8.3.2
Wie sind die Daten zu interpretieren?

Liegen die Spannungen beim kritischen Lastfall an der gefährdeten Stelle vor, ist abzuschätzen, ob diese Spannungen im geplanten Bauteil zum Versagen führen, oder ob sie bei bestimmungsgemäßen Betrieb in der geplanten Lebenszeit des Bauteils ertragen werden können. Hier helfen uns die Kennwerte aus den Werkstoffblättern nur eingeschränkt, da sie über den Werkstoff im aktuell vorliegenden Zustand wenig aussagen (vgl. Abschn. 8.2.2). Es kann erforderlich sein, eine Versuchsserie unter betriebsnahen Zuständen zu fahren, um die Tragfähigkeit des Materials im erwarteten Zustand zu quantifizieren. Gelegentlich behilft man sich auch mit Analogieschlüssen:

Der Werkstoff hat in einem vergleichbaren, in der Praxis bewährten Bauteil nach einer vergleichbaren FEM-Analyse eine bestimmte Spannung ertragen. Übersteigt die FEM-Spannung im neuen Bauteil diesen Wert nicht, ist auch beim neuen Bauteil nicht mit Versagen zu rechnen.

Ein solches Herangehen ist zwar aufwendig, da es das Modellieren und Nachrechnen eines bewährten Bauteils erfordert. Oft bleibt uns keine andere Wahl, wollen wir eine realistische Abschätzung der Tragfähigkeit des Werkstoffs unter den jeweiligen Betriebsbedingungen erhalten. Eine Gewähr dafür, daß sich der Werkstoff im neuen Bauteil ebenso wie in der bisherigen Baureihe verhält, haben wir allerdings damit nicht.

Ähnliches gilt für Lager- oder Reaktionskräfte, die als Punktlasten ausgewiesen, auf die konstruktiv möglichen Lagerungen umzurechnen sind. Bei Potentialproblemen ist entsprechend auf die Bedeutung der Knotenflüsse, die einzuleiten oder abzuführen sind, einzugehen.

8.3.3
Parametersensibilität

Bei der Modellerstellung werden zahlreiche Vereinfachungen getroffen. Damit sind die Ergebnisse von vornherein mit einer gewissen Unsicherheit behaftet. Es empfiehlt sich zu erfassen, inwieweit einzelne gewählte Parameter Einfluß auf das Ergebnis haben. Abb. 8.4 verdeutlicht dies anhand einer Kerbspanungsberechnung mit verschiedenen Netzfeinheiten. Das Ausgangsnetz unterschätzt die Kerbspannung um 33%. Eine derartige Abweichung kann die Ursache eines falschen Schlusses sein, z.B. der Annahme, das Bauteil sei in der Lage, die betrieblichen Lasten zu ertragen.

Besonders drastisch wirken sich Unsicherheiten bei Last- und Einspannungseingaben aus. So sind beispielsweise Wärmeübergangszahlen immer sehr stark vom jeweiligen, a priori unbekannten Zustand der Bauteile, z.B. der Verschmutzung der Oberfläche, abhängig. Da sie aber entscheidend bestimmen, welche Wärmemenge in das Bauteil eingeleitet wird, ist oft eine Abschätzung der möglichen Ergebnisse, z.B. durch Wahl der minimal und maximal zu erwartenden Werte, durchzuführen.

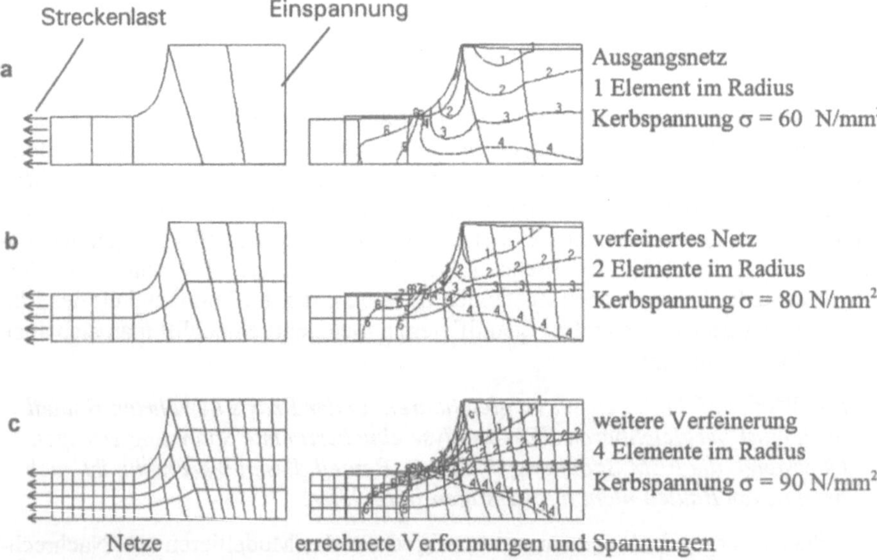

Abb. 8.4: Einfluß der Netzfeinheit auf die berechneten Kerbspannungen. **a** Ausgangsnetz 1 Element im Radius, **b** verfeinertes Netz, 2 Elemente im Radius, **c** weitere Verfeinerung, 4 Elemente im Radius

8.3.4
Verifikation

Die Tatsache, daß sich die Berechnung mit Finiten Elementen in der Konstruktion einen festen Platz erobert hat, beruht auf vielen, erfolgreichen Anwendungen in den unterschiedlichsten Gebieten. Sie erlaubt häufig mit hoher Genauigkeit das Verhalten einer Struktur vorherzusagen. Dadurch entfällt ein großer Teil der kostenintensiven Fertigung und des Testens von Vorserienteilen. Zahlreiche Varianten können auf ihre Tauglichkeit geprüft werden, ohne jemals real existiert zu haben. Für die experimentelle Erprobung fertigt man lediglich die erfolgversprechenden konstruktiven Vorschläge.

Gerade diese Erfolge dürfen aber nicht den Charakter der Methode verschleiern. Die FEM ist und bleibt ein diskretes Näherungsverfahren für kontinuumsmechanische Fragestellungen. Wie jedes Modell stellt auch ein FEM-Modell nur ein vereinfachtes Bild der zu analysierenden Struktur dar. Durch die langjährige erfolgreiche Anwendung in einem Betrieb oder Büro besteht die Gefahr, die eigenen oder die Möglichkeiten der FEM zu überschätzen. Wie jedes Verfahren hat auch die FEM immanente, verfahrenstypische Schwächen, von denen Abb. 8.2 - 8.4 nur einige verdeutlichen. Es muß deshalb ein laufender Verifikationsprozeß der eingesetzten Systeme bei den angesprochenen Fragestellungen stattfinden.

Weiterhin sollte man nicht vergessen, daß auch in jahrelang erfolgreich eingesetzten Software-Paketen immer wieder Fehler auftauchen, die bei den bisherigen Anwendungen keine oder nur eine unmerkliche Rolle spielten. Weiter ist zu beachten, daß manche technische Prozesse nur mit großem Aufwand exakt nachzubilden sind. Es mag heute beispielsweise leicht gelingen, einen Umformprozeß auf dem Rechner zu simulieren. Vergleicht man aber die Rechnung mit den Ergebnissen eines realen Prozesses, stellt man häufig wesentliche Diskrepanzen fest, sobald die Grenzen des elementaren Napfziehens erreicht sind.

Es ist unumgänglich, daß die Berechnung eine gewisse Verifikation durch experimentelle Verfahren erfährt. Eine solche Überprüfung der Software, aber auch der eigenen Herangehens an verschiedene Fragestellungen muß nicht bei jeder einzelnen Analyse stattfinden, ist aber für jede Problemklasse in regelmäßigen Abständen durchzuführen.

8.4
Gefahren bei der Analyse komplexer Systeme

Abschließend soll noch auf eine nicht geringe Gefahr der Anwendung großer, für den Anwender undurchschaubarer Softwaresysteme wie FEM-Paketen hingewiesen werden. Wir rechnen heute mit vergleichsweise geringem Modellierungsaufwand komplizierte Strukturen unter komplexer Belastung. Die Menge der Ergebnisse ist so umfassend, daß auch erfahrene Berechner nicht immer durchschauen, ob die gefundenen Resultate physikalisch sinnvoll sind. Elementare Fehler wie Klaffungen zwischen Elementen oder fehlende Randbedingungen treten oft noch als mechanisch unsinnige Spannungsspitzen auf. Sie sind leicht lokalisierbar und zu beheben.

Weit schwieriger ist es, in einem aufwendigen Modell, wie dem einer komplexen Anlage in Abb. 8.5 oder der in Abb. 9.1 gezeigten Pumpe mit einer Vielzahl von Einbauten festzustellen, ob hier alle Baugruppen mit den richtigen Wanddicken und Werkstoffen versehen sind. Rührt eine Spannungskonzentration an einer Verbindung zweier Träger von der wirkenden hohen Belastung? Wurde beim Vernetzen eine Verfeinerung nur unvollständig durchgeführt?

Die Gefahr, daß solche Fehler im FE-Modell zurechtinterpretiert werden, ist besonders dann vorhanden, wenn zusätzlich zur meist gespannten terminlichen Lage noch die Angst kommt, daß eingestandene Fehler zum Nachteil des Geständigen gereichen. Gleichermaßen gefährlich ist es, Berechnungsergebnissen nur deshalb zu glauben, weil sie mit einem großen Programm auf einem großen Rechner erstellt wurden. Auch für Berechnungen gilt der *Informationserhaltungssatz*, den wir hier so formulieren können:

Eine FE-Berechnung liefert nur eine andere Darstellung der vom Anwender gegebenen Information. Sie fügt nichts hinzu (und nimmt hoffentlich nichts wesentliches weg), für die Richtigkeit der Daten und damit der Ergebnisse ist (bei fehlerarmen Programmen) einzig der Benutzer verantwortlich.

Die Interpretation von Berechnungsergebnissen sollte deshalb stets den Aspekt der Plausibilitätsprüfung beinhalten. Ist das Ergebnis physikalisch sinnvoll, stimmt die Summe der Erhaltungsgrößen, gibt es Überraschungen im Vergleich mit bisher untersuchten Varianten? Diese und ähnliche Fragen können helfen, Schwächen unserer Modelle zu erkennen und beseitigen.

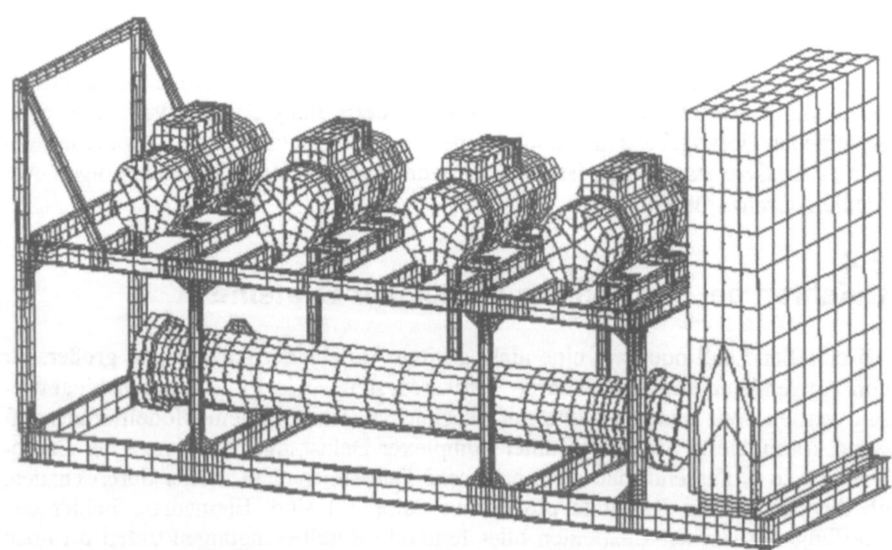

Abb. 8.5: FE-Modell einer Anlage bestehend aus Rahmen Motoren, Pumpen, Wärmetauschern und Schaltschrank

Eine Garantie, daß unser Modell richtig ist, bieten auch sie nicht. Schon der Begriff *richtig* ist hier nur wenig geeignet, da ja die Abbildung des kontinuumsmechanischen Problems auf das diskrete Modell immer eine Verzerrung darstellt. Die Verläßlichkeit von FEM-Untersuchungen hängt letztlich, unabhängig von der weiteren technischen Entwicklung, von der Qualifikation des Anwenders, von seiner Fähigkeit, ein gegebenes kontinuumsmechanisches Problem in die Sprache der diskreten Strukturen zu übersetzen, ab. Deshalb wird auch der zunehmende Einsatz von Rechnern nichts an der grundsätzlichen Bedeutung einer fundierten mathematischen, physikalischen und technischen Grundlagenausbildung ändern.

9 Entwicklungstendenzen

Die Entwicklung der FEM nahm, wie die vieler mit der EDV zusammenhängender technischer Verfahren, einen stürmischen Verlauf. Einer der Gründe liegt in der rasanten Hardwareentwicklung der letzten Jahre, deren Ende nicht absehbar ist. Heute stehen Privatpersonen zu Spiel- und Unterhaltungszwecken Rechnerkapazitäten zur Verfügung, die noch vor wenigen Jahren typisch für Großforschungseinrichtungen waren. Die in Forschung und Entwicklung genutzten Computer weisen Leistungsdaten auf, die vor 10 Jahren undenkbar schienen, und sind doch schon nach kurzer Zeit veraltet. Mit der Rechnerleistung wachsen die Möglichkeiten, komplexe Strukturen zu modellieren und zu analysieren.

Vor dem Aufkommen der Parallel- und Vektorrechner Ende der 70-er, Anfang der 80-er Jahre war es undenkbar, große Strömungs- oder Crash-Analysen mit Hunderttausenden von Zeitschritten durchzuführen. Derartige Berechnungen sind heute bereits in zahlreichen mittelgroßen Betrieben und Instituten zur täglichen Arbeit geworden. Wegen der laufend sinkenden Rechenkosten ergeben sich immer neue Anwendungsgebiete für die FEM.

Andererseits war die Netzerstellung, das Umsetzen einer gegebenen Geometrie in ein FE-Modell aus Elementen und Knoten, noch zu Beginn der 80-er Jahre ein mühsames Unterfangen, welches entweder durch geduldiges Eintippen der Knoten- und Elementdefinitionen erfolgte, oder ein eigens für die vorliegende Geometrie geschriebenes Programm erforderte. Heute ist es selbstverständlich, Netze am Bildschirm interaktiv aus einem CAD-Modell zu entwickeln.

Ähnlich wie die Rechnerleistung und die Netzerstellung haben sich viele für die FEM wichtige Aspekte entwickelt und entwickeln sich noch immer. Die folgenden Zusammenstellung versucht einige Tendenzen zu skizzieren. Sie erhebt keinen Anspruch auf Vollständigkeit. Genausowenig ist es sicher, daß die Prognosen so oder überhaupt eintreffen. Diese Vorhersage stützt sich auf persönliche Erfahrung, den Austausch mit Kollegen und die Kenntnis einiger, mit besonderer Intensität bearbeiteter Themen, sie ist sicher subjektiv geprägt.

9.1
Kostenentwicklung

In den letzten Jahren haben sich Rechner vom Handwerkszeug einiger Spezialisten zum täglichen Gebrauchsgegenstand eines großen Teils der Bevölkerung entwickelt. Am Arbeitsplatz ist der Einsatz eines Computers heute nahezu selbstverständlich, sei es als Schreibmaschine, Aktenordner oder Briefkasten. Auch im privaten Haushalt wird der PC zum selbstverständlichen Teil der Wohnungsausstattung, genutzt als Schreib- und Ablagehilfe sowie als universelles Kommunikations- und Unterhaltungsmedium.

In einem harten Wettbewerb versuchen die PC-Anbieter durch immer noch günstigere Offerten ihren Anteil am Markt zu halten oder auszubauen. Ähnlich sieht es im Bereich der Software aus. Nicht nur für eine breite Öffentlichkeit bestimmte Spiel- oder Textverarbeitungsprogramme, auch spezialisierte Softwarepakete wie CAD- oder FEM-Systeme, die schon auf relativ kleinen PCs laufen, werden heute teilweise zu Dumpingpreisen vertrieben.

Diese Entwicklung ist für den Konsumenten zunächst überaus erfreulich. Rechner, die gleichzeitig Videospielgerät, Stereoanlage, FAX-Gerät und Telefon sind, kosten weniger als ein guter Plattenspieler vor Einführung der CD-Technik. Aus- bzw. Umbau auf neue Standards sind meist weder besonders aufwendig noch übermäßig teuer. Es ist auch im privaten Bereich möglich, fortschrittliche Technik zu vertretbaren Preisen zu erwerben.

Daß dieser Preiskampf einen gewaltigen Abbau von Serviceleistungen bei den Anbietern zur Folge haben muß, läßt sich leicht ausrechnen. Wenn ein Programm oder Gerät von einem Lieferanten zu einem minimalen Preis angeboten wird, kann man nicht erwarten, daß der gleiche Lieferant ein hervorragendes und darüber hinaus noch kostengünstiges Beratungs- und Unterstützungssystem am Leben halten kann. So geschieht es häufig, daß preiswerte Einkäufe im Nachhinein durch mangelnde Verfügbarkeit relativ teuer zu stehen kommen.

Dies gilt insbesondere für Softwarepakete. Es ist nur selten möglich, ein CAD- oder FEM-Programm auf Anhieb mit all seinen Möglichkeiten anzuwenden. Zwar gleichen sich die verschiedenen Systeme in vieler Hinsicht immer mehr an, doch wird es, abgesehen von einfachen Standardanwendungen, kaum gelingen, die Möglichkeiten eines Programms ohne Schulung und Betreuung optimal zu nutzen. Nur in seltenen Fällen lassen sich die tatsächlichen Kosten der Einführung neuer Soft- oder Hardware, z.B. eines CAD- oder FEM-Systems in einem Betrieb, aus den Kaufpreisen der Hard- und Softwarekomponenten zusammenrechnen. Die tatsächlichen Kosten enthalten einen nicht geringen Anteil an Support, also Training und laufende Beratung während, aber auch nach der Einführung. Die Fähigkeit eines Anbieters, diesen Support sicherzustellen, sollte eines der zentralen Entscheidungskriterien bei der Auswahl der Systeme sein.

9.2
Mitarbeiter

Es hat sich in den letzten Jahren eingebürgert, die hohen Personalkosten als Hauptschuldigen der wirtschaftlichen Probleme Deutschlands zu bezeichnen. Es ist hier nicht der Platz, zu dieser Frage Stellung zu nehmen. Unbestreitbar ist aber, daß gute Mitarbeiter erwarten, gut bezahlt zu werden. Gerade im Bereich innovativer Technologien, in dem die Lernfähigkeit der Beschäftigten einen der wichtigsten Hebel zum erfolgreichen Einsatz der neuen Möglichkeiten darstellt, sollte man deren Einsatzfreude nicht durch penetrante und häufig ziellose Sparmaßnahmen beschneiden. Genau so wie es sicher ist, daß in Deutschland und anderen mitteleuropäischen Ländern hohe Löhne und Gehälter bezahlt werden, ist es sicher, daß vielen Unternehmen durch Demotivation und Verunsicherung ihrer Belegschaft auch im Bereich der Konstruktion und Entwicklung ein nicht geringer Teil an Produktivität verloren geht. Der Verlust an Know-how, der durch Abwanderung frustrierter

Mitarbeiter entsteht, ist oft nur schwer von neu einzuarbeitenden Kräften zu kompensieren.

Ob es auf Dauer die Leistungsfähigkeit eines Betriebs steigert, Teile der Entwicklung in Billiglohnländer zu verlegen, kann hier nicht definitiv beurteilt werden. Einige Erfahrungen zeigen aber, daß in Jahrzehnten angesammeltes Wissen und Erfahrung nicht beliebig transferierbar sind. Es dürfte sich als Regel bewähren, daß gute Mitarbeiter ihr Geld wert sind. Gleichermaßen gilt, daß Aufwendungen für sinnvolle Aus- und Weiterbildung eine der lohnendsten Zukunftsinvestitionen darstellen.

9.3
CAD-FEM Kopplung

Auch wenn heute mit hervorragenden interaktiven Preprozessoren das Vernetzen wesentlich effektiver abläuft als noch vor wenigen Jahren, stellt die Modellierung den größten Zeit- und damit Kostenfaktor der meisten FEM-Untersuchungen dar. Abgesehen von extrem langwierigen transienten Strömungs-, Umform- und Crash-Berechnungen, bei denen auch heute noch nennenswerte Rechenzeitkosten entstehen, dürfte das Erstellen des Netzes einen Anteil von deutlich über 50%, häufig bis zu 90% des Aufwands einer Berechnung ausmachen.

So hat vor einigen Jahren. das Modellieren und Vernetzen (noch ohne automatischen Netzgenerator) der in Abb. 9.1 als Grobmodell (vor der endgültigen Netzverfeinerung) gezeigten Pumpe mit allen nicht dargestellten Einbauten und Randbedingungen über einen Monat gedauert. Die Berechnung und Auswertung zahlreicher Lastfälle und Varianten benötigte keine 20 Stunden Rechenzeit. Die Auswertung selbst dauerte wenige Tage.

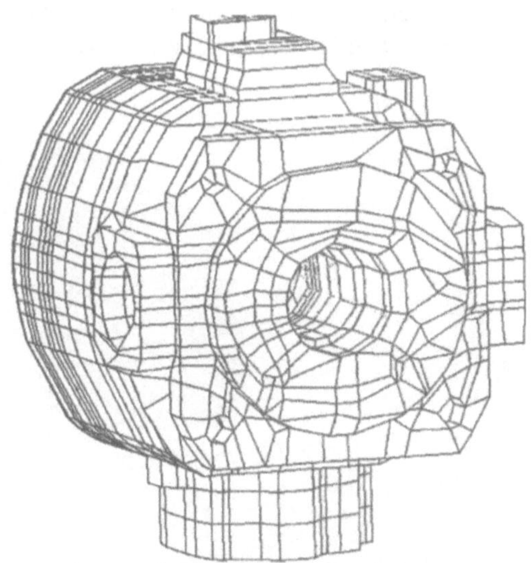

Abb. 9.1: FE-Modell eines Pumpengehäuses (Grobmodell)

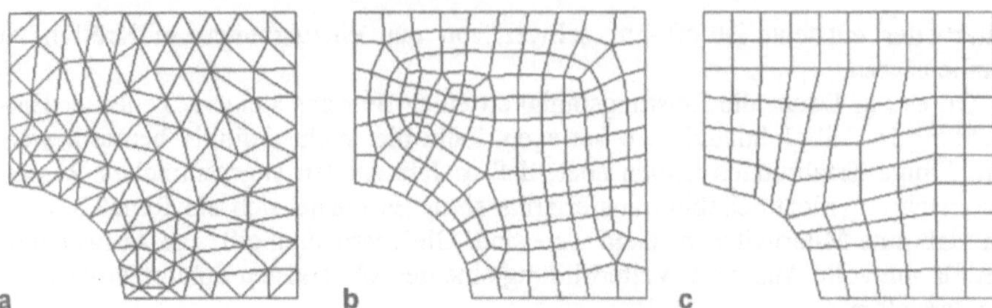

Abb. 9.2: Vergleich verschiedener automatisch und manuell erstellter Netze. Automatisch erstelltes Netz aus **a** Dreieckelementen, **b** Viereckelementen. **c** Manuell erstelltes Netz aus Viereckelementen

In diesem Bereich liegt ein gewaltiges Einsparpotential. Gelingt es, die heute schon häufig als CAD-Daten vorliegende Geometrie ganz oder zumindest in großen Teilen automatisch zu vernetzen, sinkt der Aufwand einer Berechnung um einen wesentlichen Teil dieser 50% - 90%. Dieses Einsparpotential hat zu großen und, wie die bisherigen Ergebnisse zeigen, erfolgreichen Entwicklungsprojekten zur automatisierten Vernetzung von CAD-Strukturen geführt. Für zahlreiche Anwendungen gibt es schon Programme, die teilweise recht brauchbare Netze liefern. Abb. 9.2 zeigt verschiedene Varianten, wie solche automatisch erstellten Netze eines gelochten, aus Symmetriegründen nur zu einem Viertel modellierten ebenen Blechs aussehen. Sicher sind zahlreiche Elemente weit von der gewünschten, nahezu gleichseitigen oder quadratischen Form entfernt. Die berechneten Ergebnisse liegen aber durchaus in dem Bereich vergleichbar feiner, vom Benutzer definierter gleichmäßiger Netze. Der große Durchbruch, der in diesem Gebiet seit Jahren erwartet wird, dürfte, wenn auch nicht sofort und nicht in der erwarteten Form, in absehbarer Zeit stattfinden. Einen gewaltigen Fortschritt in dieser Richtung stellen die relativ effektiven 3D-Netzgeneratoren dar, die aus 3D-Solid-CAD-Modellen Netze aus TETRA10-Elementen (Tetraeder mit Zwischenknoten) erzeugen (vgl. Abb. 9.3).

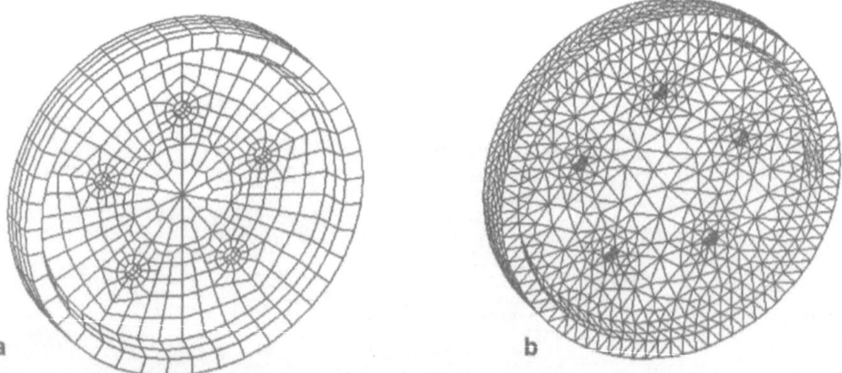

Abb. 9.3: Vergleich von manuell und automatisch vernetzter Scheibe mit vergleichbarer Netzqualität. **a** manuell vernetzt, ca. 1100 Knoten, **b** automatisch vernetzt, ca. 1400 Knoten

Derartige automatisch erzeugte Netze sind oft an vielen unkritischen Stellen zu fein, sie weisen häufig unnötig hohe Knotenzahlen auf. Die daraus folgende längere Rechenzeit ist bei der heute und in Zukunft verfügbaren Rechnerleistung durch die Einsparungen an menschlicher Arbeitskraft und -zeit bei der Modellerstellung meist mehr als gerechtfertigt. Auch die Entwicklung von 3-D-Netzgeneratoren auf Hexaederbasis, die mit deutlich weniger Knoten und Elementen auskommen, dürfte in den nächsten Jahren zu brauchbaren Ergebnissen führen.

Es sollte bei der Hoffnung auf die vollautomatische Vernetzung nicht vergessen werden, daß der Abbau an Vernetzungsarbeit nur möglich ist, wenn die CAD-Modelle entsprechend qualifiziert sind. Ein gewisser Anteil der eingesparten Zeit wird sicher zum Aufbereiten der Geometriedaten benötigt. Auch hier zeigen die Entwicklungstendenzen, daß es wesentlich einfacher gelingt, CAD-Modelle komplexer räumlicher Bauteile in überschaubarer Zeit zu erstellen.

9.4
Automatische Netzqualifikation

Ein weiteres Entwicklungslinie, die in den nächsten Jahren zum breiten Einsatz kommen dürfte, liegt in der benutzerunabhängigen, automatischen Netzverbesserung oder *adaptiven Vernetzung*. Die Qualität eines Netzes wird i.allg. durch die Wahl der Elementierung, die der Anwender festlegt, bestimmt. Wenn dabei vergessen wird, bestimmte Gebiete ausreichend fein abzubilden, erfaßt das vorgegebene Modell beispielsweise Kerbspannungen nicht oder nur ungenügend, die Ergebnisse sind fragwürdig oder gar falsch (Abb. 8.4). Auch erfahrene Anwender laufen immer wieder in Gefahr, solche unzulässigen Ergebnisse zu produzieren und zu akzeptieren. Einen Ausweg aus diesem Problem bietet die *adaptive Vernetzung*:

Das FE-Programm überprüft die mit dem vom Anwender erstellten Netz errechneten Ergebnisse. An allen Stellen, an denen nach vorgegebenen Kriterien diese Ergebnisse fragwürdig sind, wird das Netz verfeinert, bis ein akzeptables Resultat vorliegt.

Abb. 9.4 stellt das Prinzip am gelochten Blech dar. Aus Symmetriegründen war wieder nur ein Viertel der Struktur zu modellieren. Dafür gab der Anwender wie in

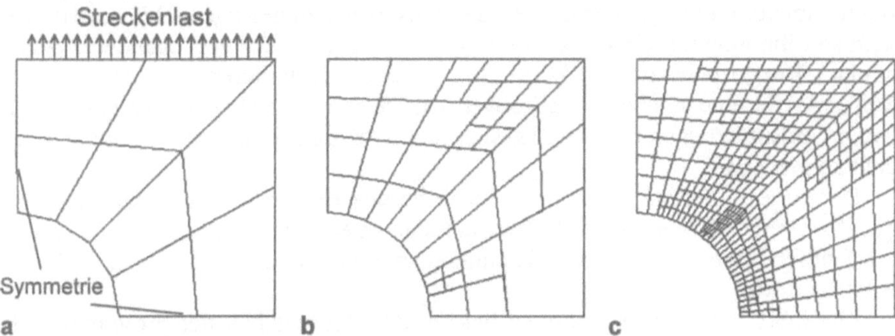

Abb. 9.4: Automatischen Netzverfeinerung an hochbeanspruchten Stellen. **a** Grobes Ausgangsnetz, **b** Zwischenstufe, **c** ausreichend feines Netz

Abb. 9.4a 8 Elemente vor. Das Programm stellte fest, daß mit diesem Netz zwischen benachbarten Elementen zu große Sprünge in den Spannungen auftraten, eine Verbesserung der Netzes war erforderlich. Die erste Verbesserung befriedigte das vorgegebene Kriterium der Stetigkeit der Spannungen in benachbarten Elementen noch nicht. Nach einer Reihe von Zwischenschritten, von denen Abb. 9.4b einen zeigt, lieferte das in Abb. 9.4c dargestellte Netz ein befriedigendes Ergebnis. Anzumerken ist, daß in diesem Fall der Anschluß feinerer an gröbere Netzteile (überall dort, wo 2 Elemente auf 1 Element treffen, vgl. Abb. 4.15a) mit den in Abschn. 4.4.2 beschriebenen Zwangsbedingungen erfolgt.

Kriterien für solche Netzverfeinerungen sind Änderungen relevanter physikalischer Größen. Neben der Spannung verwendet man die Dehnungsenergie, Temperatur oder andere für den Verlauf der analysierten physikalischen Größe signifikante Werte auf den Elementen.

Derartige adaptive Netzverbesserungen können sowohl durch eine feinere Unterteilung des Netzes als auch durch höherwertige Elemente (höhere Ansatzfunktionen, mehr Zwischenknoten) erfolgen. Die Mehrzahl der in den letzten Jahren vorgestellten Verfahren bezieht sich auf die Netzeinteilung, dies bringt die höheren Ansätze nicht um ihre grundsätzliche Bedeutung.

Eine weitere interessierende Entwicklung in dieser Richtung ist das Arbeiten mit *hierarchischen Netzen*. Bei diesem Vorgehen muß nicht die Gesamtstruktur neu analysiert werden, die feineren Netzteile nutzen die Matrizen der ursprünglichen, gröberen Elemente. Dabei kommen Verfahren zu Einsatz, die grundsätzlich der in Abschn. 2.5 und 4.5 beschriebenen Herleitung höherer Elemente aus einfacheren entsprechen. Auch dieses Verfahren, das bislang nur wenig in kommerziellen Systemen Fuß fassen konnte, bietet die Möglichkeit, effektive Netze mit ausreichender Feinheit bei vertretbaren Rechenkosten zu handhaben.

9.5
Expertensysteme

Eine der erfreulichsten Entwicklungen im Bereich der Anwenderprogramme stellen die sogenannten *Expertensysteme* dar. Als Expertensystem bezeichnet man die programmierte Erfahrung einer mehr oder weniger großen Zahl von Anwendern. Ein neuer Benutzer eines Systems muß nicht alle Fehler seiner Vorgänger reproduzieren, um auf ein vergleichbares Produktionsniveau zu gelangen. Das Expertensystem soll ihn möglichst rasch zum erfolgreichen Einsatz des vorliegenden Systems führen. Wer je ohne fremde Hilfe neue Software installieren und testen mußte, weiß, wieviel eine solche Starthilfe wert ist. Diese vom Software-Hersteller gelieferten Unterstützungen erlauben es, sich relativ zügig mit neuen Programmen vertraut zu machen.

Derartige Expertensysteme sind heute bereits Bestandteil eines Großteils der qualifizierten CAD- und FEM-Software. Es ist zu erwarten, daß das bereits erzielte beträchtlich hohe Niveau durch die laufend angesammelten Erfahrungen noch weiter steigen wird.

Ein dabei auftretendes Problem liegt in der Begrenztheit der programmierten Erfahrung. Gewöhnt man sich daran, nur die vom System angebotenen Möglichkeiten zu nutzen, kann es geschehen, daß der Aktionsradius des Benutzers weit unter den im Programm vorgesehenen Möglichkeiten bleibt. So wird z.B. in einem Betrieb die FEM erfolgreich zur Festigkeits- und Wärmeflußberechnung eingesetzt. Darauf, daß man mit geringem Aufwand die FEM zum Modellieren von Galvanisierprozessen nutzen kann, kommt ein unerfahrener Anwender kaum.

Auch hier gilt, daß ein gewisser Freiraum zur Weiterbildung, aber auch zum (sicher nicht unbegrenzten) Herumspielen der Anwender das Werkzeug FEM erst richtig zu Einsatz bringt.

9.6
FE-Prozesse

Parallel zu den Expertensystemen findet eine weitere wichtige Entwicklung statt. Häufig sind von einem Problem zahlreiche Varianten zu untersuchen, die auf eine einfache Parametermodifikation zurückzuführen sind, ohne daß sich am Grundproblem etwas ändert. Abb. 9.5 zeigt FE-Modelle von verschiedenen Rohr- und Bogengeometrien, wie wir sie bei Bruchmechanikanalysen einsetzen. Da solche Berechnungen sich nur durch wenige Parameter (Rißlänge Radien, Wanddicke, Innendruck, Biegebelastung, Werkstoffgesetz) unterscheiden, liegt es nahe, einmal ein Basismodell zu erstellen. Die für das aktuelle Problem relevanten Daten werden automatisch ergänzt. Die Steuerung der Berechnung übernimmt ein FE-Prozeß, der aus dem gegebenen Grundmodell die aktuelle Eingabe erstellt, die

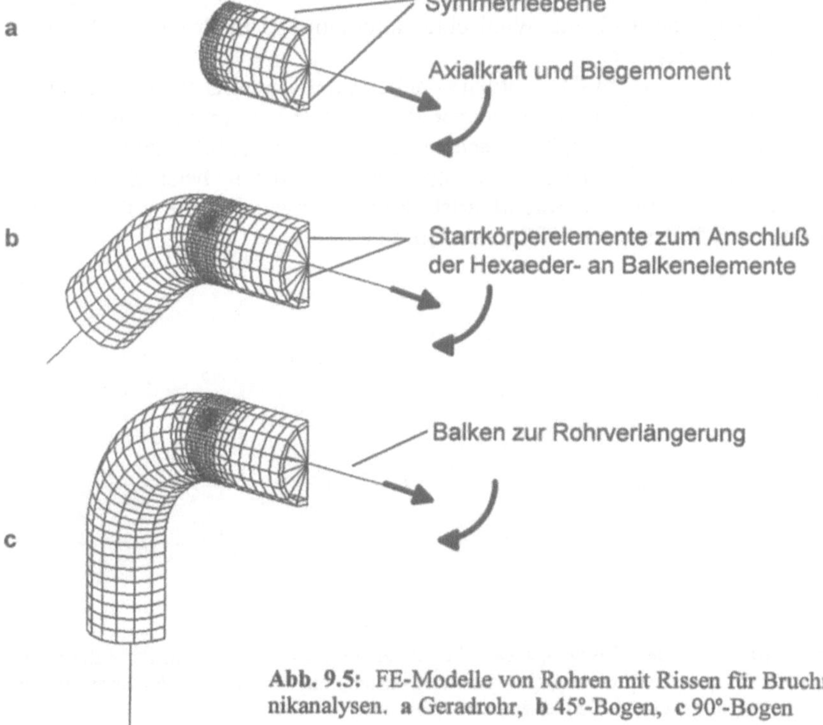

Abb. 9.5: FE-Modelle von Rohren mit Rissen für Bruchmechanikanalysen. **a** Geradrohr, **b** 45°-Bogen, **c** 90°-Bogen

Berechnung durchführt, und die Auswertung vornimmt. Daß vor tiefergehenden Schlußfolgerungen aus solchen automatischen Berechnungen ein erfahrener Ingenieur die Ergebnisse anschauen sollte, versteht sich von selbst.

Solche FE-Prozesse werden heute bei der Auswahl der erforderlichen Werkzeuge für Umformprozesse, aber auch zu Reproduktion von Unfallabläufen oder zur automatisierten Steuerung von Serienberechnungen eingesetzt.

9.7
Optimierung

Ebenso wie bei den beiden letztgenannten Aspekten, liegt bei der in kommerzielle Systeme integrierten automatischen Optimierung von Strukturen ein weiteres Entwicklungsgebiet der FEM, das heute schon eine Rolle spielt und in naher Zukunft noch an Bedeutung gewinnen dürfte. Optimieren eines Bauteils heißt hier, seine Gestalt so zu verbessern, daß es die geforderte Funktion unter den vorhandenen Randbedingungen bei minimalen Kosten bestmöglich erfüllen kann.

Diese Optimierung kann bei einer Spannungsanalyse so ablaufen, daß zunächst die ursprünglich vorgesehene Konstruktion untersucht wird. An allen Stellen, an denen die Spannungen deutlich unter den zulässigen liegen, entfernt das Programm im Modell Werkstoff, z. B. indem eine geringere lieferbare Blechdicke vorgeschlagen wird. Überall dort, wo unzulässig hohe Beanspruchungen auftreten, ergreift man spannungsmindernde Maßnahmen, indem Dicken erhöht, Radien vergrößert oder Versteifungen aufgebracht werden. Unter den möglichen Verbesserungsvorschlägen kann auch die Wahl eines alternativen, im Programm-Katalog enthaltenen Werkstoffs sein.

Abb. 9.6 veranschaulicht das Vorgehen anhand der Optimierung des Absatzes zwischen zwei Komponenten vorgegebener Breite unter horizontaler Last. In diesem einfachen Fall ist es wenig überraschend, daß die in Abb. 9.6c gefundene Lösung nahezu ideal ist. Aber auch bei komplexeren Aufgaben, beispielsweise bei der Gewichtsoptimierung von Raumfahrtstrukturen, setzen wir die automatische Optimierung mit FE-Systemen erfolgreich ein.

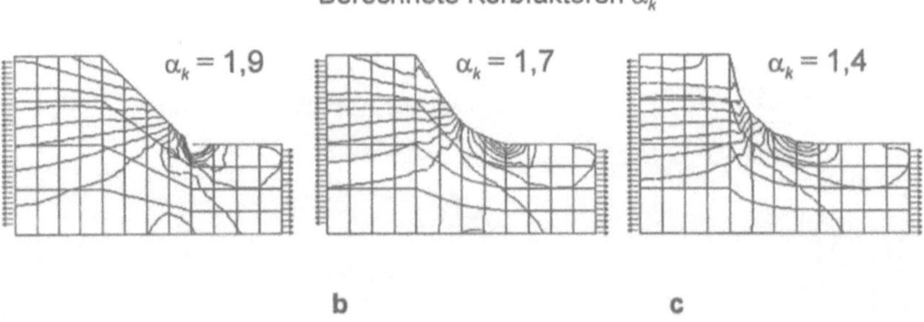

Abb. 9.6: Optimierung des Übergangs zwischen zwei Baugruppen unter horizontaler Last, Linien gleicher Vergleichsspannung (Isospannungslinien) auf der Kontur der berechneten Varianten. **a** Ausgangsnetz, **b** Zwischenstufe, **c** optimierte Form

9.8 Qualitätssicherung

Die in Abschn. 9.3-9.7 dargestellten Entwicklung beinhaltet einen interessanten Konflikt. Einerseits wollen die Programmanbieter zunehmend sog. *Push-button-Programme* anbieten, Programme, die auch un- oder wenig erfahrene Benutzer nach kurzer Einarbeitung bedienen können. Andererseits warnen erfahrene FE-Experten vor der Gefahr, daß eine unüberschaubare Menge von unverstandenen Berechnungsergebnissen die Auslegung sicherheitsrelevanter Komponenten, beispielsweise in der Luftfahrt bestimmt. Wie sich hier eine angemessene *Qualitätssicherung* bei der Vielzahl von zu analysierenden Komponenten etablieren läßt, ist Gegenstand heftiger Diskussionen.

Beispielsweise arbeiten große Flugzeughersteller an Standards, um die Entwicklungsgeschichte der einzelnen Komponenten inklusive der Berechnung nachvollziehbar zu gestalten. Welch riesiger Aufwand damit verbunden ist, läßt sich veranschaulichen, wenn man sich vorstellt, daß von einem relativ einfachen Produkt wie einem PKW, der ca. 10 Jahre lang gebaut wird, von jeder Schraube jeder Variante jedes Jahrgangs dieses Fahrzeugtyps dokumentiert sein muß, warum sie so dimensioniert wurde.

Versuche im Berechnungsbereich Qualitätssicherungssysteme zu etablieren, führten in den letzten Jahren zu zahlreichen Erkenntnissen, wie eine Berechnung abläuft. Es gelingt in zunehmenden Maße, den oft sehr vom Gefühl des hochqualifizierten Berechners gesteuerten Vorgang in nachvollziehbare Schritte zu untergliedern und zu dokumentieren.

Verschiedene Institutionen und Firmen bemühen sich, sowohl die Softwareerstellung als auch die Berechnungspraxis aus dem Nebel des Genialischen auf ein der Qualitätssicherung zugängliches Niveau zu bringen. Daß dies insbesondere bei Programmen, aber auch bei Produkten, deren Urfassung teilweise vor 20 und mehr Jahren entstanden sind, die nach Bedarf an allen Ecken und Enden weiterentwickelt und ergänzt wurden, zu einem mühsamen Unterfangen gerät, darf nicht verwundern.

Andererseits stehen auch die Konstruktionseinheiten kleinerer Unternehmen unter dem Zwang, ihre Arbeit nachvollziehbar zu gestalten. Sie suchen nach Wegen Qualitätssicherungssysteme im Entwicklungs- und Berechnungsbereich zu etablieren. Welche von den zahlreichen Ansätzen, die sich hier herausbilden, letztlich zum Erfolg führt, ist heute noch nicht abzuschätzen.

Die in diesem Kapitel angesprochenen und zahlreiche andere, nicht erwähnte Entwicklungen versprechen, daß die FEM mit ihren Möglichkeiten noch lange keine Grenze erreicht hat. Die daraus resultierenden Chance, Komponenten besser, zuverlässiger, umweltfreundlicher und dabei noch kostengünstig zu gestalten, lassen zukünftige Einsatzgebiete dieser Berechnungstechnik in einem noch breiteren Spektrum als schon bisher erwarten. Auch wenn wir hier, sowenig wie in anderen EDV-Anwendungen auf Wunder hoffen, dürfen wir sicher sein, durch die relative einfache Möglichkeit, in unserer Bauteile hineinzuschauen, ein tieferes Verständnis der Arbeitsweise unserer Konstruktionen zu gewinnen und daraus bessere Varianten ableiten zu können.

Wie schnell die Entwicklung im CAE-Bereich heute verläuft, veranschaulicht die Tatsache, daß einige der hier aufgeführten Entwicklungen mittlerweile von einzelnen Programmanbietern auf den Markt gebracht wurden. Auch wenn die ersten Versionen solcher neuen Produkte häufig noch mit zahlreichen Schwächen behaftet sind, läßt sich eine Qualifizierung zu stabilen Programmoptionen und eine rasante Weiterentwicklung prognostizieren.

A1
Mathematische Grundlagen

Dieser Anhang stellt die mathematischen Grundlagen zusammen, die für den in diesem Buch gewählten Weg der Einführung in die FEM erforderlich sind. Es kann hier nicht geleistet werden, den Stoff, der im Grundstudium 2 oder 3 Vorlesungen und Lehrbücher entsprechenden Umfangs erfordert, auf wenigen Seiten didaktisch aufbereitet darzustellen. Es handelt sich vielmehr um eine kommentierte Liste von Kenntnissen, die, falls nicht oder nicht mehr präsent, aus den entsprechenden Unterlagen an die Oberfläche zu holen sind. Es ist sinnlos, sich ohne eine gewisse Basis in Linearer Algebra und Analysis mit der FEM auseinanderzusetzen. Zumindest eine grobe Vorstellung von den hier aufgeführten Inhalten sollte vorhanden sein. Mit einem intensiven Nacharbeiten der in den einzelnen Kapiteln gezeigten Rechenschritte läßt sich dann auch auf einer relativ schwachen Grundlage der erforderliche Kenntnisstand erzielen.

A1.1
Lineare Algebra

Unter *Linearer Algebra* verstehen wir die Gesamtheit der Methoden, die sich mit linearen Konstrukten befaßt. Linear steht hier im Gegensatz zu quadratisch, kubisch oder sonst einer Potenz oder Form der betrachteten Variablen. Für unser Thema, die FEM, genügt es, relativ begrenzte Erkenntnisse aus dem Bereich der Vektor- und Matrizenrechnung sowie des Lösens von Linearen Gleichungssystemen zusammenzustellen.

A1.1.1
Matrizen

Matrix
Eine *Matrix* ist ein rechteckiges Schreibschema, welches eine Menge von Elementen ordnet. So ist ein Speiseplan einer Kantine als Matrix auffaßbar An jedem Tag ist jeder Essensstufe ein Gericht zugeordnet, wobei das Nullgericht (z.B. das Alternative Essen am Freitag) ein mögliches Essen bildet. Wir stellen Matrizen in folgenden Formen dar:

$$
\mathbf{A} = \mathbf{A}_{(n,m)} =
\begin{pmatrix}
a_{1,1}, & a_{1,2}, & a_{1,3}, & . & . & a_{1,m} \\
a_{2,1}, & a_{2,2}, & a_{2,3}, & . & . & . \\
. & . & . & . & . & . \\
. & . & . & . & . & a_{n-1,m} \\
a_{n,1}, & a_{n,2}, & . & . & a_{n,m-1}, & a_{n,m}
\end{pmatrix}
= (a_{i,k})_{(m,n)} = (a_{i,k})
$$

$$(A1.1)$$

$\mathbf{A}_{(n,m)}$ bedeutet, daß die Matrix n Zeilen und m Spalten besitzt, eine Matrix $\mathbf{A}_{(3,4)}$ hat also insgesamt $3 \times 4 = 12$ Einträge in 3 Zeilen mit je 4 Spalten. Diese Einträge $a_{i,k}$ in der i-ten Zeile und k-ten Spalte können beliebige Objekte sein. Beispielsweise kann ein Eintrag $a_{2,3}$ eines Wochenspeiseplans einer Kantine Menü 2 am Mittwoch beschreiben. In unseren Anwendungen treten meist reelle Zahlen oder Funktionen als Matrixelemente oder -einträge auf, in einzelnen Fällen (z.B. bei den gedämpften Schwingungen) können auch komplexe Zahlen oder Funktionen in den Matrizen erscheinen. Treten in den folgenden Ausführungen Operationen wir Differentiation oder Integration bzw. Verknüpfungen wie Multiplikation oder Addition von Objekten auf, ist deren Existenz immer vorausgesetzt.

Summe zweier Matrizen
Zwei Matrizen gleicher Größe ($n \times m$) addieren wir nach dem Prinzip

$$\mathbf{A}_{(n,m)} + \mathbf{B}_{(n,m)} = (a_{i,k} + b_{i,k}) = (c_{i,k}) = \mathbf{C}_{(n,m)} \tag{A1.2}$$

indem wir die entsprechenden Einträge addieren. Analog ist eine Subtraktion definiert.

transponierte Matrix
Zur einer Matrix $\mathbf{A}_{(n,m)} = (a_{i,k})$ existiert die *transponierte Matrix* $\mathbf{A}^{\mathrm{T}}_{(m,n)} = (a_{k,i})$, die durch Spiegeln der Matrixelemente an der Hauptdiagonalen entsteht.

Beispiel A1.1:

$$\mathbf{A}_{(2,3)} = \begin{pmatrix} 1, & 2, & 3 \\ 4, & 5, & 6 \end{pmatrix}, \quad \mathbf{A}^{\mathrm{T}}_{(3,2)} = \begin{pmatrix} 1, & 4 \\ 2, & 5 \\ 3, & 6 \end{pmatrix} \tag{A1.3}$$

Die transponierte Matrix hat für $n \neq m$ eine andere Größe, ist von anderem Typ, als die ursprüngliche Matrix, insbesondere ist in diesem Fall keine Addition von Matrix und transponierter Matrix definiert.

Produkt zweier Matrizen
Für zwei Matrizen $\mathbf{A}_{(n,k)}$ und $\mathbf{B}_{(k,m)}$ ist ein *Produkt* $\mathbf{C}_{(n,m)} = \mathbf{A}_{(n,k)}\,\mathbf{B}_{(k,m)}$ nach dem Schema

$$\mathbf{C}_{(n,m)} = (c_{i,j})_{(n,m)} = \left(\sum_{l=1}^{k} a_{i,l} b_{l,j} \right) = \mathbf{A}_{(n,k)}\,\mathbf{B}_{(k,m)} \tag{A1.4}$$

definiert. Der Eintrag $c_{i,j}$ entsteht als Summe der Produkte der Einträge der i-ten Zeile von $\mathbf{A}$ mit denen der j-ten Spalte von $\mathbf{B}$.

Beispiel A1.2:

$$\mathbf{A}_{(2,3)}\,\mathbf{B}_{(3,2)} = \begin{pmatrix} 1, & 2, & 3 \\ 4, & 5, & 6 \end{pmatrix}\begin{pmatrix} 7, & 8 \\ 9, & 10 \\ 11, & 12 \end{pmatrix} = \begin{pmatrix} 1x7 + 2x9 + 3x11, & 1x8 + 2x10 + 3x12 \\ 4x7 + 5x9 + 6x11, & 4x8 + 5x10 + 6x12 \end{pmatrix}$$

$$= \begin{pmatrix} 58, & 64 \\ 139, & 154 \end{pmatrix} = \mathbf{C}_{(2,2)} \tag{A1.5}$$

Diese Matrizenmultiplikation ist nur möglich, wenn die Matrizen von kompatiblem Typ sind. So existiert zwar

$$\mathbf{C}_{(n,k)} = \mathbf{A}_{(n,m)}\,\mathbf{B}_{(m,k)}$$

Eine Matrix

$$\mathbf{D}_{(m,m)} = \mathbf{B}_{(m,k)}\,\mathbf{A}_{(n,m)}$$

ist nur für den Sonderfall $n = k$ definiert. In diesen Fällen mit

$$\mathbf{C}_{(n,n)} = \mathbf{A}_{(n,m)}\,\mathbf{B}_{(m,n)}$$

und

$$\mathbf{D}_{(m,m)} = \mathbf{B}_{(m,n)}\,\mathbf{A}_{(n,m)}$$

sind die beiden definierten Matrizen $\mathbf{C}_{(n,n)}$ und $\mathbf{D}_{(m,m)}$ für $n \neq m$ von verschiedener Größe, aber auch bei $n = m$ werden i.allg. die Matrizen

$$\mathbf{C}_{(n,n)} = \mathbf{A}_{(n,n)}\,\mathbf{B}_{(n,n)}$$

und

$$\mathbf{D}_{(n,n)} = \mathbf{B}_{(n,n)}\,\mathbf{A}_{(n,n)}$$

verschieden sein.

Beispiel A1.3:

$$\mathbf{C}_{(2,2)} = \mathbf{A}_{(2,2)}\,\mathbf{B}_{(2,2)} = \begin{pmatrix} 1, & 2 \\ 3, & 4 \end{pmatrix}\begin{pmatrix} 5, & 6 \\ 7, & 8 \end{pmatrix} = \begin{pmatrix} 19, & 22 \\ 43, & 50 \end{pmatrix} \neq$$

$$\mathbf{D}_{(2,2)} = \mathbf{B}_{(2,2)}\,\mathbf{A}_{(2,2)} = \begin{pmatrix} 5, & 6 \\ 7, & 8 \end{pmatrix}\begin{pmatrix} 1, & 2 \\ 3, & 4 \end{pmatrix} = \begin{pmatrix} 23, & 34 \\ 31, & 46 \end{pmatrix} \tag{A1.6}$$

Für die Transponierte eines Produktes merken wir uns die Regel

$$\mathbf{C}^{\mathrm{T}} = (\mathbf{A}\,\mathbf{B})^{\mathrm{T}} = \mathbf{B}^{\mathrm{T}}\,\mathbf{A}^{\mathrm{T}} \tag{A1.7}$$

quadratische Matrizen
Einen Sonderstatus haben die *quadratischen Matrizen* vom Typ $\mathbf{A}_{(n,n)}$. Bei ihnen ist die transponierte Matrix $\mathbf{A}^{\mathrm{T}}$ vom gleichen Typ wie $\mathbf{A}$, zwischen ihnen ist sowohl die Addition als auch das Matrizenprodukt definiert.

Determinante
Als *Determinante* einer quadratischen Matrix $\mathbf{A}_{(n,n)}$ ist die Summe aller möglichen Produkte der Art

$$|\mathbf{A}| = \det(\mathbf{A}) = \sum_{p_i} \mathrm{sign}(p_i)a_{1,p_{i,1}}a_{2,p_{i,2}} \ldots a_{n,p_{i,n}} \tag{A1.8}$$

über die Permutationen p_i der Zahlen 1 bis n definiert. $\mathrm{sign}(p_i)$ steht für 1, wenn diese Permutation eine gerade Anzahl von größeren Zahlen, die vor kleineren stehen, aufweist, sonst ist $\mathrm{sign}(p_i) = -1$. $p_{i,k}$ ist das k-te Element dieser i-ten Permutation der Zahlen von 1 bis n. Es ist sehr zeitaufwendig, die Determinante nach diesem Schema zu berechnen, deshalb wurden effektivere Verfahren entwickelt. (vgl.

Anhang A1.1.3). Wir benötigen explizit nur Determinanten von Matrizen der Größe (2,2) und (3,3). Hier vereinfacht sich die schwerverständliche Gl. (A1.8) zu

$$|\mathbf{A}_{(2,2)}| = \left| \begin{pmatrix} a_{11}, & a_{12} \\ a_{21}, & a_{22} \end{pmatrix} \right| = a_{11}a_{22} - a_{12}a_{21} \tag{A1.9}$$

bzw.

$$|\mathbf{A}_{(3,3)}| = \left| \begin{pmatrix} a_{11}, & a_{12}, & a_{13} \\ a_{21}, & a_{22}, & a_{23} \\ a_{31}, & a_{32}, & a_{33} \end{pmatrix} \right|$$

$$= a_{11}a_{22}a_{33} + a_{12}a_{23}a_{31} + a_{13}a_{21}a_{32} - (a_{31}a_{22}a_{13} + a_{32}a_{23}a_{11} + a_{33}a_{21}a_{12}) \tag{A1.10}$$

Inverse Matrix

Die *Inverse* einer quadratischen Matrix $\mathbf{A}_{(n,n)} = (a_{i,k})$ ist die Matrix $\mathbf{A}^{-1}_{(n,n)} = (a^*_{i,k})$, die mit der Matrix $\mathbf{A}$ multipliziert die *Eins-* oder *Einheitsmatrix* $\mathbf{E}_{(n,n)}$ ergibt:

$$\mathbf{A}^{-1}\mathbf{A} = \mathbf{A}\mathbf{A}^{-1} = \begin{pmatrix} a_{1,1}, & a_{1,2}, & \ldots & a_{1,n} \\ a_{2,1}, & a_{2,2}, & \ldots & a_{2,n} \\ \vdots & \vdots & \vdots\vdots\vdots & \vdots \\ a_{n,1}, & a_{n,2}, & \ldots & a_{n,n} \end{pmatrix} \begin{pmatrix} a^*_{1,1}, & a^*_{1,2}, & \ldots & a^*_{1,n} \\ a^*_{2,1}, & a^*_{2,2}, & \ldots & a^*_{2,n} \\ \cdot & \cdot & \vdots\vdots\vdots & \cdot \\ a^*_{n,1}, & a^*_{n,2}, & \ldots & a^*_{n,n} \end{pmatrix}$$

$$= \begin{pmatrix} 1, & 0, & \ldots & 0 \\ 0, & 1, & \ldots & 0 \\ \vdots & \vdots & \vdots\vdots\vdots & \vdots \\ 0, & 0, & \ldots & 1 \end{pmatrix} = \mathbf{E}_{(n,n)} \tag{A1.11}$$

Diese Inverse existiert nur, wenn die Determinante von $\mathbf{A}$ nicht verschwindet (vgl. hierzu auch Anhang A1.1.3). Eine Vorschrift, die Inverse zu berechnen ergibt sich aus

$$\mathbf{A}^{-1} = \frac{1}{|\mathbf{A}|} \begin{pmatrix} (-1)^{1+1}|\mathbf{A}_{1,1}|, & (-1)^{2+1}|\mathbf{A}_{2,1}|, & \ldots & (-1)^{n+1}|\mathbf{A}_{n,1}| \\ (-1)^{1+2}|\mathbf{A}_{1,2}|, & (-1)^{2+2}|\mathbf{A}_{2,2}|, & \ldots & (-1)^{n+2}|\mathbf{A}_{n,2}| \\ \vdots & \vdots & \vdots\vdots\vdots & \vdots \\ (-1)^{1+n}|\mathbf{A}_{1,n}|, & (-1)^{2+n}|\mathbf{A}_{2,n}|, & \ldots & (-1)^{n+n}|\mathbf{A}_{n,n}| \end{pmatrix} \tag{A1.12}$$

wobei $|\mathbf{A}_{i,k}|$ für die *Unterdeterminante* von $\mathbf{A}$ steht, die durch Streichen der i-ten Zeile und der k-ten Spalte entsteht. Auch dieses Verfahren ist bei großem Matrizen wegen der Vielzahl von Determinantenberechnungen sehr aufwendig, es existieren effektivere Methoden.

Multiplikation einer Matrix mit einem Skalar

Zusätzlich zu diesen Operationen ist noch die *Multiplikation* einer Matrix *mit einem Skalar* α nach dem Schema

$$\alpha\,\mathbf{A} = (\alpha\,a_{i,k}) \tag{A1.13}$$

also dem Multiplizieren aller Glieder mit α erklärt.

Differentiation und *Integration einer Matrix*
Sind die Matrixelemente $a_{i,k}(x)$ Funktionen einer Variablen x, so definieren wir die *Differentiation* bzw. *Integration* einer Matrix durch

$$\mathbf{A}'(x) = \frac{\mathrm{d}\mathbf{A}(x)}{\mathrm{d}x} = \left(\frac{\mathrm{d}a_{i,k}(x)}{\mathrm{d}x} \right) = (a'_{i,k}(x)) \tag{A1.14}$$

und

$$\int \mathbf{A}(x)\,\mathrm{d}x = (\textstyle\int a_{i,k}\,\mathrm{d}x \tag{A1.15}$$

Bei Funktionen mehrerer Variabler (Anhang A1.2.2) wird analog verfahren.

positiv definit
Eine Matrix heißt *positiv definit*, wenn für alle vom Nullvektor verschiedenen Vektoren $\mathbf{x}$ (Anhang A1.1.2) die *quadratische Form*

$$\mathbf{x}^{\mathrm{T}}\mathbf{A}\,\mathbf{x} > 0 \tag{A1.16}$$

Steht statt hier statt $\mathbf{x}^{\mathrm{T}}\mathbf{A}\,\mathbf{x} > 0$ die Erweiterung $\mathbf{x}^{\mathrm{T}}\mathbf{A}\,\mathbf{x} \geq 0$, nennen wir die Matrix *positv semidefinit*, entsprechend bezeichnen wir Matrizen als *negativ definit*, wenn $\mathbf{x}^{\mathrm{T}}\mathbf{A}\,\mathbf{x} < 0$ bzw. *negativ semidefinit*, wenn $\mathbf{x}^{\mathrm{T}}\mathbf{A}\,\mathbf{x} \leq 0$. Die Steifigkeitsmatrizen statisch mindestens bestimmt gelagerter Systeme sind stets positiv definit.

A1.1.2
Vektoren

Vektor
Den Sonderfall einer Matrix mit nur einer Spalte bezeichnen wir als n-dimensionalen (*Spalten-*) *Vektor*

$$\mathbf{a}_{(n)} = \begin{pmatrix} a_1 \\ a_2 \\ \vdots \\ a_n \end{pmatrix} \tag{A1.17}$$

seine Transponierte als *Zeilenvektor*

$$\mathbf{a}^{\mathrm{T}}_{(n)} = \begin{pmatrix} a_1, & a_2, & \ldots, & a_n \end{pmatrix} = \begin{pmatrix} a_1 \\ a_2 \\ \vdots \\ a_n \end{pmatrix}^{\mathrm{T}} \tag{A1.18}$$

Ein Vektor wird in unserem Gebrauch meist ein Spaltenvektor sein, Ausnahmen kennzeichnen wir besonders.

Skalarprodukt
Als *Skalarprodukt* zweier n-dimensionaler Vektoren verstehen wir das Matrixprodukt der Transponierten des einen Vektors mit dem anderen Vektor:

$$(\mathbf{a}\,\mathbf{b}) = \mathbf{a}^{\mathrm{T}}\,\mathbf{b} = \sum_{i=1}^{n} a_i b_i = \mathbf{b}^{\mathrm{T}}\,\mathbf{a} = (\mathbf{b}\,\mathbf{a}) \tag{A1.19}$$

Hier gilt die Kommutativität $(\mathbf{a}\ \mathbf{b}) = (\mathbf{b}\ \mathbf{a})$. Die Elemente $c_{i,j}$ des Matrixprodukts nach Gl. (A1.4) können wir als Skalarprodukt der i-ten Zeile von $\mathbf{A}$ mit der j-ten Spalte von $\mathbf{B}$ auffassen. Vektoren lassen sich addieren und subtrahieren wie Matrizen.

Betrag eines Vektors
Als *Betrag* (oder, wenn der Vektor eine Raumgröße beschreibt, als Länge) eines Vektors bezeichnen wir

$$|\mathbf{a}| = \sqrt{\sum_{i=1}^{n} a_i^2} \tag{A1.20}$$

Winkel zwischen 2 Vektoren, Orthogonolität
Im n-dimensionalen Raum berechnen wir den *Winkel* α zwischen 2 Vektoren nach

$$(\mathbf{a}\ \mathbf{b}) = \mathbf{a}^{\mathrm{T}}\ \mathbf{b} = |\mathbf{a}||\mathbf{b}|\ \cos\alpha \tag{A1.21}$$

Zwei Vektoren, deren Beträge von Null verschieden sind (die keine *Nullvektoren* sind), stehen senkrecht aufeinander (sind *orthogonal*), wenn ihr Skalarprodukt 0 wird $(\cos 90° = 0)$, der Nullvektor steht nach diesem Sprachgebrauch senkrecht auf allen anderen Vektoren.

Normieren
Jeder vom Nullvektor verschiedenen Vektor läßt sich normieren, auf die Länge 1 bringen, indem seine Elemente gliedweise durch seinen Betrag dividiert werden.

$$\mathbf{a}_{norm} = \begin{pmatrix} \dfrac{a_1}{|\mathbf{a}|} \\ \dfrac{a_2}{|\mathbf{a}|} \\ \vdots \\ \dfrac{a_n}{|\mathbf{a}|} \end{pmatrix} = \frac{1}{|\mathbf{a}|} \begin{pmatrix} a_1 \\ a_2 \\ \cdot \\ a_n \end{pmatrix} \tag{A1.22}$$

Vektorraum
Die n-dimensionalen Vektoren spannen einen n-dimensionalen *Vektorraum* auf. Für uns bedeutet das, daß mit zwei Vektoren $\mathbf{a}$ und $\mathbf{b}$ stets auch $\mathbf{c} = \mathbf{a} + \mathbf{b}$ in diesem Vektorraum enthalten ist. Insbesondere ist der Nullvektor und damit auch der negative Vektor $-\mathbf{a}$ von $\mathbf{a}$ ein Element dieses Vektorraums.

Basis des Vektorraums
In einem n-dimensionalen Vektorraum nennen wir eine Menge von n Vektoren $\{\mathbf{b}_1, \mathbf{b}_2, \ldots, \mathbf{b}_n\}$ eine *Basis des Vektorraums*, wenn jeder Vektor $\mathbf{a}$ des Vektorraums als gewichtete Summe oder *Linearkombination* der Basisvektoren darstellbar ist:

$$\mathbf{a} = \sum_{i=1}^{n} \alpha_i\ \mathbf{b}_i \qquad \alpha_i \text{ reell oder komplex} \tag{A1.22}$$

Eine *orthonormale Basis* besteht aus Vektoren $\mathbf{b}_i$ ($i = 1 - n$), welche alle normiert sind (die Länge 1 aufweisen), und auf allen anderen Basisvektoren senkrecht stehen ($(\mathbf{b}_i\,\mathbf{b}_k) = 0$, $i \neq k$). Häufig verwendet man *orthonormale Basisvektoren* der Art

$$\mathbf{b}_1 = \begin{pmatrix} 1 \\ 0 \\ \vdots \\ 0 \end{pmatrix}, \ \mathbf{b}_2 = \begin{pmatrix} 0 \\ 1 \\ \vdots \\ 0 \end{pmatrix} \ \text{bis} \ \ \mathbf{b}_n = \begin{pmatrix} 0 \\ 0 \\ \vdots \\ 1 \end{pmatrix} \tag{A1.23}$$

linear unabhängige Vektoren
Eine Menge $\{\mathbf{a}_i,\ i = 1 - m,\ m \leq n\}$ von Vektoren heißt *linear unabhängig*, wenn sich keiner dieser Vektoren als gewichtete Summe der anderen darstellen läßt. Diese m linear unabhängigen Vektoren spannen einen m-dimensionalen Unterraum des n-dimensionalen Vektorraums auf. Eine andere Formulierung dieses Sachverhalts sagt, daß die gewichtete Summe von m linear unabhängigen Vektoren genau dann zu Null wird, wenn alle Gewichte Null sind.

$$\sum_{i=1}^{m} \alpha_i \mathbf{a}_i = 0 \quad \Leftrightarrow \quad \alpha_i = 0 \qquad i = 1 \text{ bis } m \tag{A1.24}$$

In einem n-dimensionalen Vektorraum sind maximal n Vektoren linear unabhängig, da jeder Vektor als gewichtete Summe oder *Linearkombination* von n Basisvektoren beschreibbar ist. Mit einer orthonormalen Basis wie sie durch die Form von Gl. (A1.23) gegeben ist, läßt sich jeder Vektor als

$$\mathbf{a} = \sum_{i=1}^{n} \alpha_i \mathbf{b}_i = \begin{pmatrix} \alpha_1 \\ \alpha_2 \\ \vdots \\ \alpha_n \end{pmatrix} \tag{A1.25}$$

darstellen.

Kürzen von Vektoren
Eine wichtige Regel der Vektorrechnung besagt, daß man in Gleichungen durch feststehende Vektoren nicht kürzen darf. Aus

$$(\mathbf{a}\,\mathbf{b}) = \mathbf{a}^{\mathrm{T}}\mathbf{b} = \mathbf{a}^{\mathrm{T}}\mathbf{c} = (\mathbf{a}\,\mathbf{c}) \tag{A1.26}$$

erhalten wir

$$(\mathbf{a}\,(\mathbf{b} - \mathbf{c})) = 0 \tag{A1.27}$$

und damit nur, daß $\mathbf{a}$ senkrecht auf $(\mathbf{b} - \mathbf{c})$ steht. Der Schluß $\mathbf{b} = \mathbf{c}$ ist unzulässig. Gilt jedoch Gl. (A1.27) für alle beliebigen (Test-) Vektoren $\delta\mathbf{a}$, so folgt $\mathbf{b} = \mathbf{c}$ aus

$$(\delta\mathbf{a}\,\mathbf{b}) = \delta\mathbf{a}^{\mathrm{T}}\mathbf{b} = \delta\mathbf{a}^{\mathrm{T}}\mathbf{c} = (\delta\mathbf{a}\,\mathbf{c}) \tag{A1.28}$$

oder

$$(\delta\mathbf{a}\,(\mathbf{b} - \mathbf{c})) = 0 \tag{A1.26'}$$

da nur der Nullvektor senkrecht auf allen beliebigen Vektoren $\delta\mathbf{a}$ steht, ein verschwindendes Skalarprodukt mit ihnen hat.

A1.1.3
Lineare Gleichungssysteme

Lineares Gleichungssystem
Als *lineares Gleichungssystem* (LGS) bezeichnen wir Ausdrücke der Form

$$\mathbf{A}_{(n,m)} \, \mathbf{x}_{(m)} = \mathbf{b}_{(n)} \tag{A1.29}$$

in denen der unbekannte Vektor $\mathbf{x}$ durch die Matrix $\mathbf{A}$ und den Vektor $\mathbf{b}$ bestimmt ist. Als Lösung gelten alle Vektoren $\mathbf{x}$, welche Gl. (A1.29) befriedigen. Dies kann keiner, einer oder es können unendlich viele sein. Wir interessieren uns hier nur für lineare Gleichungssystemen mit quadratischen Matrizen $\mathbf{A}_{(n,n)}$.

Existenz einer eindeutigen Lösung
Bei quadratischen Matrizen $\mathbf{A}_{(n,n)}$ existiert genau eine Lösung des LGS, wenn eines der 4 gleichwertigen Kriterien erfüllt ist:
a) Die Determinante $|\mathbf{A}|$ verschwindet nicht ($|\mathbf{A}| \neq 0$).
b) Die Inverse $\mathbf{A}^{-1}$ existiert.
c) Die Zeilen (und Spalten) von $\mathbf{A}$, interpretiert als n-dimensionale Vektoren, sind linear unabhängig.
d) Für keinen Vektor $\mathbf{x} \neq 0$ gilt $\mathbf{A}\mathbf{x} = 0$.

Matrizen, die diesen Kriterien nicht genügen, deren Determinante verschwindet ($|\mathbf{A}| = 0$), nennen wir *singulär*. Darüber hinaus sind zahlreiche andere Formulierungen dieser Kriterien möglich, uns genügen die angegebenen.

Lösen mit Matrizeninversion
Formal erhalten wir, wenn obige Kriterien erfüllt sind, immer eine Lösung nach

$$\mathbf{x} = \mathbf{E}\mathbf{x} = \mathbf{A}^{-1}\mathbf{A}\,\mathbf{x} = \mathbf{A}^{-1}\mathbf{b}$$

In der Praxis werden wir aber nicht die Inverse $\mathbf{A}^{-1}$ berechnen, da dies eine vielfache Bestimmung der Determinanten nach Gl. (A1.12) erfordert. Das Lösen von linearen Gleichungssystemen ist eine der häufig auftretenden numerischen Aufgaben. Wir wollen uns verschiedene Lösungsstrategien an einem einfachen Beispiel verdeutlichen.

Beispiel A1.4: Auf Rätselseiten von Zeitungen finden wir gelegentlich Fragen der folgenden Art: Die 3 Geschwister Peter, Gabi und Dagmar sind zusammen 10 Jahre alt. Peter ist um 2 Jahre älter als Gabi und Dagmar zusammen. Gabi ist halb so alt wie Peter. Wie alt sind die Geschwister?
Lösung: Durch einfaches Probieren finden wir, daß Peter 6, Gabi 3 und Dagmar 1 Jahr alt sind. Wir können aber auch die drei Aussagen als Gleichungen formulieren:

$$
\begin{aligned}
p + g + d &= 10 & \text{(a)}\\
p - g - d &= 2 & \text{(b)}\\
p - 2g &= 0 & \text{(c)}
\end{aligned}
$$

oder in Matrizenschreibweise

$$\mathbf{Ax} = \begin{pmatrix} 1, & 1, & 1 \\ 1, & -1, & -1 \\ 1, & -2, & 0 \end{pmatrix} \begin{pmatrix} p \\ g \\ d \end{pmatrix} = \begin{pmatrix} 10 \\ 2 \\ 0 \end{pmatrix} = \mathbf{b} \tag{d}$$

Eine Lösung $\mathbf{x}^T = (p, g, d)^T$ dieses LGS erhalten wir, indem mit wir (d) mit der Inversen $\mathbf{A}^{-1}$ der Matrix

$$\mathbf{A} = \begin{pmatrix} 1, & 1, & 1 \\ 1, & -1, & -1 \\ 1, & -2, & 0 \end{pmatrix}, \quad \mathbf{A}^{-1} = \frac{1}{4} \begin{pmatrix} 2, & 2, & 0 \\ 1, & 1, & -2 \\ 1, & -3, & 2 \end{pmatrix} \tag{e}$$

beidseitig von links multiplizieren, um aus

$$\begin{aligned} \mathbf{A}\,\mathbf{x} &= \mathbf{b} \\ \mathbf{A}^{-1}\mathbf{A}\,\mathbf{x} &= \mathbf{A}^{-1}\,\mathbf{b} \\ \mathbf{E}\,\mathbf{x} &= \mathbf{x} = \mathbf{A}^{-1}\,\mathbf{b} \end{aligned} \tag{f}$$

zu bestimmen. In unseren Zahlen lautet Gl. (f)

$$\begin{pmatrix} 1, & 0, & 0 \\ 0, & 1, & 0 \\ 0, & 0, & 1 \end{pmatrix} \begin{pmatrix} p \\ g \\ d \end{pmatrix} = \begin{pmatrix} p \\ g \\ d \end{pmatrix} = \frac{1}{4} \begin{pmatrix} 2, & 2, & 0 \\ 1, & 1, & -2 \\ 1, & -3, & 2 \end{pmatrix} \begin{pmatrix} 10 \\ 2 \\ 0 \end{pmatrix} = \frac{1}{4} \begin{pmatrix} 2x10 + 2x2 \\ 1x10 + 1x2 \\ 1x10 - 3x2 \end{pmatrix} = \begin{pmatrix} 6 \\ 3 \\ 1 \end{pmatrix} \tag{g}$$

Wir erhalten die erwartete Lösung durch die linksseitige Multiplikation des LGS mit der inversen Matrix $\mathbf{A}^{-1}$.

Cramersche Regel
Bei kleinen Matrizen läßt sich statt der Matrizeninversion ein einfaches Rechenschema anwenden. Wir bezeichnen in dem LGS $\mathbf{Ax} = \mathbf{b}$ mit $\mathbf{A}_i$ die Matrix, die entsteht, wenn man die i-te Spalte von $\mathbf{A}$ durch $\mathbf{b}$, den Spaltenvektor der rechten Seite ersetzt. Damit erhält man die i-te Komponente x_i des Lösungsvektors $\mathbf{x}$ nach

$$x_i = \frac{|\mathbf{A}_i|}{|\mathbf{A}|} \tag{A1.30}$$

Beispiel A1.5: Wir berechnen in Beispiel A1.4 nach Gl. (A1.10) die 4 Determinanten

$$|\mathbf{A}| = -4, \quad |\mathbf{A}_p| = -24, \quad |\mathbf{A}_d| = -12, \quad |\mathbf{A}_g| = -4, \tag{a}$$

und damit nach Gl. (A1.30) die erwartete Lösung $(p, g, k)^T = (6, 3, 1)^T$.

Bei derartig kleinen Matrizen stellen die Inversion der Matrix oder die Cramersche Regel einen möglichen Rechenweg zur Lösung des LGS $\mathbf{Ax} = \mathbf{b}$ dar. Bei den heute häufigen FEM-Anwendungen mit Matrizengrößen von mehreren 100 000 Unbekannten ist die explizite Berechnung von Determinanten nach Gl. (A1.8) oder gar der inversen Matrizen nach Gl. (A1.12) nicht in vertretbarer Zeit zu leisten. Wir gehen hierbei andere Wege, die sich auf zwei Hauptlinien, die *Matrizenumformungen* und die *iterativen Verfahren*, zurückführen lassen.

Als Beispiele von Lösungsmethoden mit Matrizenumformung wollen wir das Gaußsche Eleminationsverfahren und die **LU**-Matrizenzelegung vorstellen

Gaußsche Elemination
Beispiel A1.6: In Beispiel A1.4 lassen sich die Gl. (a) - (c) umformen, indem durch Subtraktion der Vielfachen von Zeilen alle Elemente unterhalb der Diagonalen zu Null, die Diagonalelemente zu Eins gesetzt werden:

$$
\begin{array}{ll}
p +\ g + d\ = 10 & \text{(a)} \\
p -\ g - d\ =\ 2 & \text{(b)} \\
p -2g\qquad\ =\ 0 & \text{(c)}
\end{array}
$$

$$
\begin{array}{ll}
p +\ \ g + d\ =\ \ 10 & \text{(a)} \\
0 - 2g - 2d\ = -\ 8 & \text{(b)} - \text{(a)} \\
0 - 3g -\ d\ = -10 & \text{(c)} - \text{(a)}
\end{array}
$$

Das zweite Diagonalelement normieren ($= 1$ setzen)

$$
\begin{array}{ll}
p +\ g + d\ =\ \ 10 & \text{(a)} \\
0 +\ g + d\ =\ \ \ 4 & \text{(b)} - \text{(a)} \\
0 - 3g - d\ = -10 & \text{(c)} - \text{(a)}
\end{array}
$$

Unterhalb der zweiten Zeile Einträge entfernen

$$
\begin{array}{lll}
p + g +\ d\ = 10 & & \text{(a)} \\
0 + g +\ d\ =\ \ 4 & \text{(b)} - \text{(a)} & \text{(d)} \\
0 - 0 - 2d = -2 & \text{(c)} - \text{(a)} + 3\,(\text{(b)}-\text{(a)}) & \text{(e)}
\end{array}
$$

Aus (e) folgt
$$d = 1$$
damit aus (d)
$$g = 4 - d = 3$$
und aus (a)
$$p = 10 - g - d = 6$$

Den letzten Schritt nennen wir *rückwärts Einsetzen*, da sukzessiv die Ergebnisse der unteren Gleichungen zu Berechnung der noch unbekannten Terme in den oberen Gleichungen verwandt werden. Dieses nach Gauß benannte und verschiedene daraus abgeleitete Verfahren lösen große Gleichungssystemen effektiv. Die erforderlichen Rechenzeiten sind weit geringer als bei einem formalen Determinantenverfahren nach Gl. (A1.30).

LU-Matrizenzelegung

In FE-Programmen verwenden wir häufig die sogenannte **LU**-*Zerlegung* der Matrix, die sich auf der Gaußschen Algorithmus zurückführen läßt. Dabei nutzen wir die Tatsache, daß sich eine quadratische Matrix eindeutig in zwei Matrizen der Form

$$\mathbf{A} = \mathbf{L\,U} \tag{A1.31}$$

mit

$$
\mathbf{L} = \begin{pmatrix} l_{1,1}, & 0, & \cdots & 0 \\ l_{2,1}, & l_{2,2}, & \cdots & 0 \\ \vdots & \vdots & \vdots\vdots & \vdots \\ l_{n,1}, & l_{n,2}, & \cdots & l_{n,n} \end{pmatrix}, \ \mathbf{U} = \begin{pmatrix} 1, & u_{1,2}, & \cdots & u_{1,n} \\ 0, & 1, & \cdots & u_{2,n} \\ \vdots & \vdots & \vdots\vdots & \vdots \\ 0, & 0, & \cdots & 1 \end{pmatrix} \tag{A1.32}
$$

zerlegen läßt. **L** hat nur unterhalb und auf der Diagonalen Einträge (engl. *lower triangle matrix*), **U** auf der Diagonalen nur Einsen und nur oberhalb der Diagonalen von 0 verschiedene Einträge (engl. *upper triangle matrix*). Das LGS lösen wir bei nichtsingulärem **A** mit den Matrizen **L** und **U** folgendermaßen:
Aus
$$\mathbf{Ax = b}$$
wird
$$\mathbf{LU\,x = b}$$
Mit
$$\mathbf{Ux = y}$$
entsteht
$$\mathbf{Ly = b}$$

Durch Einsetzen von oben (die erste Zeile von **Ly** = **b** enthält nur y_1 als Unbekannte) errechnen wir y_i ($i = 1$ bis n), im zweiten Schritt durch Einsetzen von unten x_j ($j = n$ bis 1) aus **Ux** = **y**. Die Rechenvorschrift zu Bestimmung der Elemente von **L** und **U** kann man sich leicht herleiten [9].

Beispiel A1.7: Die in Beispiel A1.4 aufgestellte Matrix weist folgende LU-Zerlegung auf:

$$\mathbf{A} = \begin{pmatrix} 1, & 1, & 1 \\ 1, & -1, & -1 \\ 1, & -2, & 0 \end{pmatrix} = \begin{pmatrix} 1, & 0, & 0 \\ 1, & -2, & 0 \\ 1, & -3, & 2 \end{pmatrix}\begin{pmatrix} 1, & 1, & 1 \\ 0, & 1, & 1 \\ 0, & 0, & 1 \end{pmatrix} = \mathbf{L\,U}$$

Da die Determinante eines Produkts von Matrizen gleich dem Produkt der Determinanten ist

$$|\mathbf{AB}| = |\mathbf{A}||\mathbf{B}| \tag{A1.33}$$

liefert die **LU**-Matrizenzerlegung ein effektives Verfahren zur Determinantenberechnung. Außer einem nur aus Diagonalelementen bestehenden Summanden in Gl. (A1.8) waren bei allen anderen Faktoren oberhalb und unterhalb der Diagonale zu berücksichtigen. Damit sind in der Matrix **L** alle diese Produkte Null, das Diagonalprodukt $\Pi\,l_{i,i}$ ist gleich der Determinante von **L**. In **U** besteht die Diagonale ausschließlich aus Einträgen vom Wert 1, die Determinante muß 1 sein. Damit ist nach Gl. (A1.33) die Determinante von **A** gleich der von **L** und diese gleich dem Produkt der Diagonalelemente von **L**.

symmetrische Matrizen
Bei den Matrizen der FEM handelt es sich häufig um *symmetrische Matrizen*, d. h. $a_{i,k} = a_{k,i}$. In diesem Fall können wir immer eine Zerlegung der Art

$$\mathbf{A}_{symm} = \mathbf{L\,L}^{\mathrm{T}} \tag{A1.34}$$

finden, und bei nichtsingulärem **A** den gesuchten Vektor **x** wie bei der **LU**-Zerlegung über ein **y** = **L**^{T}**x** berechnen.

In praktischen Realisierungen legen wir die Matrizen **L** und **U** auf den Speicherplätzen von **A** ab, überschreiben die Matrix **A**. Der insgesamt für **L** und **U** erforderliche Speicherplatz ist so groß wie der für **A**. Dies gilt insbesondere für Matrizen, deren Einträge in einem Band um die Diagonale angeordnet sind (vgl.

Abschn. 3.5). Bei symmetrischen Matrizen wird entsprechend nur der Speicherplatz für die Diagonale und die darunter (oder darüber) liegenden Matrixeinträge benötigt.

Iterative Verfahren

Ein grundsätzlich anderes Vorgehen stellen die iterativen Verfahren dar. Wir haben eine Lösung des LGS

$$\mathbf{A}\,\mathbf{x} - \mathbf{b} = 0 \tag{A1.35}$$

mit einer positiv definiten Matrix $\mathbf{A}$, z.B. der Steifigkeitsmatrix eines statisch nicht unterbestimmten Systems, zu finden. Als erste Näherung wählen wir einen *Schätzwert* $\mathbf{x}_0$, den wir uns irgendwie besorgen. $\mathbf{x}_0$ kann, wenn uns nichts besseres einfällt, auch der Nullvektor sein, oder der Vektor, der entsteht, wenn wir die Komponenten von $\mathbf{b}$ durch die jeweiligen Diagonalelemente von $\mathbf{A}$ dividieren. Mit diesem Startwert gehen wir in Gl. (A1.35) und erhalten einen Fehler

$$\mathbf{r}_0 = \mathbf{A}\mathbf{x}_0 - \mathbf{b} \tag{A1.36}$$

Das Quadrat r_0^2 (das Quadrat des Betrags von $\mathbf{r}_0$) dieses Fehlers hängt von den Komponenten $x_{0,i}$ ($i = 1$ bis n) des Vektors $\mathbf{x}_0$ ab. Man kann das Minimum von r_0^2 durch Differenzieren von r_0^2 nach den x_i bestimmen. Der entstehende Vektor, der Gradient von r_0^2 mit den Komponenten

$$\nabla r_0^2 = \begin{pmatrix} \dfrac{\partial r_0^2}{\partial x_1} \\[2mm] \dfrac{\partial r_0^2}{\partial x_2} \\[2mm] \vdots \\[2mm] \dfrac{\partial r_0^2}{\partial x_n} \end{pmatrix} \tag{A1.37}$$

zeigt in die Richtung des stärksten Anstiegs von r_0^2, wir müssen also von $\mathbf{x}_0$ ausgehend in der umgekehrten Richtung nach dem Minimum des Fehlers suchen. Mit

$$\alpha_0 = \frac{r_0^2}{\mathbf{r}_0^{\mathrm{T}}\mathbf{A}\,\mathbf{r}_0} \tag{A1.38}$$

ist

$$\mathbf{x}_1 = \mathbf{x}_0 - \alpha_0\,\mathbf{r}_0 \tag{A1.39}$$

ein besserer Schätzwert für die exakte Lösung des LGS. Mit diesem verbesserten Schätzwert $\mathbf{x}_1$ gehen wir wieder in Gl. (A1.36) und durchlaufen den Zyklus der durch Gl. (A1.36) bis (A1.39) beschrieben ist. Wir berechnen ein $\mathbf{x}_2$ usw., bis der Fehler r_n^2, meist gemessen im Verhältnis zur rechten Seite von $\mathbf{A}\mathbf{x} = \mathbf{b}$, ausreichend klein ist ($|\mathbf{r}_n| < \varepsilon\,|\mathbf{b}|$, mit einem vom Anwender vorzugebenden $\varepsilon < 1$). Dann liefert die n-te Iteration mit $\mathbf{x}_n$ eine (von ε abhängige) befriedigende Näherung der exakten Lösung $\mathbf{x}$ des LGS.

Dieses Verfahren der *Steilsten Gradienten* oder des *Steilsten Abstiegs* (engl. *steepest decent*), stellt die Basis für zahlreiche andere iterative Methoden zur Lösung eines LGS dar. In der hier vorgestellten Form ist es nicht besonders effektiv. Die verschiedenen daraus weiterentwickelten Prozeduren, von denen die für die FEM wichtigste Klasse unter dem Stichwort *Konjugierte Gradienten-* (engl. *conjugate gradients*), kurz *CG-Verfahren* bekannt sind, führen weit schneller zu akzeptablen Näherungen, insbesonders wenn die Matrizen noch durch Manipulationen, die man als *Vorkonditionieren* bezeichnet, modifiziert sind (vgl. [5, 9,12]).

Da das Lösen von LGS einen großen Teil der für eine FEM-Berechnung erforderlichen Rechenzeit benötigt, finden auch hier intensive Untersuchungen mit dem Ziel, schnelle und wenig speicherintensive Verfahren zu entwickeln, statt. Einen großen Fortschritt stellen die Verfahren dar, die auf schwachbesetzte Matrizen (engl. *sparse matrices*) ausgelegt sind. Sie berücksichtigen die in Abschn. 3.5 beschriebene lückenhafte Besetzung der Matrizen und speichern nur die tatsächlich erforderlichen, von 0 verschiedenen Werte ab.

Anmerkung: In dem FE-Programm PLANE sind neben einer LU-Zerlegung ein Verfahren des Steilsten Gradienten und ein Konjugierte-Gradienten-Verfahren implementiert. Bei Vergleichsrechnungen zeigt sich, daß das Verfahren des Steilsten Gradienten den größten Rechenzeitbedarf aufweist. Das Verfahren der konjugierten Gradienten ist nahezu so schnell wie die LU-Zerlegung.

Gegen die iterativen Verfahren (wie sie in PLANE realisiert sind) spricht, daß sie schon bei für FE-Anwendungen sehr kleinen Matrizengrößen von (100 x 100) und einfach genauer Zahlendarstellung zu numerischen Problemen führen, die geforderte Genauigkeit der Lösung nicht erreichen, während die LU-Zerlegung stabil arbeitet. Ein wesentlicher Vorteil der iterativen Verfahren besteht darin, daß sie bei den für die FEM typischen, *schwach besetzten Matrizen* (Matrizen, in denen nur wenige Einträge von Null verschieden sind (vgl. Abschn. 3.5) mit deutlich weniger Speicherplatz auskommen. So wird der Nachteil in der Rechengeschwindigkeit in manchen Anwendungen dadurch kompensiert, daß die Rechnung komplett im Hauptspeicher abläuft, während eine LU-Zerlegung Teile der Matrix auf Massenspeicher auslagern und wieder laden muß, wodurch sich die erforderliche Rechenzeit drastisch erhöht.

A1.2
Differential- und Integralrechnung

Differential- und Integralrechnung sind der zentrale Baustein der Mathematikausbildung im Grundstudium. Wir wollen uns hier die wesentlichen Aussagen in Erinnerung rufen. Dabei heben wir vor allem auf die Formulierungen ab, die wir zur Begründung der FEM benötigen, stellen also nicht immer die ganze Tragweite einzelner Aussagen dar.

A1.2.1
Grundbegriffe der Differential- und Integralrechnung

Eine *Funktion* $y = f(x)$ ist eine *Abbildung* einer Menge X auf eine Menge Y mit der Eigenschaft, daß jedes $x \in X$ ein $y \in Y$ zum Bild hat. Ein $y \in Y$ kann aber durchaus das Bild mehrerer $x \in X$ sein (Abb. A1.1), muß aber nicht Bild irgendeines $x \in X$

sein. Wir werden uns meist mit Funktionen, welche reelle Zahlen als Bilder und Urbilder haben, beschäftigen.

Wir kennzeichnen Funktionen durch die Begriffe (vgl. Abb. A1.2)
Stetigkeit: die Funktion macht keine abrupten Sprünge
Differenzierbarkeit: die Funktion hat eine eindeutige Tangente
Integrierbarkeit: die Fläche unter der Funktion ist bestimmbar

Wir wissen, daß stetige Funktionen immer integrierbar, differenzierbare Funktionen immer stetig sind. Die Umkehr gilt jeweils nicht (vgl. Abb. A1.2). Die Regeln der Differentiation und Integration einzelner Funktionen finden wir in einschlägigen Handbüchern (z.B. [14]). Die verbreitete Kurzschreibweise $f'(x) = \mathrm{d}f(x)/\mathrm{d}x$ verwenden wir wie üblich. Für unseren Gebrauch benötigen wir die *Produktregel* der Differentiation der Funktionen $u(x)$ und $v(x)$

$$(uv)' = u'v + v'u \qquad\qquad (A1.40)$$

sowie die *Kettenregel*

$$\frac{\mathrm{d}f(g(x))}{\mathrm{d}x} = \frac{\mathrm{d}f(g)}{\mathrm{d}g}\frac{\mathrm{d}g(x)}{\mathrm{d}x} \qquad\qquad (A1.41)$$

und das Verfahren der *partiellen Integration*

$$\int u'v\,\mathrm{d}x = uv - \int uv'\,\mathrm{d}x \qquad\qquad (A1.42)$$

die der Produktregel (A1.40) entspricht.

A1.2.2
Funktionen mehrerer Veränderlicher

Wie im Fall der Funktionen einer Veränderlichen sprechen wir von einer Funktion mehrerer Veränderlicher, wenn eine Abbildung $y = f(x)$ einer Menge X auf eine Menge Y derart definiert ist, daß jedes $x \in X$ ein $y \in Y$ zum Bild hat. Wieder darf ein y mehrere Urbilder x haben, nicht jedes $y \in Y$ muß Bild eines $x \in X$ sein. Die Mengen X und Y sind jetzt keine skalaren Größen mehr, sie sind Elemente eines n_x bzw. n_y dimensionalen Vektorraumes, wobei n_x oder $n_y = 1$ als Sonderfälle einbezogen sind. Im folgenden gilt i.allg. $n_y = 1$, wir schreiben $n = n_x$. Alle Aussagen lassen sich ohne weiteres auf mehrdimensionale Funktionen ($n_y > 1$) übertragen.

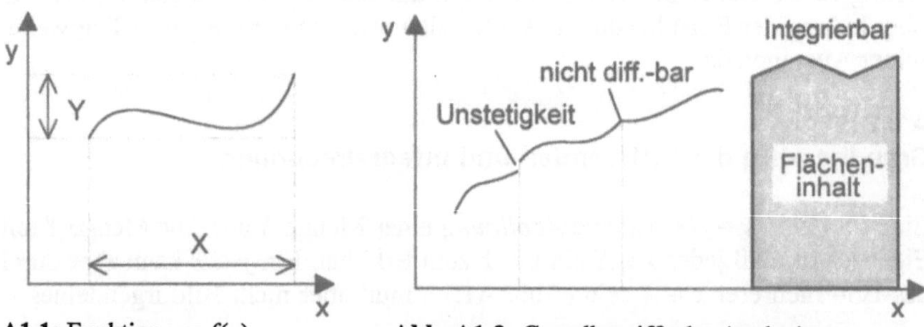

Abb. A1.1: Funktion $y = f(x)$ **Abb. A1.2:** Grundbegriffe der Analysis

Stetigkeit
Stetigkeit bedeutet wieder, daß eine Funktion der Variablen $x_1, x_2, \ldots, x_n$ die wir mit $y = f(x_1, x_2, \ldots, x_n)$ bezeichnen, bei der Veränderung einer Variablen keine Sprünge macht. Diese Stetigkeit kann auf einzelne Variable x_i beschränkt sein.

Differenzierbarkeit
Differenzierbarkeit beziehen wir auf die Veränderung einer Variablen x_i $(i = 1 - n)$ und schreiben dafür

$$y_{x_i} = \frac{\partial y}{\partial x_i} \qquad\qquad i = 1 - n \qquad\qquad\qquad \text{(A1.43)}$$

Diese *Richtungsableitung* beschreibt den Zuwachs der Funktion y bei einem Zuwachs der Variablen x_i. Die Gesamtheit der (als existierend angenommenen) Ableitungen ergibt einen n-dimensionalen Vektor, den wir den *Gradienten* von y nennen

$$\operatorname{grad}(y) = \nabla y = \begin{pmatrix} \dfrac{\partial y}{\partial x_1} \\[1ex] \dfrac{\partial y}{\partial x_2} \\[1ex] \vdots \\[1ex] \dfrac{\partial y}{\partial x_n} \end{pmatrix} = \begin{pmatrix} y_{x_1} \\[1ex] y_{x_2} \\[1ex] \vdots \\[1ex] y_{x_n} \end{pmatrix} \qquad\qquad \text{(A1.44)}$$

∇ heißt der *Nabla-Operator* (vgl. Anhang 1.2.4). Mit diesem Gradienten von y können wir y in der Umgebung eines Wertes $\mathbf{x}$ annähern.

$$y(\mathbf{x}+\Delta\mathbf{x}) \approx y(\mathbf{x}) + \Delta\mathbf{x}\,\nabla y = y(\mathbf{x}) + \begin{pmatrix} \Delta x_1 \\ \Delta x_2 \\ \vdots \\ \Delta x_n \end{pmatrix}\begin{pmatrix} y_{x_1} \\ y_{x_2} \\ \vdots \\ y_{x_n} \end{pmatrix}$$

$$= y(\mathbf{x}) + \Delta x_1 y_{x_1} + \Delta x_2 y_{x_2} + \ldots + \Delta x_n y_{x_n} \qquad\qquad \text{(A1.45)}$$

Die Entsprechung der zweiten Ableitung ist durch

$$\Delta y = \begin{pmatrix} \dfrac{\partial}{\partial x_1} \\[1ex] \dfrac{\partial}{\partial x_2} \\[1ex] \vdots \\[1ex] \dfrac{\partial}{\partial x_n} \end{pmatrix}\begin{pmatrix} \dfrac{\partial y}{\partial x_1} \\[1ex] \dfrac{\partial y}{\partial x_2} \\[1ex] \vdots \\[1ex] \dfrac{\partial y}{\partial x_n} \end{pmatrix} = \frac{\partial^2 y}{\partial x_1^2} + \frac{\partial^2 y}{\partial x_2^2} + \ldots + \frac{\partial^2 y}{\partial x_n^2} \qquad\qquad \text{(A1.46)}$$

gegeben, die Rechenvorschrift

$$\Delta = \nabla\nabla = \frac{\partial^2}{\partial x_1^2} + \frac{\partial^2}{\partial x_2^2} + \ldots + \frac{\partial^2}{\partial x_n^2}$$

des zweimaligen Differenzierens wird *Laplace-Operator* genannt. Die Gefahr den Laplaceoperator der zweiten Ableitungen Δy mit den Zuwachs Δx einer Variablen zu verwechseln, besteht nur selten.

Kettenregel
Ist $y(\mathbf{g}(\mathbf{x}))$ eine Funktion der m-dimensionalen Funktion $\mathbf{g}(\mathbf{x})$ des n-dimensionalen Vektors $\mathbf{x}$, so lautet die Ableitung nach der i-ten Variablen x_i entsprechend der *Kettenregel* (vgl. Abb. 4.5)

$$y_{x_i} = \frac{\partial y}{\partial x_i} = \frac{\partial y}{\partial g_1}\frac{\partial g_1}{\partial x_i} + \frac{\partial y}{\partial g_2}\frac{\partial g_2}{\partial x_i} + .. + \frac{\partial y}{\partial g_m}\frac{\partial g_m}{\partial x_i} \tag{A1.47}$$

Integration
Eine *Integration* der Funktion $y(x_1, x_2, ..., x_n)$ über ein n-dimensionales Gebiet Ω ist wie im 1-dimensionalen Fall durch die infinitesimale Summe von n-dimensionalen *Volumenstücken* $d\Omega$ multipliziert mit dem auf diesem Volumenstück vorliegenden Funktionswert y erklärt.

Greensche Integralformeln
Entsprechend der partiellen Integration (Gl. A1.42) gibt es nach *Green* benannte Integralformeln, die für uns in der Form

$$\int_\Omega \Delta f g \, d\Omega = \int_\Gamma (\nabla f)^T g \, \mathbf{n} \, d\Gamma - \int_\Omega (\nabla f)^T \nabla g \, d\Omega \tag{A1.48}$$

von Bedeutung sind. Dabei bezeichnet Γ den ($n-1$-dimensionalen) *Rand* des Gebietes Ω und $\mathbf{n}$ den Normalenvektor auf diesem Rand. Diese Integralformel erlaubt es, den maximalen Grad der unter dem Integral stehende Ableitung (hier Δf) einer Funktion um eine Stufe zu verringern, statt der zweiten tritt rechts in Gl. (A1.48) nur noch die erste Ableitung auf. Diesen Satz benötigen wir, um die Elemente der Potentialmechanik herzuleiten (vgl. Kap. 5).

A1.2.3
Numerische Differentiation und Integration

Bei unseren Berechnungen integrieren wir häufig Energiedichten über Volumina beliebiger Form. Diese Integrationen sind meist nicht analytisch, mit klassischen Schulmethoden durchzuführen. Andererseits benötigen wir gelegentlich, z.B. bei transienten, zeitabhängigen Problemen, numerische Näherungen der Ableitungen.

numerische Differentiation
Die erste und zweite Ableitungen sind durch die Differenzenquotienten

$$y'(x) \approx \frac{y(x + \Delta x) - y(x - \Delta x)}{2\Delta x} \tag{A1.49}$$

bzw.

$$y''(x) \approx \frac{y(x + \Delta x) - 2y(x) + y(x - \Delta x)}{\Delta x^2} \tag{A1.50}$$

mit einem ausreichend kleinen Δx annäherbar. Näherungen höherer Ableitungen lassen sich rekursiv aus den niedrigeren entwickeln, indem die nächsthöhere Ableitung als Differenzenquotient der vorliegenden Ableitung approximiert wird. Auf Funktionen mehrerer Veränderlichen lassen sich diese Definitionen entsprechend übertragen (vgl. Abschn. A1.3.3)

numerische Integration
Zur numerischen Integration einer Funktion über ein Intervall $[a,b]$ stehen zahlreiche Verfahren zur Verfügung.

Rechteckformel
Eine einfache Abschätzung liefert die Intervallbreite $(b - a)$ multipliziert mit einem Funktionswert $y(x)$ an einer beliebigen Stelle x des Intervalls, z.B. der Intervallmitte wie in Abb. A1.3a gezeigt.

$$I_0 = (b - a)\, y\left(\frac{a+b}{2}\right) \tag{A1.51}$$

Trapezformel
Eine andere, oft bessere Abschätzung erhalten wir, indem wir die Funktion durch eine Gerade durch die beiden Funktionswerte an den Intervallenden annähern (Abb. A1.3b), und das Integral durch die Trapezfläche beschreiben.

$$I_t = (b - a)\, \frac{y(a)+y(b)}{2} \tag{A1.52}$$

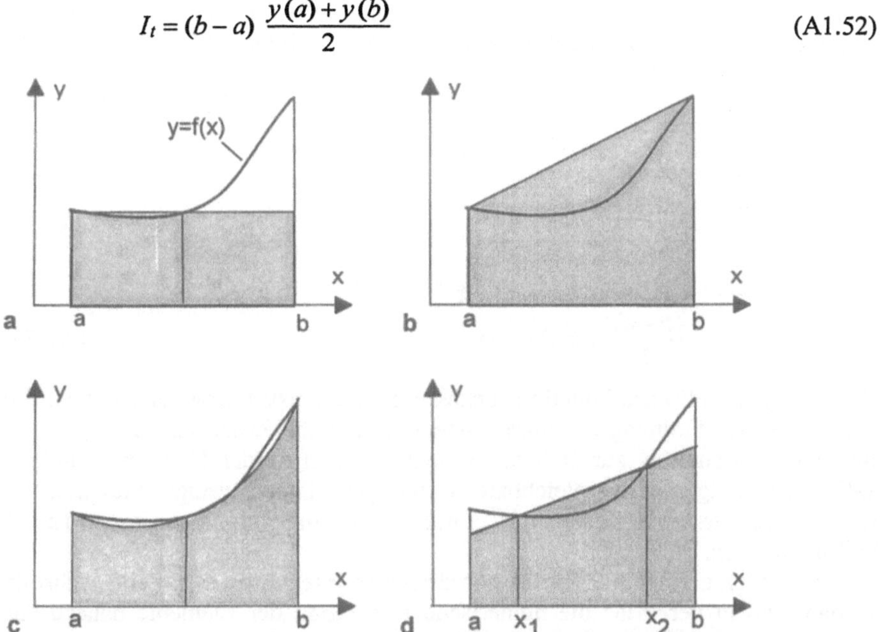

Abb. A1.3: Verfahren zur numerischen Integration. **a** Funktion durch den Wert in der Intervallmitte angenähert, **b** Funktion durch den Wert an den Intervallenden angenähert (Trapezregel), **c** Funktion als Parabel durch 3 Werte in der Intervallmitte und den beiden Intervallenden angenähert (Simpson-Integration), **d** Funktion durch 2 Werte an den Gauß-Punkten angenähert (Gauß-Integration)

Tabelle A1.1: erforderliche Funktionsauswertungen bei numerischer Integration

	2D		3D	
	quadratisch	kubisch	quadratisch	kubisch
Polynom	3 x 3 = 9	5 x 5 = 25	3 x 3 x 3 = 27	5 x 5 x 5 = 125
Gauß	2 x 2 = 4	3 x 3 = 9	2 x 2 x 2 = 8	3 x 3 x 3 = 27
Gauß reduziert	1 x 1 = 1	2 x 2 = 4	1 x 1 x 1 = 1	2 x 2 x 2 = 8

Simpson-Integration

Bei glatten Kurven liefert meist eine Annäherung durch eine Parabel, eine Kurve zweiter Ordnung, eine bessere Abschätzung des Integrals (Abb. A1.3c). Die nach *Simpson* benannte Integrationvorschrift ist

$$I_S = \frac{b-a}{6}\left\{ y(a) + 4y(\frac{a+b}{2}) + y(b) \right\} \tag{A1.53}$$

Dieses Vorgehen läßt sich durch weitere Steigerung der Polynomansätze fortsetzen.

Gaußsches Integrationsverfahren

Auf *Gauß* geht ein Integrationsverfahren zurück, welches eine mit der Simpson-Integration vergleichbare Qualität der Annäherung aufweist (vgl. Kap. 1. Beispiel 1.4), aber nur 2 statt der 3 Funktionsauswertungen im Intervall $[a,b]$ benötigt. Wir bezeichnen wie in Abb. 1.3d skizziert

$$x_1 = \frac{a+b}{2} - \frac{b-a}{2\sqrt{3}}$$

sowie

$$x_2 = \frac{a+b}{2} + \frac{b-a}{2\sqrt{3}} \tag{A1.54}$$

und erhalten eine Abschätzung des Integrals durch

$$I_G = \frac{(b-a)}{2}\{y(x_1) + y(x_2)\} \tag{A1.55}$$

Dieses bei parabolischen Funktionen exakte Integrationsverfahren läßt sich auf Polynome höherer Ordnung erweitern, indem zusätzliche Zwischenwerte x_i mit bestimmten Gewichten w_i zur Summation herangezogen werden [14]. Die Gaußintegrationen benötigen bei vergleichbarer Genauigkeit immer weniger Funktionsauswertung $y(x)$ als die Simpson- oder höhere Polynomintegration, wie wir Tabelle A1.1 entnehmen.

Die deutlich geringere Zahl der erforderlichen Integrationsstützstellen führt dazu, daß man in der FEM die numerische Integration der Elemente nahezu ausschließlich mit dem effektiveren Gauß-Verfahren durchführt. Gelegentlich wird die Ordnung der Gauß-Integration um einen Grad verringert, man verwendet eine *reduzierte Integration* (vgl Beispiel 4.3), um die Rechengeschwindigkeit zu steigern, oder unerwünschte Steifigkeiten zu vermeiden.

1.2.4
Operatoren

Als *Operatoren* bezeichnen wir Rechenvorschriften, die auf mathematische Größen anzuwenden sind. In Anhang A1.2.2 haben wir bereits den Nabla- (oder grad bzw. ∇) und den Laplace-Operator Δ kennengelernt. Allgemein zeigt ein Operator A an, daß mit der nachfolgend geschriebenen Größe eine mathematische Operation auszuführen ist. Beispiele sind die Differentiation nach dem Schema

$$\mathrm{A}y = \left(\frac{\mathrm{d}}{\mathrm{d}x}\right)y = \frac{\mathrm{d}y}{\mathrm{d}x} = y' \tag{A1.56}$$

oder die Integration, die in den Formen

$$\mathrm{A}y = (\textstyle\int \mathrm{d}x)\, y = \int y\, \mathrm{d}x = \int \mathrm{d}x\, y \tag{A1.57}$$

geschrieben wird. Die Schwingungsgleichung (Kap. 6)

$$m\,\ddot{u} + c\,\dot{u} + k u = f(t) \tag{A1.58}$$

können wir als

$$\mathrm{A}u = (m\frac{\mathrm{d}^2}{\mathrm{d}t^2} + c\frac{\mathrm{d}}{\mathrm{d}t} + k)\,u = m\,\ddot{u} + c\,\dot{u} + k u = f(t) \tag{A1.59}$$

mit dem Operator

$$\mathrm{A} = m\frac{\mathrm{d}^2}{\mathrm{d}x^2} + c\frac{\mathrm{d}}{\mathrm{d}x} + k$$

verstehen. Natürlich kann ein Operator auch Vektor- (wie der Nablaoperator) oder Matrizengestalt (wie der Verzerrungs-Verschiebungsoperator **D**, in Anhang A3.1) aufweisen.

Wir verwenden Operatorenschreibweisen, um die Lesbarkeit von Gleichungen zu erhöhen. Die einzelnen Anwendungen führen wir so deutlich aus, daß die häufige Scheu von Lesern, die weniger mit dieser Schreibweise vertraut sind, überwunden werden kann.

A1.3
Differential- und Integralgleichungen

Differentialgleichungen (DGL) begleiten uns durch die gesamte Mechanik, von der DGL des Zugstabs mit längs der Achse variabler Last und nichtkonstantem Querschnitt

$$\frac{\mathrm{d}(\sigma A)}{\mathrm{d}x} + \frac{\mathrm{d}K}{\mathrm{d}x} = 0 \tag{A1.60}$$

bis zu den differentiellen Formulierungen der Erhaltungssätze (vgl. Gl. 2.1)

$$\Delta u = \frac{\partial^2 u}{\partial x^2} + \frac{\partial^2 u}{\partial y^2} + \frac{\partial^2 u}{\partial z^2} = f(x,y,z,t) \tag{A1.61}$$

in denen u für die Erhaltungsgröße steht.

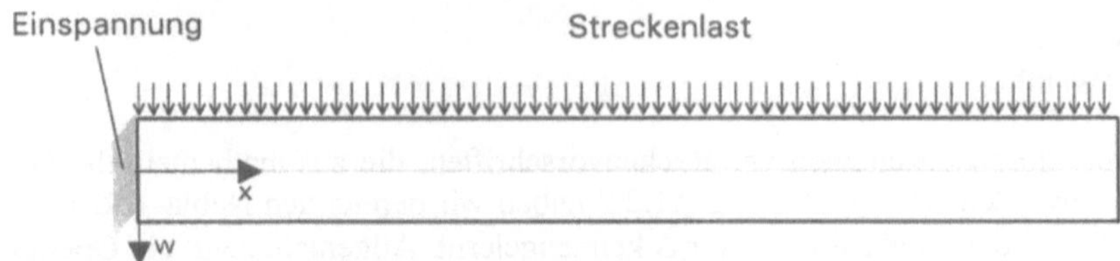

Abb. A1.4: statisch bestimmt gelagerter Biegebalken

Wir bezeichnen

$$y' = f(x,y) \tag{A1.62}$$

als gewöhnliche (nur nach einer unabhängigen Variablen x wird differenziert) DGL 1. Ordnung (es tritt nur die 1. Ableitung von y auf). Treten (partielle) Richtungsableitungen n-ter Ordnung auf, sprechen wir von partiellen DGL n-ter Ordnung. Bei mechanischen Problemen haben wir es meist mit partiellen DGL zweiter Ordnung wie in Gl. (A1.61) zu tun, höhere Ableitungen treten nur selten auf.

A1.3.1
gewöhnliche Differentialgleichungen

Lösung eine DGL sind alle Funktionen, welche die DGL erfüllen. Eine mechanische Fragestellung (aber auch alle anderen) ist nicht durch die herrschende DGL allein bestimmt. Die unbekannte Größe hat an bestimmten Stellen und zu bestimmten Zeiten vorgeschriebene Werte, sogenannte Rand- und Anfangsbedingungen. Der in Abb. A1.4 gezeigte Balken gehorcht der DGL der Biegelinie

$$w''(x) = -\frac{M(x)}{EI_y} \tag{A1.63}$$

mit der Durchbiegung $w(x)$ als gesuchter Funktion des Momentes $M(x)$ bei bekanntem Elastizitätsmodul E und Flächenmoment I_y. Als *Anfangsbedingung* haben wir bei dieser DGL 2. Ordnung zwei Werte $w(0) = 0$ und $w'(0) = 0$. Damit können

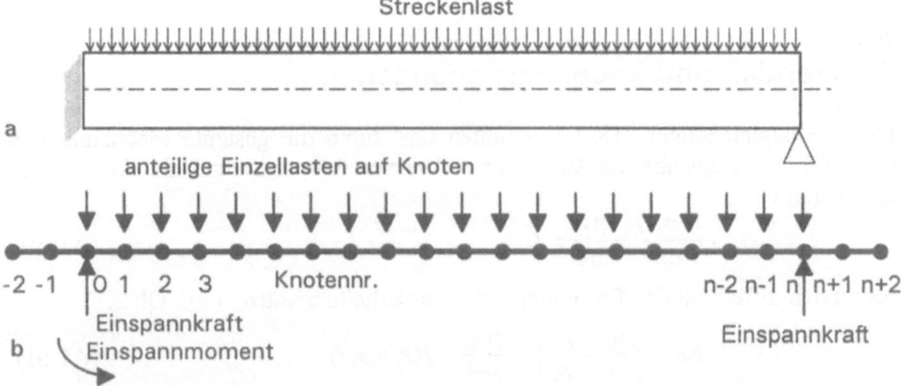

Abb. A1.5: statisch überbestimmt gelagerter Balken mit Streckenlast. **a** Balken mit Randbedingungen, **b** Ersatzmodell

können wir die DGL zweimal integrieren. Wir erhalten die beiden Integrationskonstanten aus den Anfangsbedingungen.

Bei dem statisch überbestimmt gelagerten Balken in Abb. A1.5a kommt zu den bisherigen Anfangsbedingungen $w(0) = w'(0) = 0$ bei $x = 0$ noch die *Randbedingung* $w(l) = 0$. Die Unterscheidung in Anfangsbedingung bei $x = 0$ und Randbedingung bei $x = 1$ ist hier, bei einem statischen Problem, eher willkürlich. Betrachten wir dagegen die Kette aus Federn und Massen in Abb. A1.6, wird der Sinn dieser Unterscheidung plausibel. Zu einem Anfangszeitpunkt $t = 0$ kennen wir von jedem Massenpunkt Ort und Geschwindigkeit. Wenn wir jetzt die Bewegungsgleichung (vgl. Kap. 6)

$$\begin{pmatrix} m_1, & 0, & 0, & 0, & 0 \\ 0, & m_2, & 0, & 0, & 0 \\ 0, & 0, & m_3, & 0, & 0 \\ 0, & 0, & 0, & m_4, & 0 \\ 0, & 0, & 0, & 0, & m_5 \end{pmatrix} \begin{pmatrix} \ddot{u}_1 \\ \ddot{u}_2 \\ \ddot{u}_3 \\ \ddot{u}_4 \\ \ddot{u}_5 \end{pmatrix} + \begin{pmatrix} k_{11}, & k_{12}, & 0, & 0, & 0 \\ k_{21}, & k_{22}, & k_{23}, & 0, & 0 \\ 0, & k_{32}, & k_{33}, & k_{34}, & 0 \\ 0, & 0, & k_{43}, & k_{44}, & k_{45} \\ 0, & 0, & 0, & k_{54}, & k_{55} \end{pmatrix} \begin{pmatrix} u_1 \\ u_2 \\ u_3 \\ u_4 \\ u_5 \end{pmatrix} = \begin{pmatrix} F_1(t) \\ F_2(t) \\ F_3(t) \\ F_4(t) \\ F_5(t) \end{pmatrix}$$

$$(A1.64)$$

in der Zeit integrieren, müssen wir die *kinematischen Randbedingungen*, die Einspannungen $u_1 = u_5 = 0$, die *Anfangsverschiebungen* und *-geschwindigkeiten* der Knoten 2, 3 und 4 sowie deren *Kraftrandbedingungen* $F_i(t)$ $(i = 2 - 4)$ berücksichtigen.

Für eine Vielzahl von DGL existieren analytische Lösungsverfahren, um den Verlauf der gesuchten Funktion zu bestimmen. Die Gesamtheit der DGL ist aber so vielfältig, daß wir häufig numerische Verfahren zum Bestimmen einer Näherungslösung heranziehen müssen.

numerische Lösungsverfahren
Beispiele numerischer Lösungen von in der Zeit t bzw. der Richtung x gewöhnlichen DGL finden wir in Kap. 1, Beispiel 1.5-1.7, Kap. 5 bei der Berechnung transienter Temperaturverläufe und Kap. 6 bei der Integration der Bewegungsgleichung. Hier können wir immer mehr oder weniger einfach aus dem Zustand zur Zeit t auf den zur Zeit $t + \Delta t$ (oder aus dem am Ort x auf den bei $x + \Delta x$) schließen. Dazu verwenden wir einen einfachen Euler-Ansatz (vgl. Kap. 1 Beispiel 1.5)

$$u(t + \Delta t) = u(t) + \Delta t \, \dot{u}(t) \tag{A1.65}$$

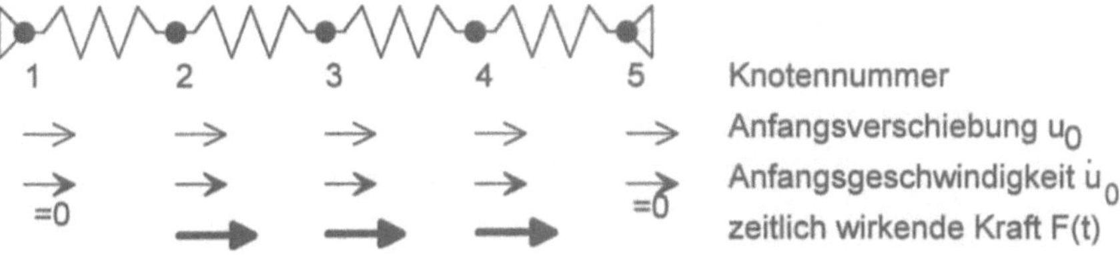

Abb. A1.6: Kette von Massenpunkten mit Anfangs- und Randbedingungen

oder ein entsprechend höher entwickeltes Verfahren (vgl. Abschn. 1.3 - 1.5). Dieses Vorgehen läßt sich auch bei dem statisch bestimmt gelagerten Balken (vgl. Abb. A1.4) nach dem Schema

$$w'(x + \Delta x) = w'(x) + \Delta x\, w''(x)$$

und

$$w\,(x + \Delta x) = w\,(x) + \Delta x\, w'(x) \qquad\qquad (A1.66)$$

oder einem effektiveren Vorgehen nach

$$w'(x + \Delta x) = w'(x) + \Delta x\, w''(x + \Delta x/2)$$

und

$$w\,(x + \Delta x) = w\,(x) + \Delta x\, w'(x) + \Delta x^2/2\;\, w''(x + \Delta x/2) \qquad (A1.67)$$

umsetzen.

Bei dem statisch überbestimmt gelagerten Balken (Abb. A1.5a) ist dies nicht mehr möglich. Konnten wir bisher aus den Anfangsbedingungen die Werte zu späteren Zeitpunkten (oder bei größerem x) sukzessiv bestimmen, ist jetzt noch ein weiterer Randwert ($w(l) = 0$) einzuhalten. Lösungen solcher Fragestellungen können wir mit numerischen Verfahren, von denen 2 Hauptklassen erwähnt werden sollen, erhalten:

A1.3.2
Finite Differenzen

Wir unterteilen den Balken aus Abb. A1.5a in n gleich große Abschnitte der Länge $\Delta x = l/n$ (Abb. A1.5b). Die DGL der Biegelinie

$$w'' = -M/EI \qquad\qquad (A1.68)$$

differenzieren wir noch zweimal, um daraus eine DGL 4. Ordnung zu erhalten. Mit

$$\frac{\mathrm{d}M}{\mathrm{d}x} = F_q \qquad\qquad\qquad \text{der Querkraft}$$

und

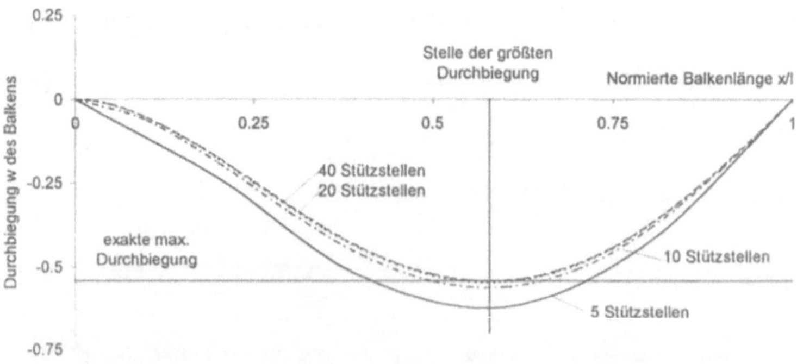

Abb. A1.7: Mit Finiten Differenzen berechnete Verschiebungen des statisch überbestimmt gelagerten Balkens

erhalten wir

$$w^{IV} = \frac{q}{EI} \tag{A1.69}$$

Eine Annäherung der 4. Ableitung ist (vgl. Abschn. A1.2.3)

$$w^{IV} \approx \frac{w(x-2\Delta x) - 4w(x-\Delta x) + 6w(x) - 4w(x+\Delta x) - w(x+2\Delta x)}{\Delta x^4} \tag{A1.70}$$

Um die Differenzengleichung (A1.70) an allen inneren Knoten zu lösen, geben wir uns noch Verschiebungen von Knoten an fiktiven Balkensegmenten und -knoten (Index < 0 oder > n) vor (Abb. A1.5b). Die Randbedingungen

$$w(0) = w(l) = w'(0) = 0$$

erzwingen wir durch die Vorgaben

$$w_0 = 0, \; w_n = 0 \text{ und } w_{-1} = w_1$$

Die Forderung daß am rechten Ende kein Biegemoment wirken darf ($w'' = 0$) ergibt

$$w_{n-1} = -w_{n+1}$$

Aus der DGL (Gl. A1.69) wird mit Gl. (A1.70) ein lineares Gleichungssystem, aus welchem wir die Verschiebungen der $n-1$ inneren Knoten bestimmen.

Abb. A1.7 vergleicht die mit verschiedenen Unterteilungen (=Anzahl der Stützstellen) berechneten Verläufe der Verschiebung des Balkens. Schon mit 10 Stützstellen erhalten wir eine recht gute Näherung. Die Ergebnisse, die wir mit 20 oder 40 Knoten erhalten, sind der exakten Lösung sehr nahe.

A1.3.2
Ritz- oder Galerkinansatz (Finite Elemente)

Wir nehmen an, daß die gesuchte Verschiebung $w(x)$ sich als Summe von n bekannten Ansatzfunktionen h_i mit unbekannten Koeffizienten a_i darstellen läßt:

$$w(x) \approx h_0(x) + \sum_{i=1}^{n} a_i h_i(x)) \tag{A1.71}$$

Wir wählen die Funktionen so, daß an Stellen mit Randbedingungen h_0 die vorgegebenen Werte erfüllt, während die h_i ($i > 0$) dort verschwinden. Im Fall des statisch überbestimmten Balkens in Abb. A1.5a folgt $h_0(x) = 0$, die anderen Ansatzfunktionen müssen, um die Randbedingungen bei $x = 0$ und $x = l$ zu erfüllen, beispielsweise vom Typ

$$h_i(x) = x^{2+k}(l-x)^{1+m} \qquad (k, m \geq 0) \tag{A1.72}$$

sein. Wir benötigen ein Verfahren, welches die Koeffizienten a_i liefert. Nach Ritz minimieren wir das Quadrat des Fehlers, den unsere Näherung im betrachteten

sein. Wir benötigen ein Verfahren, welches die Koeffizienten a_i liefert. Nach Ritz minimieren wir das Quadrat des Fehlers, den unsere Näherung im betrachteten Intervall macht. Nach Galerkin setzen wir den mit der i-ten Ansatzfunktion gewichteten Fehler unserer Annäherung zu Null (vgl. hierzu Kap. 1, Beispiel 1.6 und 1.7, Abschn. 5.3 sowie Anhang A2, Beispiel A2.4).

A1.3.4
partielle Differentialgleichungen

Partielle DGL zeichnen sich durch eine noch größere Vielfalt als die gewöhnlichen DGL aus. Für die uns interessierenden DGL der Mechanik stehen wie bei den gewöhnlichen DGL neben zahlreichen anderen, ebenfalls effektiven Ansätzen als Standardwerkzeuge Finite Differenzen- und Finite Elemente-Verfahren zur Verfügung. Die Differenzenverfahren beruhen wie bei 1-dimensionalen Problemen darauf, daß Differentialquotienten durch Differenzenquotienten angenähert werden. Im ebenen Fall lauten sie:

$$\frac{df(x,y)}{dx} \approx \frac{f(x+\Delta x,y)-f(x-\Delta x,y)}{2\Delta x}$$

$$\frac{df(x,y)}{dy} \approx \frac{f(x,y+\Delta y)-f(x,y-\Delta y)}{2\Delta y}$$

$$\frac{d^2 f(x,y)}{dx^2} \approx \frac{f(x+\Delta x,y)-2f(x,y)+f(x-\Delta x,y)}{\Delta x^2}$$

$$\frac{d^2 f(x,y)}{dy^2} \approx \frac{f(x,y+\Delta y)-2f(x,y)+f(x,y-\Delta y)}{\Delta y^2}$$

$$\frac{d^2 f(x,y)}{dxdy} \approx \frac{f(x+\Delta x,y+\Delta y)-f(x+\Delta x,y-\Delta y)-f(x-\Delta x,y+\Delta y)+f(x-\Delta x,y-\Delta y)}{4\Delta x\Delta y}$$

$$\text{(A1.73)}$$

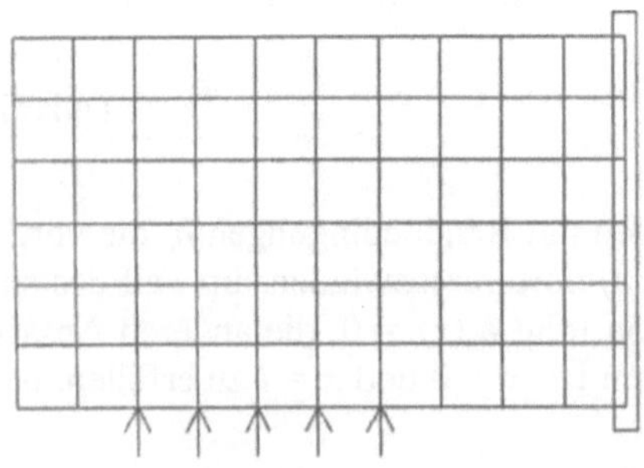
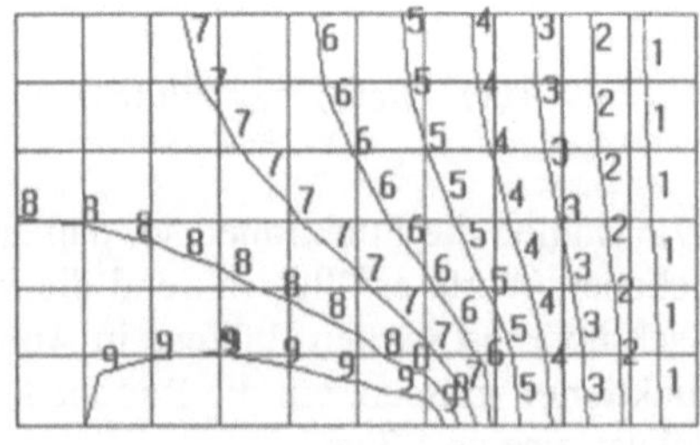
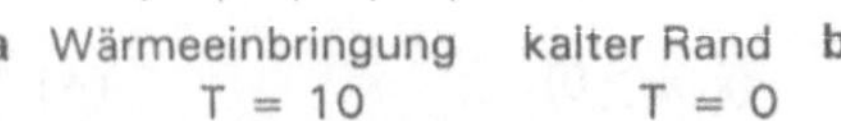

Abb. A1.8: Finite Differenzen-Lösung eines ebenen Transportproblems. **a** Finite Differenzen-Gitter mit Randbedingungen, **b** Temperaturverläufe

Bei 3-dimensionalen Problemen sind die Ableitungen in z-Richtung entsprechend anzunähern. In Kap. 5 haben wir die Transportgleichung für die Wärmeleitung hergeleitet.

Im ebenen, stationären Fall lautet die DGL im Inneren eines Gebietes, an Stellen ohne äußere Wärmequellen

$$\Delta T = \frac{\partial^2 T}{\partial x^2} + \frac{\partial^2 T}{\partial y^2} = 0 \tag{A1.74}$$

In Differenzenform schreiben wir

$$\Delta T \approx \frac{T(x+\Delta x, y) - 2T(x,y) + T(x-\Delta x, y)}{\Delta x^2} + \frac{T(x, y+\Delta y) - 2T(x,y) + T(x, y-\Delta y)}{\Delta y^2} \tag{A1.75}$$

Zur Lösung der DGL (Gl. (A1.74)) geben wir uns ein Raster von Gitterpunkten mit den Koordinaten (x_i, y_i) vor, und gehen mit diesem Gitter in Gl. (A1.75). Als unbekannte Größen haben wir die Temperaturen T_i an den diskreten Stellen (x_i, y_i). Die Temperaturen T_i berechnen wir aus dem linearen Gleichungssystem, das entsteht, wenn wir die durch Gl. (A1.75) gegebenen Differenzenbeziehungen für die diskreten Temperaturen um die Randbedingungen des zu analysierenden Lastfalls ergänzen. Abb. A1.8 zeigt einen mit Finiten Differenzen berechneten Temperaturverlauf auf einem ebenen Blech (vgl. Beispiel 5.5).

Höhere Ableitungen ergeben sich entsprechend. Finite Differenzenverfahren eignen sich immer dann, wenn das Gebiet, auf dem die zu analysierende DGL definiert ist, eine einfache Kontur, am besten Rechteck- oder Quadergestalt hat, da wir dann die Differenzenquotienten nach Gl. (A1.71) elementar aufstellen können. Bei nicht-einfach begrenzten Gebieten, z.B. dem Pumpengehäuse in Abb. 9.1, sind zahlreiche Sonderfälle zur Beschreibung der Differenzenquotienten erforderlich, ein effektives Arbeiten ist kaum möglich. Deshalb kommen bei derartigen Bauteilen die in diesem Buch beschriebenen Finite Elemente Verfahren, heute meist in der Form von gekauften oder gemieteten Black-Box-Programmen mit integrierten Pre- und Postprozessoren zum Einsatz.

A1.3.5
Integralgleichungen

Als Integralgleichungen bezeichnen wir Gleichungen, in denen die gesuchte Funktion $u(x)$ unter einem Integral über das Gebiet Ω steht:

$$\int_\Omega u(t)\, g(x,t)\, \mathrm{d}t + a\, u(x) = f(x) \tag{A1.76}$$

Uns begegnen Integralgleichungen meist in Form der Erhaltungssätze. Häufig lassen sie sich in DGL umwandeln. Daneben gibt es eine Vielzahl von Verfahren, einzelne Sonderfälle zu behandeln. Numerische Verfahren zur Lösung von Integralgleichungen beruhen oft darauf, das Integral über das Gebiet Ω für verschiedene Werte von $x_i \in \Omega$ durch eine endliche Summe anzunähern, und aus dieser

3 Herangehensweisen der Physik

In der vorliegenden Einführung in die FEM benötigen wir einen mechanischen Apparat, dessen wichtigste Kernaussagen wir hier skizzieren wollen. Für eine vertiefte Beschäftigung mit diesem Thema sei eines der klassischen Lehrbücher der Theoretischen Mechanik, z.B. [6], empfohlen.

A2.1
Energieerhaltungssatz

Der von Robert Mayer 1842 formulierte Satz, daß in einem abgeschlossenen System die Summe aller Energieformen konstant ist, bildet die Basis der vorzustellenden Verfahren. Bei einem statischen elastischen Problem in einem abgeschlossenen Gebiet können wir die Gleichheit der inneren und äußeren Arbeit in der Form

$$W_{el} - W_{ex} = W_{ges} = 0 \tag{A2.1}$$

mit W_{el} der elastisch in der Struktur gespeicherten Energie
und W_{ex} der von außen an der Struktur geleisteten Arbeit
sowie W_{ges} der konstanten ($W_{ges} = 0$) Gesamtenergie darstellen.

Damit lassen sich einige Aufgaben aus der Elastizitätslehre lösen.

Beispiel A2.1: Ein an einem Ende eingespannter Zugstab der Länge l, des Querschnitts A, aus einem Werkstoff mit dem Elastizitätsmodul E wird am anderen Ende mit einer Kraft F belastet (Abb. A2.1). Welche Verlängerung Δl erfährt der Stab?
Lösung: Im Stab herrscht eine konstante Dehnung $\varepsilon = \Delta l/l$ und Spannung $\sigma = E\varepsilon$. Die Dehnungsenergie im Stab beträgt (vgl. Kap. 3 und Anlage A3.1)

$$W_{el} = \int\limits_{Vol} \frac{\sigma\varepsilon}{2} dVol \tag{a}$$

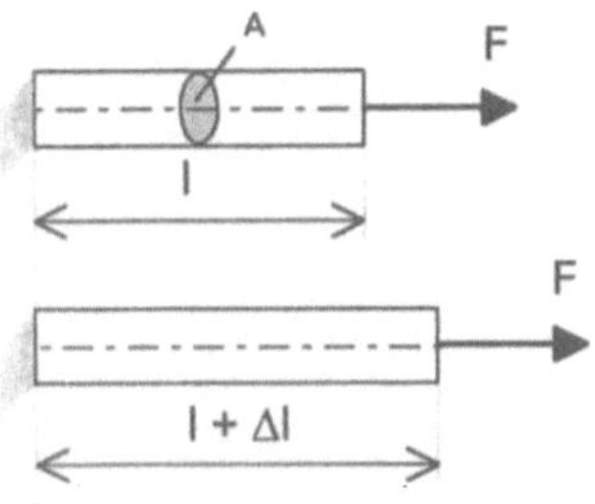

Abb. A2.1: Zugstab unter Last

Die äußere Kraft leistet eine Arbeit

$$W_{ex} = \frac{1}{2} F \Delta l \tag{b}$$

Damit wird Gl. (A2.1) zu

$$\frac{1}{2} \frac{EA}{l} \Delta l^2 - \frac{1}{2} F \Delta l = 0 \tag{c}$$

oder

$$\Delta l = \frac{F l}{EA} \tag{d}$$

bzw.

$$\Delta l = \frac{F}{k}$$

mit

$$k = \frac{EA}{l}$$

der Steifigkeit des Zugstabs. Wir verwenden im folgenden die Form

$$W_{el} = 1/2 \, k \, u^2 \tag{e}$$

und schreiben damit die Verschiebung u des Stabendes statt der Verlängerung Δl in Gl. (c).

A2.2
Stationäre Potentiale

Mit dieser elementaren Formulierung des Energieerhaltungssatzes stoßen wir schnell auf Grenzen dessen, was wir berechnen können. Wir müssen aus dem Erhaltungssatz weitere Folgerungen ziehen, um ihn mit mehr Aussagekraft zu versehen.

Beispiel A2.2: Statt des einen Zugstabs in Beispiel A2.1 wollen wir die Verlängerung einer Kette aus zwei aneinanderhängende Zugstäbe gleicher Form und gleichen Werkstoffs, die wie in Abb. A2.2 mit zwei Kräften F_1 und F_2 belastet sind, berechnen.
Lösung: Die elastische Dehnungsenergie der Stäbe beträgt nach Gl. (A2.1)

$$W_{el} = W_{el,1} + W_{el,2} = \frac{1}{2} k \, u_1^2 + \frac{1}{2} k \, (u_2 - u_1)^2 = \frac{1}{2} k \, (2 \, u_1^2 - 2 u_1 u_2 + u_2^2) \tag{a}$$

Die äußeren Kräfte leisten die Arbeit

$$W_{ex} = W_{ex,1} + W_{ex,2} = \frac{1}{2} F_1 \, u_1 + \frac{1}{2} F_2 u_2 \tag{b}$$

Aus dem Erhaltungssatz folgt

$$\frac{1}{2} k \, (2 \, u_1^2 - 2 u_1 u_2 + u_2^2) - (\frac{1}{2} F_1 \, u_1 + \frac{1}{2} F_2 u_2) = 0 \tag{c}$$

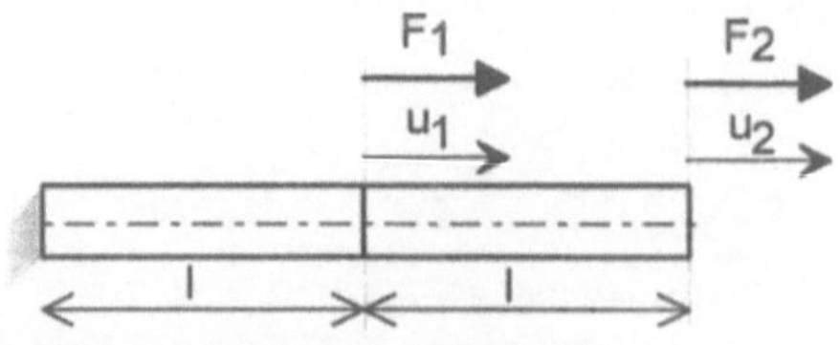

Abb. A2.2: Kette aus 2 Zugstäben

eine Gleichung mit zwei Unbekannten (u_1, u_2), die uns zunächst keinen Aufschluß über die Verformungen der beiden Stäbe gibt

Hier hilft uns der Begriff des Potentials weiter. In der klassischen Mechanik stellt die potentielle Energie diejenige Energie dar, die bei einem Höhenverlust einer Masse frei wird, bzw. aufgewendet werden muß, um eine Masse um eine Höhendifferenz anzuheben. Gewöhnlich schreiben wir dafür (bei Höhen h, die klein im Vergleich zum Erdradius sind)

$$\Pi_m = m\,g\,h \tag{A2.2}$$

das Potential einer Masse m im Schwerefeld mit der Gravitationsbeschleunigung g, welche um die Höhe h von einem Nullniveau angehoben wird (Abb. A2.3).

Für unsere Überlegungen leiten wir daraus einen leicht modifizierten Potentialbegriff ab. Wir nehmen an, daß alle auf unsere Struktur wirkenden n Kräfte zeitlich unveränderliche Gewichtskräfte sind, auch wenn sie nach oben oder teilweise anderen Kräften entgegenwirken (Abb. A2.4). Wir zerlegen diese Kräfte in Komponenten parallel zu den Achsen unseres Koordinatensystems, und betrachten nur diese Komponenten $F_i \in \{F_{1,x}, F_{1,y}, F_{1,z}, F_{2,x}, F_{2,y}, F_{2,z}, \ldots, F_{n,x}, F_{n,y}, F_{n,z}\}$ als wirkende Kräfte. Bei einer Verformung der Struktur leistet jede Einzelkraft F_i dieses Kräftesystems eine Arbeit, da sie längs des Weges ihres Angriffspunktes wirkt. Mit den zu der Kraftkomponente F_i parallelen Verschiebung u_i erhalten wir

$$\Pi_{ex,i} = F_i\,u_i \tag{A2.3}$$

Wir untersuchen hier nur Einzel- oder Punktlasten. Strecken-, Flächen oder Volumenlasten sind entsprechend über ihre Wirkungsbereiche darzustellen (vgl. Abschn. 4.6). Das Gesamtpotential der äußeren Lasten ist die Summe aller Einzelpotentiale

$$\Pi_{ex} = \Sigma\,\Pi_{ex,i} \tag{A2.4}$$

Die Verzerrungsarbeit im Inneren der Struktur ist wieder durch

$$W_{el} = \int_{Vol} \frac{\sigma\varepsilon}{2}\,dVol \tag{A2.5}$$

bei mehrachsigem Spannungszustand durch das Integral über das Skalarprodukt $1/2\ \varepsilon^T\sigma$ gegeben (vgl. Anhang A3.1 und Kap. 4).

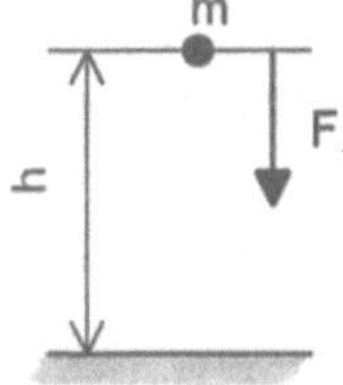

Abb. A2.3: Zum Potentialbegriff

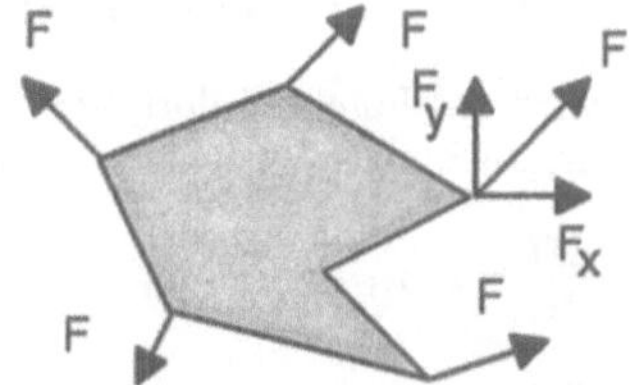

Abb. A2.4: Kräfte an einem ebenen Körper

Als Gesamtpotential oder einfach als Potential bezeichnen wir nun die Differenz von elastischer Energie und äußerem Potential

$$\Pi = W_{el} - \Pi_{ex} \qquad\qquad (A2.6)$$

Von diesem Potential verlangen wir, daß es *stationär* wird, den kleinstmöglichen Wert annimmt, den es erreichen kann. Dieser Wert, das Minimum des differenzierbaren Potentials Π tritt dort auf, wo die Ableitungen des Potentials nach den unbekannten Verschiebungen verschwinden.

Beispiel A2.3: Wie in Beispiel A2.1 betrachten wir den Zugstab unter Einzellast. Seine elastische Verformungsenergie ist, wenn wir die Verlängerung wieder mit u bezeichnen

$$W_{el} = 1/2\, k\, u^2 \qquad\qquad (a)$$

das äußere Potential beträgt

$$\Pi_{ex} = F\, u \qquad\qquad (b)$$

Damit erhalten wir

$$\Pi = W_{el} - \Pi_{ex} = 1/2\, k\, u^2 - F\, u \qquad\qquad (c)$$

Stationär wird diese Potential für

$$d\Pi/du = k\, u - F = 0 \qquad\qquad (d)$$

Daraus folgt wie erwartet

$$u = F/k \qquad\qquad (e)$$

Auch das mit der Ausgangsform des Energieerhaltungssatzes nicht lösbare Problem der Kette aus zwei Stäben läßt sich jetzt behandeln.

Beispiel A2.4: Wir sollen wie in Beispiel A2.2 die Verlängerung von 2 aneinanderhängende Zugstäben, die wie in Abb. A2.2 mit den Kräften F_1 und F_2 belastet sind, berechnen.
Lösung: Die Dehnungsenergie beträgt

$$W_{el} = W_{el,1} + W_{el,2} = \frac{1}{2}k\,(2\,u_1^2 - 2u_1u_2 + u_2^2) \qquad\qquad (a)$$

Das äußere Potential ist in diesem Fall

$$\Pi_{ex} = \Pi_{ex,1} + \Pi_{ex,2} = F_1\,u_1 + F_2 u_2 \qquad\qquad (b)$$

und das Gesamtpotential

$$\Pi = W_{el} - \Pi_{ex} = \frac{1}{2}k\,(2\,u_1^2 - 2u_1u_2 + u_2^2) - (F_1\,u_1 + F_2 u_2) \qquad\qquad (c)$$

Stationär wird das Potential dort, wo die beiden Ableitungen des Potentials nach den gesuchten Verschiebungen verschwinden. Dies führt zu

$$\frac{\partial \Pi}{\partial u_1} = 2k\,u_1 - k\,u_2 - F_1 = 0 \qquad\qquad (d)$$

$$\frac{\partial \Pi}{\partial u_2} = -k\,u_1 + k\,u_2 - F_2 = 0 \qquad\qquad (e)$$

Damit erhalten wir die Verschiebungen

$$u_1 = (F_1 + F_2) / k \tag{f}$$

$$u_2 = (F_1 + 2F_2) / k \tag{g}$$

Anmerkung: Betrachten wir die Gl. (d) und (e) genauer, erkennen wir, daß sie die Gleichungen sind, die wir nach der klassischen Kraftmethode erhalten, wenn wir das Kräftegleichgewicht an den beiden Knoten der Stabkette aufstellen. Mit einiger Berechtigung kann das Prinzip des stationären Potentials als eine andere Darstellungsweise des Kräftegleichgewichts verstanden werden. Dies folgt schon aus der Idee, das Potential, eine Energie, nach dem Weg abzuleiten, da diese Ableitung oder Änderung ja eine Kraftgröße in dem jeweiligen Freiheitsgrad sein muß.

Als weiteres Beispiel, auch um das Ritzverfahren zur Integration einer DGL (Anhang A1.3.2 und Abschn. 1.4) und den Einsatz von Zwangsbedingungen nach Abschn. 4.4.2 vorzuführen, wollen wir die Biegung des Balkens aus Abb. A1.5a mit der vorgestellten Methode des Stationären Potentials nachrechnen.

Beispiel A2.5: Wir untersuchen erneut den statisch überbestimmt gelagerten Balken unter Streckenlast, den wir schon bei den Differentialgleichungen in Anhang A1.3, Abb. A1.5a zur Vorstellung des Finite Differenzen Verfahrens verwendeten.
Lösung: Der Balken gehorcht der DGL der Biegelinie

$$w'' = - M(x) / EI \tag{a}$$

wobei wieder E den Elastizitätsmodul, I das Flächenmoment 2. Ordnung bzgl. der Biegeachse bedeutet. Wir nehmen an, daß (vgl. Ritz-Verfahren, Abschn. 1.4 und Anhang A1.3.2) die Durchbiegung als Polynom der Art

$$w(x) = w_0 + w_1 (x/l) + w_2 (x/l)^2 + w_3 (x/l)^3 + w_4 (x/l)^4 \tag{b}$$

mit den unbekannten Koeffizienten w_0, w_1, w_2, w_3 und w_4 vorliegt. Wir modifizieren den Ritzansatz aus Anhang A1.3.2 hier, indem wir die Ansatzfunktionen nur die Randbedingungen am linken Rand ($x = 0$) erfüllen lassen und erhalten so

$$w(0) = 0 \quad => \quad w_0 = 0 \tag{c}$$

$$w'(0) = 0 \quad => \quad w_1 = 0 \tag{d}$$

Die Bedingung $w(x = l) = 0$ erfüllen wir, indem wir zwischen der verbleibenden unbekannten Koeffizienten die (Zwangs-) Bedingung (vgl. Abschn. 4.4.2)

$$w_2 + w_3 + w_4 = 0$$

oder

$$w_4 = - (w_2 + w_3) \tag{e}$$

aufstellen. Die Ableitungen von $w(x)$ lauten

$$w'(x) = (2w_2 (x/l) + 3w_3 (x/l)^2 + 4w_4 (x/l)^3) / l \tag{f}$$

und

$$w''(x) = (2w_2 + 6w_3 (x/l) + 12w_4 (x/l)^2) / l^2 \tag{g}$$

Im gebogenen Balken ist die Verformungsenergie (vgl. [5])

$$W_{el} = \int_0^l \frac{M^2(x)}{2EI} dx = \int_0^l \frac{EI}{2} w''^2(x) \, dx \tag{h}$$

Das äußere Potential, die Arbeit, welche die Streckenlast bei der Durchbiegung leistet, erhalten wir aus

$$\Pi_{ex} = \int_0^l q\, w(x)\, \mathrm{d}x \tag{i}$$

Unter Berücksichtigung der Zwangsbedingung $w_2 + w_3 + w_4 = 0$ ergibt sich das Potential des Balkens durch Integration von Gl. (h) und (i) zu

$$\Pi = W_{el} - \Pi_{ex} = \frac{2EI}{5l^3}(21w_2^2 + 22w_2 w_3 + 6w_3^2) - \frac{ql}{60}(8w_2 + 3w_3) \tag{j}$$

Aus den 0 gesetzten Ableitungen nach den beiden unter Berücksichtigung der Zwangsbedingung $w_4 = -(w_2 + w_3)$ verbliebenen Freiheitsgraden w_2 und w_3 ergibt sich

$$\frac{\partial \Pi}{\partial w_2} = \frac{2EI}{5l^3}(42w_2 + 22w_3) - \frac{8ql}{60} = 0 \tag{k}$$

$$\frac{\partial \Pi}{\partial w_3} = \frac{2EI}{5l^3}(22w_2 + 12w_3) - \frac{3ql}{60} = 0 \tag{l}$$

Daraus folgt die die Ritz-Näherung der Lösung

$$w_2 = \frac{3ql^4}{48EI} \tag{m}$$

$$w_3 = -\frac{5ql^4}{48EI} \tag{n}$$

$$w_4 = \frac{2ql^4}{48EI} \tag{o}$$

welche in diesem Fall mit der exakten Lösung zusammenfällt.

A2.3
Prinzip der virtuellen Verrückungen

Ähnlich wie beim stationären Potential kann die Kraftmethode aus der Energiemethode abgeleitet werden, wenn wir annehmen, daß das Potential dann *stationär* ist, wenn sich bei einer gedachten, beliebigen kleinen Verschiebung oder einer *virtuellen Verrückung* um $\delta \mathbf{u} = (\delta u_1, \delta u_2, \ldots, \delta u_n)^{\mathrm{T}}$ der n Freiheitsgrade des Problems das Potential nicht wesentlich ändert, die von den Verrückungen hervorgerufene *Variation* des Potentials verschwindet ($\delta \Pi = 0$). Dem entspricht die Annahme, daß das Potential stationär, minimal wird, da die Richtungsableitungen einer differenzierbaren Funktion an einer Minimalstelle verschwinden.

$$\delta \Pi = \frac{\partial \Pi}{\partial u_1}\delta u_1 + \frac{\partial \Pi}{\partial u_2}\delta u_2 + \ldots + \frac{\partial \Pi}{\partial u_n}\delta u_n = 0 \tag{A2.7}$$

Wir nehmen wir an, daß die Kräfte F_i in den n Freiheitsgraden längs der virtuellen Verrückung δu_i ($u_i = 1 - n$) eine Arbeit leisten. Diese *virtuelle Arbeit* muß Null sein, da im stationären Gleichgewicht die Kraftsumme an jedem Freiheitsgrad Null ist.

Beispiel A2.6: Verdeutlichen wir den Sachverhalt wieder anhand der Kette aus 2 Stäben, die schon in Beispiel A2.2 und A2.4 untersucht wurde. (Abb. A2.2). Die Änderung der elastischen, in den Stäben gespeicherten Energie bei einer kleinen Dehnungsänderung

$$\delta\varepsilon_1 = \delta u_1 / l \tag{a}$$

und

$$\delta\varepsilon_2 = (\delta u_2 - \delta u_1) / l \tag{b}$$

beträgt

$$\begin{aligned}
\delta W_{el} &= \int_{Vol_1} \delta\varepsilon_1 \sigma_1 \mathrm{d}Vol_1 + \int_{Vol_2} \delta\varepsilon_2 \sigma_2 \mathrm{d}Vol_2 \\
&= \frac{\delta u_1}{l} E \frac{u_1}{l} Al + \frac{\delta u_2 - \delta u_1}{l} E \frac{u_2 - u_1}{l} Al \\
&= \delta u_1 \, k \, (2u_1 - u_2) + \delta u_2 \, k \, (u_2 - u_1)
\end{aligned} \tag{c}$$

Das äußere Potential ändert sich nach

$$\delta\Pi_{ex} = \delta u_1 \, F_{ex,1} + \delta u_2 \, F_{ex,2} \tag{d}$$

Damit ist die Änderung des Gesamtpotentials durch

$$\delta\Pi = \delta W_{el} - \delta\Pi_{ex} = \delta u_1 \, (k\,(2u_1 - u_2) - F_{ex,1}) + \delta u_2 \, (k\,(u_2 - u_1) - F_{ex,2}) = 0 \tag{e}$$

gegeben. Die Änderung des Potentials muß bei jeder beliebigen Verrückung $\delta\mathbf{u} = (\delta u_1, \delta u_2)^T$ Null sein. Da δu_1 und δu_2 einzeln den Wert Null annehmen können, gilt

$$k\,(2u_1 - u_2) = F_{ex,1} \tag{f}$$

und

$$k\,(u_2 - u_1) = F_{ex,2} \tag{g}$$

Dies sind wieder die Gleichungen, die schon das stationäre Potential und die klassische Kraftmethode lieferten. Die Gleichwertigkeit der drei Ansätze ist zumindest in diesem Fall nachgewiesen.

Wir verwenden in dieser Einführung vor allem das Prinzip der virtuellen Verrückungen, um den Zuwachs an Arbeit

$$\delta\Pi_{ex} = \Sigma \, \delta u_i F_i \tag{A2.8}$$

den die äußeren Kräfte an einer Struktur leisten, mit der Änderung der inneren Energie

$$\delta W_{el} = \int_{Vol} \delta\varepsilon^T \sigma \, \mathrm{d}Vol \tag{A2.9}$$

gleichzusetzen. In diesen Fällen liefert das Prinzip der virtuellen Verrückungen Formeln, die so nicht direkt aus der Kraftmethode gewonnen werden können.

Anmerkung: Bei dynamischen Problemen können wir ähnlich vorgehen. Die innere Energie ist hier die elastisch gespeicherte plus die kinetische, das äußere Potential bauen wieder die externen Kräfte auf.
    Bei einem ungedämpften Einmassenschwinger im Schwerefeld der Erde (vgl. Abb. 6.1) lautet das Potential

$$\Pi = \frac{1}{2}m\,\dot{u}^2 + \frac{1}{2}k(u - u_0)^2 - mg(u - u_0) \tag{A2.10}$$

wenn u_0 die Ruhelage der entlasteten Feder (ohne eingehängte Masse) im Schwerefeld bezeichnet. Mit der bekannten Beziehung

$$\frac{\partial}{\partial u}\,\dot{u}^2 = \frac{\partial}{\partial t}\frac{\partial}{\partial \dot{u}}\,\dot{u}^2 = 2\,\ddot{u}$$

folgt daraus

$$\frac{d\Pi}{du} = m\,\ddot{u} + k(u - u_0) - m\,g = 0 \tag{A2.11}$$

Gl. (A2.11) ist gerade die Bewegungsgleichung, welche die Summe der Kräfte an einem (ungedämpften) Massenpunkt beschreibt. Die Variation des Potentials bei einer kleinen Verrückung δu liefert

$$\delta\Pi = \frac{d\Pi}{du}\delta u = \delta u\,(m\,\ddot{u} + ku - mg) = 0 \tag{A2.12}$$

also auch wieder die Bewegungsgleichung, die aus dem Newtonschen Grundgesetz folgt.

A3
Dehnungen und Spannungen

Um dem in der Matrizendarstellung ungeübten Leser den Einstieg in die Darstellungen in Kap. 3 und 4 zu erleichtern, sind in diesem Anhang die Begriffe der Elastizitätstheorie, die wir häufig benötigen, oder die uns in der Anwendung von FE-Programmen begegnen, in unserer Schreibweise zusammengefaßt.

A3.1
Spannungs-Dehnungsbeziehungen

Ein ebener, flacher Streifen der Länge l, Höhe h, Dicke t eines elastischen Materials (Abb. A3.1) unter Zugbeanspruchung durch eine Kraft F erfährt eine *Spannung* (engl. *stress*)

$$\sigma = F/A \tag{A3.1}$$

Hier bedeutet $A = ht$ die Fläche senkrecht zur Last. Wir beobachten eine *Dehnung* (engl. *strain*)

$$\varepsilon = \Delta l/l \tag{A3.2}$$

Die beiden Größen sind durch den Werkstoffkennwert E, den *Elastizitätsmodul* (engl. *Young's modulus*)

$$E = \sigma/\varepsilon \tag{A3.3}$$

verknüpft. Bei der Verlängerung um Δl schnürt der Streifen um einen Wert

$$\Delta h = (h' - h)/h \tag{A3.4}$$

ein, es tritt eine Querdehnung auf

$$\varepsilon_q = \Delta h/h < 0 \tag{A3.5}$$

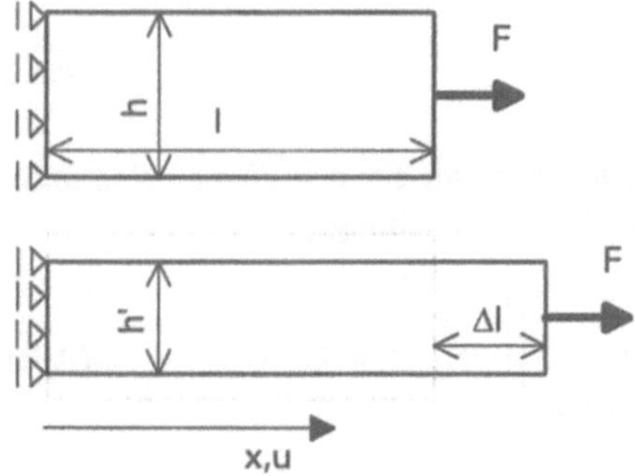

Abb. A3.1: Zugstab unter Last

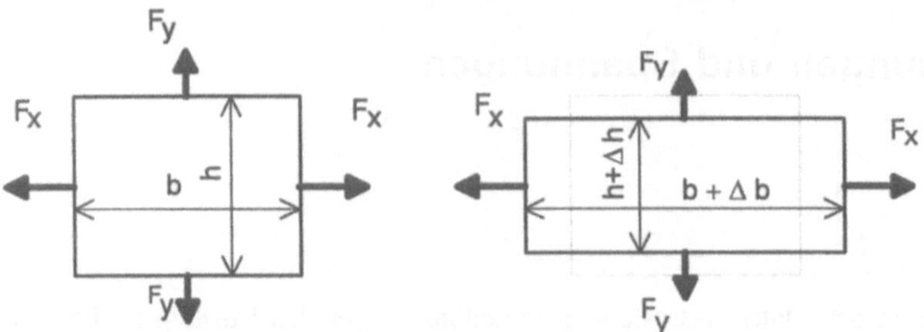

Abb. A3.2: Ebenes Blech unter zweiachsigem Zug

Das positive Verhältnis von Querdehnung und (Längs-) Dehnung

$$\nu = -\varepsilon_q/\varepsilon \tag{A3.6}$$

nennen wir die *Querkontraktionszahl* (engl. *Poisson's ratio*), die in der älteren deutschen Literatur oft noch mit μ bezeichnet wird.

Bei einem ebenen Blech der Breite b und Höhe h, an dem wie in Abb. A3.2 zwei Kräftepaare in den beiden Ebenenrichtungen angreifen, dabei die Verlängerungen Δb und Δh (in Abb. 3.2 $\Delta h < 0$) hervorrufen, erhalten wir durch Überlagerung der obigen Beziehungen resultierende Dehnungen in den beiden Richtungen

$$\varepsilon_{xx} = \frac{\sigma_{xx}}{E} - \nu\frac{\sigma_{yy}}{E} \tag{A3.7}$$

$$\varepsilon_{yy} = \frac{\sigma_{yy}}{E} - \nu\frac{\sigma_{xx}}{E} \tag{A3.8}$$

was wir in Matrizenform als

$$\varepsilon_{2D} = \begin{pmatrix} \varepsilon_{xx} \\ \varepsilon_{yy} \end{pmatrix} = \frac{1}{E}\begin{pmatrix} 1, & -\nu \\ -\nu, & 1 \end{pmatrix}\begin{pmatrix} \sigma_{xx} \\ \sigma_{yy} \end{pmatrix} = \tilde{\mathbf{C}}^{-1}\,\sigma_{2D} \tag{A3.9}$$

schreiben. Ergänzen wir den Dehnungs- und Spannungsvektor um evtl. vorhandene Schubterme

$$\gamma_{xy} \quad \text{und} \quad \tau_{xy} = G\,\gamma_{xy} \tag{A3.10}$$

mit

$$G = \frac{E}{2(1+\nu)} \tag{A3.11}$$

dem *Schubmodul* (engl. *shear modulus*), erhalten wir für den *ebenen Spannungszustand* (engl. *plane stress*) im dünnen Blech die Beziehung

$$\varepsilon = \begin{pmatrix} \varepsilon_{xx} \\ \varepsilon_{yy} \\ \gamma_{xy} \end{pmatrix} = \frac{1}{E}\begin{pmatrix} 1, & -\nu, & 0 \\ -\nu, & 1, & 0 \\ 0, & 0, & 2(1+\nu) \end{pmatrix}\begin{pmatrix} \sigma_{xx} \\ \sigma_{yy} \\ \tau_{xy} \end{pmatrix} = \mathbf{C}^{-1}\sigma \tag{A3.12}$$

$$\text{oder} \quad \sigma = \begin{pmatrix} \sigma_{xx} \\ \sigma_{yy} \\ \tau_{xy} \end{pmatrix} = \frac{E}{1-\nu^2} \begin{pmatrix} 1, & \nu, & 0 \\ \nu, & 1, & 0 \\ 0, & 0, & \frac{(1-\nu)}{2} \end{pmatrix} \begin{pmatrix} \varepsilon_{xx} \\ \varepsilon_{yy} \\ \gamma_{xy} \end{pmatrix} = \mathbf{C}\,\varepsilon \tag{A3.13}$$

Erweitern wir unser Modell auf 3 Dimensionen, so gilt in Analogie zu Gl. (A3.7)

$$\varepsilon_{xx} = \frac{\sigma_{xx}}{E} - \nu\frac{\sigma_{yy}}{E} - \nu\frac{\sigma_{zz}}{E}$$
$$\varepsilon_{yy} = \frac{\sigma_{yy}}{E} - \nu\frac{\sigma_{xx}}{E} - \nu\frac{\sigma_{zz}}{E}$$
$$\varepsilon_{zz} = \frac{\sigma_{zz}}{E} - \nu\frac{\sigma_{xx}}{E} - \nu\frac{\sigma_{yy}}{E} \tag{A3.14}$$

ergänzt um die Schubterme in Matrizenschreibweise

$$\varepsilon = \begin{pmatrix} \varepsilon_{xx} \\ \varepsilon_{yy} \\ \varepsilon_{zz} \\ \gamma_{xy} \\ \gamma_{yz} \\ \gamma_{zx} \end{pmatrix} = \frac{1}{E} \begin{pmatrix} 1, & -\nu, & -\nu, & 0, & 0, & 0 \\ -\nu, & 1, & -\nu, & 0, & 0, & 0 \\ -\nu, & -\nu, & 1, & 0, & 0, & 0 \\ 0, & 0, & 0, & 2(1+\nu), & 0, & 0, \\ 0, & 0, & 0, & 0, & 2(1+\nu), & 0 \\ 0, & 0, & 0, & 0, & 0, & 2(1+\nu) \end{pmatrix} \begin{pmatrix} \sigma_{xx} \\ \sigma_{yy} \\ \sigma_{zz} \\ \tau_{xy} \\ \tau_{yz} \\ \tau_{zx} \end{pmatrix} = \mathbf{C}^{-1}\sigma$$

$$\tag{A3.15}$$

$$\text{oder} \quad \sigma = \mathbf{C}\,\varepsilon \tag{A3.16}$$

mit

$$\mathbf{C} = \frac{E(1-\nu)}{(1+\nu)(1-2\nu)} \begin{pmatrix} 1, & \frac{\nu}{1-\nu}, & \frac{\nu}{1-\nu}, & 0, & 0, & 0 \\ \frac{\nu}{1-\nu}, & 1, & \frac{\nu}{1-\nu}, & 0, & 0, & 0 \\ \frac{\nu}{1-\nu}, & \frac{\nu}{1-\nu}, & 1, & 0, & 0, & 0 \\ 0, & 0, & 0, & \frac{1-2\nu}{2(1-\nu)}, & 0, & 0 \\ 0, & 0, & 0, & 0, & \frac{1-2\nu}{2(1-\nu)}, & 0 \\ 0, & 0, & 0, & 0, & 0, & \frac{1-2\nu}{2(1-\nu)} \end{pmatrix} \tag{A3.17}$$

Den ebenen Sonderfall eines dünnen Streifens, der sich in Dickenrichtung einschnürt, aber keine Spannungen quer zur Blechebene aufweist (*ebener Spannungszustand*, $\sigma_{zz} = \tau_{yz} = \tau_{zx} = 0$), haben wir schon in Gl. (A3.13) behandelt. Der andere Sonderfall, daß in einem dicken Bauteil die Quereinschnürung unterbunden ist, der *ebene Dehnungszustand* (engl. *plane strain*), führt wegen $\varepsilon_{zz} = \gamma_{yz} = \gamma_{zx} = 0$ zu

$$\sigma = \begin{pmatrix} \sigma_{xx} \\ \sigma_{yy} \\ \tau_{xy} \end{pmatrix} = \frac{E(1-\nu)}{(1+\nu)(1-2\nu)} \begin{pmatrix} 1, & \frac{\nu}{1-\nu}, & 0 \\ \frac{\nu}{1-\nu}, & 1, & 0 \\ 0, & 0, & \frac{(1-2\nu)}{2(1-\nu)} \end{pmatrix} \begin{pmatrix} \varepsilon_{xx} \\ \varepsilon_{yy} \\ \gamma_{xy} \end{pmatrix} = \mathbf{C}\,\varepsilon \tag{A3.18}$$

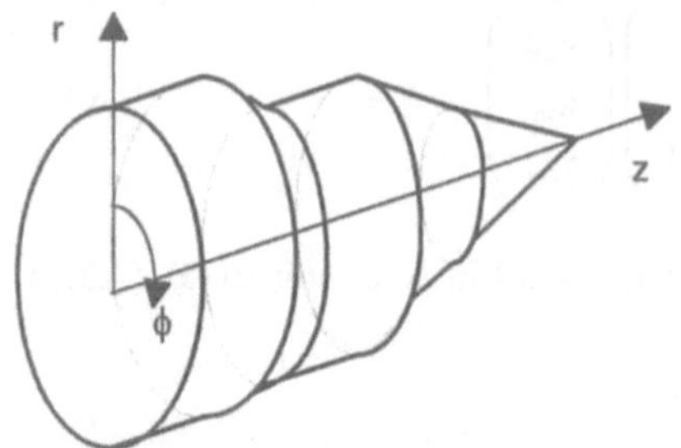

Abb. A3.3:   rotationssymmetrisches Bauteil

Damit sind die Beziehungen zwischen den elastischen Spannungen und Dehnungen durch die **C**-Matrizen des jeweiligen Spannungszustandes gegeben.

Häufig betrachtet man noch axial- oder rotationssymmetrische Zustände (vgl. Abb. A3.3), bei denen die Dehnungs- und Spannungskomponenten

$$\varepsilon = \begin{pmatrix} \varepsilon_{rr} \\ \varepsilon_{zz} \\ \varepsilon_{\phi\phi} \\ \gamma_{rz} \end{pmatrix} \quad \text{und} \quad \sigma = \begin{pmatrix} \sigma_{rr} \\ \sigma_{zz} \\ \sigma_{\phi\phi} \\ \tau_{rz} \end{pmatrix} \tag{A3.19}$$

mit

$$\sigma = \begin{pmatrix} \sigma_{rr} \\ \sigma_{zz} \\ \sigma_{\phi\phi} \\ \tau_{rz} \end{pmatrix} = \frac{E(1-\nu)}{(1+\nu)(1-2\nu)} \begin{pmatrix} 1, & \dfrac{\nu}{1-\nu}, & \dfrac{\nu}{1-\nu}, & 0, \\[2mm] \dfrac{\nu}{1-\nu}, & 1, & \dfrac{\nu}{1-\nu}, & 0, \\[2mm] \dfrac{\nu}{1-\nu}, & \dfrac{\nu}{1-\nu}, & 1, & 0, \\[2mm] 0, & 0, & 0, & \dfrac{1-2\nu}{2(1-\nu)}, \end{pmatrix} \begin{pmatrix} \varepsilon_{rr} \\ \varepsilon_{zz} \\ \varepsilon_{\phi\phi} \\ \gamma_{rz} \end{pmatrix} = \mathbf{C}\,\varepsilon \tag{A3.20}$$

vorliegen. Wir untersuchen diesen Fall im einzelnen nicht. Die Elemente können wir im rotationssymmetrischen Fall mit dem gleichen Formalismus wie bei den ebenen Elemente aufstellen.

Gelegentlich haben wir es in Bauteilen mit vorverformten Werkstoffen zu tun. Derartige Vorverformungen sind das Ergebnis von plastischen Deformationen (vgl. Abb. 8.2) oder thermischen Dehnungen (vgl. Abschn. 5.7). In diesem Fall herrscht bei einer Dehnung $\varepsilon = \varepsilon_0$ ein spannungsfreier Zustand $\sigma = 0$, wir schreiben in unseren Gleichungen

$$\sigma = \mathbf{C}\,(\varepsilon - \varepsilon_0) \tag{A3.21}$$

und beachten, daß diese Vordehnung ε_0 im Bauteil nicht konstant sein muß.

Bei der Integration der Steifigkeitsmatrizen steht unter dem Integral die elastische Energiedichte, diese ergibt sich aus den Dehnungs- und Spannnungskomponenten nach

$$\frac{dW_{el}}{dVol} = \frac{1}{2}\varepsilon^T\sigma = \frac{1}{2}(\varepsilon_{xx}\sigma_{xx} + \varepsilon_{yy}\sigma_{yy} + \varepsilon_{zz}\sigma_{zz} + \gamma_{xy}\tau_{xy} + \gamma_{yz}\tau_{yz} + \gamma_{zx}\tau_{zx}) \tag{A3.22}$$

A3.2
Verschiebungen und Dehnungen

Beim 1-dimensionalen Zugstab unter einer äußeren axialen Kraft an den Stabenden definieren wir die Dehnung $\varepsilon = \Delta l/l$. Sind in einem Streifen wie in Abb. A3.1 die Spannungen $\sigma(x)$ längs der Stabachse nicht konstant (z.B. infolge von Gewichts- oder Fliehkräften) haben wir nach

$$\varepsilon(x) = \sigma(x)/E$$

auch lokal verschiedene Dehnungen längs des Streifens. Wir betrachten jetzt nicht mehr die Verlängerung Δl des ganzen Streifens, sondern die Verschiebung $u(x)$ auf dem Streifen. Aus den Verschiebungen erhalten wir die Dehnungen als Verlängerung eines kleinen Abschnitts der Länge Δx des Streifens aus dem Grenzübergang

$$\varepsilon(x) \approx \frac{u(x + \Delta x) - u(x)}{\Delta x} \xrightarrow[\Delta x \to 0]{} \varepsilon(x) = \frac{du(x)}{dx} \tag{A3.23}$$

Im mehrachsigen Fall gilt

$$\varepsilon_{xx} = \frac{\partial u}{\partial x}, \quad \varepsilon_{yy} = \frac{\partial v}{\partial y}, \quad \varepsilon_{zz} = \frac{\partial w}{\partial z} \tag{A3.24}$$

und

$$\gamma_{xy} = \frac{\partial u}{\partial y} + \frac{\partial v}{\partial x}, \quad \gamma_{yz} = \frac{\partial v}{\partial z} + \frac{\partial w}{\partial y}, \quad \gamma_{zx} = \frac{\partial w}{\partial x} + \frac{\partial u}{\partial z}, \tag{A3.25}$$

wenn wir wie üblich die Verschiebungen in y- und z-Richtung mit v und w bezeichnen. Diese Beziehungen lassen sich als

$$\varepsilon = \begin{pmatrix} \varepsilon_{xx} \\ \varepsilon_{yy} \\ \varepsilon_{zz} \\ \gamma_{xy} \\ \gamma_{yz} \\ \gamma_{zx} \end{pmatrix} = \begin{pmatrix} \dfrac{\partial u}{\partial x} \\[1mm] \dfrac{\partial v}{\partial y} \\[1mm] \dfrac{\partial w}{\partial z} \\[1mm] \dfrac{\partial u}{\partial y} + \dfrac{\partial v}{\partial x} \\[1mm] \dfrac{\partial v}{\partial z} + \dfrac{\partial w}{\partial y} \\[1mm] \dfrac{\partial w}{\partial x} + \dfrac{\partial u}{\partial z}, \end{pmatrix} = \begin{pmatrix} \dfrac{\partial}{\partial x}, & 0, & 0 \\[1mm] 0, & \dfrac{\partial}{\partial y}, & 0 \\[1mm] 0, & 0, & \dfrac{\partial}{\partial z} \\[1mm] \dfrac{\partial}{\partial y}, & \dfrac{\partial}{\partial x}, & 0 \\[1mm] 0, & \dfrac{\partial}{\partial z}, & \dfrac{\partial}{\partial y} \\[1mm] \dfrac{\partial}{\partial z}, & 0, & \dfrac{\partial}{\partial x} \end{pmatrix} \begin{pmatrix} u \\ v \\ w \end{pmatrix} = \mathbf{D\,u} \tag{A3.26}$$

mit dem Differentialoperator $\mathbf{D}$ in Matrizenform schreiben. In den ebenen Fällen erhalten wir durch Streichen der 3., 5. und 6. Zeile sowie der 3. Spalte

$$\varepsilon = \begin{pmatrix} \varepsilon_{xx} \\ \varepsilon_{yy} \\ \gamma_{xy} \end{pmatrix} = \begin{pmatrix} \dfrac{\partial u}{\partial x} \\[1mm] \dfrac{\partial v}{\partial y}, \\[1mm] \dfrac{\partial u}{\partial y} + \dfrac{\partial v}{\partial x} \end{pmatrix} = \begin{pmatrix} \dfrac{\partial}{\partial x}, & 0 \\[1mm] 0, & \dfrac{\partial}{\partial y} \\[1mm] \dfrac{\partial}{\partial y}, & \dfrac{\partial}{\partial x} \end{pmatrix} \begin{pmatrix} u \\ v \end{pmatrix} = \mathbf{D\,u} \tag{A3.27}$$

Wir können mit den gefundenen Beziehungen die Spannungen und Dehnungen in Abhängigkeit von den Verschiebungen darstellen

$$\sigma = \mathbf{C}\,\varepsilon = \mathbf{C}\,\mathbf{D}\,\mathbf{u} \tag{A3.28}$$

Damit bleiben in unseren elastomechanischen Beziehungen nur noch die Verschiebungen (u, v, w) als freie Variable.

A3.3
Hauptspannungen

Haben wir einen ebenen Spannungs- oder Dehnungszustand mit den 3 Komponenten des Dehnungs- bzw. Spannungsvektors $(\varepsilon_{xx}, \varepsilon_{yy}, \gamma_{xy})^{\mathrm{T}}$ bzw. $(\sigma_{xx}, \sigma_{yy}, \tau_{xy})^{\mathrm{T}}$, können wir uns daraus nach Mohr einen reinen *Zugspannungszustand* bzw. einen reinen *Schubspannungszustand* konstruieren [4,14] (Abb. A3.4a). Die *Hauptspannungen* des Zugspannungszustands σ_1 und σ_2 erhalten wir aus den Schnitten des *Mohrschen Spannungskreises* mit der σ-Achse, die *maximalen Schubspannung* des Schubspannungszustands τ_{max} aus dem Radius dieses Kreises. Die Richtung der Hauptspannungen ist durch den Winkel α gegeben, die Richtung der maximalen Schubspannungen hat zu ihnen einen Winkel von 45°. Im dreiachsigen Fall lassen sich die Hauptspannungen und die Schubkomponenten mit einer Erweiterung der zweiachsigen Betrachtung gewinnen (vgl. Abb. A3.4b).

Diese Hauptspannungen sind die größten bzw. kleinsten auftretenden Spannungen. In einem zu ihrer Richtung parallelen System treten keine Schubterme auf. Entsprechend haben wir in einem System mit Achsen parallel zu den Richtungen der maximalen Schubspannungen keine Zug- oder Druckspannungen.

A3.4
Vergleichsspannungen

Im einachsigen Fall ist die Beantwortung der Frage, ob ein Bauteil unter Last versagt, relativ einfach (vgl. aber Abschn. 8.2.2). Wir vergleichen die durch $\sigma = F/A$ gegebene Spannung mit der unter den herrschenden Bedingungen (Temperatur, Umgebung, Lastzyklenzahl und -geschwindigkeit) für den Werkstoff gültigen

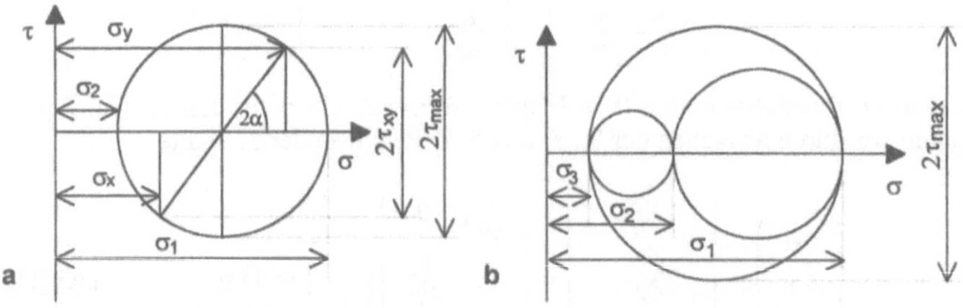

Abb. 3.4: Zur Herleitung der Hauptspannungen. **a** Zweiachsiger Zustand, **b** dreiachsiger Zustand

zulässigen Spannung σ_{zul}. Im mehrachsigen Fall müssen wir den wirkenden Spannungszustand σ mit einem Werkstoffkennwert, der meist aus einem einachsigen (Zug-) Versuch stammt, vergleichen. Hier gibt es verschiedene Ansätze, die wichtigsten sind:

v. Mises-Vergleichsspannung

Bei zähen metallischen Werkstoffen lassen sich gute Übereinstimmungen zwischen dem Beginn des mehrachsigen Fließens und der einachsigen Streckgrenze R_p beobachten, wenn wir als Beanspruchungskennwert die *v. Mises-Vergleichsspannung*

$$\sigma_v = \sqrt{\tfrac{1}{2}((\sigma_{xx} - \sigma_{yy})^2 + (\sigma_{yy} - \sigma_{zz})^2 + (\sigma_{zz} - \sigma_{xx})^2) + 3(\tau_{xy}^2 + \tau_{yz}^2 + \tau_{zx}^2)} \quad \text{(A3.29)}$$

annehmen. Dieser Ansatz, der auch die *Gestaltänderungsenergiehypothese* genannt wird, geht davon aus, daß plastisches Fließen beginnt, wenn im Werkstoff ein kritisches Niveau an elastischer Verzerrungsenergie gespeichert ist. Bemerkenswert ist, daß nach Gl. (A3.27) kein Fließen des Werkstoffs bei hydrostatischem Spannungszustand ($\sigma_{xx} = \sigma_{yy} = \sigma_{zz}$, $\tau_{xy} = \tau_{yz} = \tau_{zx} = 0$) eintritt. Tatsächlich beobachten wir, daß in Kerben dickwandiger Bauteile, in denen ein derartiger Zustand herrscht, trotz hoher Hauptspannungen kein plastisches Fließen auftritt, wir müssen mit plötzlichen, spröden Brüchen des an sich zähen Werkstoffs rechnen.

Schubspannungshypothese

Die *Schubspannungshypothese* ist in relativ guter Übereinstimmung mit der Gestaltänderungsenergiehypothese in Bezug auf die berechneten Vergleichsspannungen. Sie besagt, daß bei ebenfalls zähem Werkstoffverhalten Fließen einsetzt, wenn die maximale Schubspannung τ_{max} nach Abb. A3.4 die halbe Streckgrenze $R_p/2$ überschreitet.

Hauptspannungshypothese

Bei spröden, hochfesten metallischen Werkstoffen (z.B. Chromstählen) beobachten wir einen verformungsarmen Bruch, dessen Bruchfläche senkrecht zur Richtung der größten Hauptspannung steht. In diesen Fällen gehen wir davon aus, daß Versagen eintritt, wenn die größte (erste) Hauptspannung σ_1 (Abb. A3.4) die Streckgrenze bzw. Zugfestigkeit des Werkstoffs erreicht.

In allen Fällen ist die Frage, warum ein Bauteil versagt, nicht allein durch theoretische Überlegungen zu beantworten. Der Ingenieur, der in der Konstruktionsphase anhand der errechneten Spannungen abzuschätzen hat, ob ein berechnetes Bauteil unter Betriebsbelastungen versagen wird, benötigt Kenntnisse der spezifizierten und tatsächlich zu erwartenden Betriebszustände und des Werkstoffverhaltens, um die zu erwartende Tragfähigkeit des Bauteils beurteilen zu können.

A3.5
Anisotropie

In den bisherigen Herleitungen gingen wir von isotropen, homogenen Werkstoffen aus. Tatsächlich ist das Unterstellen eines isotropen Werkstoffverhaltens eine der zahlreichen Vereinfachungen, die uns das Leben als Berechnungsingenieure erleichtert. Perfekte Isotropie beobachten wir nur sehr selten. Schon bei einem so verbreiteten Konstruktionswerkstoff wie gewalztem Stahlblech spielt die Walzrichtung eine nicht immer vernachlässigbare Rolle. Deshalb ist z.B. bei Zähigkeitsnachweisen für Bauteile mit erhöhten Sicherheitsanforderungen die Probenlage der Kerbschlagbiegeproben im Blech zu dokumentieren. Das elastische Verhalten anisotroper Werkstoffe läßt sich ähnlich wie das der isotropen herleiten. Im ebenen Fall haben wir in Entsprechung zu Gl. (A3.7) - (A3.10)

$$\varepsilon_{xx} = \frac{\sigma_{xx}}{E_{xxxx}} + \frac{\sigma_{yy}}{E_{yyxx}} + \frac{\tau_{xy}}{E_{xxxy}} \tag{A3.30}$$

$$\varepsilon_{yy} = \frac{\sigma_{yy}}{E_{yyyy}} + \frac{\sigma_{xx}}{E_{xxyy}} + \frac{\tau_{xy}}{E_{yyxy}} \tag{A3.31}$$

$$\gamma_{xy} = \frac{\tau_{xy}}{E_{xyxy}} + \frac{\sigma_{xx}}{E_{xyyx}} + \frac{\sigma_{yy}}{E_{xyyy}} \tag{A3.32}$$

wobei E_{ijkl} das Verhältnis zwischen der Spannung σ_{ij} (bzw. τ_{ij}) und der Dehnung ε_{kl} (bzw. γ_{kl}) darstellt. Im isotropen Fall wäre nach Gl. (A3.7)

$$E_{xxxx} = E, \quad E_{xxyy} = -E/\nu, \quad 1/E_{xxxy} = 0, \quad E_{xyxy} = G = E/2(1+\nu)$$

Mit diesen Bezeichnungen erhalten wir ein elastisches Werkstoffgesetz, das wir in Anlehnung an Gl. (A3.16) als

$$\mathbf{C} = (C_{ijkl}) = \begin{pmatrix} C_{xxxx}, & C_{xxyy}, & C_{xxzz}, & C_{xxxy}, & C_{xxyz}, & C_{xxzx} \\ C_{yyxx}, & C_{yyyy}, & C_{yyzz}, & C_{yyxy}, & C_{yyyz}, & C_{yyzx} \\ C_{zzxx}, & C_{zzyy}, & C_{zzzz}, & C_{zzxy}, & C_{zzyz}, & C_{zzzx} \\ C_{xyxx}, & C_{xyyy}, & C_{xyzz}, & C_{xyxy}, & C_{xyyz}, & C_{xyzx} \\ C_{yzxx}, & C_{yzyy}, & C_{yzzz}, & C_{yzxy}, & C_{yzyz}, & C_{yzzx} \\ C_{zxxx}, & C_{zxyy}, & C_{zxzz}, & C_{zxxy}, & C_{zxyz}, & C_{zxzx} \end{pmatrix} \tag{A3.33}$$

schreiben können. Zwar reduzieren sich diese 36 Kenngrößen häufig durch Symmetrie ($C_{ijkl} = C_{klij}$) und fehlende Wechselwirkungen ($C_{ijkl} = C_{klij} = 0$), es bleibt dennoch eine nicht immer angenehme Aufgabe, anisotrope Werkstoffe zu modellieren, zumal die Werkstoffvorzugsrichtungen (z.B. Faserlagen) im Bauteil meist nicht konstant sind. Daß beim Arbeiten mit solchen richtungsabhängigen Werkstoffgesetzen besondere Sorgfalt erforderlich ist, sollte hier besonders betont werden.

Literatur

[1]   Argyris, J., Mlejnek, H. P. (1986-1988): Die Methode der Finiten Elemente, Bd. 1-3, Fried. Vieweg & Sohn, Braunschweig

[2]   Bathe, K.-J. (1986): Finite Elemente Methoden, Deutsche Übersetzung von P. Zimmermann, Springer, Berlin, Heidelberg, New York

[3]   Dubbel-Taschenbuch für den Maschinenbau (1995): 18. Auflage, Springer, Berlin, Heidelberg, New York

[4]   Holzmann, G., et. al. (1990): Holzmann/Meyer/Schumpich Technische Mechanik, Teil 3 Festigkeitslehre, 7. Auflage, B. G. Teubner, Stuttgart

[5]   IMSL Math/Library Users Manual, IMSL Inc., 2500 City West Boulevard, Houston, TX 77042

[6]   Landau, L. D., Lifschitz, E. M. (1976): Lehrbuch der theoretischen Physik, Bd. I: Mechanik, Akademie-Verlag, Berlin

[7]   Link, M. (1989): Finite Elemente in der Statik und Dynamik, B. G. Teubner, Stuttgart

[8]   Milne, W. E. (1970): Numerical Solution of Differential Equations, 2nd ed., Dover Publications, New York

[9]   Press, W. H., Teukolsky, S. A., Vetterling, W. T., Flannery, B. P. (1992): Numerical Recipies in FORTRAN, The Art of Scientific Computing, 2nd edition, Cambridge University Press, Cambridge, NY

[10] Ritz, W. (1909): Über eine neue Methode zur Lösung gewisser Variationsprobleme der mathematischen Physik, J. Reine Angew. Math., 135, S. 1-61

[11] Roark, R., Young, W., C. (1975): Formulas for Stress and Strain, 5th ed. McGraw-Hill, Inc, New York

[12] Schwarz, H. R., (1989): Methode der Finiten Elemente, 3. Auflage, B. G. Teubner, Stuttgart

[13] Smith, B. T. et al. (1976): Matrix Eigensystem Routines-EISPACK, 2nd ed., Vol. 6 of Lecture Notes in Computer Science, Springer, New York

[14] Teubner-Taschenbuch der Mathematik (1996): B. G. Teubner, Stuttgart

[15] Timoshenko, S., P., Goodier, J., N. (1970): Theory of Elasticity, 3rd ed., Mc-Graw-Hill, Inc, New York

[16] Zienkiewicz, O. C., Taylor, R. L. (1989): The Finite Element Method, Vol. 1, 4th ed., McGraw-Hill, London

Sachverzeichis

Erratum

Versehentlich blieb der letzte Satz auf der Seite 241 unvollständig. Die Ergänzung lautet wie folgt:

Summe ein Gleichungssystem für die Werte der $u\,(x_i)$ aufzustellen. Beim Aufstellen dieser Summen können wieder Differenzen- oder Elementansätze zum Einsatz kommen (vgl. z.B. [14]).